建筑施工技术

主　审　何　俊

主　编　钟汉华　熊学忠

副主编　司效英　朱晓丽

　　　　王　敦　邓绍云

华中科技大学出版社
http://www.hustp.com
中国·武汉

内容简介

本书根据全国高职高专教育土建类专业教学指导委员会颁布的"建筑施工技术"教学大纲,以国家现行的建设工程标准、规范、规程为依据,以施工员、二级建造师等职业岗位能力的培养为导向,由编者通过多年的工作经验和教学实践,在自编教材的基础上进行修改、补充后编纂而成。本书对建筑工程施工的工序、工艺、质量标准等进行了详细的阐述,坚持以就业为导向,突出实用性、实践性。书中吸取了建筑施工的新技术、新工艺、新方法,其内容的深度和难度按照高等职业教育的特点,重点讲授理论知识在工程实践中的应用,培养高等职业学校学生的职业能力。全书共分为8个模块,包括地基与基础工程施工、砌筑工程施工、混凝土工程施工、预应力混凝土工程、钢结构工程施工、结构工程安装、防水工程施工、装饰工程施工等内容。

为了方便教学,本书还配有电子课件等教学资源包,相关教师和学生可以登录"我们爱读书"网(www.ibook4us.com)免费注册下载,或者发邮件至husttujian@163.com免费索取。

本书具有较强的针对性、实用性和通用性,可作为高等职业教育建筑工程技术、工程监理、工程造价等专业的教材,也可作为土建类其他层次职业教育相关专业的培训教材和土建工程技术人员的参考书。

图书在版编目(CIP)数据

建筑施工技术/钟汉华,熊学忠主编. —武汉:华中科技大学出版社,2015.4(2021.12重印)
国家示范性高等职业教育土建类"十二五"规划教材
ISBN 978-7-5680-0802-0

Ⅰ.①建… Ⅱ.①钟… ②熊… Ⅲ.①建筑工程-工程施工-高等职业教育-教材 Ⅳ.①TU74

中国版本图书馆 CIP 数据核字(2015)第 079538 号

建筑施工技术	钟汉华 熊学忠 主编
策划编辑:康 序	
责任编辑:康 序	
封面设计:原色设计	
责任校对:刘 竣	
责任监印:张正林	
出版发行:华中科技大学出版社(中国•武汉)	电话:(027)81321913
武汉市东湖新技术开发区华工科技园	邮编:430223
录 排:武汉正风天下文化发展有限公司	
印 刷:武汉邮科印务有限公司	
开 本:787mm×1092mm 1/16	
印 张:19	
字 数:480 千字	
版 次:2021 年 12 月第 1 版第 2 次印刷	
定 价:38.00 元	

本书若有印装质量问题,请向出版社营销中心调换
全国免费服务热线:400-6679-118 竭诚为您服务
版权所有 侵权必究

前言

本书根据建筑工程技术专业人才的培养目标,以施工员、二级建造师等职业的岗位能力培养为导向,同时遵循高等职业院校学生的认知规律,以专业知识和职业技能、自主学习能力综合素质培养为课程目标,紧密结合职业资格证书中的相关考核要求,确定本书的内容。本中内容包括地基与基础工程施工、砌筑工程施工、混凝土工程施工、预应力混凝土工程、钢结工程施工、结构工程安装、防水工程施工、装饰工程施工等。本书根据编者多年的工作经验和学实践,在自编教材基础上通过修改、补充,编纂而成。本书可作为高等职业教育建筑工程术、工程监理、工程造价等专业的教学用书,也可作为土建类其他层次职业教育相关专业的培教材和土建工程技术人员的参考书。

建筑施工技术是一门实践性很强的课程,为此,本书始终坚持"素质为本、能力为主、需要准、够用为度"的原则进行编写。本书结合我国建筑工程施工的实际来精选内容,以贯彻理论系实际,注重实践能力的整体要求,突出针对性和实用性,便于学生学习。同时,还适当照顾不同地区的特点和要求,力求反映国内外建筑工程施工的先进经验和技术成就。

本书由湖北水利水电职业技术学院钟汉华教授、武汉职业技术学院熊学忠任主编,由内古机电职业技术学院司效英、济源职业技术学院朱晓丽、湖北财税职业学院王敦、新疆应用技职业技术学院邓绍云任副主编,由钟汉华对全书进行审核并统稿。最后,由安徽水利水电职技术学院何俊主审全书。其中,钟汉华编写了模块3,熊学忠编写了模块7、8,司效英编写了块1、2,朱晓丽编写了绪论和模块6,王敦编写了模块4,邓绍云编写了模块5。

本书在编写过程中,王中发、邵元纯、曲炳良、余丹丹、徐宏广、黄晶等老师作了一些辅助工作,在此对他们的辛勤工作表示感谢。

为了方便教学,本书还配有电子课件等教学资源包,相关教师和学生可以登录"我们爱书"网(www.ibook4us.com)免费注册下载,或者发邮件至 husttujian@163.com 免费索取。

本书大量引用了相关专业的文献和资料,未在书中一一注明出处,在此对有关文献的作表示感谢。由于编者水平有限,加之时间仓促,难免存在错误和不足之处,诚恳地希望读者与同行批评指正。

编 者
2015年4月

目录

绪　论 ……………………………………………………………………………………… (1)

模块1　地基与基础工程施工 ……………………………………………………… (8)
　　单元1　土方工程施工 ……………………………………………………………… (8)
　　单元2　地基与基础工程 …………………………………………………………… (18)
　　单元3　冬期施工和雨期施工 ……………………………………………………… (40)

模块2　砌筑工程施工 ……………………………………………………………… (43)
　　单元1　脚手架工程 ………………………………………………………………… (43)
　　单元2　垂直运输设施 ……………………………………………………………… (57)
　　单元3　砌筑材料 …………………………………………………………………… (63)
　　单元4　砖砌体施工 ………………………………………………………………… (66)
　　单元5　砌块砌体施工 ……………………………………………………………… (73)
　　单元6　冬期施工和雨期施工 ……………………………………………………… (77)

模块3　混凝土工程施工 …………………………………………………………… (80)
　　单元1　钢筋工程施工 ……………………………………………………………… (80)
　　单元2　模板工程施工 ……………………………………………………………… (96)
　　单元3　混凝土工程施工 …………………………………………………………… (107)
　　单元4　大体积混凝土施工 ………………………………………………………… (122)
　　单元5　框剪结构混凝土工程施工 ………………………………………………… (128)
　　单元6　冬期施工和雨期施工 ……………………………………………………… (131)

模块4　预应力混凝土工程施工 …………………………………………………… (136)
　　单元1　先张法施工 ………………………………………………………………… (136)
　　单元2　后张法施工 ………………………………………………………………… (143)
　　单元3　无黏结预应力混凝土施工 ………………………………………………… (160)

模块5　钢结构工程施工 …………………………………………………………… (165)
　　单元1　钢结构构件制作 …………………………………………………………… (165)
　　单元2　钢结构连接 ………………………………………………………………… (168)
　　单元3　钢结构涂装工程 …………………………………………………………… (177)

模块6　结构工程安装 ……………………………………………………………… (180)
　　单元1　索具与起重机械 …………………………………………………………… (180)
　　单元2　混凝土单层厂房构件吊装 ………………………………………………… (189)
　　单元3　钢结构工程安装 …………………………………………………………… (205)

模块 7　防水工程施工 ……………………………………………………………………（214）
　　单元 1　地下工程防水施工 …………………………………………………………（214）
　　单元 2　室内防水工程施工 …………………………………………………………（229）
　　单元 3　外墙防水施工 ………………………………………………………………（236）
　　单元 4　屋面工程施工 ………………………………………………………………（238）
　　单元 5　冬期施工和雨季施工 ………………………………………………………（266）
模块 8　装饰工程施工 ……………………………………………………………………（268）
　　单元 1　抹灰工程 ……………………………………………………………………（268）
　　单元 2　饰面工程 ……………………………………………………………………（274）
　　单元 3　涂料、油漆和裱糊工程 ……………………………………………………（281）
　　单元 4　天棚工程 ……………………………………………………………………（284）
　　单元 5　门窗工程 ……………………………………………………………………（287）
　　单元 6　玻璃幕墙工程 ………………………………………………………………（291）
　　单元 7　冬期施工和雨期施工 ………………………………………………………（293）
参考文献 …………………………………………………………………………………（295）

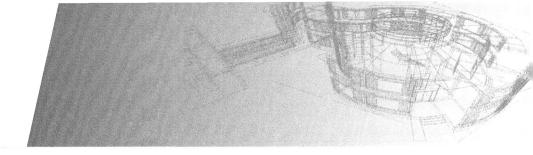

绪 论

一、本课程的研究对象、任务和学习方法

建筑施工是指建筑产品(建筑物和构筑物)建造过程的全部活动,这些活动是以一定的方式在建造地点进行的。其中,一定的方式是指技术途径,包括各单项技术、各工种工艺和方法;一定的方式也指有效的组织方法,通过物料与劳动的优化组合,使建造活动按照一定的流向、顺序、组织、计划进行。

建筑施工技术是一门研究建筑产品建造活动一般规律,并以高质、安全、经济地完成建筑产品为宗旨的学科。通过对本课程的学习,应了解国内外建筑施工的新技术和新动向及国家技术政策;掌握建筑施工技术的基本理论知识;掌握建筑施工工艺和施工方法以及质量验收方法;培养独立分析和解决问题的初步能力;能根据工程实际情况确定相应的施工方案和技术措施;最终使自己成为土木工程专业建筑施工技术基础较扎实、思维敏捷、富于创新、动手应用能力强的社会主义建设人才。

高职高专院校土建类专业的任务是培养立足工程建设第一线的工程技术与经济复合型的应用性专门人才,要求学生既具备工程技术知识又能应用工程经济、法规等知识解决工程建设中的实际问题。因此,本课程的任务是使学生了解建筑施工领域国内外最新的技术和发展动态,掌握各种工程的工艺和工程项目建造活动策划的方法,获得解决工程施工技术问题及参与现场施工管理的初步能力。

本课程与建筑材料、工程力学及建筑结构等课程有着密切的关联,在学完这些课程的基础上才能学习本课程。本课程介绍的不是高精尖的理论,而是实践的总结,本课程是一门实践性很强的课程,有些内容直接来源于工程实践的经验总结。因此,学习本课程必须坚持理论联系实际的学习方法,课堂上要认真听讲,掌握老师讲授的专业理论知识,特别是,要倾注任课老师丰富实践经验的独特见解,此外,要经常阅读相关的专业书刊,登录相关的专业网站,随时了解国内外最新动态,拓宽和加深自己的专业知识面;积极寻求多媒体资源助学以降低理论学习的难度;重视和珍惜学校组织的现场教学和生产实习等课程的学习,利用社会实践或自己创造的其他机会到施工现场观摩或参与管理,以缩短所学的理论知识与实践的距离,只有这样,才能早日具备解决一般建筑工程施工技术和组织计划问题的能力。

本课程建议学时为80～100学时。具体如表0-1所示。

表 0-1 学时分配表

序 号	内 容	计划学时/学时
一	模块 1 地基与基础工程施工	12～14
二	模块 2 砌筑工程施工	10～12
三	模块 3 混凝土工程施工	16～18
四	模块 4 预应力混凝土工程	8～12
五	模块 5 钢结构工程施工	8～12
六	模块 6 结构工程安装	8～10
七	模块 7 防水工程施工	10～12
八	模块 8 装饰工程施工	8～10
合 计		80～100

二、我国建筑施工技术发展概况

中国建筑业经过几十年的发展,近几年来以前所未有的规模和速度建成了一大批规模宏大、结构新颖、技术难度大的建筑物,取得了显著的成绩和突破性进展,充分显示了我国建筑技术的实力。特别是超高层建(构)筑物和新型钢结构建筑的兴起对我国建设工程技术的进步产生了巨大的推动力,促使我国的建筑施工水平再上新台阶,有些已达到国际先进水平。本书在分析我国施工技术现状的同时,也阐述了国内施工技术的发展趋势。

(一)基础工程施工技术

1. 桩基技术

混凝土灌注桩具有适用于任何土层、承载力大、对周围环境影响小等特点,因而发展最快。目前已用于施工的混凝土灌注桩桩径达 3 m,孔深达 104 m。在灌注桩施工中,国内还研究应用了后压浆技术,即成桩后通过预埋的注浆管用一定压力将水泥浆压入桩底和桩侧,使之对桩侧底泥皮、桩身和桩端底沉渣、桩周底土层产生充填胶结、加筋、固化效应。采用后压浆技术,可减少桩体积 40%,其成本降低效果显著。

1) 沉管灌注桩

在振动、锤击沉管灌注桩的基础上,研究人员研发了新的桩型,如新工艺的沉管桩、沉管扩底桩(静压沉管夯扩灌注桩和锤击振动沉管扩底灌注桩)、直径 500 mm 以上的大直径沉管桩等。先张法预应力混凝土管桩也在逐步扩大应用范围,在防止由于起吊不当、偏打、打桩应力过高、挤土、超静水压力等而产生的施工裂缝方面,取得了一定的成果。

2) 挖孔桩

近年来已可开挖直径 3.4 m、扩大头直径达 6 m 的超大直径挖孔桩。在一些复杂地质条件下,亦可施工深达 60 m 的超深人工挖孔桩。

3) 大直径钢管桩

大直径钢管桩在建筑物密集地区的高层建筑中应用较多,在防止挤土桩沉桩时对周围环境影响的技术方面达到了较高的水平。

4) CFG 桩复合地基技术

CFG 桩复合地基是一种采用长螺旋钻成孔、管内泵压水泥粉煤灰碎石桩、桩间土和褥垫层组成的一种新型复合地基形式,适用于饱和及非饱和的粉土、黏性土、砂土、淤泥质土等地质条件。同等条件下 CFG 桩复合地基的综合造价仅为灌注桩的 50%~70%。

5) 桩检测技术

桩的检测包括成孔后检测和成桩后检测,后者主要是动力检测。我国桩基动力检测的软硬件系统正在赶上或达到国际水平,并且已编制了《桩基低应变动力检测规程》和《桩基高应变动力试桩规程》等,对桩的检测和验收起到了指导性作用。

2. 深基坑支护技术

为适应不同坑深和环境保护要求,在支护墙方面发展出了土钉墙、水泥土墙、排桩和地下连续墙等。

1) 土钉墙

土钉墙的费用低、施工方便,适宜于深度不大于 15 m、周围环境保护要求不是十分严格的工程,因此,土钉墙和复合土钉墙近年来发展十分迅速,在软土地区应用较广泛。

2) 地下连续墙

地下连续墙适宜用于基坑较深、环境保护要求严格的深基坑工程。在北京中银大厦的施工中,基础外墙采用封闭式三合一型(防水、护坡、承重)800 mm 厚的地下连续墙,深度达 30 m,在施工中采取可拆式锚杆等特殊措施,与锚杆、降水、土方同步进行,解决了地下连续墙的锚固问题。

预应力地下连续墙作为地下连续墙发展一个新趋势,也得到了研究与应用。预应力地下连续墙可将支护墙的刚度提高 30% 以上,墙厚度可减薄,内支撑的数量可减少。由于曲线布筋张拉后产生反拱作用,可减小支护墙的变形,支护墙裂缝少,提高了抗渗性。因此,在解决了设计和施工工艺之后,预应力地下连续墙会得到一定的发展。

3) 内支撑

H 型钢、钢管、混凝土支撑皆有应用,其布置方式根据基坑形状有对撑、角撑、桁(框)架式、圆环式等,还可以将多种布置方式混合使用。圆环式支撑受力合理,能为挖土提高较大的空间。

深、大基坑土方开挖目前多采用反铲挖土机下坑,以分层、分块、对称、限时的方式开挖土方,以减少时空效应的影响,限制支护墙的变形。

4) 逆作法施工工艺

在有多层地下室的深基坑工程中应用逆作法或半逆作法能有效地降低施工费用、加快整个工程地施工进度,还能较好地控制周围环境地变形,可用于地铁车站、高层建筑多层地下室、构筑物的深基础和车站广场人防工程等的施工。在软土地区解决了中柱桩承载不足,防止中柱桩过多的问题。

(二) 混凝土工程施工技术

混凝土是我国结构工程中应用最多的材料,对其生产、施工和性能改进等方面的研究也最为充分。

1. 预拌混凝土和混凝土泵送技术

1) 预拌混凝土技术

商品混凝土的应用数量和比例标志着一个国家的混凝土工业生产的水平。随着预拌混凝土的发展,我国的混凝土泵送技术发展很快,泵送高度在建造上海金茂大厦时已达到382.5 m,在世界上已名列前茅。

2) 混凝土外加剂技术

商品混凝土产量的增加,极大地推动了混凝土外加剂(特别是各种减水剂)的发展。例如,自流平混凝土、水下混凝土、喷射混凝土、商品混凝土和泵送混凝土等。

3) 预防混凝土碱-集料反应的措施

我国许多地方存在混凝土碱-集料反应,给混凝土结构带来严重危害。因此,必须采用相应的技术措施,保证混凝土安全,以及延长结构使用寿命。要预防混凝土碱-集料反应,其重点在于选用低碱的水泥、砂石料、外加剂和低碱活性集料等,并选用高品质的减水剂、膨胀剂,严格控制砂石料的含泥量及其级配,混凝土试配时应首先考虑使用低碱活性集料以及优选低碱水泥(碱含当量0.6%以下)、矿粉掺和料及低碱或无碱外加剂等。

2. 高强高性能混凝土

目前,我国已利用多种地方材料(如磨细砂渣、无机超细粉、粉煤灰、硅粉等)和超塑化剂等加入水泥、砂、石原材料中来工业化生产强度等级为C60的高强混凝土,同时强度等级为C80的高强混凝土已在一些大城市中用于工程实践,也已基本掌握了配置28 d抗压强度在100MPa以上的超高强混凝土的技术,并在国家大剧院工程中得到了应用。此外,一些特种混凝土如纤维混凝土、水下不分散混凝土、特细砂混凝土等,亦得到了成功配制和应用。

3. 大体积混凝土浇筑

我国在高层建筑的桩基承台或箱基底板大体积混凝土浇筑方面已达到了很高的水平。据了解,已建成的中央电视台新大楼的主楼工程基础底板厚度约为7.5 m,电梯井区域最厚处达到了13.55 m。一般可以采取以下措施来保证大体积混凝土施工质量。

(1) 进行混凝土试配。

(2) 根据混凝土用量,组织商品混凝土供应站、现场泵车、备用电源、混凝土罐车,确保现场混凝土供应的连续性。

(3) 混凝土采用斜面推进、大斜面分层下料,分层浇筑。

(4) 现场测温设备采用"大体积混凝土温度微机自动测试仪",对混凝土内、外温差进行实时监控。

4. 预应力混凝土技术

新Ⅲ级钢筋和低松弛高强度钢绞线的推广,以及开发研究的新型预应力锚夹具的应用,都为推广预应力混凝土创造了条件。目前,大跨度预应力框架和高层建筑大开间的无黏结预应力楼板应用较为普遍,后者能减小板厚、降低高度、减轻建筑物自重,其优越性显著。在构筑物,如压力管道、水池、储罐、核电站、电视塔中,应用更为普遍。例如,天津电视塔采用了最大束长达310 m的竖向预应力筋,其预应力束长度为国内之最。

5. 钢筋技术

在粗钢筋连接方面,除了广泛应用的电渣压力焊外,机械连接(套筒挤压连接、锥螺纹连接、直螺纹连接)不受钢筋化学成分、可焊性及气候影响,质量稳定、无明火、操作简单、施工速度快。尤其是直螺纹连接,可确保接头强度不低于母材强度,连接套筒通用Ⅱ、Ⅲ级钢筋,该技术在国内正得到广泛推广。

6. 模板工程施工技术

1)模板脚手架体系的发展

近20年来,竖向模板经历了小钢模—钢框竹胶合板—全钢组合大模板等阶段。目前,市场的主流体系除组合钢模板外,还有木胶合板模板。水平模板体系一直难以工具化,国内主要采用木胶合板模板和竹胶合板模板体系(欧美多采用铝木结合模块体系)。全钢组合大模板具有拼缝少,施工过程中混凝土不易漏浆;刚度大,能承受混凝土侧压力达 $60\ kN/m^2$,构件不易变形、鼓肚;周转次数多;模板表面平整光洁,成形质量好;能很好保证清水混凝土质量等优点。

2)模板脚手架技术

随着经济的飞速发展,国内许多专利系统模板被应用,很多新型模板技术工法已经使用。例如,50墙体模板体系、柱模体系、井筒模体系;早拆体系、滑模、爬升模板体系;预应力圆孔、大型屋面、异型(楼梯模、门窗洞口模等)多向新型模板体系;路、桥梁、隧道模板体系;饰面混凝土模板体系;竹胶合板及高强人造板模板;钢框胶合板模板及其支撑系统;铝制、玻璃钢模壳及其他材质的新型结构模板体系等。

在脚手架技术方面,扣件式钢管脚手架、碗扣式钢管脚手架、门式钢管脚手架以及爬、挑、挂脚手架得到了广泛应用。此外,还有一些特殊的脚手架,如吊式脚手架(吊篮)、桥式脚手架、塔式脚手架等。而木、竹脚手架则因为成本低廉,常在高度较低的建筑物施工中使用。

超高层建筑的发展,促进了高层建筑模板体系的系统研究,目前已有模板CAD辅助设计软件。用于高层建筑施工的附着升降式脚手架亦日益完善。

7. 清水饰面混凝土施工技术

近几年,在我国的一些建筑物和构筑物率先采用清水饰面混凝土技术,如联想集团北京研发基地,它的兴起说明了我国建筑业的整体施工水平在提高。

清水饰面混凝土的饰面效果通过对明缝、蝉缝设计,对拉螺栓的设计,以及对金属装饰片的设计和模板的设计与施工来控制。

明缝的布置应根据建筑物的高度来确定,分块大小应与建筑物协调。水平明缝应与楼层施工缝结合考虑;竖向明缝根据构件形式来确定,一般设置在构件中部。

蝉缝设计必须根据建筑物的结构形式、模板的规格、施工安排、饰面效果等综合进行考虑,既要保证整栋建筑的蝉缝水平交圈,竖向的垂直成线,又能使模板充分利用。

对拉螺栓孔沿建筑物高度和水平方向应均等间距均匀排列,外露直径统一,并且配套的堵头和套筒能定型加工,截面精度容易控制,堵头和套筒有足够的刚度和硬度,混凝土成形后的效果好。

金属装饰片的尺寸与明缝、蝉缝的分块大小应相协调。金属片安装应采用先在清水饰面混凝土表面预留安装槽而后安装的方法,安装槽的深度及尺寸必须与金属片相符。

(三) 钢结构安装技术

除了原钢板箱形柱焊接技术、高强螺栓施工技术和钢结构安装技术在继续发展、提高外,钢结构预应力技术等领域的发展也很快。20世纪90年代以来,我国兴建了较多大跨度公共建筑,预应力技术在空间钢结构中得到较广泛的应用,创造出多种空间钢结构的新体系,如预应力网架与网壳、索网、索拱、索膜、斜拉体系等,充分发挥出受拉杆件的强度潜力,并且结构轻盈,时代感强。在空间钢结构预应力施工中也创造出了许多新颖的施加预应力的方法,如张拉整体下压整体顶升等,具有工艺简单、经济而且可靠等优点。

(四) 建筑防水技术

近年来,我国建筑防水材料的应用量稳步增长,特别是新型防水材料的应用量增长很快。根据相关部委的规划,SBS、APP改性沥青防水卷材仍是主导产品,将大力发展;高分子防水卷材重点发展EPDM、PVC(P型)两种产品,并积极开发TPO产品;防水涂料着重发展前景看好的聚氨酯、丙烯酸酯类防水涂料;密封材料仍重点发展硅酮、聚氨酯、丙烯酸酯密封膏,尽快开发防水保温一体材料;刚性防水材料、渗透结晶型防水材料、金属屋面材料、沥青油毡瓦、水泥瓦、土工材料等也有一定的发展。

(五) 建筑装饰施工技术

从改革开放开始,我国的建筑装饰行业兴起,并保持了20年的高速持续发展。建筑装饰行业的施工技术、部品制造技术有了很大的进步,尤其幕墙技术已经接近国际水平,有的工种已经进行了彻底的改变,建筑装饰行业常用的各种电动工具已经在全行业得到了普及。有的企业已经开始进行装饰配件生产工厂化、现场施工装配化的改革,这种应用全新生产方式的示范工程已经显示出工期短、质量好、无污染等特点,是当前通常的施工方式无法比拟的。

同时,背栓系列、石材干挂技术、组合式单体幕墙技术、点式幕墙技术、金属幕墙技术、微晶玻璃与陶瓷复合技术、木制品部品集成技术、石材毛面铺设整体研磨等技术均有较大发展。

(六) 信息化管理技术

信息化管理技术是以工程项目管理信息化为突破口来提高企业信息化建设水平的。工程项目是施工企业生存与发展的基础,企业的效益来源于工程项目。因此,以工程项目管理信息化为突破口,是提高企业的经济效益和经营水平、提升企业核心竞争力,从而提高企业信息化建设水平的捷径。

建立工程项目管理信息系统坚持总体规划、系统设计、分步实施的原则,分阶段逐步实现工程项目管理信息的高度共享,提高工程项目管理的现代化和信息化水平。

目前在组织管理方面,计算机辅助管理及多媒体技术已用于工程概预算、工程投标书编制、网络计划编制和优化、工程成本管理、工程质量管理、文档管理、劳动力管理、工程集成管理等。有的企业为使其管理水平符合国际惯例,提升在国际市场中的竞争力,还开始应用国际互联网、施工现场远程监控技术的工程管理技术进行工程项目管理。

在施工工艺方面,计算机辅助施工已用于施工工艺的优化和控制、模板和脚手架CAD设计、钢筋优化下料、大体积混凝土测温、混凝土搅拌站自动控制、深基坑支护结构设计、试验数据自动采集、高层建筑垂直量偏差控制、设计图纸CAD放样等。

三、建筑施工标准、规范

标准规范是广大工程建设者必须遵守的准则和规定，其在提高工程建设科学管理水平，保证工程质量和安全，降低工程造价，缩短工期，节能、节水、节材、节地，促进技术进步，建设资源友好型社会等方面起到了显著的作用。

建筑施工规范和规程是我国建筑界常用的标准，由国务院有关部委批准颁发，作为全国建筑界共同遵守的准则和依据，它分为国家、专业、地方、企业四级。

建筑施工方面的规范，工业与民用建筑部分的国家标准有《土方与爆破工程施工及验收规范》、《建筑地基基础工程施工质量验收规范》、《砌体结构工程施工质量验收规范》、《混凝土结构工程施工质量验收规范》、《钢结构工程施工质量验收规范》、《建筑节能工程施工质量验收规范》等。这些作为国家级标准代号为GB×××。例如，目前使用的砌体结构工程施工质量验收规范为《砌体结构工程施工质量验收规范》(GB 50203—2011)。同时，还有一些行业标准(JGJ)、地方标准(DBJ)等。

地基与基础工程施工

1. 知识目标

（1）熟悉土方工程施工的要求。

（2）掌握地基处理与基础工程施工的要求。

（3）熟悉冬期施工和雨期施工的要求。

2. 能力目标

（1）掌握常用土方施工机械的性能、特点、适用范围及提高生产率的方法，能够根据土方开挖方式合理选择施工机械。

（2）正确选择地基回填土的填方土料及填筑压实方法，能分析填土压实的影响因素。

（3）熟悉土壁塌方的原因、影响土方边坡的因素和土壁支撑方法。

（4）熟悉集水井降水法工艺的要求，掌握轻型井点降水的井点布置、施工工艺。

（5）熟悉冬期施工和雨期施工措施。

单元1　土方工程施工

一、土的种类和性质

1. 土的种类及鉴别

土的种类繁多，其分类的方法也很多。在建筑施工中，根据土的开挖难易程度（即可松性系数大小），将土分为松软土、普通土、坚土、沙砾坚土、软石、次坚石、坚石、特坚石等八类。其中，前四类属一般土，后四类属岩石。土的这八种类型及现场鉴别方法如表1-1所示。由于土的类别不同，单位工程消耗的人工或机械台班不同，因而施工费用就不同，施工方法也不同。所以，正确区分土的种类、类别，对于合理选择开挖方法、准确套用定额和计算土方工程费用关系重大。

表1-1　土的工程分类及鉴别方法

土的类型	土的名称	可松性系数		现场鉴别(开挖)方法
		K_s	K'_s	
一类土（松软土）	砂；亚砂土；冲积砂土层；种植土；泥炭（淤泥）	1.08~1.17	1.01~1.03	能用锹、锄头挖掘
二类土（普通土）	亚黏土；潮湿的黄土；夹有碎石、卵石的砂；种植土；填筑土及亚砂土	1.14~1.28	1.02~1.05	用锹、锄头、挖掘，少许用镐翻松

续表

土的类型	土的名称	可松性系数 K_s	可松性系数 K'_s	现场鉴别(开挖)方法
三类土（坚土）	软及中等密实黏土；重亚黏土；粗砾石；干黄土及含碎石、卵石的黄土、亚黏土；压实的填筑土	1.24~1.30	1.04~1.07	主要用镐，少许用锹、锄头挖掘，部分用撬棍
四类土（砂砾坚土）	重黏土及含碎石、卵石的黏土；粗卵石；密实的黄土；天然级配砂石；软泥灰岩及蛋白石	1.26~1.32	1.06~1.09	主要用镐、撬棍，然后用锹挖掘，部分用楔子及大锤
五类土（软石）	硬石炭纪黏土；中等密实的页岩、泥灰岩、白垩土；胶结不紧的砾岩；软的石灰岩	1.30~1.45	1.10~1.20	用镐或撬棍、大锤挖掘，部分使用爆破方法
六类土（次坚石）	泥岩；砂岩；砾岩；坚实的页岩；泥灰岩；密实的石灰岩；风化花岗岩、片麻岩	1.30~1.45	1.10~1.20	用爆破方法开挖，部分用风镐
七类土（坚石）	大理岩；辉绿岩；玢岩；粗、中粒花岗岩；坚实的白云岩、砂岩、砾岩、片麻岩、石灰岩、风化痕迹的安山岩、玄武岩	1.30~1.45	1.10~1.20	用爆破方法开挖
八类土（特坚石）	安山岩；玄武岩；花岗片麻岩；坚实的细粒花岗岩，闪长岩，石英岩，辉长岩，辉绿岩，玢岩	1.45~1.50	1.20~1.30	用爆破方法开挖

2. 土的工程性质

对土方工程施工有直接影响的土的工程性质主要有以下几种。

1）土的质量密度

土的质量密度分为天然密度和干密度等两种。土的天然密度，是指土在天然状态下单位体积的质量，又称为湿密度，它影响土的承载力、土压力及边坡稳定性。土的天然密度为

$$\rho = \frac{m}{V} \tag{1-1}$$

式中：m——土的总质量，kg；

V——土的体积，m^3。

土的干密度是指单位体积土中固体颗粒的质量，即

$$\rho_d = \frac{m_s}{V} \tag{1-2}$$

式中：m_s——土中固体颗粒的质量，kg。

土的干密度在一定程度上反映了土颗粒排列的紧密程度，因而常用它作为填土压实质量的控制指标。土的最大干密度值如表1-2所示。

2）土的可松性

自然状态下的土经开挖后，其体积因松散而增加，虽经回填夯实，仍不能完全恢复到原状态土的体积，这种现象称为土的可松性。土的可松程度用最初可松性系数 K_s 及最后可松性系数 K'_s 来表示，即

$$K'_s = \frac{V_3}{V_1} \tag{1-3}$$

$$K_S = \frac{V_2}{V_1} \qquad (1-4)$$

式中：V_1——土在天然状态下的体积，m³；

V_2——土挖出后的松散体积，m³；

V_3——土经压（夯）实后的体积，m³。

土的可松性对土方的平衡调配，基坑开挖时预留土量及运输工具数量的计算均有直接影响。各类土的可松性系数如表1-1所示。

3）土的含水量

土的含水量（w）是指土中所含水的质量与土的固体颗粒质量之比，用百分率表示，即

$$w = \frac{m_w}{m_s} \times 100\% \qquad (1-5)$$

式中：m_w——土中水的质量，kg；

m_s——固体颗粒的质量，kg。

表 1-2 土的最佳含水量和干密度参考值

土的种类	变动范围	
	最佳含水量/(%)(质量比)	最大干密度/(g/cm³)
砂土	8～12	1.80～1.88
粉土	16～22	1.61～1.80
亚砂土	9～15	1.85～2.08
亚黏土	12～15	1.85～1.95
重亚黏土	16～20	1.67～1.79
粉质亚黏土	18～21	1.65～1.74
黏土	19～23	1.58～1.70

土的含水量反映土的干湿程度，它对于挖土的难易、土方边坡的稳定性及填土压实等均有直接影响。因此，土方开挖时，应采取排水措施。回填土时，土的含水量应处于最佳含水量的变化范围之内，如表1-2所示。

4）土的渗透性

土的渗透性也称为透水性，是指土体被水透过的性质。它主要取决于土体的孔隙特征，如孔隙的大小、形状、数量和贯通情况等。地下水在土中的渗流速度一般可按达西定律计算，即

$$v = ki \qquad (1-6)$$

式中：v——水在土中的渗流速度，m/d 或 m/h；

k——土的渗透系数，m/d 或 m/h；

i——水力坡度。

渗透系数 k 反映土透水性的强弱，它直接影响降水方案的选择和涌水量的计算。其值可通过室内渗透实验或现场抽水试验确定，一般土的渗透系数参考值如表1-3所示。

表 1-3 土壤渗透系数

土壤的种类	$k/(m/d)$	土壤的种类	$k/(m/d)$
亚黏土、黏土	<0.1	含黏土的中砂及纯细砂	20～25
亚砂土	0.1～0.5	含黏土的细砂及纯中砂	35～50
含亚黏土的粉砂	0.5～1.0	纯粗砂	50～75
纯粉砂	1.5～5.0	粗砂夹砾石	50～100
含黏土的细砂	10～50	砾石	100～200

二、土石方施工

1. 土方边坡及其稳定

基坑边坡的坡度用高度 H 与底宽 B 之比来表示，即

$$基坑边坡坡度 = \frac{H}{B} = \frac{1}{B/H} = 1 : m \tag{1-7}$$

式中：$m = B/H$——坡度系数。

土方开挖或填筑的边坡可以做成直线形、折线形及阶梯形（见图 1-1）。边坡的大小与土质、开挖深度、开挖方法、边坡留置时间的长短、边坡附近的振动和有无荷载、排水情况等因素有关。土方开挖设置边坡是防止土方坍塌的有效途径，边坡的设置应符合下述要求。

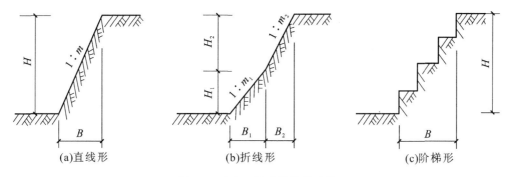

图 1-1 土方开挖或填筑的边坡

当地质条件良好、土质均匀且地下水位低于基坑（槽）或管底面标高时，挖方边坡可做成直立壁不加支撑，但不宜超过下列规定。

(1) 对于密实、中密的砂土和碎石类土（充填物为砂土），挖方深度不超过 1.0 m。
(2) 对于硬塑、可塑的轻亚黏土及亚黏土，挖方深度不超过 1.25 m。
(3) 对于硬塑、可塑的黏土和碎石类土（充填物为黏性土），挖方深度不超过 1.5 m。
(4) 对于坚硬的黏土，挖方深度不超过 2.0 m。

挖方深度超过上述规定时，应考虑放坡或做直立壁加支撑。当地质条件良好、土质均匀且地下水位低于基坑（槽）或管沟底面标高时，挖方深度在 5 m 以内不加支撑边坡的最陡坡度应符合表 1-4 所示的规定。

表 1-4　深度在 5 m 以内基坑（槽）、管沟边坡的最陡坡度（不加支撑）

土的类别	边坡坡度（高：宽）		
	坡顶无荷载	坡顶有静载	坡顶有动载
中密的砂土	1：1.00	1：1.25	1：1.50
中密的碎石类土（填充物为砂土）	1：0.75	1：1.00	1：1.25
硬塑的粉土	1：0.67	1：0.75	1：1.00
中密的碎石类土（填充物为黏性土）	1：0.50	1：0.67	1：0.75
硬塑的粉质黏土、黏土	1：0.33	1：0.50	1：0.67
老黄土	1：0.10	1：0.25	1：0.33
软土（经井点降水后）	1：1.00	—	—

注：①静载指堆放材料等，动载指机械挖土或汽车运输作业等。
②静载或动载距挖方边缘的距离应保证边坡和直立壁的稳定，应距挖方边缘 0.8 m 以外，并且高度不超过 1.5 m。

2. 基坑土壁支护

基坑开挖采用放坡无法保证施工安全或场地无放坡条件时，一般采用支护结构临时支挡，以保证基坑的土壁稳定。基坑支护结构既要确保坑壁稳定、坑底稳定、邻近建筑物与构筑物和管线的安全，又要考虑支护结构的施工方便、经济合理，有利于土方开挖和地下工程的建造。

基坑土壁支护主要包括横撑式支撑、锚碇式支撑及板桩支护等，下面仅简单介绍横撑式支撑方法。横撑式土壁支撑根据挡土板的不同，可分为水平挡土板和垂直挡土板等两种，前者又可分为断续式水平支撑和连续式水平支撑等两种，如图 1-2 所示。

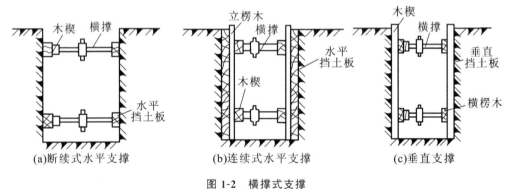

图 1-2　横撑式支撑

对于湿度小的黏性土，当挖土深度小于 3 m 时，可用断续式水平支撑；对于松散、湿度大的土壤可用连续式水平支撑，挖土深度可达 5 m，对于松散和湿度很高的土，可用垂直挡土板支撑。

3. 土方开挖施工

1) 开挖方式与机具选择

（1）点式开挖。厂房的柱基或中小型设备基础坑，因挖土量不大，基坑坡度小，机械只能在地面上作业，一般多采用如图 1-3(d) 所示的抓铲挖土机和如图 1-3(b) 所示的反铲挖土机施工。抓铲挖土机能挖一、二类土和较深的基坑；反铲挖土机适于挖四类以下土和深度在 4 m 以内的基坑。

（2）线式开挖。大型厂房的柱列基础和管沟基槽截面宽度较小，有一定长度，适于机械在地

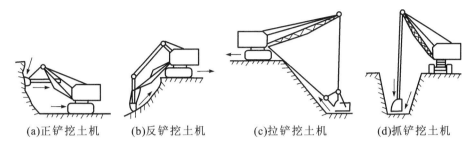

(a)正铲挖土机　(b)反铲挖土机　(c)拉铲挖土机　(d)抓铲挖土机

图 1-3　单斗挖土机的类型

面上作业。一般多采用如图 1-3(b)所示的反铲挖土机施工。如果基槽较浅,又有一定的宽度,土质干燥时也可采用推土机直接下到槽中作业,但基槽需有一定长度并设置上下坡道。

（3）面式开挖。有地下室的房屋基础、箱形和筏式基础、设备与柱基础密集,采取整片开挖方式时,除可用推土机、铲运机进行场地平整和开挖表层外,多采用如图 1-3(a)所示的正铲挖土机、图 1-3(b)所示的反铲挖土机或图 1-3(c)所示的拉铲挖土机开挖。使用正铲挖土机工效高,但需有上下坡道,以便运输工具驶入坑内,还要求土质干燥;反铲和拉铲挖土机可在坑上开挖,运输工具可不驶入坑内,坑内土潮湿也可以作业,但工效比正铲低。

2）正铲挖土机挖土

正铲挖土机的工作特点是:土斗自下向上切土、生产效率高、挖掘力大。可直接开挖停机面以上的一～四类土和经爆破的岩石、冻土。其工作面的高度不应小于 1.5 m,否则一次起挖不能装满铲斗,而降低了工作效率。根据挖土与配套的运输工具相对位置的不同,正铲挖土机的挖土和卸土方式有以下两种。

（1）正向挖土,后方卸土。即挖土机沿前进方向挖土,运输工具在挖土机后面装土,如图 1-4(a)所示,俗称正向开挖法。这种开挖方式的挖土高度较大、工作面左右对称,但卸土时动臂回转角度大,并且运土车辆要倒车开入,生产效率较低,故只适宜用于工作面狭小且较深的基坑开挖作业。

（2）正向挖土,侧向卸土。即挖土机沿前进方向挖土,运输工具在挖土机一侧开行、装土如图 1-4(b)所示,也称侧向开挖法。这种作业方式,挖土机卸土时动臂回转角度小,生产率高且汽车行驶方便,故使用较广。

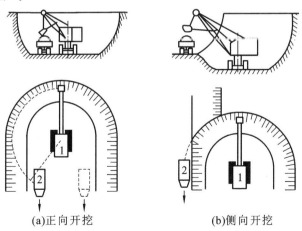

(a)正向开挖　　(b)侧向开挖

图 1-4　正铲挖土机开挖方式

1—正铲挖土机;2—自卸汽车

由于正铲挖土机作业于坑下,故无论采用哪种卸土方式,都应先开进出口坡道,坡道的坡度为 1:(7～10)。

3) 反铲挖土机挖土

反铲挖土机的工作特点是:土斗自上向下切土,再强力向后掏土,随挖随行或后退,其挖掘力比正铲挖土机的小,主要用于挖掘停机面以下的一～三类土。由于机身和装土均在地面上操作。所以适用于开挖深度不大的基坑、基槽、沟渠及含水量或地下水位高的土壤。对于较大、较深的基坑可采用多层接力法开挖。

反铲挖土机的基本作业方式有沟端开挖法和沟侧开挖法等两种,如图 1-5 所示。

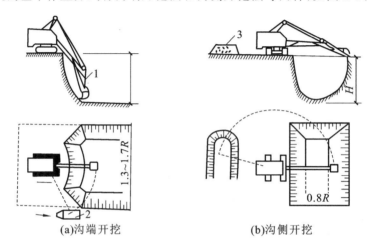

图 1-5 反铲挖土机开挖方式

1—反铲挖土机;2—自卸汽车;3—弃土堆

4. 土方填筑施工

1) 土料选择

当填方土料为黏土时,填土前应检查其含水量是否在控制范围内,含水量大的黏土不宜用于填土。有机物含量大于 8% 的土吸水后容易变形,承载力低;含水溶性硫酸盐大于 5% 的土,在地下水的作用下,硫酸盐会逐渐溶解流失,形成孔洞,影响土的密实性。这两种土以及淤泥、冻土、膨胀土(此种土失水收缩的特性,会造成基础位移、地面开裂,甚至使建筑物破坏)等均不应用做回填土。

2) 填筑要求

填土应分层进行,并应尽量采用同类土填筑。如果采用不同的土壤填筑,则应将透水性较大的土层置于透水性较小的土层之下,不能将各种土混杂在一起使用,以免填方形成水囊。

当填方位于倾斜的山坡上时,应将斜坡改成阶梯状,以防填土横向移动。回填施工前,应清除填方区的积水和杂物,如遇软土、淤泥,必须进行换土回填。回填时应防止地面水流入,并预留一定的下沉高度。回填基坑和管沟时,应从四周或两侧均匀地分层进行,以防止基础和管道在土压力作用下产生偏移或变形。

3) 填土的压实方法

填土的压实方法一般有碾压法(包括振动碾压法)、夯实法、振动压实法等几种。

大面积填土工程多采用碾压法和振动碾压法。小面积的填土多采用夯实法或振动压实法。

碾压法是利用机械滚轮的压力压实土壤，使其达到所需的密实度。常用的碾压机械有平碾、羊足碾和气胎碾。

夯实法是利用夯锤自由下落的冲击力夯实土壤的方法，主要用于小面积回填土。夯实机械有夯锤、内燃夯实机和蛙式打夯机等。

振动压实法，是将振动压实机放在土层表面，借助机械振动使土颗粒发生相对位移而达到紧密状态的方法。振动压实法用于振实非黏性土的效果较好。

振动碾压法，是利用振动和碾压双重作用的高效能压实机械——振动平碾来振动、压实土层的方法。振动平碾的工效高于平碾且特别适用于压实爆破石渣、碎石类填土。

4）影响填土压实的主要因素

填土压实量与许多因素有关，其中的主要影响因素包括：压实功、土的含水量以及每层铺土厚度。

（1）压实功的影响。填土压实后的密度与压实机械在其上所施加的功有一定的关系。土的密度与所耗的功的关系如图1-6所示。当土的含水量一定时，在开始压实时，土的密度急剧增加，待接近土的最大密度时，虽然压实功增加了很多，但土的密度却变化甚小。实际施工中，对于砂土，只需碾压或夯实2~3遍，对于压砂土，只需3~4遍，对于亚黏土或黏土，只需5~6遍。

（2）含水量的影响。在同一压实功的作用下，填土的含水量对压实质量有直接影响。较为干燥的土，由于土颗粒之间的摩阻力较大，因而不易压实。当土具有适当的含水量时，水起了润滑作用，土颗粒之间的摩阻力减小，从而易压实。土在最佳含水量的条件下，使用同样的压实功进行压实，所得到的密度最大，如图1-7所示。各种土的最佳含水量和最大干密度如表1-5所示。

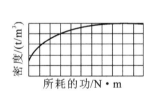
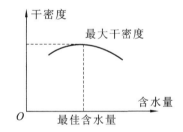

图1-6 土的密实度与压实功的关系　　图1-7 土的密实度与含水量的关系

表1-5 土的最佳含水量和最大干密度

项次	土的种类	变动范围		项次	土的种类	变动范围	
		最佳含水量/(%)（质量比）	最大干密度/(g/m³)			最佳含水量/(%)（质量比）	最大干密度/(g/m³)
1	砂土	8~12	1.80~1.88	3	粉质黏土	12~15	1.85~1.95
2	黏土	19~22	1.58~1.70	4	粉土	16~22	1.61~1.80

注：①表中土的最大干密度根据现场实际达到的数字为准。
②一般性的回填土可不进行此测定。

（3）铺土厚度的影响。土在压实功的作用下，其应力随深度的增加而逐渐减小，超过一定深度后，则土的压实密度与未压实前相差极小。其影响深度与压实机械、土的性质和含水量等有关。铺土厚度应小于压实机械压土时的影响深度。因此，填土压实时每层铺土厚度的确定应根据所选压实机械和土的性质,在保证压实质量的前提下,使土方压实机械的功耗最小。具体可按照表1-6进行选用。

表1-6 填土施工时的分层厚度及压实遍数

压实机具	分层厚度/mm	每层压实遍数
平碾	250～300	6～8
振动压实机	250～350	3～4
蛙式打夯机	200～250	3～4
人工打夯	≤200	3～4

三、基坑排水、降水

在土方开挖前,应做好地面排水和降低地下水位的工作。开挖基坑或沟槽时,土的含水层被切断,地下水会不断地渗入基坑。雨季施工时,地面水也会流入基坑。为了保证施工的正常进行,防止边坡塌方和地基承载力下降,在基坑开挖前和开挖时,必须做好排水、降水工作。基坑排水、降水的方法,可分为明排水法和井点降水法。

1. 明排水法

明排水法(集水井降水法)采用截、疏、抽的方法来进行排水,即在开挖基坑时,沿坑底周围或中央开挖排水沟,再在沟底设置集水井,使基坑内的水经排水沟流向集水井内,然后用水泵抽出坑外,如图1-8所示。如果基坑较深,可采用如图1-9所示的分层明沟排水法,一层一层地加深排水沟和集水井,逐步达到设计要求的基坑断面和坑底标高。

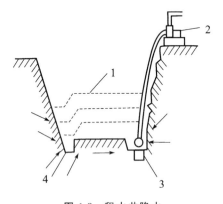

图1-8 积水井降水

1—基坑;2—水泵;3—积水井;4—排水沟

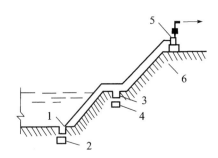

图1-9 分层明沟排水法

1—底层排水沟;2—底层积水井;3—二层排水沟;
4—二层积水井;5—水泵;6—水位降低线

2. 流沙及其防治

采用明排水法降水开挖土方,当开挖到地下水位以下时,随地下水涌入基坑,坑底的土有时会形成流动状态,这种现象称为流沙。发生流沙时,土会完全丧失承载力,土边挖边冒,施工条件恶化,基坑难以挖到设计深度。流沙严重时会引起基坑边坡塌方,邻近建筑物也可能因地基被流沙掏空而下沉、倾斜甚至倒塌。防治流沙的具体措施有抢挖法、打钢板桩法、井点降低地下水位法等。此外,还可选择在枯水期施工或在基坑四周修筑地下连续墙止水。

3. 井点降水法

井点降水，就是在基坑开挖前，预先在基坑四周埋设一定数量的滤水管（井），利用抽水设备从中抽水，使地下水位降落至坑底以下，直至施工结束为止。这样操作，可使所挖的土始终保持干燥状态，从而改善施工条件，同时还使动力水压力方向向下，从根本上防止流沙发生，并增加土中有效应力，提高土的强度或密实度。因此，井点降水法不仅是一种施工的措施，也是一种地基加固方法，采用井点降水法降低地下水位，可适当改陡边坡以减少挖土数量。井点降水法包括轻型井点、喷射井点、电渗井点、管井井点及深井井点等。

如图 1-10 所示，轻型井点设备由管路系统的抽水设备组成，管路系统由滤管、井点管、变联管及总管等组成。滤管（见图 1-11）是长为 1.0～1.2 m、外径为 38 mm 或 51 mm 的无缝钢管，管壁上钻有直径为 12～19 mm 的星棋状排列的滤孔，滤孔面积占滤管表面积的 20%～25%。滤管外面包括两层孔径不同的滤网：内层为细滤网，采用 30～40 目/cm^2 的铜丝布或尼龙丝布；外层为粗滤网，采用 5～10 目/cm^2 的塑料纱布。为了使流水畅通，管壁与滤网之间用塑料管或铁丝绕成螺旋形隔开，滤管外面再绕一层粗铁丝保护，滤管下端为一铸铁头。

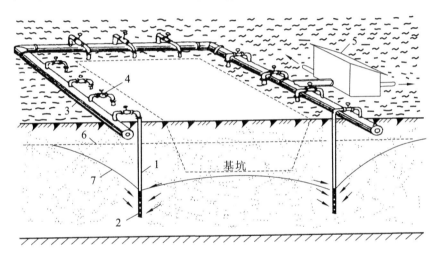

图 1-10 轻型井点降低地下水位图
1—井点管；2—滤管；3—总管；4—弯联管；5—水泵房；6—原有地下水位线；7—降低后地下水位线

井点管用直径 38 mm（或 55 mm）、长为 5～7 m 的无缝钢管或焊接钢管制成。下接滤管、上端通过弯联管与总管相连，弯联管一般采用橡胶软管或透明塑料管，后者可以随时观察井点管出水情况。

集水总管为直径为 100～127 mm 的无缝钢管，每节长 4 m，各节间用橡皮套管联结，并用钢箍拉紧，防止漏水。总管上装有与井点管联结的短接头，间距为 0.8 m 或 1.2 m。

抽水设备由真空泵、离心泵和水汽分离器（又称为集水箱）等组成。

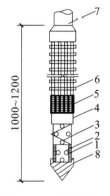

图 1-11 滤管构造
1—滤管；2—管壁上的小孔；3—缠绕的塑料管；4—细滤网；
5—粗滤网；6—粗铁丝保护网；7—井点管；8—铸铁头

单元 2　地基与基础工程

一、地基处理与加固

1. 换土垫层法

换土垫层按其回填材料的不同可分为砂垫层、碎石垫层、素土垫层、灰土垫层、矿渣垫层、粉煤灰垫层等。垫层的作用包括：提高浅基础下地基的承载力，满足地基稳定要求；减少沉降量；加速软弱土层的排水结固；防止持力层的冻胀或液化。

目前国内常用的垫层施工方法，主要有机械碾压法、重锤夯实法和振动压实（平板压实）法等。换土垫层法适用于淤泥、淤泥质土、湿陷性黄土、素填土、杂填土地基及暗沟、暗塘等的浅层处理或不均匀地基处理。当在建筑范围内上层软弱土较薄时，可采用全部置换处理；对于建筑物范围内局部存在古井、古墓、暗塘、暗沟或拆除旧基础的坑穴等，可采用局部换填法处理。换填法的处理深度通常控制在 3 m 以内较为经济合理。换填法常用于处理轻型建筑、地坪、堆料场及道路工程等。

2. 预压法

预压法是在建筑物建造前，对建筑物地基进行预压，使土体中的水排出，逐渐固结，地基发生沉降，同时强度逐步提高的方法。预压法包括堆载预压法、真空预压法、真空－堆载联合预压法、降水预压法和电渗排水预压法等，后两种预压方法在工程上应用较少。预压法适用于淤泥质土、淤泥和冲填土等饱和黏性土地基。

（1）堆载预压法。在地基基础施工前，在拟建场地上预先堆置重物，进行堆载预压，以使地基土固结沉降基本完成，通过地基土的固结以提高地基承载力。预压荷载一般等于建筑物的荷载，为了加速压缩过程，预压荷载也可以比建筑物的重量大，称为超载预压。

堆载预压法可分为塑料排水板或砂井地基堆载预压法和天然地基堆载预压法等两类。该法适用于各种软弱地基，包括天然沉积土层或人工冲填土层，如沼泽土、淤泥水力冲填土等，较广泛用于冷藏库、油罐、机场跑道、集装箱码头等沉降要求比较高的地基。通常，当软土层厚度小于 4 m 时，可采用天然地基堆载预压法处理；当软土层厚度超过 4 m 时，为了加速预压过程，应采用塑料排水板或砂井预压法处理地基。

（2）真空预压法。在需要加固的软土地基上铺设砂垫层，并设置竖向排水通道（如砂井、塑料排水板等），再在其上覆盖不透气的薄膜形成一个密封层使之与大气隔绝，然后用真空泵抽气，使排水通道保持较高的真空度，在土的孔隙水中产生负的孔隙水压力，孔隙水逐渐被吸出，从而使土体达到固结的方法称为真空预压法。真空预压法一般能形成 78～92 kPa 的等效荷载，与堆载预压法联合使用，可产生 130 kPa 的等效荷载。加固深度一般不超过 20 m。

该法的施工要点为：先设置竖向排水系统，水平分布的滤管埋设宜采用条形或鱼刺形，砂垫层上的密封膜应采用 2～3 层的聚氯乙稀薄膜，按先后顺序同时铺设。面积大时宜分区预压；做好真空度、地面沉降量、深层沉降、水平位移等观测；预压结束后，应清除砂槽和腐殖土层。施工时还应注意对周边环境的影响。

该法适用于饱和均质黏性土及含薄层砂夹层的黏性土，特别适用于新淤填土、超软土地基的加固。

3. 强夯法

强夯法是利用近十吨或数十吨的重锤从近十米或数十米的高处自由落下,对土进行强力夯击并反复进行多次,从而达到提高地基土的强度并降低其压缩性的方法。强夯法又称为动力固结法或动力压实法。当需要时,可在夯坑内回填块石、碎石等粗颗粒材料,用夯锤夯击形成连续的强夯置换墩,称为强夯置换法。

强夯法的作用机理是,用很大的冲击能(一般为 500~800 kJ),使土体中出现冲击波和很大的应力,迫使土中空隙压缩,土体局部液化,夯击点周围产生裂隙并形成良好的排水通道,使土中的空隙水(气)顺利溢出,土体迅速固结,从而降低此深度范围内土体的压缩性,提高地基承载力。同时,强夯技术可显著减少地基上的不均匀性,降低地基差异沉降。

强夯法适用于碎石土、砂土、低饱和度的粉土和黏性土、湿陷性黄土、杂填土和素填土等地基,对于软土地基,一般来说其处理效果不显著。

4. 振冲法

振冲法又称振动水冲法,采用起重机吊起振冲器,启动潜水电机带动偏心块,使振动器产生高频振动,同时启动水泵,通过喷嘴喷射高压水流,在边振边冲的共同作用下,将振动器沉到土中的预定深度,经清孔后,从地面向孔内逐段填入碎石,使其在振动作用下被挤密实,达到要求的密实度后即可提升振动器,如此反复直至地面为止,可在地基中形成一个大直径的密实桩体与原地基构成复合地基,提高地基承载力,减小沉降,振冲法是一种快速、经济、有效的加固方法。

振冲法根据加固机理和效果的不同可分为振冲置换法和振冲密实法等两种。

(1) 振冲置换法。振冲置换法利用振冲器或沉桩机,在软弱黏性土地基中成孔,再在孔内分批填入碎石或卵石等材料制成桩体。桩体和原来的黏性土构成复合地基,从而提高地基承载力,减小压缩性。碎石桩的承载力和压缩量在很大程度上取决于周围软土对碎石桩的约束作用。如果周围的土过于软弱,对碎石桩的约束作用就差。

振冲置换法适用于不排水抗剪强度不小于 20 kPa 的黏性土、粉土、饱和黄土和人工填土地基。对于不排水抗剪强度小于 20 kPa 的地基,应慎重对待。

(2) 振冲密实法。振冲密实法的原理是振冲器强力振动使饱和砂层发生液化,砂粒重新排列,孔隙减少,使砂层挤压加密。振冲密实法适用于黏粒含量小于 10% 的粗砂、中砂地基。

5. 土或灰土挤密法

土挤密桩和灰土挤密桩地基是使用沉管、冲击或爆炸等方法在地基中挤土,形成直径为 28~60 cm 的桩孔,然后向孔内夯填素土或灰土(所谓灰土,是将不同比例的消石灰和土掺和而形成的材料)而形成的土挤密桩或灰土挤密桩地基。成孔时,桩孔部位的土被侧向挤出,从而使桩间土得到挤密。另一方面,对于灰土挤密桩而言,桩体材料石灰和土之间产生一系列物理和化学反应,凝结成一定强度的桩体。桩体和桩间挤密土共同组成人工复合地基,是深层加密处理的一种方法。

以消除地基的湿陷性为主要目的时,宜选用土桩挤密法;以提高地基的承载力及水、土稳定性为主要目的时,宜选用灰土桩挤密法。土挤密桩和灰土挤密桩,在消除土的湿陷性和减小渗透性方面,其效果基本相同或差别不明显,但土挤密桩地基的承载力和水稳性不及灰土挤密桩的承载力和水稳性,故选用这两种方法时,应根据工程要求和处理地基的目的来确定。

土挤密桩和灰土挤密桩地基有多种施工工艺,各种施工工艺都由成孔和夯实两部分组成。

成孔的方法有锤击成孔、振动沉管成孔、冲击成孔、爆破成孔及人工挖孔等。夯实机械按提锤方法可分为偏心轮夹杆式夯实机和卷扬机提升式夯实机等两种。

6. 砂桩法

砂桩法也称为挤密砂桩法或砂桩挤密法,它通过振动或冲击荷载在软弱地基中成孔后,将砂石挤压入土中,形成大直径的密实砂石桩,达到加固地基的目的。

砂石桩法的适用范围:松散砂土、粉土、黏性土、素填土和杂填土等地基。对于饱和黏土地基上对变形控制要求不严的工程,也可采用砂石桩置换处理。砂石桩法也可用于处理可液化地基。

砂桩在砂性土地基中和黏性土地基中的加固机理是不同的。砂桩在加固砂性土地基中的作用是,提高桩和桩间土的密实度,从而提高地基的承载力,减小变形,增强抗液化能力。砂桩在加固黏性土地基中的作用主要是,通过桩体的置换和排水作用加速桩间土体的排水固结,并形成复合地基,提高地基的承载力和稳定性,改善地基土的力学性能。

砂桩常用的施工方法包括:振动成桩法、冲击成桩法和振动水冲法等。

7. 水泥土搅拌法

水泥土搅拌法以水泥作为固化剂的主剂,通过特制的搅拌机械边钻边往软土中喷射浆液或雾状粉体,在地基深处将软土和固化剂(浆液或粉体)强制搅拌,使喷入软土中的固化剂与软土充分拌和在一起,利用固化剂和软土之间产生的一系列物理化学反应,形成抗压强度比天然土强度高得多,并具有整体性、水稳定性和一定强度的水泥加固土桩柱体,由若干根这类加固土桩柱体和桩间土构成复合地基,从而达到提高地基的承载力和增大变形模量的目的。

水泥土搅拌法分为深层搅拌法(简称湿法)和粉体喷搅法(简称干法)等两种。深层搅拌法是使用水泥浆作为固化剂的水泥土搅拌法;粉体喷搅法是以干水泥粉或石灰粉作为固化剂的水泥土搅拌法。

水泥土搅拌法适用于软黏土地基的加固,但是用于处理泥炭土、有机质土、塑性指数 I_P 大于25的黏土(这种土容易在搅拌头叶片处形成泥团,无法完成水泥土搅拌),以及地下水具有腐蚀性以及无工程经验的地区时,应通过现场试验确定其适用性。

深层搅拌法(湿法)的施工工艺为:桩机就位→钻进喷浆到底→提升搅拌→重复喷射搅拌→重复提升复搅→成桩完毕。

粉体喷搅法(干法)的施工工艺为:桩机就位→搅拌下沉→钻进结束→提升喷粉搅拌→提升结束。

8. 高压喷射注浆法

高压喷射注浆法利用钻机将带有喷嘴的注浆管钻入(或置入)至土层预定的深度,以20~40 MPa的压力把浆液或水从喷嘴中喷射出来,形成喷射流冲击破坏土层及预定形状的空间,当能量大、速度快和脉动状的喷射流的动压力大于土层结构强度时,土颗粒便从土层中剥落下来,一部分细粒土随浆液或水冒出地面,其余土颗粒在射流的冲击力、离心力和重力等作用下,与浆液搅拌混合,并按一定的浆土比例和质量大小,有规律地重新排列,这样注入的浆液将冲下的部分土混合凝结成加固体,从而达到加固土体的目的。

高压喷射注浆法的适用范围为淤泥、淤泥质土、黏性土、粉土、黄土、砂土、人工填土和碎石等地基。当土中含有较多的大粒径块石、坚硬黏性土、大量植物根茎或有过多的有机质时,应根据现场实验结果确定其适用程度。

高压喷射注浆法的施工工艺为：钻机就位→钻孔→插管→喷射作业→拔管→清洗器具→移开机具→回填注浆。

二、条形基础施工

1. 砖基础

砖基础用普通烧结砖与水泥砂浆砌成。砖基础砌成的台阶形状称为"大放脚"，有等高式和不等高式两种，如图1-12所示。等高式大放脚两皮一收，两边各收进1/4砖长；不等高式大放脚两皮一收与一皮一收相间隔，两边各收进1/4砖长。

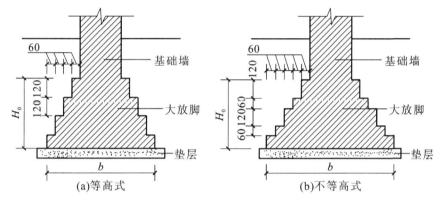

图1-12 砖基础大放脚形式

大放脚的底宽应根据计算确定，各层大放脚的宽度应为半砖宽的整数倍。在大放脚的下面一般做垫层。垫层材料可用3∶7或2∶8灰土，也可用1∶2∶4或1∶3∶6碎砖三合土。为了防止土中水分沿砖块中毛细管上升而侵蚀墙身，应在室内地坪以下一皮砖处设置防潮层，如图1-13所示。防潮层一般用1∶2水泥防水砂浆，厚约20 mm。

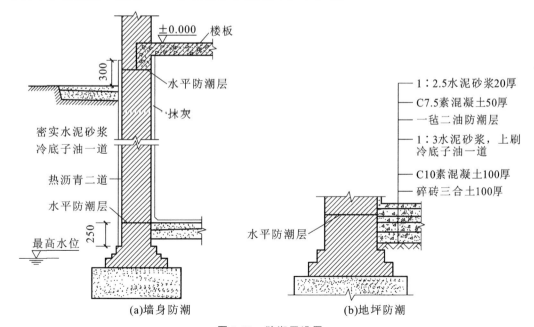

图1-13 防潮层设置

砖基础施工应注意如下几点。

(1) 基槽(坑)开挖:应设置好龙门桩及龙门板,标明基础、墙身和轴线的位置。

(2) 大放脚的形式:当地基承载力大于 150 kPa 时,采用等高式大放脚,即两皮一收;否则应采用不等高式大放脚,即两皮一收与一皮一收相间隔,基础底宽应根据计算而定。

(3) 砖基础若不在同一深度,则应先由底往上砌筑。在高低台阶接头处,下面台阶要砌一定长度(一般不小于基础扩大部分的高度)的实砌体,砌到上面后与上面的砖一起退台。

(4) 砖基础接槎应留成斜槎,如因条件限制留成直槎,则应按规范要求设置拉结筋。

2. 毛石基础

毛石基础用毛石与砂浆砌筑而成,其断面形式有阶梯形和梯形两种。基础的顶面宽度比墙厚大 200 mm,即每边宽出 100 mm,每阶高度一般为 300~400 mm,并至少砌二皮毛石。毛石基础施工应注意以下几点。

(1) 毛石基础可用毛石或毛条石以铺浆法砌筑,灰缝厚度宜为 20~30 mm,砂浆应饱满。

(2) 毛石基础宜分皮卧砌,并应上下错缝,内外搭接,上阶石块应至少压砌下阶台块的 1/2,不得采用外面侧立石块、中间填心的砌筑方法。每日砌筑高度不宜超过 1.2 m。

(3) 毛石基础在转角处及交接处应同时砌筑,如不能同时砌筑,则应留成斜槎。

(4) 毛石基础的第一层石块砌筑时,基地要坐浆,石块大面向下,毛石基础的最上一层石块宜选用较大的毛石砌筑。

3. 钢筋混凝土基础

钢筋混凝土基础(见图 1-14)施工时应注意以下几点。

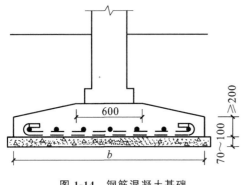

图 1-14 钢筋混凝土基础

(1) 基槽(坑)应进行验槽,局部软弱土层应挖去,用灰土或沙砾分层回填夯实至基底相平,并将基槽(坑)内清除干净。

(2) 如果地基土质良好,并且基槽(坑)无地下水,第一阶可利用原槽(坑)浇筑,但应保证尺寸正确,砂浆不流失。上部台阶应支模浇筑,模板支撑要牢固,缝隙孔洞要堵严,木模应浇水湿润。

(3) 基础混凝土浇筑高度在 2 m 以内的,混凝土可直接卸入基槽(坑)内,注意混凝土应能充满边角;浇筑高度在 2 m 以上时,应通过漏斗、串筒或溜槽,来防止混凝土产生离析分层。

(4) 浇筑台阶式基础应按台阶分层一次浇筑完成,每层先浇筑边角,后浇筑中间。应注意防止上下台阶交接处混凝土出现蜂窝和脱空现象。

(5) 锥形基础如果斜坡较陡,斜面应支模浇筑,并应注意防止模板上浮。斜坡较平时,可不支模,注意斜坡及边角部位混凝土的捣固密度,振捣完毕后,再用人工将斜坡表面修正、拍平、拍实。

(6) 当基槽(坑)因土质不一挖成阶梯形时,应先从最低处浇筑,按每阶高度,其各边搭接长度不应小于 500 mm。

(7) 混凝土浇筑完毕后,外露部分应适当覆盖,洒水养护;拆模后,及时分层回填土方并夯实。

三、桩基础施工

1. 钢筋混凝土预制桩施工

钢筋混凝土预制桩是在预制构件厂或施工现场预制的,用沉桩设备在设计位置上将其沉入土中,其特点为:坚固耐久,不受地下水或潮湿环境的影响,能承受较大荷载,施工机械化程度高,进度快,能适应不同土层施工。目前最常用的预制桩是预应力混凝土管桩。它是一种细长的空心等截面预制混凝土构件,是在工厂经先张法预应力钢筋、离心成形、高压蒸养等工艺生产而成的。管桩按桩身混凝土强度等级的不同,分为 PC 桩(C60,C70)和 PHC 桩(C80);按桩身抗裂弯矩的大小,分为 A 型、AB 型和 B 型(A 型最大,B 型最小),其常用外径有 300 mm、400 mm、500 mm、550 mm 和 600 mm,壁厚为 65~125 mm,常用节长为 7~12 m,特殊节长为 4~5 m。

钢筋混凝土预制桩在施工前,应根据施工图设计要求、桩的类型、成孔过程、对土的挤压情况、地质探测和试桩等资料,制订施工方案。一般的施工程序如图 1-15 所示。

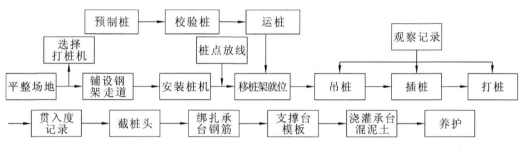

图 1-15 预制桩施工程序图

1)打桩前的准备

桩基础工程在施工前,应根据工程规模的大小和复杂程度,编制整个分部工程施工组织设计或施工方案。沉桩前,现场准备工作的内容应包括处理障碍物、平整场地、抄平放线、铺设水电管网、沉桩机械设备的进场和安装以及桩的供应等。

(1)处理障碍物。打桩前,宜向城市管理、供水、供电、煤气、电信、房管等有关单位提出要求,认真处理高空、地上和地下的障碍物。然后对现场周围(一般为 10 m 以内)的建筑物、驳岸、地下管线等做全面检查,必要时应予以加固或采取隔振措施或拆除,以免打桩过程中由于振动的影响,而可能引起倒塌。

(2)场地平整。打桩场地必须平整、坚实,必要时宜铺设道路,经压路机碾压密实,场地四周应挖排水沟以利于排水。

(3)抄平放线定桩位。在打桩现场附近应设水准点,其位置应不受打桩影响,数量不得少于两个,用于抄平场地和检查桩的入土深度。应根据建筑物的轴线控制桩定出桩基础的每一个桩位,可用小木桩标记。正式打桩之前,应对桩基的轴线和桩位复查一次。以免因小木桩挪动、丢失而影响施工。桩位放线允许偏差为 20 mm。

(4)进行打桩试验。施工前应进行数量不少于 2 根桩的打桩工艺试验,用于了解桩的沉入时间、最终沉入度、持力层的强度、桩的承载力以及施工过程中可能出现的各种问题和反常情况等,以便检验所选的打桩设备和施工工艺,确定是否符合设计要求。

(5)确定打桩顺序。打桩顺序直接影响到桩基础的质量和施工速度,应根据桩的密集程度

（桩距大小）、桩的规格、长短、桩的设计标高、工作面布置、工期要求等因素综合考虑，合理确定打桩顺序。根据桩的密集程度，打桩顺序一般分为逐排打设、自中部向四周打设和由中间向两侧打设三种，如图1-16所示。当桩的中心距不大于4倍桩的直径或边长时，应由中间向两侧对称施打，如图1-16（c）的示；或由中间向四周施打，如图1-16（b）所示。当桩的中心距大于4倍桩的边长或直径时，可采用上述两种打法，或逐排单向打设，如图1-16（a）所示。

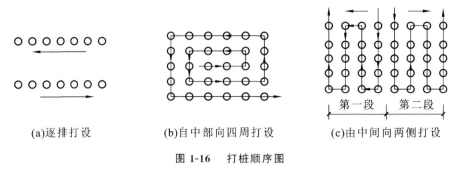

(a)逐排打设　　(b)自中部向四周打设　　(c)由中间向两侧打设

图1-16　打桩顺序图

根据基础的设计标高和桩的规格，宜按先深后浅、先大后小、先长后短的顺序进行打桩。

(6) 桩帽、垫衬和送桩设备机具准备。

2）桩的制作、运输、堆放

(1) 桩的制作。较短的桩多在预制工厂生产，较长的桩一般在打桩现场附近或打桩现场就地预制。

桩分节制作时，其单节长度的确定，应满足桩架的有效高度、制作场地条件、运输与装卸能力的要求，同时应避免桩尖接近硬持力层或桩尖处于硬持力层中接桩，上节桩和下节桩应尽量在同一纵轴线上预制，使上下节钢筋和桩身减小偏差。

制桩时，应做好浇筑日期、混凝土强度、外观检查、质量鉴定等记录，以供验收时查用。每根桩上应标明编号、制作日期，如不预埋吊环，则应标明绑扎位置。

(2) 桩的运输。混凝土预制桩达到设计强度的70%时方可起吊，达到设计强度的100%后方可进行运输。如果提前吊运，则必须验算合格。桩在起吊和搬运时，吊点应符合设计规定，如果无吊环，并且设计中又未进行规定，则绑扎点的数量及位置按桩长而定，应按起吊弯距最小的原则进行捆绑。钢丝绳与桩之间应加衬垫，以免损坏棱角。起吊时应平稳提升，吊点同时离地，如果要长距离运输，可采用平板拖车或轻轨平板车。长桩搬运时，桩下要设置活动支座。经过搬运的桩，还应进行质量复查。

(3) 桩的堆放。桩的堆放应遵守以下要求：桩堆放时，地面必须平整、坚实；垫木间距应根据吊点确定，各层垫木应位于同一垂直线上，最下层垫木应适当加宽；堆放层数不宜超过4层；不同规格的桩，应分别堆放。

3）施工方法

混凝土预制桩的沉桩方法包括锤击沉桩、静力压桩、振动沉桩等。

(1) 锤击沉桩。锤击沉桩也称打入桩，如图1-17所示，利用桩锤下落产生的冲击能量将桩沉入土中，锤击沉桩是混凝土预制桩最常用的沉桩方法。该法施工速度快，机械化程度高，适应范围广，现场文明程度高，但施工时有噪声污染和振动，对于城市中心施工和夜间施工有所限制。

① 打桩设备及选择。

打桩所用的机具设备,主要包括桩锤(其作用是对桩施加冲击力,将桩打入土中)、桩架(其作用是支持桩身和桩锤将桩吊到打桩位置,并在打入过程中引导桩的方向,保证桩锤沿着所要求的方向冲击)及动力装置(包括启动桩锤用的动力设施,如卷扬机、锅炉、空气压缩机等)三部分。

桩锤是把桩打入土中的主要机具,有落锤、汽锤(单动汽锤和双动汽锤)、柴油桩锤、振动桩锤等。

桩锤的类型应根据施工现场情况、机具设备条件及工作方式和工作效率等条件来选择。锤重的选择,在做功相同而锤重与落距乘积相等的情况下,宜选用重锤低击,这样可以使桩锤的动量大而冲击回弹能量消耗小。桩锤过重,所需动力设备大,能源消耗大,不经济;桩锤过轻,施打时必定增大落距,使桩身产生回弹,桩不易沉入土中,常常打坏桩头或使混凝土保护层脱落,严重者甚至会使桩身断裂。

桩架是支持桩身和桩锤,在打桩过程中引导桩的方向及维持桩的稳定,并保证桩锤沿着所要求的方向冲击的设备。桩架一般由底盘、导向杆、起吊设备、撑杆等组成。应根据桩的长度、桩锤的高度及施工条件等选择桩架和确定桩架高度。

桩架的形式多种多样,常用的桩架有两种基本形式:一种是沿轨道行驶的多功能桩架;另一种是装在履带底盘上的履带式桩架。多功能桩架由定柱、斜撑、回转工作台、底盘及传动机构组成。它的机动性和适应性很大,在水平方向可作360°回转,导架可以伸缩和前后倾斜,底座下装有铁轮,底盘在轨道上行走。这种桩架适用于各种预制桩及灌注桩施工。履带式桩架以履带式起重机为主机,配备桩架工作装置而组成,如图1-18所示。其操作灵活,移动方便,适用于各种预制桩和灌注桩的施工。

图1-17 多功能桩架

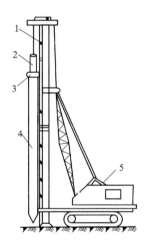

图1-18 履带式桩架

1—导架;2—桩锤;3—桩帽;4—桩;5—吊车

打桩机械的动力装置是根据所选桩锤而定的。当采用空气锤时,应配备空气压缩机;当选用蒸汽锤时,则要配备蒸汽锅炉和绞盘。

② 打桩工艺。

● 吊桩就位。按既定的打桩顺序,先将桩架移动至桩位处并用缆风绳拉牢,然后将桩运至桩架下,利用桩架上的滑轮组,由卷扬机提升桩。在桩提升至直立状态后,即可将桩送入桩架的龙门导管内,同时把桩尖准确地安放到桩位上,并与桩架导管相连接,以保证打桩过程中不发生倾斜或移动。桩插入时垂直偏差不得超过0.5%。桩就位后,为了防止击碎桩顶,在桩锤与桩帽、桩帽与桩之间应放上硬木、粗草纸或麻袋等桩垫作为缓冲层,桩帽与桩顶四周应留5~10 mm的间隙,如图1-19所示。然后进行检查,使桩身、桩帽和桩锤在同一轴线上即可开始打桩。

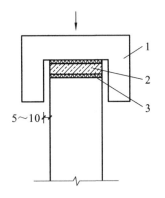

图1-19 自落锤桩帽构造示意图
1—桩帽;2—硬垫木;3—草纸(弹性衬垫)

● 打桩。打桩时宜用"重锤低击"的方法,这可取得良好的效果,这是因为"重锤低击"的方法使桩锤对桩头的冲击小,回弹也小,桩头不易损坏,其大部分能量都用于克服桩身与土的摩阻力和桩尖阻力上,桩就能较快地沉入土中。

初打时地层软、沉降量较大,宜低锤轻打,随着沉桩加深(1~2 m),速度减慢,再酌情增加起锤高度,并应控制锤击应力。打桩时应观察桩锤回弹情况,如果经常回弹较大,则说明锤太轻,不能使桩下沉,应及时更换。至于桩锤的落距以多大为宜,根据实践经验,在一般情况下,单动汽锤的以0.6 m左右为宜,柴油锤的不超过1.5 m,落锤的不超过1.0 m为宜。打桩时要随时注意贯入度的变化情况,当贯入度骤减,桩锤有较大回弹时,表示桩尖遇到障碍,此时应使桩锤落距减小,加快锤击。如果上述情况仍存在,则应停止锤击,查明其原因并进行处理。

在打桩过程中,如果突然出现桩锤回弹、贯入度突增,锤击时桩弯曲、倾斜、颤动,桩顶破坏加剧等情况,则表明桩身可能已破坏。

打桩的最后阶段,沉降太小时,应避免硬打,如果难沉下,要检查桩垫、桩帽是否适宜,需要时可更换或补充桩垫。

● 接桩。预制桩施工中,由于受到场地、运输及桩机设备等的限制,而将长桩分为多节进行制作。接桩时要注意新接桩节与原桩节的轴线一致。目前,预制桩的接桩工艺主要有硫黄胶泥浆锚法、电焊接桩和法兰盘螺栓接桩等三种。前一种适用于软弱土层,后两种适用于各类土层。

③ 打桩质量要求。为保证打桩的质量,应遵循以下原则:端承桩即桩端达到坚硬土层或岩层,以控制贯入度为主,桩端标高可做参考;摩擦桩即桩端位于一般土层,以控制桩端设计标高为主,贯入度可做参考。打(压)入桩(预制混凝土方桩、先张法预应力管桩、钢桩等)的桩位偏差,必须符合规范的规定。打斜桩时,斜桩的倾斜度的允许偏差,不得大于倾斜角正切值的15%。

④ 桩头的处理。在打完各种预制桩后开挖基坑时,按设计要求的桩顶标高将桩头多余的部分截去。截桩头时不能破坏桩身,应保证桩身的主筋伸入承台,长度应符合设计要求。当桩顶标高在设计高程以下时,在桩位上挖成喇叭口,凿掉桩头混凝土,剥出主筋并焊接接长至设计要求长度,与承台钢筋绑扎在一起,用桩身同强度等级的混凝土与承台一起浇筑接长桩身,如图1-20所示。

⑤ 打桩施工常见问题。在打桩施工过程中会遇

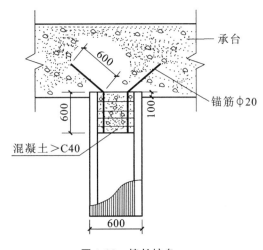

图1-20 接长桩身

见各种各样的问题,如桩顶破碎,桩身断裂,桩身位移、扭转、倾斜,桩锤跳跃,桩身严重回弹等。发生这些问题的原因有钢筋混凝土预制桩制作质量、沉桩操作工艺和复杂土层等三个方面的原因。施工规范规定,打桩过程中如果遇到上述问题,都应立即暂停打桩,施工单位应与勘察、设计单位共同研究,查明原因,提出明确的处理意见,采取相应的技术措施后,方可继续施工。

(2)静力压桩。静力压桩是在软土地基上,利用静力压桩机或液压压桩机用无振动的静力压力(自重和配重)将预制桩压入土中的一种新工艺。静力压桩已在我国沿海软土地基上较为广泛地采用,与普通的打桩和振动沉桩相比,压桩可以消除噪声和振动的公害,故特别适用于医院和有防震要求部门附近的施工。

静力压桩机(见图1-21)的工作原理是:通过安置在压桩机上的卷扬机的牵引,由钢丝绳、滑轮及压梁,将整个桩机的自重力(800~1 500 kN)反压在桩顶上,以克服桩身下沉时与土的摩阻力,迫使预制桩下沉。桩架高度为10~40 m,压入桩长度达37m,桩断面尺寸为400 mm×400 mm~500 mm×500 mm。

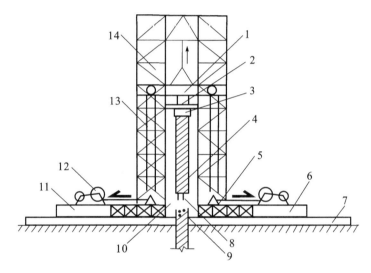

图 1-21 静力压桩机示意图

1—活动压梁;2—油压表;3—桩帽;4—上段桩;5—加重物仓;6—底盘;7—轨道;8—上段接桩锚筋;
9—桩;10—压头;11—操作平台;12—卷扬机;13—加压钢绳滑轮组;14—桩架导向笼

近年引进的WYJ-200型和WYJ-400型压桩机,是液压操纵的先进设备。静压力有2 000 kN和4 000 kN两种,单根预制桩长度可达20 m。压桩施工,一般情况下都采取分段压入,逐段接长的方法。接桩的方法目前有三种(即焊接法、法兰盘接法和浆锚法等)。

焊接法接桩时,必须对准下节桩并垂直无误后,用点焊将拼接角钢连接固定,再次检查位置正确后则进行焊接,如图1-22所示。施焊时,应两人同时对角对称地进行,以防止节点变形不均匀而引起桩身歪斜。焊缝应连续饱满。

浆锚法接桩时,首先将上节桩对准下节桩,使四根锚筋插入锚筋孔中(直径为锚筋直径的2.5倍),下落压梁并套住桩顶,然后将桩和压梁同时上升约200 mm(以四根锚筋不脱离锚筋孔为度),如图1-23所示。此时,安设好施工夹箍(施工夹箍由四块木板组成,其内侧用人造革包裹40 mm厚的树脂海绵块),将溶化的硫黄胶泥注满锚筋孔内和接头平面上,然后将上节桩和压梁同时下落,当硫黄胶泥冷却并拆除施工夹箍后,即可继续加荷施压。

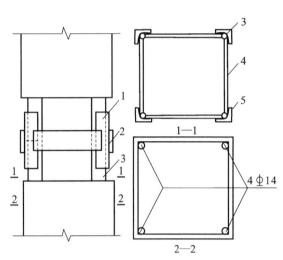

图 1-22 焊接法接桩节点构造

1—角钢与主筋焊接;2—钢板;3—主筋;4—箍筋;5—焊缝

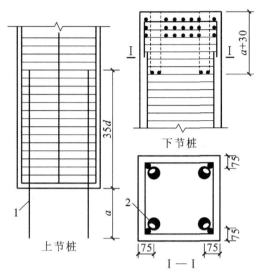

图 1-23 浆锚法接桩节点构造

1—锚筋;2—锚筋孔

为了保证接桩质量,应做到以下几点:锚筋应刷净并调直;锚筋孔内应有完好的螺纹,无积水、杂物和油污;接桩时接点的平面和锚筋孔内应灌满胶泥;灌注时间不得超过 2 min;灌注后的停歇时间应符合有关规定。

(3) 其他沉桩方法。水冲沉桩法是锤击沉桩的一种辅助方法,它利用高压水流经过桩侧面或空心管内部的射水管冲击桩尖附近土层,便于锤击。一般是边冲水边打桩,当沉桩至最后 1~2 m 时停止冲水,用锤击至规定标高。水冲法适用于砂土和碎石土,有时对于特别长的预制桩,单靠锤击有一定的困难时,亦可用水冲法辅助之。

振动法沉桩利用振动机,将桩与振动机连接在一起,振动机产生的振动力通过桩身使土体振动,使土体的内摩擦角减小、强度降低而将桩沉入土中。此法在砂土中效率最高。

2. 灌注桩施工

混凝土灌注桩是直接在施工现场桩位上成孔,然后在孔内安装钢筋笼,浇筑混凝土成桩。与预制桩相比,灌注桩具有不受地层变化限制,不需要接桩和截桩,节约钢材、振动小、噪声小等特点,但施工工艺复杂,影响质量的因素多。灌注桩按成孔方法可以分为泥浆护壁成孔灌注桩、干作业钻孔灌注桩、人工挖孔灌注桩、沉管灌注桩等。近年来还出现了夯扩桩、管内泵压桩、变径桩等新工艺,特别是变径桩,将信息化技术引进到桩基础中。

1) 泥浆护壁成孔灌注桩

泥浆护壁成孔是利用原土自然造浆或人工造浆的浆液进行护壁,通过循环泥浆将被钻头切下的土块携带排出孔外成孔,然后安装绑扎好的钢筋笼,使用导管法水下灌注混凝土沉桩的方法。此法对于不论地下水高低的土层都适用,但在岩溶发育地区慎用。

(1) 泥浆护壁成孔灌注桩施工工艺流程。

泥浆护壁成孔灌注桩施工的工艺流程如图 1-24 所示。

(2) 施工准备。

① 埋设护筒。护筒是用 4~8 mm 厚钢板制成的圆筒,其内径应大于钻头直径 100 mm,其上部宜开设 1~2 个溢浆孔。

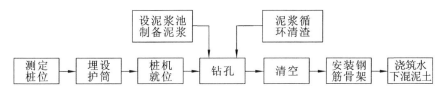

图 1-24 泥浆护壁成孔灌注桩工艺流程图

埋设护筒时,应先挖去桩孔处表土,将护筒埋入土中,保证其准确、稳定。护筒中心与桩位中心的偏差不得大于 50 mm,护筒与坑壁之间用黏土填实,以防漏水。护筒的埋设深度,在黏土中不宜小于 1.0 m,在砂土中不宜小于 1.5 m。护筒顶面应高于地面 0.4～0.6 m,并应保持孔内泥浆面高出地下水位 1 m 以上,在受水位涨落影响时,泥浆面应高出最高水位 1.5 m 以上。

护筒的作用是固定桩孔位置,防止地面水流入,保护孔口,增大桩孔内水压力,防止塌孔和成孔时引导钻头方向。

② 制备泥浆。泥浆在桩孔内吸附在孔壁上,可将土壁上的孔隙填渗密实,避免孔内壁漏水,保持护筒内水压稳定;泥浆比重大,加大孔内水压力,可以稳固土壁、防止塌孔;泥浆有一定的黏度,循环泥浆可将切削碎的泥石碴屑悬浮后排出,起到携砂、排土的作用。同时,泥浆还对钻头有冷却和润滑的作用。

制备泥浆方法:在黏性土中成孔时可在孔中注入清水,钻机旋转时,切削土屑与水旋拌,用原土造浆,泥浆比重应控制在 1.1～1.2;在其他土中成孔时,泥浆制备应选用高塑性黏土或膨润土。在砂土和较厚的夹砂层中成孔时,泥浆比重应控制在 1.3～1.5;施工中应经常测定泥浆比重,并定期测定黏度、含砂率和胶体率等指标,应根据土质条件确定。

对施工中废弃的泥浆、碴等应按环境保护的有关规定进行处理。

(3) 成孔。

桩架安装就位后,挖泥浆槽、沉淀池,接通水电,安装水电设备,按要求制备相应密度的泥浆。用第一节钻杆(每节钻杆长约 5 m,按钻进深度用钢销连接)接好钻机,另一端接上钢丝绳,吊起潜水钻对准埋设的护筒,悬离地面,先空钻然后慢慢钻入土中;注入泥浆,待整个潜水钻入土后,观察机架是否垂直平稳,并检查钻杆是否平直,再正常钻进。

泥浆护壁成孔灌注桩的成孔方法按成孔机械分类有回转钻机成孔、潜水钻机成孔、冲击钻机成孔、冲抓锥成孔等,其中以钻机成孔应用最多。

① 回转钻机成孔。回转钻机由动力装置带动钻机回转装置转动,再由其带动带有钻头的钻杆转动,由钻头切削土层。其适用于地下水位较高的软、硬土层,如淤泥、黏性土、砂土、软质岩层。

回转钻机的钻孔方式根据泥浆循环方式的不同,分为正循环回转钻机成孔和反循环回转钻机成孔两种。

正循环回转钻机成孔的工艺如图 1-25 所示。向空心钻杆内部通入泥浆或高压水,从钻杆底部喷出,携带钻下的土渣沿孔壁向上流动,由孔口将土渣带出流入泥浆池。

反循环回转钻机成孔的工艺如图 1-26 所示。其泥浆带渣流动的方向与正循环回转钻机成孔的情形相反。反循环工艺的泥浆上流的速度较高,能携带较大的土渣。

② 潜水钻机成孔。潜水钻机成孔的示意图如图 1-27 所示。潜水钻机是一种将动力、变速机构、钻头连在一起加以密封,潜入水中工作的一种体积小而轻的钻机,这种钻机的钻头有多种形式,以适应不同桩径和不同土层的需要。钻头可带有合金刀齿,靠电动机带动刀齿旋转来切削土层或岩层。钻头靠桩架悬吊吊杆定位,钻孔时钻杆不旋转,仅钻头部分旋转,切削下来的泥渣通过泥浆循环排出孔外。

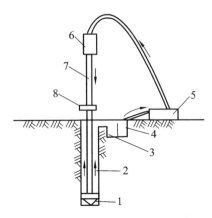 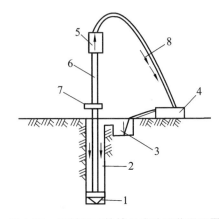

图 1-25　正循环回转钻机成孔工艺原理图　　　　图 1-26　反循环回转钻机成孔工艺原理图
1—钻头；2—泥浆循环方向；3—沉淀池；4—泥浆池；　　1—钻头；2—新泥浆流向；3—沉淀池；4—砂石泵；
5—泥浆泵；6—水龙头；7—钻杆；8—钻机回转装置　　5—水龙头；6—钻杆；7—钻机回转装置；8—混合液流向

其钻机桩架轻便，移动灵活，钻进速度快，噪声小，钻孔直径为 500~1 500 mm，钻孔深度可达 50 m，甚至更深。

潜水钻机成孔适用于黏性土、淤泥、淤泥质土、砂土等类型土的钻进成孔，也可钻入岩层，尤其适用于地下水位较高的土层中成孔。当钻进一般黏性土、淤泥、淤泥质土及砂土时，宜用笼式钻头；穿过不厚的砂夹卵石层或在强风化岩上钻进时，可使用镶焊硬质合金刀头的笼式钻头；当遇孤石或旧基础时，可使应用带硬质合金齿的筒式钻头。

③ 冲击钻机成孔。冲击钻机通过机架、卷扬机把带刃的重钻头（冲击锤）提升到一定高度，靠自由下落的冲击力切削破碎岩层或冲击土层成孔，如图 1-28 所示。部分碎渣和泥浆挤压进孔

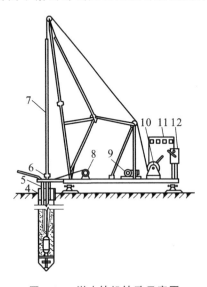 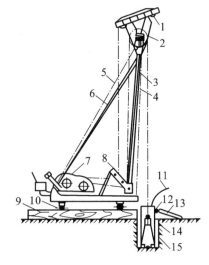

图 1-27　潜水钻机钻孔示意图　　　　　　　图 1-28　简易冲击钻孔机示意图
1—钻头；2—潜水钻机；3—电缆；4—护筒；5—水管；　　1—副滑轮；2—主滑轮；3—主杆；4—前拉索；5—后拉索；
6—滚轮(支点)；7—钻杆；8—电缆盘；9—5 kN 卷扬机；　　6—斜撑；7—双滚筒卷扬机；8—导向轮；9—垫木；10—钢管；
10—10 kN 卷扬机；11—电流电压表；12—启动开关　　　1—供浆管；12—溢流口；13—泥浆渡槽；14—护筒回填土；15—钻头

壁,大部分碎渣用掏渣筒掏出。此法设备简单,操作方便,对于有孤石的砂卵石岩、坚质岩、岩层均可成孔。

冲击钻头形式有十字形、工字形、人字形等,一般常用十字形冲击钻头,如图1-29所示。在钻头锥顶与提升钢丝绳间设有自动转向装置,冲击锤每冲击一次转动一个角度,从而保证将桩孔冲击成圆孔。

冲孔前应埋设钢护筒,并准备好护壁材料。若表层为淤泥、细砂等软土,则在筒内加入小块片石、砾石和黏土;若表层为沙砾卵石,则投入小颗粒砂砾石和黏土,以便冲击造浆,并使孔壁挤密实。冲击钻机就位后,校正冲锤中心对准护筒中心,在冲程0.4~0.8 m范围内应低提密冲,并及时加入石块与泥浆护壁,直至护筒下沉3~4 m以后,冲程可以提高到1.5~2.0 m,转入正常冲击,随时测定并控制泥浆的相对密度。

施工中,应经常检查钢丝绳的损坏情况,卡机松紧程度和转向装置是否灵活,以免掉钻。如果冲孔发生偏斜,则应回填片石(厚300~500 mm)后重新冲孔。

④ 冲抓锥成孔。冲抓锥如图1-30所示,其锥头上有一个重铁块和活动抓片,通过机架和卷扬机将冲抓锥提升到一定高度,下落时松开卷筒刹车,抓片张开,锥头便自由下落冲入土中,然后开动卷扬机提升冲抓锥,这时抓片闭合抓土。将冲抓锥整体提升至地面上卸去土渣,依次循环成孔。

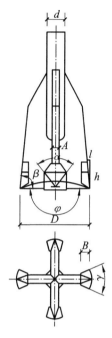

图1-29 十字形冲头击钻示意图

冲抓锥成孔的施工过程、护筒安装要求、泥浆护壁循环等与冲击成孔施工的相同。

冲抓锥成孔直径为450~600 mm,孔深可达10 m,冲抓高度宜控制在1.0~1.5 m。其适用于松软土层(砂土、黏土)中冲孔,但遇到坚硬土层时宜换用冲击钻施工。

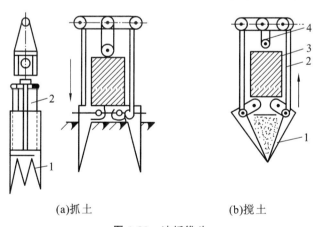

图1-30 冲抓锥头
1—抓片;2—连杆;3—压重;4—滑轮组

(4) 清孔。成孔后,必须保证桩孔进入设计持力层深度。在桩孔达到设计要求后,即进行验孔和清孔。验孔是用探测器检查桩位、直径、深度和孔道情况;清孔即清除孔底沉渣、淤泥浮土,以减少桩基的沉降量,提高承载能力。

泥浆护壁成孔清孔时,对于土质较好不易坍塌的桩孔,可使用空气吸泥机清孔,气压为 0.5 MPa,使管内形成强大高压气流向上涌,同时不断地补足清水,被搅动的泥渣随气流上涌从喷口排出,直至喷出清水为止。对于稳定性较差的孔壁,应采用泥浆循环法清孔或抽筒排渣,清孔后的泥浆相对密度应控制在 1.15~1.25;原土造浆的孔,清孔后泥浆相对密度应控制在 1.1 左右,在清孔时,必须及时补充足够的泥浆,并保持浆面稳定。

(5) 水下浇筑混凝土。在灌注桩、地下连续墙等基础工程中,常要直接在水下浇筑混凝土。其方法是,利用导管输送混凝土并使之与环境水隔离,依靠管中混凝土的自重,压迫管口周围的混凝土在已浇筑的混凝土内部流动、扩散,以完成混凝土的浇筑工作,如图 1-31 所示。

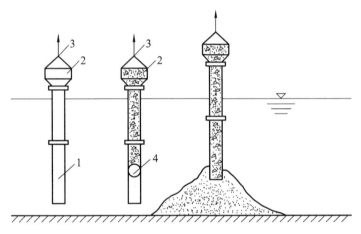

图 1-31 导管法浇筑水下混凝土示意图
1—导管;2—承料漏斗;3—提升机具;4—球塞

在施工时,先将导管放入水中(其下部距离底面约 100 mm),用麻绳或铅丝将球塞悬吊在导管内水位以上的 0.2 m(塞顶铺 2~3 层稍大于导管内径的水泥纸袋,再散铺一些干水泥,以防混凝土中的骨料卡住球塞),然后浇入混凝土,在球塞以上导管和承料漏斗装满混凝土后,剪断球塞吊绳,混凝土靠自重推动球塞下落,冲向基底,并向四周扩散。球塞冲出导管,浮至水面,可重复使用。冲入基底的混凝土将管口包住,形成混凝土堆。同时不断地将混凝土浇入导管中,管外混凝土面不断被管内的混凝土挤压上升。随着管外混凝土面的上升,导管也逐渐提升,提升到一定高度后,可将导管顶段拆下。但不能提升过快,必须保证导管下端始终埋入混凝土内;其最大埋置深度不宜超过 5 m。混凝土浇筑的最终高程应高于设计标高约 100 mm,以便清除强度低的表层混凝土(清除工作应在混凝土强度达到 2~2.5 N/mm² 后方可进行)。

导管由每段长度为 1.5~2.5 m(脚管为 2~3 m)、管径为 200~300 mm、厚度为 3~6 mm 的钢管用法兰盘加止水胶垫用螺栓连接而成。承料漏斗位于导管顶端,漏斗上方装有振动设备以防止混凝土在导管中阻塞。提升机具用于控制导管的提升与下降,常用的提升机具有卷扬机、电动葫芦、起重机等。球塞可用软木、橡胶、泡沫塑料等制成,其直径比导管内径小 15~20 mm。

水下浇筑的混凝土必须具有较大的流动性和黏聚性,以及良好的流动性保持能力,能依靠其自重和自身的流动能力来实现摊平和密实,有足够的抵抗泌水和离析的能力,以保证混凝土在堆内扩散过程中不离析,并且在一定时间内其原有的流动性不降低。因此,要求水下浇筑混凝土中水泥用量及砂率宜适当增加,泌水率应控制在2%~3%以内;粗骨料粒径不得大于导管的1/5或钢筋间距的1/4,并不宜超过40 mm;坍落度为150~180 mm。施工开始时采用低坍落度,正常施工则用较大的坍落度,并且维持坍落度的时间不得少于1 h,以便混凝土能在一段较长的时间内靠其自身的流动能力来实现其密实成形。

每根导管的作用半径一般不大于3 m,所浇混凝土的覆盖面积不宜大于30 m²,当面积过大时,可用多根导管同时浇筑。混凝土浇筑应从最深处开始,相邻导管下口的标高差不应超过导管间距的1/15~1/20,并保证混凝土表面均匀上升。

导管法浇筑水下混凝土的关键:一是保证混凝土的供应量应大于导管内混凝土必须保持的高度和开始浇筑时导管埋入混凝土堆内必需的埋置深度所要求的混凝土量;二是严格控制导管提升高度,并且只能上下升降,不能左右移动,以避免造成管内返水事故。

2) 干作业钻孔灌注桩

干作业钻孔灌注桩是先用钻机在桩位处进行钻孔,然后在桩孔内放入钢筋骨架,再灌筑混凝土而成桩的方法。其施工过程如图1-32所示。

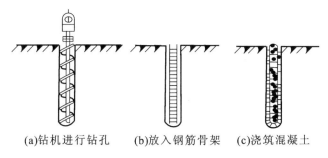

图1-32 螺旋钻机钻孔灌注桩施工过程示意图

(1) 施工特点。干作业成孔一般采用螺旋钻机钻孔。螺旋钻机根据钻杆形式的不同,可分为整体式螺旋钻机、装配式长螺旋钻机和短螺旋钻机三种。螺旋钻杆是一种动力旋转钻杆,它可使钻头的螺旋叶旋转削土,土块由钻头旋转上升而带出孔外。螺旋钻头外径分别为$\phi 400$ mm、$\phi 500$ mm、$\phi 600$ mm,钻孔深度相应为12 m、10 m、8 m。适用于成孔深度内没有地下水的一般黏土层、砂土及人工填土地基,不适用于有地下水的土层和淤泥质土的工程。

(2) 施工工艺。干作业钻孔灌注桩的施工工艺为:螺旋钻机就位对中→钻进成孔、排土→钻至预定深度、停钻→起钻,测孔深、孔斜、孔径→清理孔底虚土→钻机移位→安放钢筋笼→安放混凝土溜筒→灌入混凝土成桩→桩头养护。

钻机就位后,钻杆垂直对准桩位中心,开钻时先慢后快,减少钻杆的摇晃,及时纠正钻孔的偏斜或位移。钻孔时,螺旋刀片旋转削土,削下的土沿整个钻杆螺旋叶片上升而涌出孔外,钻杆可逐节接长直至设计要求规定的深度。在钻孔过程中,若遇到硬物或软岩,应减速慢钻或提起钻头反复钻,穿透后再正常进钻。在砂卵石、卵石或淤泥质土夹层中成孔时,由于这些土层的土壁不能直立,易造成塌孔,故钻孔可钻至塌孔下1~2 m以内,用低强度等级的细石混凝土回填至塌孔1 m以上,待混凝土初凝后,再钻至设计要求深度。也可用3:7夯实灰土回填代替混凝土处理。

钻孔至规定要求的深度后,孔底一般都有较厚的虚土,需要进行专门处理。清孔的目的是将孔内的浮土、虚土取出,减少桩的沉降。常用的方法是采用25~30 kg的重锤对孔底虚土进行夯实，或者投入低坍落度的素混凝土，再用重锤夯实；又或者令钻机在原深处空转清土，然后停止旋转，提钻卸土。

钢筋骨架的主筋、箍筋、直径、根数、间距及主筋保护层均应符合设计规定，绑扎牢固，防止变形。用导向钢筋送入孔内，同时防止泥土杂物掉进孔内。钢筋骨架就位后，应立即灌注混凝土，以防塌孔。灌注时，应分层浇筑、分层捣实，每层厚度50～60 cm。

(3) 操作要点。

① 螺旋钻进应根据地层情况，合理选择和调整钻进参数，并可通过电流表来控制钻进速度，电流值增大，说明孔内阻力增大，应降低钻进速度。

② 开始钻进及穿过软硬土层交界处时，应缓慢进尺，保持钻具垂直；钻进含有砖头瓦块卵石的土层时，应控制钻杆跳动与机架摇晃。

③ 钻进中遇蹩车，不进尺或钻进缓慢时，应停机检查，找出原因，采取措施，避免盲目钻进，导致桩孔严重倾斜、垮孔，甚至卡钻、折断钻具等恶性孔内事故。

④ 遇孔内渗水、垮孔、缩径等异常情况时，应立即起钻，采取相应的技术措施；上述情况不严重时，可调整钻进参数，投入适量黏土球，经常上下活动钻具等，保持钻进顺畅。

⑤ 冻土层、硬土层施工，宜采用高转速，小给进量，恒钻压的方式。

⑥ 短螺旋钻进，每回次进尺宜控制在钻头长度的2/3左右，砂层、粉土层可控制在0.8～1.2 m，黏土、粉质黏土在0.6 m以下。

⑦ 钻至设计深度后，钻具在孔内应空转数圈清除虚土，然后起钻，盖好孔口盖，防止杂物落入。

3) 人工挖孔灌注桩

人工挖孔灌注桩是采用人工挖掘的方法成孔，然后放置钢筋笼，浇筑混凝土而成的桩基础，也称墩基础。其施工特点为：设备简单；无噪声、无振动、不污染环境，对施工现场周围原有建筑物的影响小；施工速度快，可按施工进度要求决定同时开挖桩孔的数量，必要时各桩孔可同时施工；土层情况明确，可直接观察到地质变化，桩底沉渣能清除干净，施工质量可靠。尤其当高层建筑选用大直径的灌注桩，而施工现场又在狭窄的市区时，采用人工挖孔比机械挖孔具有更大的适应性。但其缺点是，人工耗力大，开挖效率低，安全操作条件差等。

(1) 施工设备。一般可根据孔径、孔深和现场具体情况加以选用，常用的有：电动葫芦、提土桶、潜水泵、鼓风机和输风管、镐、锹、土筐、照明灯、对讲机及电铃等。

(2) 施工工艺。施工时，为确保挖土成孔施工安全，必须考虑采取预防孔壁坍塌和流砂等现象发生的措施。因此，施工前应根据地质水文资料，拟定出合理的护壁措施和降排水方案，护壁方法很多，可以采用现浇混凝土护壁、沉井护壁、喷射混凝土护壁等。

① 现浇混凝土护壁法施工，即采用分段开挖、分段浇筑混凝土护壁，既能防止孔壁坍塌，又能起到防水作用。

桩孔采取分段开挖，每段高度取决于土壁直立状态的能力，一般以0.5～1.0 m为一施工段，开挖井孔直径为设计桩径加混凝土护壁厚度。

护壁施工段，即支设护壁内模板(工具式活动钢模板)后浇筑混凝土，模板的高度取决于开挖土方施工段的高度，一般为1 m，由4块至8块活动钢模板组合而成，支成有锥度的内模。内模支设完毕后，吊放用角钢和钢板制成的两个半圆形合成的操作平台进入桩孔内，置于内模板顶部，用于放置料具和进行浇筑混凝土操作。混凝土的强度一般不低于C15，浇筑混凝土时应注意振捣密实。

当护壁混凝土强度达到 1 MPa(常温下约 24 h)可拆除模板,开挖下段的土方,再支模浇筑护壁混凝土,如此循环,直至挖到设计要求的深度为止。

在桩孔挖到设计深度,并检查孔底土质是否已达到设计要求后,再在孔底挖成扩大头。待桩孔全部成形后,用潜水泵抽出孔底的积水,然后立即浇筑混凝土。当混凝土浇筑至钢筋笼的底面设计标高时,再吊入钢筋笼就位,并继续浇筑桩身混凝土而形成桩基。

② 当桩径较大,挖掘深度大,地质复杂,土质差(松软弱土层),并且地下水位高时,应采用沉井护壁法挖孔施工。

沉井护壁法施工是先在桩位上制作钢筋混凝土井筒,在井筒下捣制钢筋混凝土刃脚,然后在筒内挖土掏空,井筒靠其自重或附加荷载来克服筒壁与土体之间的摩擦阻力,边挖边沉,使其垂直地下沉到设计要求的深度。

4)沉管灌注桩

沉管灌注桩是利用锤击打桩设备或振动沉桩设备,将带有钢筋混凝土的桩尖(或钢板靴)或带有活瓣式桩靴的钢管沉入土中(钢管直径应与桩的设计尺寸一致),造成桩孔,然后放入钢筋骨架并浇筑混凝土,随之拔出套管,利用拔管时的振动将混凝土捣实,便形成所需的灌注桩的方法。利用锤击沉桩设备沉管、拔管成桩,称为锤击沉管灌注桩,如图 1-33 所示;利用振动器振动沉管、拔管成桩,称为振动沉管灌注桩,如图 1-34 所示。

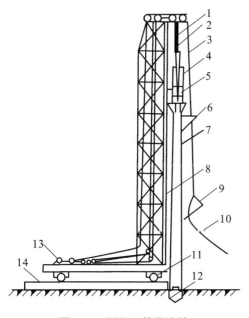

图 1-33 锤机沉管灌注桩

1—桩锤钢丝绳;2—桩管滑轮组;3—吊斗钢丝绳;
4—桩锤;5—桩帽;6—混凝土漏斗;7—桩管;
8—桩架;9—混凝土吊斗;10—回绳;11—行驶用钢管;
12—预制桩靴;13—卷扬机;14—枕木

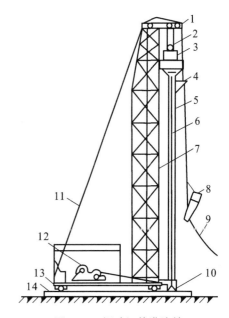

图 1-34 振动沉管灌注桩

1—导向滑轮;2—滑轮组;3—激振器;4—混凝土漏斗;5—桩帽;
6—加压钢丝绳;7—桩管;8—混凝土吊斗;9—回绳;
10—活瓣桩靴;11—缆风绳;12—卷扬机;13—行驶用钢管;14—枕木

在沉管灌注桩的施工过程中,对土体有挤密作用和振动影响,施工中应结合现场施工条件,考虑成孔的顺序:①间隔一个或两个桩位成孔;②在邻桩混凝土初凝前或终凝后成孔;③一个承台下桩数在 5 根以上者,中间的桩先成孔,外围的桩后成孔。

为了提高桩的质量和承载能力,沉管灌注桩常采用单打法、复打法、翻插法等施工工艺。

(1) 单打法(又称一次拔管法):拔管时,每提升 0.5～1.0 m,振动 5～10 s,然后再拔管 0.5～1.0 m,这样反复进行,直至全部拔出。

(2) 复打法:在同一桩孔内连续进行两次单打,或者根据需要进行局部复打。施工时,应保证前后两次沉管轴线重合,并在混凝土初凝之前进行。

(3) 翻插法:钢管每提升 0.5 m,再下插 0.3 m,这样反复进行,直至拔出为止。

在施工时,注意及时补充套筒内的混凝土,使管内混凝土面保持一定高度并高于地面。

(1) 锤击沉管灌注桩。锤击沉管灌注桩的方法适用于一般黏性土、淤泥质土和人工填土地基,其施工过程如图 1-35 所示。

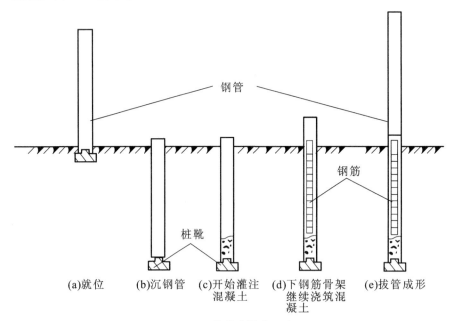

图 1-35 沉管灌注桩施工过程

锤击沉管灌注桩施工要点如下。

① 桩尖与桩管接口处应垫麻(或草绳)垫圈,以防止地下水渗入管内和用作缓冲层。沉管时先用低锤锤击,观察无偏移后,才正常施打。

② 拔管前,应先锤击或振动套管,在测得混凝土确已流出套管时方可拔管。

③ 桩管内混凝土应尽量填满,拔管时要均匀,保持连续密锤轻击,并控制拔管速度,对于一般土层,拔管速度以不大于 1 m/min 为宜,对于软弱土层与软硬交界处,拔管速度应控制在 0.8 m/min 以内为宜。

④ 在管底未拔到桩顶设计标高前,倒打或轻击不得中断,注意使管内的混凝土保持略高于地面,并保持到全管拔出为止。

⑤ 桩的中心距在 5 倍桩管外径以内或小于 2 m 时,均应跳打施工;中间空出的桩须待邻桩混凝土达到设计强度的 50% 以后,方可施打。

(2) 振动沉管灌注桩。振动沉管灌注桩采用激振器或振动冲击沉管,其施工过程如下。

① 桩机就位：将桩尖活瓣合拢对准桩位中心，利用振动器及桩管自重，把桩尖压入土中。

② 沉管：开动振动箱，桩管即在强迫振动下迅速沉入土中。沉管过程中，应经常探测管内有无水或泥浆，如发现水、泥浆较多，应拔出桩管，用砂回填桩孔后方可重新沉管。

③ 上料：桩管沉到设计标高后停止振动，放入钢筋笼，再上料斗将混凝土灌入桩管内，一般应灌满桩管或略高于地面。

④ 拔管：开始拔管时，应先启动振动箱 8～10 min，并用垂球测得桩尖活瓣确已张开，混凝土确已从桩管中流出以后，方可开始用卷扬机抽拔桩管，边振边拔。拔管速度应控制在 1.5 m/min 以内。拔管方法根据承载力不同要求，可分别采用单打法、复打法和翻插法。

振动沉管灌注桩宜用于一般黏性土、淤泥质土及人工填土地基，更适用于砂土、稍密及中密的碎石土地基。

（3）夯扩桩。夯扩桩即夯压成形灌注桩，它是在普通沉管灌注桩的基础上加以改进，增加一根内夯管，使桩端扩大的一种桩型。内夯管的作用是在夯扩工序时，将外管混凝土夯出管外，并在桩端形成扩大头；在施工桩身时利用内管和桩锤的自重将桩身混凝土压实。夯扩桩适用于一般黏性土、淤泥、淤泥质土、黄土、硬黏性土，也可用于有地下水的情况；其可在 20 层以下的高层建筑基础中使用。

如图 1-36 所示，夯扩桩施工时，应先在桩位处按要求放置干混凝土，然后将内外管套叠对准桩位，再通过柴油锤将双管打入地基土中至设计要求深度。将内夯管拔出，向外管内灌入高度为 H 的混凝土，然后将内管放入外管内压实灌入的混凝土，再将外管拔起一定高度 h。通过柴油锤与内夯管夯打管内混凝土，夯打至外管底端深度略小于设计桩底深度处（差值为 c）。此过程为一次夯扩，如需第二次夯扩，则重复一次夯扩步骤即可。

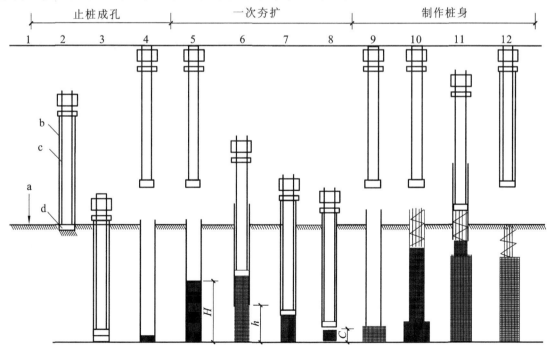

图 1-36 夯扩桩施工

a—柴油锤；b—外管；c—内管；d—内管底板；e—C20 干硬混凝土；$H>h>c$

5) PPG 灌注桩后压浆法

PPG 灌注桩后压浆法是利用预先埋设于桩体内的注浆系统,通过高压注浆泵将高压浆液压入桩底,浆液克服土粒之间抗渗阻力,不断渗入桩底沉渣及桩底周围土体孔隙中,排走孔隙中水分,充填于孔隙中。由于浆液的充填胶结作用,在桩底形成一个扩大头。另一方面,随着注浆压力及注浆量的增加,一部分浆液克服桩侧摩阻力及上覆土压力沿桩土界面不断向上泛浆,高压浆液破坏泥皮,渗入(挤入)桩侧土体,使桩周松动(软化)的土体得到挤密加强。浆液不断向上运动,上覆土压力不断减小,当浆液向上传递的反力大于桩侧摩阻力及上覆土压力时,浆液将以管状流溢出地面。因此,控制一定的注浆压力和注浆量,将使桩底土体及桩周土体均得到加固,从而有效提高了桩端阻力和桩侧阻力,达到大幅度提高承载力的目的。

其施工工艺为:灌注桩成孔→钢筋笼制作→压浆管制作→灌注桩清孔→压浆管绑扎→下钢筋笼→灌注桩混凝土后压浆施工。其施工要点如下。

(1) 压浆管的制作。在制作钢筋笼的同时制作压浆管。压浆管采用直径为 25 mm 的黑铁管制作,接头采用丝扣连接,两端采用丝堵封严。压浆管长度比钢筋笼长度多出 55 cm,在桩底部长出钢筋笼 5 cm,上部高出桩顶混凝土面 50 cm,但不得露出地面,以便于保护。压浆管在最下部 20 cm 制作成压浆喷头(俗称花管),在该部分采用钻头均匀钻出 4 排(每排 4 个)、间距 3 cm、直径 3 mm 的压浆孔作为压浆喷头;用图钉将压浆孔堵严,外面套上同直径的自行车内胎并在两端用胶带封严,这样压浆喷头就形成了一个简易的单向装置。当注浆时压浆管中压力将车胎涨裂、图钉弹出,水泥浆通过注浆孔和图钉的孔隙压入碎石层中,而混凝土灌注时该装置又保证混凝土浆不会将压浆管堵塞。

(2) 压浆管的布置。将 2 根压浆管对称地绑在钢筋笼外侧。成孔后清孔、提钻、下钢筋笼,在钢筋笼吊装安放过程中应注意对压浆管的保护,钢筋笼不得扭曲,以免造成压浆管在丝扣连接处松动,喷头部分应加混凝土垫块保护,不得摩擦孔壁,以免车胎破裂造成压浆孔堵塞。按照规范要求灌注混凝土。

(3) 压浆桩位的选择。根据以往的工程实践,在碎石层中,水泥浆在工作压力的作用下影响面积较大。为了防止压浆时水泥浆液从临近的薄弱地点冒出,压浆的桩应在混凝土灌注完成 3~7 d 后,并且该桩周围至少 8 m 范围内没有钻机钻孔作业,该范围内的桩混凝土灌注完成也应在 3 d 以上。

(4) 压浆施工顺序。压浆时最好采用整个承台群桩一次性压浆,压浆先施工周圈桩位再施工中间桩。压浆时采用 2 根桩循环压浆,即先压第 1 根桩的 A 管,压浆量约占总量的 70%,压完后再压另 1 根桩的 A 管,然后依次为第 1 根桩的 B 管和第 2 根桩的 B 管,这样就能保证同一根桩的 2 根管压浆时间间隔 30~60 min 以上,给水泥浆一个在碎石层中扩散的时间。压浆时应做好施工记录,记录的内容应包括施工时间、压浆开始及结束时间、压浆数量及出现的异常情况和处理的措施等。

四、地下连续墙施工

地下连续墙的施工过程为:利用专用的挖槽机械在泥浆护壁下开挖一定长度(一个单元槽段),挖至设计深度并清除沉渣后,插入接头管,再将在地面上加工好的钢筋笼用起重机吊入充满泥浆的沟槽内,最后用导管浇筑混凝土,待混凝土初凝后拔出接头管,此时一个单元槽段即施工完毕,如图 1-37 所示,如此逐段施工,即形成地下连续的钢筋混凝土墙。

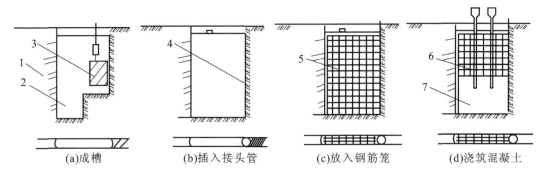

图 1-37 地下连续墙施工过程示意图

1—已完成的单元槽段;2—泥浆;3—成槽机;4—接头管;5—钢筋笼;6—导管;7—浇筑的混凝土

挖槽是地下连续墙施工中的主要工序,槽宽取决于设计墙厚,一般为 600 mm、800 mm、1 000 mm。挖槽是在泥浆中进行的,目前我国常用的挖槽设备为导板抓斗、导杆抓斗(见图 1-38)和多头钻成槽机(见图 1-39)。挖槽按单元槽段进行,挖至设计标高后要进行清孔(清除槽底的沉渣),然后尽快地下放接头管和钢筋笼,并立即浇筑混凝土,以防槽段塌方。有时在下放钢筋笼后要进行第二次清孔。

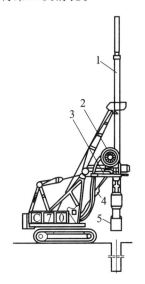

图 1-38 导杆液压抓斗构造示意图

1—导杆;2—液压管线回收轮;3—平台;
4—调整倾斜度用的千斤顶;5—抓斗

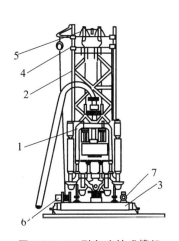

图 1-39 SF 型多头钻成槽机

1—多头钻;2—机架;3—底盘;4—顶部圈梁;
5—顶梁;6—电缆收线盘;7—空气压缩机

泥浆的作用是在挖槽过程中用于护壁,防止槽壁塌方;在用多头钻成槽时还利用泥浆的循环将钻下的土屑携带出槽段。泥浆的配制和成槽过程中保持其应有的性能,对于顺利成槽来说非常重要。

我国常用的膨润土泥浆,由膨润土、掺和物和水组成。掺和物有很多种,可根据需要掺加。泥浆在相对密度、黏度、含砂量、失水量和泥皮厚度、pH 值、静切力、稳定性和胶体率等指标都有一定的要求,应经常进行检验和调整。

地下连续墙是按单元槽段施工的,槽段之间在垂直面上有接头。如果地下连续墙只用于支护结构,接头只要密合不漏水即可,则可用接头管形成半圆形的接合面,能使槽段紧密相接,增强抗渗能力。接头管在成槽后、吊入钢筋笼之前插入,浇筑混凝土初凝后逐渐拔出。如果地下连续墙用于主体结构侧墙或结构的地下墙,则除要求接头抗渗外,还要求接头有抗剪能力,此时就需要在接头处增加钢板,使相邻槽段有力地连接成整体。

钢筋笼都是在施工现场加工的,为了便于起重机整体(过长者亦可分段制作)起吊,需要加强其刚度。插入槽段时要对准槽段徐徐下放,防止碰撞槽壁造成塌方,加大清孔的工作量。

浇筑混凝土是在泥浆中进行的,用导管法进行水下浇筑。

单元 3 冬期施工和雨期施工

一、冬期施工

冬期施工,是指室外日平均气温为 5 ℃ 或 5 ℃ 以下,或者最低气温降低到 0 ℃ 或 0 ℃ 以下时,用一般的施工方法难以达到预期目的,必须采取特殊的措施进行施工的情况。土方工程冬期施工造价高,功效低,一般应在入冬前完成。如果必须在冬期施工,则其施工方法应根据本地区气候、土质和冻结情况,并结合施工条件进行技术比较后确定。

1. 地基土的保温防冻

土在冬期由于受冻变得坚硬,挖掘困难。土的冻结有其自然规律,在整个冬期期间,土层的冻结厚度(冻结深度)可参见《建筑施工手册》,其中未列出的地区,在地面无雪和草皮覆盖的条件下全年标准冻结深度 Z_0 为

$$Z_0 = 0.28\sqrt{\sum T_\mathrm{m} + 7} - 0.5 \tag{1-8}$$

式中:$\sum T_\mathrm{m}$——低于 0 ℃ 的月平均气温累计值(取连续 10 年以上的平均值),以正数代入。

土方工程冬期施工,应采取防冻措施,常用的方法有松土防冻法、覆盖雪防冻法和隔热材料防冻法等。

(1)松土防冻法。入冬期,在挖土的地表层先翻松 25~40 cm 厚表层土并耙平,其宽度应不小于土冻结深度的 2 倍与基底宽之和。在翻松的土中,有许多充满空气的孔隙,可以降低土层的导热性,达到防冻的目的。

(2)覆盖雪防冻法。降雪量较大的地区,可利用较厚的雪层覆盖作保温层,防止地基土冻结。对于大面积的土方工程,可在地面上与风主导方向垂直的方向设置篱笆、栅栏或雪堤(高度为 0.5~1.0 m,其间距为 10~15 m),人工积雪防冻。对于面积较小的基槽(坑)土方工程,在土冻结前,可以在地面上挖积雪沟(深 30~50 cm),并随即用雪将沟填满,以防止未挖土层冻结。

(3)隔热材料防冻法。面积较小的基槽(坑)的地基土防冻,可在土层表面直接覆盖炉渣、锯末、草垫、树叶等保温材料,其宽度为土层冻结深度的 2 倍与基槽宽度之和。

2. 冻土的融化

冻结土的开挖比较困难,可用外加热能融化后挖掘。这种方式只有在面积不大的工程上采用,其费用较高。

(1)烘烤法。适用面积较小,冻土不深,燃料充足地区。常使用锯末、谷壳和刨花等作为燃料。在冻土上铺上杂草、木柴等引火材料,然后撒上锯末,上面压几厘米的土,让它不起火苗地燃烧,250 mm 厚的锯末经一夜燃烧可熔化冻土 300 mm 左右,开挖时分层分段进行。

(2)蒸汽融化法。当热源充足,工程量较小时,可采用蒸汽融化法。将带有喷气孔的钢管插入预先钻好的冻土孔中,通蒸汽融化。

3. 冻土的开挖

冻土的开挖方法有人工法开挖法、机械法开挖法和爆破法开挖法等三种。

(1)人工法开挖法。人工开挖法冻土适用于开挖面积较小和场地狭窄,不具备其他方法进行土方破碎开挖的情况。开挖时一般用大铁锤和铁楔子劈冻土。

(2)机械法开挖法。机械法开挖法适用于大面积的冻土开挖。破土机械的选择,根据冻土层的厚度和工程量大小选用。当冻土层厚度小于 0.25 m 时,可直接用铲运机、推土机、挖土机挖掘开挖;当冻土层厚度为 0.6~1.0 m 时,用打桩机将楔形劈块按一定顺序打入冻土层,劈裂破碎冻土,或者用起重设备将重 3~4 t 的尖底锤吊至 5~6 m 高,脱钩自由落下,击碎冻土层(击碎厚度可达 1~2 m),然后用斗容量大的挖土机进行挖掘。

(3)爆破法开挖法。爆破法开挖法适用面积较大,冻土层较厚的土方工程。采用打炮眼、填药的爆破方法将冻土破碎后,用机械挖掘施工。

4. 冬期回填土施工

由于冻结土块坚硬且不易破碎,回填过程中又不易被压实,待温度回升、土层解冻后会造成较大的沉降。为保证冬期回填土的工程质量,冬期回填土施工必须按照施工及验收规范的规定组织施工。

冬期填方前,应清除基底的冰雪和保温材料,排除积水,挖除冻块或淤泥。对于基础和地面工程范围内的回填土,冻土块的含量不得超过回填土总体积的 15%,并且冻土块的粒径应小于 15 cm。填方宜连续进行,并且应采取有效的保温防冻措施,以免地基土或已填土受冻。填方时,每层的虚铺厚度应比常温施工时减少 20%~25%。填方的上层应用未冻的、不冻胀或透水性好的土料填筑。

二、雨期施工

1. 雨期施工准备

在雨期到来之际,施工现场、道路及设施必须做好有组织的排水。施工现场临时设施、库房要做好防雨排水的准备。现场的临时道路应加固、加高,或者在雨期加铺炉渣、沙砾或其他防滑材料。施工现场准备足够的防水、防汛材料(如草袋、油毡雨布等)和器材工具等,以防备用。

2. 土方工程的雨期施工

雨期开挖基槽(坑)或管沟时,开挖的施工面不宜过大,应从上至下分层分段依次施工,底部随时做成一定的坡度,应经常检查边坡的稳定,适当放缓边坡或设置支撑。雨期不要在滑坡地段进行施工。大型基坑开挖为防止被雨水冲塌,可在边坡上加钉钢丝网片,再浇筑 50 mm 厚的细石混凝土。地下的池、罐构筑物或地下室结构,完工后应抓紧基坑四周回填土施工和上部结构继续施工,否则会造成地下室和池子上浮的事故。

1. 土的工程分类是按什么划分的?

2. 试述土的基本性质及其对土石方施工的影响。

3. 什么是明排水法？有何特点？

4. 试分析土壁塌方的预防措施。

5. 填土压实有哪些方法？影响填土压实的主要因素有哪些？

6. 地基加固有哪些方法？

7. 试述强夯法的夯实方法。

8. 试述钢筋混凝土预制桩的制作、起吊、运输、堆放等环节的主要工艺要求。

9. 试述钢筋混凝土预制桩的施工过程及质量要求。

10. 打桩易出现哪些问题？分析其出现的原因，如何避免？

11. 试述泥浆护壁成孔灌注桩的施工过程及注意事项。泥浆是由什么成分组成的，它起的什么作用？

12. 试述人工挖孔灌注桩的特点和工艺流程。

13. 试述沉管灌注桩的施工过程，以及施工中易出现的质量问题及其处理方法。

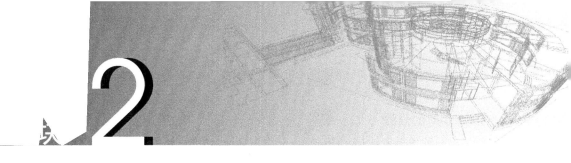

砌筑工程施工

1. 知识目标

(1) 熟悉脚手架的分类、选型、构造组成、搭设及拆除的基本要求;熟悉常用的外脚手架的构造,主要组成杆件及搭设要点,常用的脚手架的形式、构造。

(2) 了解常用的垂直运输设备的特点及使用。

(3) 掌握砌筑砂浆的材料要求、制备要求;掌握砖砌体、小型砌块砌体、填充墙砌体的施工要求。

(4) 了解冬期和雨期砌体施工的基本要求。

2. 能力目标

(1) 熟悉脚手架的搭设及拆除方法。

(2) 熟悉常用的垂直运输设备的使用。

(3) 掌握砖砌体、小型砌块砌体、填充墙砌体的施工工艺、方法。

(4) 熟悉冬期和雨期砌体施工措施。

单元1 脚手架工程

一、脚手架的基本要求与分类

脚手架是指在施工现场为安全防护、工人操作和解决楼层水平运输而搭设的支架,为施工临时设施,也是施工作业中必不可少的工具和手段。脚手架工程对施工人员的操作安全、工程质量、工程成本、施工进度以及邻近建筑物和场地的影响都很大,在工程建造中占有相当重要的地位。

1. 脚手架的基本要求

脚手架的基本要求如下。

(1) 要有足够的宽度(一般为1.5~2.0 m)、步架高度(砌筑脚手架步架高度为1.2~1.4 m,装饰脚手架步架高度为1.6~1.8 m),并且能够满足工人操作、材料堆置以及运输方便的要求。

(2) 应具有稳定的结构和足够的承载力,能确保在各种荷载和气候条件下,不超过允许变形、不倾倒、不摇晃,并有可靠的防护设施,以确保在架设、使用和拆除过程中的安全可靠性。

(3) 应与楼层作业面高度相统一,并与垂直运输设施(如施工电梯、井字架等)相适应,以确保材料由垂直运输转入楼层水平运输的需要。

(4) 搭拆简单,易于搬运,能够多次周转使用。

(5) 应考虑多层作业、交叉流水作业和多工种平行作业的需要,减少重复搭拆次数。

2. 脚手架的分类

脚手架的种类很多,按构造形式,可分为多立杆式(也称杆件组合式)、框架组合式(如门式)、格构件组合式(如桥式)和台架等;按支固方式,可分为落地式、悬挑式、悬吊式(吊篮)等;按搭拆和移动方式,可分为人工装拆脚手架、附着升降脚手架、整体提升脚手架、水平移动脚手架和升降桥架等;按用途,可分为主体结构脚手架、装修脚手架和支撑脚手架等;按搭设位置,可分为外脚手架和里脚手架等两类;按使用材料,分为木、竹和金属脚手架等。本节仅介绍几种常用的脚手架。

二、多立杆式脚手架

多立杆式脚手架主要由立杆(又称立柱)、纵向水平杆(即大横杆)、横向水平杆(即小横杆)、底座、支撑及脚手板构成受力骨架和作业层,再加上安全防护设施而组成。常用的有扣件式钢管脚手架(扣件式节点)和碗扣式钢管脚手架(碗扣式节点)两种。

1. 扣件式钢管脚手架

扣件式钢管脚手架的组成,如图 2-1 所示,它具有承载能力大、装拆方便、搭设高度大、周转次数多、摊销费用低等优点,是目前使用最普遍的能周转的脚手架之一。

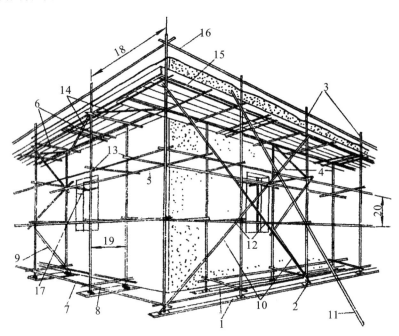

图 2-1 扣件式钢管脚手架的组成

1—垫板;2—底座;3—外立柱;4—内立柱;5—纵向水平杆;6—横向水平杆;7—纵向水平扫地杆;8—横向水平扫地杆;9—横向斜撑;10—剪刀撑;11—抛撑;12—旋转扣件;13—直角扣件;14—水平斜撑;15—挡脚板;16—防护栏杆;17—连墙固定件;18—柱距;19—排距;20—步距

1)扣件式钢管脚手架的主要组成部件及其作用

(1)钢管。

脚手架钢管其质量应符合现行国家标准《碳素结构钢》(GB/T 700—2006)中 Q235-A 级钢的规定,其尺寸应按表 2-1 所示来采用。钢管宜采用 $\phi 48 \text{ mm} \times 3.5 \text{ mm}$ 的钢管,每根质量不应大于 25 kg。

表 2-1　脚手架钢管尺寸(mm)

截面尺寸		最大长度	
外径 ϕ	壁厚 t	横向水平杆	其他杆
48	3.5	2 200	4 000～6 500
51	3.0		

根据钢管在脚手架中的位置和作用不同,钢管可分为立杆、大横杆、小横杆、剪刀撑、连墙杆、水平斜拉杆等,其作用分别如下。

① 立杆　平行于建筑物并垂直于地面,将脚手架荷载传递给底座。

② 大横杆　平行于建筑物并在纵向水平连接各立杆,承受、传递荷载给立杆。

③ 小横杆　垂直于建筑物并在横向连接内、外大横杆,承受、传递荷载给大横杆。

④ 剪刀撑　设在脚手架外侧面并与墙面平行的十字交叉斜杆,可增强脚手架的纵向刚度。

⑤ 连墙杆　连接脚手架与建筑物,承受并传递荷载,并且可防止脚手架横向失稳。

⑥ 水平斜拉杆　设在有连墙杆的脚手架内、外立柱间的步架平面内的"之"字形斜杆,可增强脚手架的横向刚度。

⑦ 纵向水平扫地杆　采用直角扣件固定在距底座上皮不大于 200 mm 处的立杆上,起约束立杆底端在纵向发生位移的作用。

⑧ 横向水平扫地杆　采用直角扣件固定在紧靠纵向水平扫地杆下方的立杆上的横向水平杆上,起约束立杆底端在横向发生位移的作用。

(2) 扣件。

扣件是钢管与钢管之间的连接件,其基本形式有三种,如图 2-2 所示。

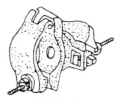 

(a)旋转扣件　　　(b)直角扣件　　　(c)对接扣件

图 2-2　扣件形式

① 旋转扣件(回转扣)　用于两根呈任意角度交叉钢管的连接。

② 直角扣件(十字扣)　用于两根呈垂直交叉钢管的连接。

③ 对接扣件(一字扣)　用于两根钢管的对接连接。

(3) 脚手板。

脚手板是提供施工作业条件并承受和传递荷载给水平杆的板件,可用竹、木等材料制成。脚手板若设于非操作层则可起安全防护作用。

(4) 底座。

底座设在立杆下端,用于承受并传递立杆荷载给地基,如图 2-3 所示。

(5) 安全网。

安全网用于保证施工安全和减少灰尘、噪声、光污染,其包括立网和平网两部分。

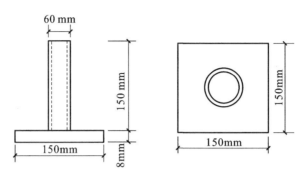

图 2-3 脚手架底座

2）扣件式钢管脚手架的构造

扣件式钢管脚手架的基本构造形式有单排架和双排架两种构架形式，如图 2-4 所示。单排架和双排架一般用于外墙砌筑与装饰。

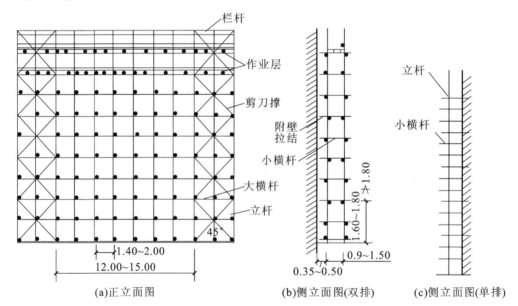

图 2-4 扣件式钢管脚手架的构造形式

（1）立杆。

立杆的横距为 1.0～1.50 m，纵距为 1.20～2.0 m，每根立杆均应设置标准底座。由标准底座底面向上 200 mm 处，必须设置纵、横向水平扫地杆，用直角扣件与立杆连接固定。立杆接长除顶层可以采用搭接外，其余各层必须采用对接扣件连接。立杆的对接、搭接应满足下列要求。

① 立杆上的对接扣件应交错布置，两相邻立杆的接头应错开一步，其错开的垂直距离不应小于 500 mm，并且与相近的纵向水平杆距离应小于 1/3 步距。

② 对接扣件距主节点（立杆、大横杆、小横杆三者的交点）的距离不应大于 1/3 步距。

③ 立杆的搭接长度不应小于 1 m，用不少于两个旋转扣件固定，端部扣件盖板的边沿至杆端距离不应小于 100 mm。

（2）大横杆。

大横杆应设置水平，长度不应小于 2 跨，大横杆与立杆应使用直角扣件扣紧，并且不能隔步设置或遗漏。两根大横杆的接头必须采用对接扣件连接。接头位置距立杆轴心线的距离不宜大于跨度的 1/3，同一步架中内外两根纵向水平杆的对接接头应尽量错开一跨，上下相邻两根纵向水平杆的对接接头也应尽量错开一跨，错开的水平距离不应小于 500 mm。

(3) 小横杆。

小横杆应设置在立杆与大横杆的相交处，使用直角扣件与大横杆扣紧，并且应贴近立杆布置，小横杆距立杆轴心线的距离不应大于 150 mm。当为单排脚手架时，小横杆的一端与大横杆连接，另一端插入墙内长度不小于 180 mm；当为双排脚手架时，小横杆的两端应使用直角扣件固定在大横杆上。

(4) 支撑。

支撑包括剪刀撑（又称十字撑）和横向支撑（又称横向斜拉杆、之字撑）等。剪刀撑是设置在脚手架外侧面，与外墙面平行的十字交叉斜杆，可增强脚手架的纵向刚度；横向支撑是设置在脚手架内、外排立杆之间的，呈之字形的斜杆，可增强脚手架的横向刚度。双排脚手架应设剪刀撑与横向支撑，单排脚手架应设剪刀撑。

剪刀撑的设置应符合下列要求。

① 高度在 24 m 以下的单、双排脚手架，均应在外侧立面的两端各设置一道剪刀撑，由底至顶连续设置；中间每道剪刀撑的净距离不应大于 15 m。

② 高度在 24 m 以上的双排脚手架应在外侧立面整个长度和高度上连续设置剪刀撑。

③ 每道剪刀撑跨越立杆的根数宜在 5~7 根之间，与地面的倾角宜在 45°~60°之间。

④ 剪刀撑的连接除顶层可采用搭接外，其余各接头必须采用对接扣件连接。搭接长度不小于 1 m，用不少于两个旋转扣件连接。

⑤ 剪刀撑的斜杆应使用旋转扣件固定在与之相交的小横杆的伸出端或立杆上，旋转扣件中心线距主节点的距离不应大于 150 mm。

横向支撑的设置应符合下列要求。

① 横向支撑的每一道斜杆应在 1~2 步内，由底至顶呈"之"字形连续布置，两端用旋转扣件固定在立杆上或小横杆上。

② 一字形、开口形双排脚手架的两端均必须设置横向支撑，中间每隔 6 跨设置一道横向支撑。

③ 高度在 24 m 以下的封闭型双排脚手架可不设横向支撑，高度在 24 m 以上者除两端应设置横向支撑外，中间应每隔 6 跨设置一道横向支撑。

(5) 连墙件。

连墙件（又称连墙杆）是连接脚手架与建筑物的部件。其既要承受、传递风荷载，又要防止脚手架横向失稳或倾覆。

连墙件的布置形式、间距大小对脚手架的承载能力有很大影响，它不仅可以防止脚手架的倾覆，而且还可加强立杆的刚度和稳定性。连墙件的布置间距如表 2-2 所示。

连墙件根据传力性能，构造形式的不同，可分为刚性连墙件和柔性连墙件等两类。通常采用刚性连墙件，使脚手架与建筑物连接可靠。高度在 24 m 以上的双排脚手架必须采用刚性连墙件与墙体连接，如图 2-5 所示；当脚手架高度在 24 m 以下时，也可采用柔性连墙件（如用铅丝或 φ6 mm 钢筋），这时必须配备顶撑顶在混凝土梁、柱等结构部位，以防止向内倾倒，如图 2-6 所示。

表 2-2　连墙件布置最大间距（m）

脚手架高度 H		竖向间距	水平间距
双排	≤50	≤6（3步）	≤6（3跨）
	>50	≤4（2步）	≤6（3跨）
单排	≤24	≤6（3步）	≤6（3跨）

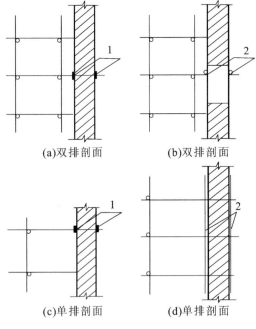

图 2-5　刚性连墙件固定
1—扣件；2—短钢管

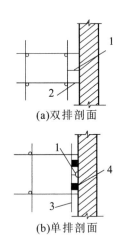

图 2-6　柔性连墙件固定
1—8号铅丝与墙内埋设的钢筋环拉住；
2—顶墙横杆；3—短钢管；4—木楔

3）扣件式钢管脚手架的搭设与拆除

（1）扣件式钢管脚手架的搭设。

脚手架的搭设要求钢管的规格相同，地基平整夯实；对高层建筑物脚手架的基础要进行验算，脚手架地基的四周应排水畅通，立杆底端应设底座或垫木，垫板长度不小于 2 跨，木垫板厚度不小于 50 mm，也可以用槽钢。

通常，脚手架的搭设顺序为：放置纵向水平扫地杆→逐根树立立杆（随即与纵向水平扫地杆扣紧）→安装横向水平扫地杆（随即与立杆或纵向水平扫地杆扣紧）→安装第一步纵向水平杆（随即与各立杆扣紧）→安装第一步横向水平杆→安装第二步纵向水平杆→安装第二步横向水平杆→加设临时斜撑杆（上端与第二步纵向水平杆扣紧，在装设两道连墙件后可拆除）→安装第三、四步纵横向水平杆→安装连墙件、接长立杆，加设剪刀撑→铺设脚手板→挂安全网→（向上安装重复以上步骤）。

开始搭设第一节立杆时，每 6 跨应暂设一根抛撑；当搭设至设有连墙件的构造点时，应立即设置连墙件与墙体连接，当装设两道连墙件后抛撑便可拆除；双排脚手架的小横杆靠墙一端应离开墙体装饰面至少 100 mm,杆件相交的伸出端长度不小于 100 mm,以防止杆件滑脱;扣件规格必须与钢管外径相一致,扣件螺栓拧紧,扭力矩为 40~65 N·m;除操作层的脚手板外,宜每隔 1.2 m 高满铺一层脚手板,在脚手架全高或高层脚手架的每个高度区段内,铺板层不多于 6 层,作业层不超过 3 层,或者根据设计搭设。

单排架的搭设时应在墙体上留脚手架眼,但在墙体下列部位不允许留脚手架眼:砖过梁上与过梁两端成 60°角的三角形范围内及过梁净跨度 1/2 的高度范围内;宽度小于 1 m 的窗间墙;梁或梁垫下及其两侧各 500 mm 的范围内;砖砌体的门窗洞口两侧 200 mm 和墙转角处 450 mm 的范围内;其他砌体的门窗洞口两侧 300 mm 和转角处 600 mm 的范围内;独立柱或附墙砖柱;设计上不允许留脚手眼的部位。

(2)扣件式脚手架的拆除。

扣件式脚手架的拆除应按由上而下,后搭者先拆、先搭者后拆的顺序进行。严禁上下同时拆除,以及先将整层连墙件或数层连墙件拆除后再拆其余杆件;如果采用分段拆除,其高差不应大于 2 步架;当拆除至最后一节立杆时,应先搭设临时抛撑加固后,再拆除连墙件;拆下的材料应及时分类集中运至地面,严禁抛扔。

2. 碗扣式钢管脚手架

碗扣式钢管脚手架的核心部件是碗扣接头,它由焊在立杆上的下碗扣、可滑动的上碗扣、上碗扣的限位销和焊在横杆上的接头组成,如图 2-7 所示。

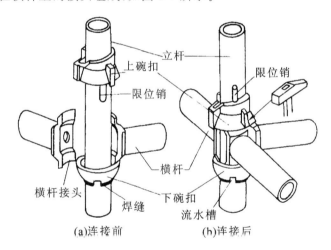

图 2-7 碗扣接头

连接时,只需将横杆插入下碗扣内,将上碗扣沿限位销扣下,顺时针旋转,靠近上碗扣螺旋面使之与限位销顶紧,从而将横杆和立杆牢固地连接在一起,形成框架结构,碗扣式接头可同时连接 4 根横杆,横杆可以相互垂直也可以偏转成一定的角度,位置随需要确定。该脚手架具有多功能、高功效、承载力大、安全可靠、便于管理、易改造等优点。

1) 碗扣式钢脚手架的构配件及用途

碗扣式钢脚手架的构配件按其用途可分为主要构件、辅助构件和专用构件三类。

(1)主构件。

① 立杆 由一定长度的 $\phi 48$ mm×3.5 mm 钢管上每隔 600 mm 安装碗扣接头,并在其顶端焊接立杆连接管制成。可用于脚手架的垂直承力杆。

② 顶杆　即顶部立杆,在顶端设有立杆的连接管,以便在顶端插入托撑。可用于支撑架(柱)、物料提升架等顶端的垂直承力杆。

③ 横杆　由一定长度的 $\phi 48$ mm×3.5 mm 钢管两端焊接横杆接头制成,用于立杆横向连接管,或者框架水平承力杆。

④ 单横杆　仅在 $\phi 48$ mm×3.5 mm 钢管一端焊接横杆接头,可用于单排脚手架横向水平杆。

⑤ 斜杆　用于增强脚手架的稳定性,提高脚手架的承载力。

⑥ 底座　由 150 mm×150 mm×8 mm 的钢板在中心焊接连接杆制成,安装在立杆的底部,用于防止立杆下沉并将上部荷载分散传递给地基的构件。

(2) 辅助构件。

辅助构件用于作业面及附壁拉结等的杆部件。

① 间横杆　为满足普通钢或木脚手板的需要而专设的杆件,可搭设于主架横杆之间的任意部位,用于减小支承间距和支撑挑头脚手板。

② 架梯　由钢踏步板焊在槽钢上制成,两端带有挂钩,可牢固地挂在横杆上,用于作业人员上下脚手架的通道。

③ 连墙撑　该构件为脚手架与墙体结构间的连接件,用于加强脚手架抵抗风载及其他永久性水平荷载的能力,提高其稳定性,防止倒塌。

(3) 专用构件。

专用构件用于专门用途的杆部件。

① 悬挑架　由挑杆和撑杆用碗扣接头固定在楼层内支承架上构成。用于其上搭设悬挑脚手架,可直接从楼内挑出,不需在墙体结构设预埋件。

② 提升滑轮　用于提升小物料而设计的杆部件,由吊柱、吊架和滑轮等组成。吊柱可插入宽挑梁的垂直杆中固定,与宽挑梁配套使用。

2) 搭设要点

(1) 组装顺序。

组装顺序为:底座→立杆→横杆→斜杆→接头锁紧→脚手板→上层立杆→立杆连接→横杆。

(2) 注意事项。

① 立杆、横杆的设置　一般情况下,双排外脚手架立杆的横向间距取 1.2 m,横杆的步距取 1.8 m,立杆的纵向间距根据建筑物结构及作用荷载等具体要求确定,常选用 1.2 m、1.8 m、2.4 m 三种尺寸。

② 直角交叉　对一般方形建筑物的外脚手架,在拐角处两直角交叉的排架要连在一起,以增加脚手架的整体稳定性。

③ 斜杆的设置　斜杆用于增强脚手架稳定性,可装成节点斜杆,也可装成非节点斜杆。一般情况下斜杆应尽量设置在脚手架的节点上,对于高度在 30 m 以下的脚手架,可根据荷载情况,设置斜杆的框架面积为整架立面面积的 1/5~1/2;对于高度在 30 m 以上的高层脚手架,设置斜杆的框架面积不小于整架面积的 1/2。在拐角边缘及端部必须设置斜杆,中间可均匀间隔布置。

④ 连墙撑的设置　连墙撑是脚手架与建筑物之间的连接件,用于提高脚手架的横向稳定性,承受偏心荷载和水平荷载等。一般情况下,对于高度在 30 m 以下的脚手架,可以 4 跨 3 步设置一个(约 40 m²),对于高层及重载脚手架,则要适当加密;50 m 以下的脚手架至少应 3 跨 3

步布置一个(约 25 m²);50 m 以上的脚手架至少应 3 跨 2 步布置一个(约 20 m²)。连墙撑尽量连接在横杆层碗扣接头内,同脚手架、墙体保持垂直,并随建筑物及架子的升高及时设置,并尽量采用梅花形布置方式。

三、其他脚手架

1. 门式钢管脚手架

门式钢管脚手架是 20 世纪 80 年代初由国外引进的一种多功能型脚手架,它由门架及配件组成。门式钢管脚手架结构设计合理,受力性能好,承载能力高,装拆方便,安全可靠,是目前国际上应用较为广泛的一种脚手架。

1) 门式钢管脚手架的主要组成部件

门式钢管脚手架由门架、剪刀撑(交叉拉杆)、水平梁架(平行架)、挂扣式脚手板、连接棒和锁臂等构成基本单元,如图 2-8 所示。将基本单元相互连接起来并增设梯型架、栏杆等部件即构成整片脚手架。门式钢管脚手架的组成部件如图 2-9 至图 2-11 所示。

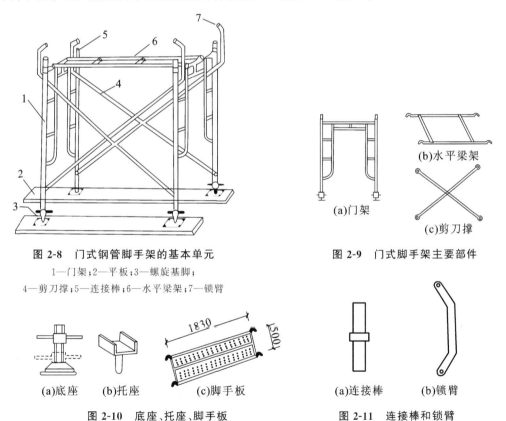

图 2-8 门式钢管脚手架的基本单元
1—门架;2—平板;3—螺旋基脚;
4—剪刀撑;5—连接棒;6—水平梁架;7—锁臂

图 2-9 门式脚手架主要部件

图 2-10 底座、托座、脚手板

图 2-11 连接棒和锁臂

2) 门式钢管脚手架的搭设与拆除

(1) 搭设。

门式钢管脚手架的搭设顺序为:铺放垫木(垫板)→拉线放底座→自一端立门架,并随即装剪刀撑→装水平梁架(或脚手板)→装梯子→装通长大横杆→装连墙件→装连接棒→装上一步门架→装锁臂→重复以上步骤,逐层向上安装→装长剪刀撑→装设顶部栏杆。

(2) 拆除。

拆除脚手架时,应自上而下进行,各部件拆除的顺序与安装顺序相反,不允许将拆除的部件从高空抛下,而应将拆下的部件收集分类后,用垂直吊运机具运至地面,集中堆放保管。

2. 悬吊式脚手架

悬吊式脚手架也称吊篮,主要用于建筑外墙施工和装修。它将架子(吊篮)的悬挂点固定在建筑物顶部悬挑出来的结构上,通过设在每个架子上的简易提升机械和钢丝绳,使吊篮升降,以满足施工要求。其具有节约大量钢管材料、节省劳力、缩短工期、操作方便灵活、技术经济效益好等优点。吊篮可分为两大类,一类是手动吊篮,利用手扳葫芦进行升降;另一类是电动吊篮,利用电动卷扬机进行升降。

1) 手动吊篮的基本组成

手动吊篮由支承设施(建筑物顶部悬挑梁或桁架)、吊篮绳(钢丝绳或钢筋链杆)、安全绳、手扳葫芦(或倒链)和吊架组成,如图2-12所示。

2) 支设要求

(1) 吊篮内侧与建筑物间隙为0.1~0.2 m,两个吊篮之间的间隙不得大于0.2 m,吊篮的最大长度不宜超过8.0 m,宽度为0.8~1.0 m,高度不宜超过两层。吊篮外侧端部防护栏杆高1.5 m,每边栏杆间距不大于0.5 m,挡脚板不低于0.18 m。吊篮内侧必须于0.6 m和1.2 m处各设防护栏杆一道,挡脚板不低于0.18 m。吊篮顶部必须设防护棚,外侧面与两端面用密目网封严。

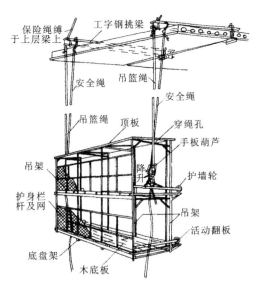

图2-12 双层作业的手动提升式吊篮示意图

(2) 吊篮的立杆(或单元片)的纵向间距不得大于2 m。通常支承脚手板的横向水平杆间距不宜大于1 m,脚手板必须与横向水平杆绑牢或卡牢,不允许有松动或探头板。

(3) 吊篮架体的外侧面和两端面应加设剪刀撑或斜撑杆卡牢。

(4) 吊篮内侧两端应装有可伸缩的护墙轮等装置,使吊篮在工作时能靠紧建筑物,以减少架体晃动。同时,超过一层架高的吊篮要架设爬梯,每层架的上下人孔要有盖板。

(5) 悬挂吊篮的挑梁,必须按设计规定与建筑结构固定牢靠,挑梁挑出长度应保证悬挂吊篮的钢丝绳(或钢筋链杆)垂直地面。挑梁之间应用纵向水平杆连接成整体,以保证挑梁结构的稳定。

(6) 吊篮绳若用钢筋链杆,其直径应不小于16 mm,每节链杆长800 mm,每5~10根链杆应相互连成一组,使用时用卡环将各组连接至需要的长度。安全绳均采用直径不小于13 mm的钢丝绳通长到底布置。

(7) 挑梁与吊篮吊绳连接端应有防止滑脱的保护装置。

3) 操作方法

先在地面上用倒链组装好吊篮架体,并在屋顶挑梁上挂好承重钢丝绳和安全绳,然后将承重钢丝绳穿过手扳葫芦的导绳孔向吊钩方向穿入、压紧,往复扳动前进手柄,即可提升吊篮;往复扳动倒退手柄即可下降吊篮,但不可同时扳动上下手柄。如果采用钢筋链杆作承重吊杆,则先把安全绳与钢筋链杆挂在已经固定好的屋顶挑梁上,然后把倒链挂在钢筋链杆的链环上,下部吊住吊篮,利用倒链升降。因为倒链行程有限,因此在升降过程中,要多次人工倒替倒链,如此接力升降。

3. 附着升降式脚手架

附着升降式脚手架,是指仅需搭设一定高度并附着于工程结构上,依靠自身的升降设备和装置,随工程结构施工逐层爬升,并能实现下降作业的外脚手架。这种脚手架适用于现浇钢筋混凝土结构的高层建筑。

附着升降脚手架按爬升构造方式,分为导轨式、主套架式、悬挑式、吊拉式(互爬式)等,如图2-13所示。其中,主套架式、吊拉式采用分段升降方式;悬挑式、导轨式既可采用分段升降,亦可采用整体升降。无论采用哪一种附着升降式脚手架,其技术关键是:与建筑物有牢固的固定措施,升降过程均有可靠的防倾覆措施,设有安全防坠落装置和措施,具有升降过程中的同步控制措施。

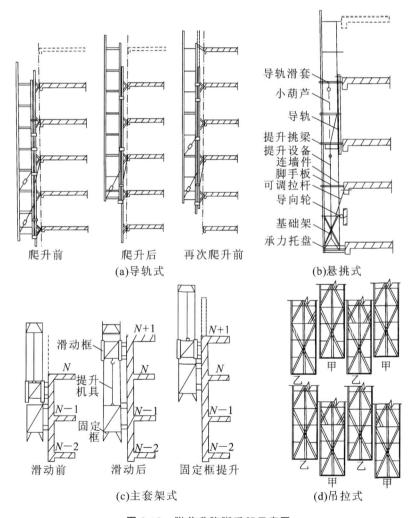

图 2-13 附着升降脚手架示意图

附着升降脚手架主要由架体结构、附着支撑、升降装置、安全装置等组成,如图 2-14 所示。

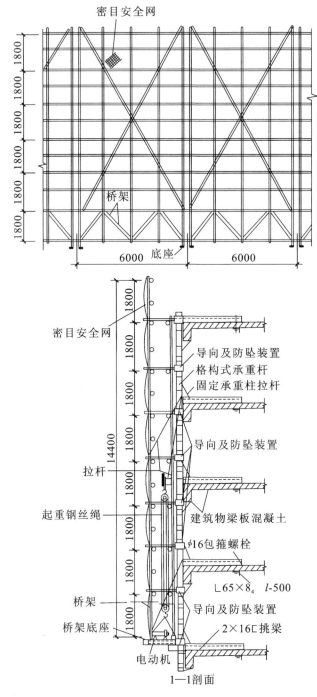

图 2-14 附着升降脚手架立面、剖面图

1) 架体结构

架体常用桁架作为底部的承力装置,桁架两端支承于横向刚架或托架上,横向刚架又通过与其连接的附墙支座固定于建筑物上。架体本身一般均采用扣件式钢管搭设,架高不应大于楼

层高度的 5 倍,架宽不宜超过 1.2 m,分段单元脚手架长度不应超过 8 m。其主要构件有立杆、纵横向水平杆、斜杆、剪刀撑、脚手板、梯子、扶手等。脚手架的外侧设密目式安全网进行全封闭,每步架设防护栏杆及挡脚板,底部满铺一层固定脚手板。整个架体的作用是提供操作平台、物料搬运、材料堆放、操作人员通行和安全防护等。

2) 爬升机构

爬升机构的功能是实现架体升降、导向、防坠、固定提升设备、连接吊点和架体通过横向刚架与附墙支座的连接等,它的作用主要是进行可靠的附墙和保证将架体上的恒载与施工活荷载安全、迅速、准确的传递到建筑结构上。

3) 动力及控制设备

提升用的动力设备主要有:手拉葫芦、环链式电动葫芦、液压千斤顶、螺杆升降机、升板机、卷扬机等。目前采用电动葫芦者居多,原因是其使用方便、省力、易控。当动力设备采用电控系统时,一般均采用电缆将动力设备与控制柜相连,并用控制柜进行动力设备控制;当动力设备采用液压系统控制时,一般则采用液压管路与动力设备相连,然后液压控制台再与液压管路相连,并通过液压控制台对动力设备进行控制;总之,动力设备的作用是为架体实现升降提供动力。

4) 安全装置

(1) 导向装置。其作用是保持架体前后、左右对水平方向位移的约束,限定架体只能沿垂直方向运动,并防止架体在升降过程中晃动、倾覆和水平向错动。

(2) 防坠装置。其作用是在动力装置本身的制动装置失效、起重钢丝绳或吊链突然断裂和梯吊梁掉落等情况发生时,能在瞬间准确、迅速锁住架体,防止其下坠造成伤亡事故发生。

(3) 同步提升控制装置。其作用是使架体在升降过程中,控制各提升点保持在同一水平位置上,以防止架体本身与附墙支座的附墙固定螺栓产生次应力和超载而发生事故。

4. 悬挑脚手架

悬挑式外脚手架,是利用建筑结构外边缘向外伸出的悬挑结构来支承外脚手架,将脚手架的荷载全部或部分传递给建筑结构。悬挑脚手架的关键是悬挑支承结构,它必须有足够的强度、刚度和稳定性,并能将脚手架的荷载传递给建筑结构。

1) 适用范围

在高层建筑施工中,遇到以下三种情况时,可采用悬挑式外脚手架。

(1) ±0.000 m 以下结构工程回填土不能及时回填,而主体结构工程必须立即进行,否则将影响工期。

(2) 高层建筑主体结构四周为裙房,脚手架不能直接支承在地面上。

(3) 超高层建筑施工时,若脚手架搭设高度超过了架子的容许搭设高度,则可将整个脚手架按容许搭设高度分成若干段,每段脚手架支承在由建筑结构向外悬挑的结构上。

2) 悬挑支承结构

悬挑支承结构主要有以下两类。

(1) 用型钢作梁挑出,端头加钢丝绳(或者用钢筋花篮螺栓拉杆)斜拉,组成悬挑支承结构。由于悬出端支承杆件是斜拉索(或拉杆),又简称为斜拉式,如图 2-15(a)、(b) 所示。斜拉式悬挑外脚手架悬出端支承杆件是斜拉索(或拉杆),其承载能力由拉杆的强度控制,因此断面较小,能节省钢材,并且自重轻。

(2) 用型钢焊接的三角桁架作为悬挑支承结构,悬出端的支承杆件是三角斜撑压杆,又称为下撑式,如图 2-15(c)所示。下撑式悬挑外脚手架,悬出端支承杆件是斜撑受压杆杆,其承载能力由压杆稳定性控制,因此断面较大,钢材用量较多。

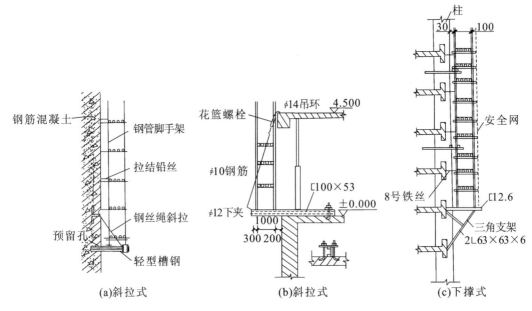

图 2-15 悬挑支撑结构的结构形式

3) 构造及搭设要点

(1) 斜拉式支承结构可在楼板上预埋钢筋环,外伸钢梁(工字钢、槽钢等)插入钢筋环内固定;或者钢梁一端埋置在墙体结构的混凝土内。外伸钢梁另一端加钢丝绳斜拉,钢丝绳固定到预埋在建筑物内的吊环上。

(2) 下撑式支承结构可将钢梁一端埋置在墙体结构的混凝土内,另一端利用钢管或角钢制作的斜杆连接,斜杆下端焊接到混凝土结构中的预埋钢板上,如图 2-16 所示。当结构中钢筋过密,挑梁无法埋入时,可采用预埋件,将挑梁与预埋件焊接。预埋件的锚固筋要采用锚塞焊,并由计算确定。

(3) 根据结构情况和工地条件采用其他可靠的形式与结构连接。

(4) 当支承结构的纵向间距与上部脚手架立杆的纵向间距相同时,立杆可直接支承在悬挑的支承结构上;当支承结构的纵向间距大于上部脚手架立杆的纵向间距时,则立杆应支承在设置于两个支承结构之间的两根纵向钢梁上。

(5) 上部脚手架立杆与支承结构应有可靠的定位连接措施,以确保上部架体的稳定。通常在挑梁或纵向钢梁上焊接 150~200 mm 的外径为 $\phi 40$ mm 的短钢管,将立杆套在短钢管上顶紧固定,并同时在立杆下部设置水平扫地杆。

(6) 悬挑支承结构以上部分的脚手架搭设方法与一般外脚手架的搭设方法相同,并按要求设置连墙杆。悬挑脚手架的高度(或分段的高度)不得超过 25 m。

悬挑脚手架的外侧立面一般均应采用密目网(或其他围护材料)全封闭围护,以确保架上人员操作安全和避免物件坠落。

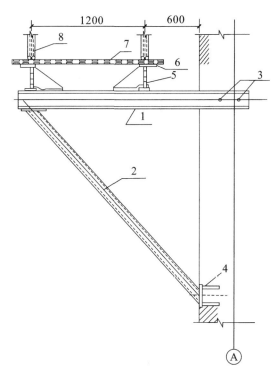

图 2-16 三角桁架式挑架

1—型钢挑架;2—圆钢管斜杆;3—埋入结构内的钢挑梁端部穿以钢筋增加锚固;
4—预埋件;5—纵向钢梁;6—压板;7—槽钢横梁;8—脚手架立柱

（7）新设计组装或加工的定型脚手架段,在使用前应进行不低于1.5倍使用施工荷载的静载试验和起吊试验,试验合格(未发现焊缝开裂、结构变形等情况)后方能投入使用。

（8）塔式起重机应具有满足整体吊升(降)悬挑脚手架段的起吊能力。

（9）必须设置可靠的人员上下的安全通道(出入口)。

（10）使用中应经常检查脚手架段和悬挑支承结构的工作情况。当发现异常时及时停止作业,进行检查和处理。

单元 2　垂直运输设施

垂直运输设施是指担负垂直运送材料和施工人员上下的机械设备和设施。在砌筑工程中不仅要运输大量的砖(或砌块)、砂浆,而且还要运输脚手架、脚手板和各种预制构件;不仅有垂直运输,而且有地面和楼面的水平运输。其中,垂直运输是影响砌筑工程施工速度的重要因素。

目前,砌筑工程采用的垂直运输设施有井架、龙门架、塔式起重机和建筑施工电梯等,本节重点介绍塔式起重机和建筑施工电梯。

一、塔式起重机

塔式起重机(简称塔吊)是起重臂安装在塔身顶部且可作360°回转的起重机。它具有较高的起重高度、较大的工作幅度和较强的起重能力,以及速度快、生产效率高,且机械运转安全可靠,使用和装拆方便等优点,因此,被广泛地用于多层和高层的工业与民用建筑的结构安装。塔式起重机按起重能力可分为:轻型塔式起重机,起重量为 0.5~3 t,一般用于 6 层以下的民用建筑施工;中型塔式起重机,起重量为 3~15t,适用于一般工业建筑与民用建筑施工;重型塔式起重机,起重量为 20~40 t,一般用于重工业厂房的施工和高炉等设备的吊装。

由于塔式起重机具有提升、回转和水平运输的功能,并且生产效率高,在吊运长、大、重的物料时有明显的优势,故在有可能条件下宜优先采用。

塔式起重机的布置应保证其起重高度与起重量满足工程的需求,同时起重臂的工作范围应尽可能地覆盖整个建筑,以使材料运输切实到位。此外,主材料的堆放、搅拌站的出料口等均应尽可能地布置在起重机工作半径之内。

塔式起重机一般分为固定式、附着式、轨道式、爬升式等几种,如图 2-17 所示。

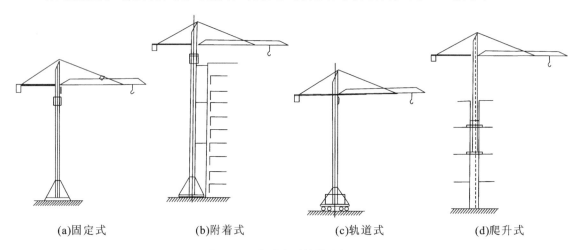

(a)固定式　　(b)附着式　　(c)轨道式　　(d)爬升式

图 2-17　各种类型的塔式起重机

1. 固定式塔式起重机

固定式塔式起重机的底架安装在独立的混凝土基础上,塔身不与建筑物拉结。这种起重机适用于安装大容量的油罐、冷却塔等特殊构筑物。

2. 轨道(行走)式塔式起重机

轨道(行走)式塔式起重机是一种能在轨道上行驶的起重机。它能负荷在直线和弧形轨道上行走,能同时完成垂直和水平运输,使用安全,生产效率高。轨道式塔式起重机分为上回转式(塔顶回转)和下回转式(塔身回转)两类。但其需要铺设轨道,并且装拆和转移不便,台班费用也较高。

3. 附着式塔式起重机

附着式塔式起重机是固定在建筑物近旁混凝土基础上的起重机械,为上回转、小车变幅或俯仰变幅起重机械。其塔身由标准节组成,相互之间用螺栓连接,它可以借助顶升系统随着建筑施工进度而自行向上接高。为了减小塔身的计算高度,规定每隔 20 m 左右将塔身与建筑物用锚固装置联结起来,以保证塔身的刚度和稳定。一般塔身高度为 70~100 m,其特点是适合狭窄工地施工。

1) 附着式塔式起重机基础

附着式塔式起重机的底部应设钢筋混凝土基础,其构造做法有整体式和分块式两种。采用整体式混凝土基础时,塔式起重机通过专用塔身基础节和预埋地脚螺栓固定在混凝土基础上,如图 2-18 所示;采用分块式混凝土基础时,塔身结构固定在行走架上,而行走架的四个支座则通过垫板支在四个混凝土基础上,如图 2-19 所示。基础尺寸应根据地基承载力和防止塔吊倾覆的需要确定。

在高层建筑深基础施工阶段,如需在基坑边附近构筑附着式塔式起重机基础,则可采用灌柱桩承台式钢筋混凝土基础。在高层建筑综合体施工阶段,如需在地下室顶板或裙房屋顶楼板上安装附着式塔式起重机,则应对安装塔式起重机处的楼板结构进行验算和加固,并在楼板下面加设支撑(至少连续两层)以保证安全。

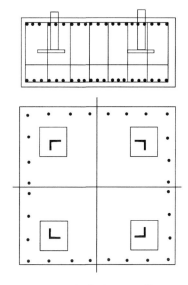

图 2-18 整体式混凝土基础

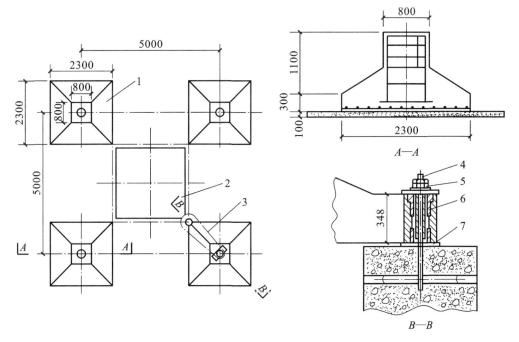

图 2-19 分块式混凝土基础

1—钢筋混凝土基础;2—塔式起重机底座;3—支腿;4—紧固螺母;5—垫圈;6—钢套;7—钢板调整片(上下各一)

2) 附着式塔式起重机的锚固

附着式塔式起重机在塔身高度超过限定自由高度时,即应加设附着装置与建筑结构拉结。一般来说,设置 2~3 道锚固即可满足施工需要。第一道锚固装置在距塔式起重机基础表面 30~40 m 处,自第一道锚固装置向上,每隔 16~20 m 设一道锚固装置。在进行超高层建筑施工时,不必设置过多的锚固装置,可将下部锚固装置抽换到上部使用。

附着装置由锚固环和附着杆组成。锚固环由两块钢板或型钢组焊成的"U"形梁拼装而成。

锚固环宜设置在塔身标准节对接处或有水平腹杆的断面处,塔身节主弦杆应视需要加以补强。锚固环必须箍紧塔身结构,不得松脱。附着杆由型钢、无缝钢管组成,也可以是型钢组焊的桁架结构。安装和固定附着杆时,必须用经纬仪对塔身结构的垂直度进行检查。如发现塔身偏斜,则可通过调节螺母来调整附着杆的长度,以消除垂直偏差。锚固装置应尽可能保持水平,附着杆件最大倾角不得大于10°。附着装置如图2-20所示。

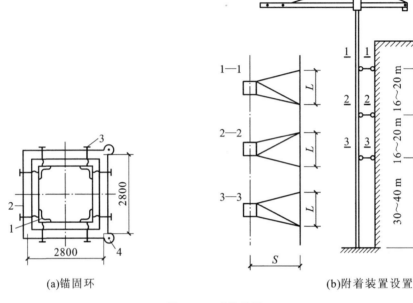

图 2-20 附着装置

1—塔身;2—锚固环;3—螺旋千斤顶;4—耳环

固定在建筑物上的锚固支座,可以套装在柱子上或埋设在现浇混凝土墙板里,锚固点应紧靠楼板,其距离以不大于20cm为宜。墙板或柱子混凝土强度应提高一级,并应增加配筋。在墙板上设锚固支座时,应通过临时支撑与相邻墙板相连,以增强墙板刚度。

3)附着式塔式起重机的顶升接高

附着式塔式起重机可借助塔身上端的顶升机构,随着建筑施工进度而自行向上接高。自升液压顶升机构主要由顶升套架、长行程液压千斤顶、顶升横梁及定位销组成。液压千斤顶装在塔身上部结构的底端承座上,活塞杆通过顶升横梁支承在塔身顶部。需要接高时,塔顶的行程液压千斤顶,将塔顶上部结构(起重臂等)顶高,用定位销固定;千斤顶回油,推入标准节,用螺栓与下面的塔身联成整体,每次可接高2.5m。QT4-10型附着式塔式起重机顶升过程如下。

(1)将标准节吊到摆渡小车上,并将过渡节与塔身标准节的螺栓松开,准备顶升,如图2-21(a)所示。

(2)开动液压千斤顶,将塔式起重机上部结构包括顶升套架向上升到超过一个标准节的高度,然后用定位销将套架固定。塔式起重机上部结构的重量通过定位销传递到塔身,如图2-21(b)所示。

(3)液压千斤顶回缩,形成引进空间,此时将装有标准节的摆渡小车推入引进空间内,如图2-21(c)所示。

(4)利用液压千斤顶将待接高的标准节稍微提起,退出摆渡小车,然后将其平稳地落在下面的塔身上,并用螺栓加以连接,如图 2-21(d)所示。

(5)再用液压千斤顶稍微向上顶起,拔出定位销,下降过渡节,使之与已接高的塔身联成整体,如图 2-21(e)所示。

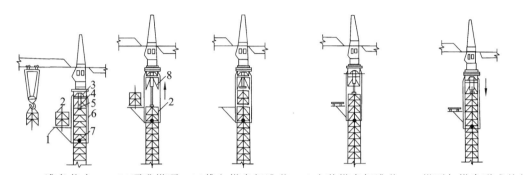

(a)准备状态　(b)顶升塔顶　(c)推入塔身标准节　(d)安装塔身标准节　(e)塔顶与塔身联成整体

图 2-21　QT4-10 型附着式塔式起重机顶升过程示意图

1—摆渡小车;2—标准节;3—承座;4—液压千斤顶;5—顶升横梁;6—顶升套架;7—定位销;8—过渡节

4. 塔式起重机的选用

塔式起重机的选用应综合考虑以下因素:①建筑物的高度;②建筑物的结构类型;③构件的尺寸和重量;④施工进度、施工流水段的划分和工程量;⑤现场的平面布置和周围环境条件等。同时要兼顾装、拆塔式起重机的场地和建筑结构满足塔架锚固、爬升的要求。

首先,根据施工对象确定所要求的参数,包括幅度(又称回转半径)、起重量、起重力矩和吊钩高度等;然后根据塔式起重机的技术性能,选定塔式起重机的型号。

其次,根据施工进度、施工流水段的划分及工程量和所需吊次、现场的平面布置等,来确定塔式起重机的配备台数、安装位置及轨道基础的走向等。

根据施工经验,16 层及其以下的高层建筑采用轨道式塔式起重机最为经济;25 层以上的高层建筑,宜选用附着式塔式起重机或爬升式塔式起重机。

选用塔式起重机时,应注意以下事项。

(1)在确定塔式起重机的形式及高度时,应考虑塔身锚固点与建筑物相对应的位置以及塔式起重机平衡臂是否影响臂架正常回转等问题。

(2)在多台塔式起重机作业条件下,应处理好相邻塔式起重机塔身高度差,以防止两塔碰撞,应使彼此工作互不干扰。

(3)在考虑塔式起重机安装的同时,应考虑塔式起重机的顶升、接高、锚固以及完工后的落塔、拆运等事项。例如,起重臂和平衡臂是否落在建筑物上,辅机停车位置及作业条件,场内运输道路有无阻碍等。

(4)在安装塔式起重机时,应保证顶升套架的安装位置(即塔架引进平台或引进轨道应与臂架同向)及锚固环的安装位置应正确无误。

(5)应注意外脚手架的支撑形式与挑出建筑物的距离,以免与下回转塔式起重机转台尾部回转时发生矛盾。

二、施工电梯

施工电梯又称外用施工电梯,是一种安装于建筑物外部,供运送施工人员和建筑器材用的垂直提升机械。采用施工电梯运送施工人员上下楼层,可节省工时,减少工人的体力消耗,提高劳动生产率。因此,施工电梯被认为是高层建筑施工不可缺少的关键设备之一。

1. 施工电梯的分类

施工电梯一般分为齿轮齿条驱动电梯和绳轮驱动电梯等两类。

1) 齿轮齿条驱动施工电梯

齿轮齿条驱动施工电梯由塔架(又称立柱,包括基础节、标准节、塔顶天轮架节等)、吊厢、地面停机站、驱动机组、安全装置、电控柜站、门机电连锁盒、电缆、电缆接受筒、平衡重、安装小吊杆等组成,如图2-22所示。塔架由钢管焊接格构式矩形断面标准节组成,标准节之间采用套柱螺栓连接。其特点有:刚度好,安装迅速;电动机、减速机、驱动齿轮、控制柜等均装设在吊厢内,检查维修保养方便;采用高效能的锥鼓式限速装置,当吊厢下降速度超过0.65 m/s时,吊厢会自动制动,从而保证不发生坠落事故;可与建筑物拉结,并随建筑物施工进度而自升接高,其升运高度可达100~150 m。

齿轮齿条驱动施工电梯按吊厢数量可分为单吊厢式和双吊厢式等两类,吊厢尺寸一般为3 m×1.3 m×2.7 m;按承载能力分为两级,一级载重量为1 000 kg或乘员11~12人,另一级载重量为2 000 kg或乘员24人。

2) 绳轮驱动施工电梯

绳轮驱动施工电梯是近年来开发的新产品,由三角形断面钢管塔架、底座、单吊厢、卷扬机、绳轮系统及安全装置等组成,如图2-23所示。其特点是,结构轻巧,构造简单,用钢量少,造价低,能自升接高。吊厢平面尺寸为2.5 m×1.3 m,可载货1 000 kg或乘员8~10人。因此,绳轮驱动施工电梯在高层建筑施工中的应用正在逐渐扩大。

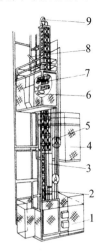

图2-22 齿轮齿条驱动施工电梯
1—外笼;2—导轨架;3—对重;4—吊厢;5—电缆导向装置;
6—锥鼓限速器;7—传动系统;8—吊杆;9—天轮

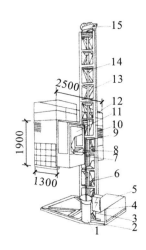

图2-23 绳轮驱动施工电梯(SFD-1000型)
1—盛线筒;2—底座;3—减振器;4—电器厢;5—卷扬机;
6—引线器;7—电缆;8—安全机构;9—限速机构;10—吊厢;
11—驾驶室;12—围栏;13—立柱;14—连接螺栓;15—柱顶

2. 施工电梯的选择

高层建筑外用施工电梯的机型选择,应根据建筑体型、建筑面积、运输总重、工期要求、造价等确定。从节约施工机械费用出发,对于 20 层以下的高层建筑工程,宜使用绳轮驱动施工电梯;对于 25 层特别 30 层以上的高层建筑,应选用齿轮齿条驱动施工电梯。根据施工经验,一台单吊厢式齿轮齿条驱动施工电梯的服务面积为 20 000～40 000 m²,参考此数据可为高层建筑工地配置施工电梯,并尽可能选用双吊厢式。

单元 3 砌 筑 材 料

一、砌块材料

1. 砖

砌筑用砖分为实心砖和空心砖两种。普通砖的规格为 240 mm×115 mm×53 mm,根据使用材料和制作方法的不同,砖又分为烧结普通砖、烧结多孔砖、烧结空心砖、蒸压灰砂空心砖、蒸压粉煤灰砖等。

1）烧结普通砖

烧结普通砖为实心砖,是以黏土、页岩、煤矸石或粉煤灰等为主要原料,经压制、焙烧而成的。按原料不同,可分为烧结黏土砖、烧结页岩砖、烧结煤矸石砖和烧结粉煤灰砖等。

烧结普通砖的外形为直角六面体,其公称尺寸为:长 240 mm、宽 115 mm、高 53 mm。根据抗压强度将其分为 MU30、MU25、MU20、MU15、MU10 五个强度等级。

2）烧结多孔砖

烧结多孔砖使用的原料和生产工艺与烧结普通砖的基本相同,其孔洞率不小于 25%。砖的外形为直角六面体,其长度、宽度及高度尺寸应符合 290 mm、240 mm、190 mm、180 mm 和 175 mm、140 mm、115 mm、90 mm 的要求。

根据抗压强度将其分为 MU30、MU25、MU20、MU15、MU10 五个强度等级。

3）烧结空心砖

烧结空心砖的烧制、外形、尺寸要求与烧结多孔砖的一致,在与砂浆的接合面上应设有增加结合力的深度 1 mm 以上的凹线槽。

根据抗压强度将其分为 MU5、MU3、MU2 三个强度等级。

4）蒸压灰砂空心砖

蒸压灰砂空心砖是以石英砂和石灰为主要原料,压制成形,经压力釜蒸汽养护而制成的孔洞率大于 15% 的空心砖。

其外形规格与烧结普通砖的一致,根据抗压强度分为 MU25、MU20、MU15、MU10、MU7.5 五个强度等级。

5）蒸压粉煤灰砖

蒸压粉煤灰砖是以粉煤灰为主要原料,掺配适量的石灰、石膏或其他碱性激发剂,再加入一定数量的炉渣作为骨料蒸压制成的砖。

其外形规格与烧结普通砖的一致,根据抗压强度、抗折强度分为 MU20、MU15、MU10、MU7.5 四个强度等级。

2. 石料

砌筑用石料有毛石和料石等两类。所选石材应质地坚实,无风化剥落和裂纹。用于清水墙、柱表面的石材,应色泽均匀。石材表面的泥垢、水锈等杂质,砌筑前应清除干净,以利于砂浆和块石黏结。毛石分为乱毛石和平毛石等两种。乱毛石是指形状不规则的石块;平毛石是指形状不规则,但有两个平面大致平行的石块。毛石应呈块状,其中部厚度不宜小于 150 mm。料石按其加工面的平整程度分为细料石、粗料石和毛料石三种。料石的宽度、厚度均不宜小于 200 mm,长度不宜大于厚度的 4 倍。根据抗压强度将其分为 MU100、MU80、MU60、MU50、MU40、MU30、MU20、MU15、MU10 九个强度等级。

3. 砌块

砌块一般以混凝土或工业废料为原料制成实心或空心的块材。它具有自重轻、机械化和工业化程度高、施工速度快、生产工艺和施工方法简单且可大量利用工业废料等优点,因此,用砌块代替普通黏土砖是墙体改革的重要途径。

砌块按形状分有实心砌块和空心砌块等两种。按制作原料,分为粉煤灰砌块、加气混凝土砌块、混凝土砌块、硅酸盐砌块、石膏砌块等数种;按规格,分为小型砌块、中型砌块和大型砌块等。砌块高度在 115~380 mm 的称为小型砌块;高度在 380~980 mm 的称为中型砌块;高度大于 980 mm 的称为大型砌块。常用的有普通混凝土小型空心砌块、轻集料混凝土小型空心砌块、蒸压加气混凝土砌块、粉煤灰砌块等。

1) 普通混凝土小型空心砌块

普通混凝土小型空心砌块以水泥、砂、碎石或卵石加水预制而成。其主规格尺寸为 390 mm×190 mm×190 mm,有两个方形孔,空心率不小于 25%。

根据抗压强度将其分为 MU20、MU15、MU10、MU7.5、MU5、MU3.5 六个强度等级。

2) 轻集料混凝土小型空心砌块

轻集料混凝土小型空心砌块以水泥、砂、轻集料加水预制而成。其主规格尺寸为 390 mm×190 mm×190 mm。按其孔的排数可将其分为单排孔、双排孔、三排孔和四排孔等四类。

根据抗压强度将其分为 MU10、MU7.5、MU5、MU3.5、MU2.5、MU1.5 六个强度等级。

3) 蒸压加气混凝土砌块

蒸压加气混凝土砌块以水泥、矿渣、砂、石灰等为主要原料,加入发气剂,经搅拌成形、蒸压养护而成的实心砌块。其主规格尺寸为 600 mm×250 mm×250 mm。

根据抗压强度将其分为 A10、A7.5、A5、A3.5、A2.5、A2、A1 七个强度等级。

4) 粉煤灰砌块

粉煤灰砌块以粉煤灰、石灰、石膏和轻集料为原料,经加水搅拌、振动成形、蒸汽养护而成。其主规格尺寸为 880 mm×380 mm×240 mm,880 mm×430 mm×240 mm。砌块端面应加灌浆槽,坐浆面宜设抗剪槽。

根据抗压强度将其分为 MU13、MU10 两个强度等级。

二、砌筑砂浆

1. 砂浆类型及注意事项

砂浆是由胶结材料、细骨料及水组成的混合物。按照胶结材料的不同,砂浆可分为水泥砂浆

(水泥、砂、水)、混合砂浆(水泥、砂、石灰膏、砂、水)、石灰砂浆(石灰膏、砂、水)、石灰黏土砂浆(石灰膏、黏土、砂、水)、黏土砂浆(黏土、水)。石灰砂浆、石灰黏土砂浆、黏土砂浆强度较低,只用于临时设施的砌筑。建筑工程常用砌筑砂浆为水泥砂浆、混合砂浆。其强度等级宜用 M20、M15、M10、M7.5、M5、M2.5。一般水泥砂浆用于潮湿环境和强度要求较高的砌体;石灰砂浆主要用于砌筑干燥环境中以及强度要求不高的砌体;混合砂浆主要用于地面以上强度要求较高的砌体。

砌筑砂浆使用的水泥品种及标号,应根据砌体部位和所处环境来选择。水泥在进场使用前,应分批对其强度、安定性进行复验(检验批应以同一生产厂家、同一编号为一批)。

水泥储存时应保持干燥。当在使用中对水泥质量有怀疑或水泥出厂超过三个月(快硬硅酸盐水泥超过一个月)时,应复查试验,并按其结果使用。不同品种的水泥,不得混合使用。

生石灰熟化成石灰膏时,应使用孔径不大于 3 mm×3 mm 的网过滤,熟化时间不得少于 7 d;磨细生石灰粉的熟化时间不得小于 2 d。沉淀池中储存的石灰膏,应采取防止干燥、冻结和污染的措施,脱水硬化后的石灰膏严禁使用。

细骨料宜采用中砂并过筛,不得含有害杂物,其含泥量应满足下列要求:对于水泥砂浆和强度等级不小于 M5 的水泥混合砂浆,其含泥量不应超过 5%;对于强度等级小于 M5 的水泥混合砂浆,其含泥量不应超过 10%。

凡在砂浆中掺入有机塑化剂、早强剂、缓凝剂、防冻剂等,应经试验和试配符合要求后,方可使用。拌制砂浆用水,水质应符合现行国家标准。

2. 制备与使用

砌筑砂浆应通过试配确定配合比,各组分材料应采用重量计量。

砌筑砂浆应采用砂浆搅拌机进行拌制。自投料完算起,搅拌时间应符合下列规定:水泥砂浆和混合砂浆,其搅拌时间不得小于 2 min;掺用外加剂的砂浆,其搅拌时间不得少于 3 min;掺用有机塑化剂的砂浆,,其搅拌时间应为 3～5 min。

为了便于操作,砌筑砂浆应有较好的和易性,即良好的流动性(稠度)和保水性。和易性好的砂浆能保证砌体灰缝饱满、均匀、密实,并能提高砌体强度。砌筑砂浆的稠度如表 2-3 所示。

表 2-3　砌筑砂浆的稠度

砌体种类	砂浆稠度/mm	砌体种类	砂浆稠度/mm
烧结普通砖砌体	70～90	普通混凝土小型空心砌块砌体	50～70
轻集料混凝土小型空心砌块砌体	60～90	加气混凝土小型空心砌块砌体	50～70
烧结多孔砖、空心砖砌体	60～80	石砌体	30～50

掺用外加剂时,应先将外加剂按规定浓度溶于水中,在拌和水时投入外加剂溶液,外加剂不得直接投入拌制的砂浆中。

施工中当采用水泥砂浆代替水泥混合砂浆时,应重新确定砂浆强度等级。

砂浆应随拌随用,水泥砂浆和水泥混合砂浆应分别在 3 h 和 4 h 内使用完毕;当施工期间最高气温超过 30℃时,应分别在拌成后 2 h 和 3 h 内使用完毕。对掺用缓凝剂的砂浆,其使用时间可根据具体情况延长。

对所用的砂浆应进行强度检验。制作试块的砂浆,应在现场取样,每一楼层或 250 m³ 砌体中的各种强度等级的砂浆,每台搅拌机应至少检查一次,每次至少留一组试块(每组 6 块),其标准养护 28 d 的抗压强度应满足设计要求。

单元 4　砖砌体施工

一、砖砌体施工的基本要求

砌体工程所用的材料应有产品的合格证书、产品性能检测报告。块材、水泥、钢筋、外加剂等还应有材料的主要性能的进场复验报告。严禁使用国家明令淘汰的材料。

砖砌体的组砌要求：上下错缝，内外搭接，以保证砌体的整体性；同时组砌要有规律，少砍砖，以提高砌筑效率，节约材料。实心砖墙常用的厚度有半砖、一砖、一砖半、两砖等。最常见的组砌形式有一顺一丁、三顺一丁、梅花丁、全丁等，如图 2-24 所示。

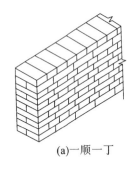 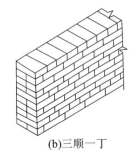 

(a) 一顺一丁　　　　　(b) 三顺一丁　　　　　(c) 梅花丁

图 2-24　砖墙的组砌形式

一顺一丁的砌法是一皮中全部顺砖与一皮中全部丁砖相互交替砌筑，上下皮间的竖缝相互错开 1/4 砖的砌法。砌体中无任何通缝，而且丁砖数量较多，能增强横向拉结力。这种组砌方式，砌筑效率高，墙面整体性好，墙面容易控制平直，多用于一砖厚墙体的砌筑。但当砖的规格参差不齐时，砖的竖缝就难以整齐。

三顺一丁的砌法是三皮中全部顺砖与一皮中全部丁砖间隔砌筑，上下皮顺砖间的竖缝错开 1/2 砖长；上下皮顺砖与丁砖间竖缝错开 1/4 砖长的砌法。这种砌法由于顺砖较多，砌筑效率较高，但三皮顺砖内部纵向有通缝，整体性较差，一般使用较少。宜用于一砖半以上的墙体的砌筑或挡土墙的砌筑。

梅花丁又称沙包式、十字式。梅花丁的砌法是每皮中丁砖与顺砖相隔，上皮丁砖中坐于下皮顺砖，上下皮间相互错开 1/4 砖长的砌法。这种砌法内外竖缝每皮都能错开，故整体性好，灰缝整齐，而且墙面比较美观，但砌筑效率较低。砌筑清水墙或当砖的规格不一致时，采用这种砌法较好。

全丁砌筑法就是全部用丁砖砌筑，上下皮竖缝相互错开 1/4 砖长的砌法，此法仅用于圆弧形砌体，如水池、烟囱、水塔等。

为了使砖墙的转角处各皮间竖缝相互错开，必须在外角处砌七分头砖（3/4 砖长）。当采用一顺一丁组砌时，七分头的顺面方向依次砌顺砖，丁面方向依次砌丁砖，如图 2-25(a) 所示。

砖墙的丁字接头处，应分皮相互砌通，内角相交处竖缝应错开 1/4 砖长，并在横墙端头处加砌七分头砖，如图 2-25(b) 所示。

砖墙的十字接头处，应分皮相互砌通，交角处的竖缝应错开 1/4 砖长，如图 2-25(c) 所示。

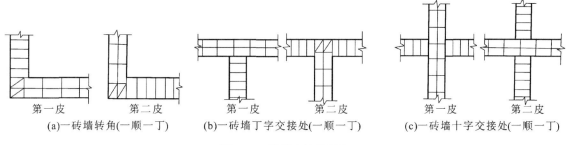

(a) 一砖墙转角(一顺一丁)　　(b) 一砖墙丁字交接处(一顺一丁)　　(c) 一砖墙十字交接处(一顺一丁)

图 2-25　砖墙交接处组砌

常温下砌砖时，普通砖、空心砖的含水率宜控制在 10%～15%，一般应提前 1 天浇水润湿，避免砖吸收砂浆中过多的水分而影响黏结力，并可除去砖面上的粉末。但浇水过多会产生砌体走样或滑动。灰砂砖、粉煤灰砖适量浇水，其含水率控制在 5%～8% 为宜。

在墙上留置临时施工洞口，其侧边离交接处墙面不应小于 500 mm，洞口净宽度不应超过 1 m。临时施工洞口应做好补砌。

不得在下列墙体或部位设置脚手眼：①半砖厚墙；②过梁上与过梁成 60°角的三角形范围及过梁净跨度 1/2 的高度范围内；③宽度小于 1 m 的窗间墙；④墙体门窗洞口两侧 200 mm 和转角处 450 mm 范围内；⑤梁或梁垫下及其左右 500 mm 范围内。施工脚手眼补砌时，灰缝应填满砂浆，不得用干砖填塞。

设计要求的洞口、管道、沟槽应于砌筑时正确留出或预埋，未经设计同意，不得打凿墙体和在墙体上开凿水平沟槽。宽度超过 300 mm 的洞口上部，应设置过梁。

砖墙每日砌筑高度不得超过 1.8 m。砖墙分段砌筑时，分段位置宜设在变形缝、构造柱或门窗洞口处；相邻工作段的砌筑高度不得超过一个楼层高度，也不宜大于 4 m。尚未施工的楼板或屋面的墙或柱，当可能遇到大风时，其允许自由高度不得超过表 2-4 所示的规定。如果超过表 2-4 所示的限值，则必须采用临时支撑等有效措施。

表 2-4　墙和柱的允许自由高度（m）

墙(柱)厚/mm	砌体密度>1 600 kg/m³			砌体密度 1 300～1 600 kg/m³		
	风载/(kN/m²)			风载/(kN/m²)		
	0.3（约7级风）	0.4（约8级风）	0.5（约9级风）	0.3（约7级风）	0.4（约8级风）	0.5（约9级风）
190	—	—	—	1.4	1.1	0.7
240	2.8	2.1	1.4	2.2	1.7	1.1
370	5.2	3.9	2.6	4.2	3.2	2.1
490	8.6	6.5	4.3	7.0	5.2	3.5
620	14.0	10.5	7.0	11.4	8.6	5.7

注：①本表适用于施工处相对标高（H）在 10 m 范围内的情况。如 10 m<H≤15 m，15 m<H≤20 m 时，表中的允许自由高度应分别乘以 0.9、0.8 的系数；如 H>20 m 时，应通过抗倾覆验算确定其允许自由高度。

② 当所砌筑的墙有横墙或其他结构与其连接，而间距小于表中所列限值的 2 倍时，砌筑高度可不受本表的限制。

二、施工前的准备

1. 砖的准备

砖应按规定的数量、品种、强度等级及时组织进场,按砖的强度等级、外观、几何尺寸进行验收,并应检查出厂合格证。常温施工时,黏土砖应在砌筑前 1～2 天浇水湿润,以浸入砖内深度 15～20 mm 为宜。

2. 砂浆准备

主要是做好配制砂浆所用原材料的准备。若采用混合砂浆,则应提前两周将石灰膏淋制好,待使用时再进行拌制。

3. 其他准备

(1) 检查校核轴线和标高。在允许偏差范围内,砌体的轴线和标高的偏差,可在基础顶面或楼板面上予以校正。

(2) 砌筑前,组织机械进场和进行安装。

(3) 准备好脚手架,搭好搅拌棚,安设搅拌机,接水,接电,试车。

(4) 制备并安设好皮数杆。

三、砖砌体的施工工艺

砖砌体的施工工艺为:抄平、放线、摆砖、立皮数杆、盘角及挂线、砌筑、勾缝与清理等。

1. 抄平放线(也称抄平弹线)

1) 抄平

砌墙前应在基础防潮层或楼层上定出各层标高,并用水泥砂浆或 C10 细石混凝土找平,使各段墙底标高符合设计要求。

2) 放线

根据龙门板或轴线控制桩上的标志轴线,利用经纬仪和墨线弹出基础或墙体的轴线、边线及门窗洞口位置线。二层以上的墙体轴线可以用经纬仪或垂球将轴线引测上去。

基础放线是保证墙体平面位置的关键工序,是体现定位测量精度的主要环节,稍有疏忽就会造成错位。所以,在放线过程中应充分重视以下环节。

(1) 龙门板在挖槽的过程中易被碰动。因此,在投线前应对控制桩、龙门板进行复查,避免问题的发生。

(2) 对于偏中基础,要注意偏中的方向。

(3) 附墙垛、烟囱、温度缝、洞口等特殊部位要标清楚,防止遗忘。

2. 摆砖

摆砖也称摆底,是在弹好线的基础顶面上按选定的组砌方式先用砖试摆,目的在于核对所弹出的墨线在门窗洞口、墙垛等处是否符合砖模数,以便借助灰缝调整,使砖的排列和砖缝宽度均匀合理。摆砖时,山墙摆丁砖,檐墙摆顺砖,即"山丁檐跑"。

3. 立皮数杆

皮数杆一般是用 50 mm×70 mm 的方木做成,上面划有砖的皮数、灰缝厚度、门窗、楼板、圈梁、过梁、屋架等构件的位置及建筑物各种预留洞口和加筋的高度,作为墙体砌筑时竖向尺寸的控制标志。

划皮数杆时应从±0.000 m开始。从±0.000 m向下到基础垫层以上的为基础部分皮数杆,±0.000 m以上的为墙身皮数杆。楼房如果每层高度相同,则划到二层楼地面标高为止,平房划到前后檐口为止。划完后,在杆上以每五皮砖为级数,标上砖的皮数,如5、10、15等,并标明各种构件和洞口的标高位置及其大致图例,如图2-26所示。

皮数杆一般设置在墙的转角,内外墙交接处、楼梯间及墙面变化较多的部位;如果墙面过长,则应每隔10~15 m立一根。立皮数杆时可用水准仪测定标高,使各皮数杆立在同一标高上。在砌筑前,应检查皮数杆上±0.000 m与抄平桩上的±0.000 m是否符合,所立部位、数量是否符合,检查合格后方可进行施工。

4. 盘角及挂线

墙体砌砖时,应根据皮数杆先在转角及交接处砌3~5皮砖,并保证其垂直平整,称为盘角。然后再在其间拉准线,依准线逐皮砌筑中间部分。盘角主要是根据皮数杆控制标高,依靠线锤、托线板等使之垂直。中间部分墙身主要依靠准线使之灰缝平直,一般"三七"墙以内应单面挂线,"三七"墙以上应双面挂线。

5. 砌筑、勾缝

1) 砌筑

砖的砌筑宜采用三一砌筑法。三一砌筑法,又称为大铲砌筑法,即一铲灰、一块砖、一挤揉,并随手将挤出的砂浆刮平。这种砌法灰缝容易饱满,黏结力强,能保证砌筑质量。

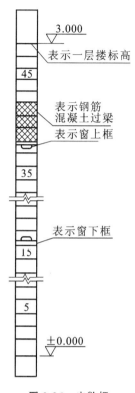

图2-26 皮数杆

除三一砌筑法外,也可采用铺浆法等。当采用铺浆法砌筑时,铺浆长度不宜超过750 mm,施工期间气温超过30 ℃,铺浆长度不宜超过500 mm。

2) 勾缝

勾缝是砌清水墙的最后一道工序,可以用砂浆随砌随勾缝,称为原浆勾缝;也可砌完墙后再用1:1.5的水泥砂浆或加色砂浆勾缝,称为加浆勾缝。勾缝具有保护墙面和增加墙面美观的作用,为了确保勾缝质量,勾缝前应清除墙面黏结的砂浆和杂物,并洒水湿润,在砌完墙后,应划出10 mm深的灰槽,灰缝可勾成凹、平、斜或凸形状。勾缝完毕还应清扫墙面。

6. 楼层轴线的引测

为了保证各层墙身轴线的重合和施工方便,在弹墙身线时,应根据龙门板上标注的轴线位置将轴线引测到房屋的外墙基上。二层以上各层墙的轴线,可用经纬仪或垂球引测到楼层上去,同时还需根据图上轴线尺寸用钢尺进行校核。

1) 首层墙体轴线引测方法

基础砌完后,根据控制桩将主墙体的轴线,利用经纬仪引到基础墙身上,如图2-27所示,并用墨线弹出墙体轴线,标出轴线号或"中"字形式,即确定了上部砖墙的轴线位置。同时,用水准仪在基础露出自然地坪的墙身上,抄出-0.100 m或-0.150 m标高线,并在墙的四周都弹出墨线,作为以后砌上部墙体时控制标高的依据。

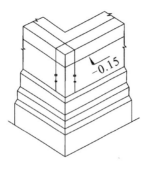

图 2-27 首层墙体轴线

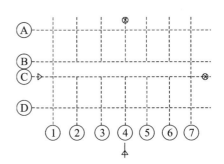

图 2-28 二层以上墙体轴线引测

2) 二层以上墙体轴线引测方法

首层楼板安装完毕、抄平之后,即可进行二层的放线工作。

(1) 先在各横墙的轴线中,选取在长墙中间部位的某道轴线,如图 2-28 所示,取④轴线作为横墙中的主轴线。根据基础墙①轴线,向④轴线量出尺寸,量准确后在④轴立墙上标出轴线位置。以后每层均以此④轴线为放线的主轴线。

同样,在山墙上选取纵墙中一条在山墙中部的轴线,如图 2-28 所示的 C 轴,在 C 轴墙根部标出立线,作为以上各层放纵墙线的主轴线。

(2) 两条轴线选定之后,将经纬仪支架在选定的墙体轴线前,一般离开所测高度 10 m 左右,用望远镜照准该轴线,在楼层操作人员的配合下,在楼板边棱上确定该墙体轴线的位置,并做好标记,如图 2-29 所示。依次可在楼层板确定④、C 轴的端点位置,确定互相垂直的一对主轴线。

(3) 在楼层上定出了互相垂直的一对主轴线之后,其他各道墙的轴线就可以根据图纸的尺寸,以主轴线为基准线,利用钢尺及小线在楼层上进行放线。

如果没有经纬仪,可采用垂球法,如图 2-30 所示。

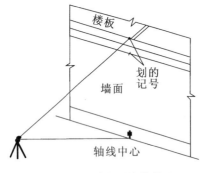

图 2-29 经纬仪测墙体轴线

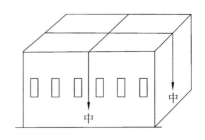

图 2-30 楼层轴线引测(垂球法)

7. 各层标高的控制

基础砌完之后,除要把主墙体的轴线,由龙门桩或龙门板上引到基础墙上外,还要在基础墙上抄出一条 −0.100 m 或 −0.150 m 标高的水平线。楼层各层标高除了立皮数杆进行控制外,亦可用在室内弹出的水平线控制。

当砖墙砌起一步架高后,应随即用水准仪在墙内进行抄平,并弹出离室内地面高 500 mm 的线,在首层即为 0.5 m 标高线(现场称为 50 线),在以上各层即为该层标高加 0.5 m 的标高线。这道水平线是用来控制层高及放置门、窗过梁高度的依据,也是室内装饰施工时做地面标高,墙裙、踢脚线、窗台及其他相关的装饰标高的依据。

当二层墙砌到一步架高后,随即用钢尺在楼梯间处,把底层的 0.5 m 标高线引入到上层,就得到二层 0.5 m 标高线。如果层高为 3.3 m,那么从底层 0.5 m 标高线往上量 3.3 m 划一个铅笔痕,随后用水准仪及标尺从这点抄平,把楼层的全部 0.5 m 标高用线弹出。

四、砖砌体的质量要求

1. 基本要求

砖砌体的质量应符合《砌体结构工程施工质量验收规范》(GB 50203—2011)的要求,做到横平竖直、砂浆饱满、上下错缝、内外搭接、接槎牢固。

1) 横平竖直

横平,即要求每一皮砖必须在同一水平面上,每块砖必须摆平。为此,首先应将基础或楼面抄平,砌筑时严格按皮数杆层层挂准线,每块砖按准线砌平。

竖直,即要求砌体表面轮廓垂直平整,并且竖向灰缝垂直对齐。因而在砌筑过程中要随时用线锤和托线板进行检查,做到"三皮一吊、五皮一靠",以保证砌筑质量。

2) 砂浆饱满

砂浆饱满度对砌体强度影响较大。水平灰缝和竖缝的厚度一般规定为(10±2) mm,要求水平灰缝的砂浆饱满度不得小于 80%,竖向灰缝宜采用挤浆或加浆的方法,使其砂浆饱满。

3) 上下错缝,内外搭接

为了保证砌体的强度和稳定性,砌体应按一定的组砌形式进行砌筑,错缝及搭接长度一般不少于 60 mm,并避免墙面和内缝中出现连续的竖向通缝。

4) 接槎牢固

砖墙的转角处和交接处一般应同时砌筑,以保证墙体的整体性和砌体结构的抗震性能。如果不能同时砌筑,应按规定留槎并做好接槎处理,通常应将留置的临时间断做成斜槎。实心墙的斜槎长度不应小于墙高度的 2/3,接槎时必须将接槎处的表面清理干净,浇水湿润,填实砂浆并保持灰缝垂直;如果临时间断处留斜槎确有困难时,非抗震设防及抗震设防烈度为 6 度、7 度地区,除转角处外也可留直槎,但必须做成凸槎,并加设拉结筋。拉结筋的数量为每 120 mm 墙厚放置一根 ϕ6 mm 的钢筋,间距沿墙高不得超过 500 mm,埋入长度从墙的留槎处算起,每边均不得少于 500 mm(对抗震设防烈度为 6 度、7 度地区,不小于 1 000 mm),末端应有 90°弯钩,如图 2-31 所示。

2. 砖砌体的有关规定

(1) 砂浆的配合比应采用重量比,石灰膏或其他塑化剂的掺量应适量,微沫剂的掺量(按 100%纯度计)应通过试验确定。

(2) 限定砂浆的使用时间。水泥砂浆在 3 h 内用完,混合砂浆在 4 h 内用完。如气温超过 30 ℃适用时间均应减少 1 h。

(3) 普通黏土砖在砌筑前应浇水润湿,含水率宜为 10%~15%,灰砂砖和粉煤灰砖可不必润砖。

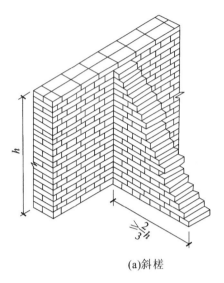 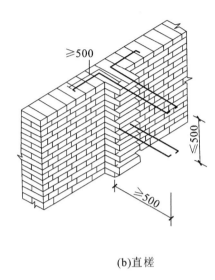

(a)斜槎　　　　　　　　　　　(b)直槎

图 2-31　留槎

3. 钢筋混凝土构造柱

1) 混凝土构造柱的主要构造措施

通常,构造柱的截面尺寸为 240 mm×180 mm 或 240 mm×240 mm。竖向受力钢筋采用 4 根直径为 12 mm 的 Ⅰ 级钢筋,箍筋直径为 4~6 mm,其间距不大于 250 mm,并且在柱上下端适当加密。

砖墙与构造柱应沿墙高每隔 500 mm 设置 2φ6 mm 的水平拉结钢筋,两边伸入墙内不宜小于 1 m;若外墙为一砖半墙,则水平拉结钢筋应用 3 根。

砖墙与构造柱相接处,应砌成马牙槎,从每层柱脚开始,先退后进;每个马牙槎沿高度方向的尺寸不宜超过 300 mm(或 5 皮砖高);每个马牙槎退进应不小于 60 mm。

构造柱必须与圈梁连接。其根部可与基础圈梁连接,无基础圈梁时,可增设厚度不小于 120 mm 的混凝土底脚,深度从室外地坪以下不应小于 500 mm。

2) 钢筋混凝土构造柱施工要点

(1) 构造柱的施工顺序为:绑扎钢筋、砌砖墙、支模板、浇筑混凝土。必须在该层构造柱混凝土浇筑完毕后,才能进行上一层的施工。

(2) 构造柱的竖向受力钢筋伸入基础圈梁或混凝土底脚内的锚固长度,以及绑扎搭接长度,均不应小于 35 倍钢筋直径。接头区段内的箍筋间距不应大于 200 mm。钢筋混凝土保护层厚度一般为 20 mm。

(3) 砌砖墙时,当马牙槎齿深为 120 mm 时,其上口可采用第一皮先进 60 mm,往上再进 120 mm 的方法,以保证浇筑混凝土时上角密实。

(4) 构造柱的模板,必须与所在砖墙面严密贴紧,以防漏浆。

(5) 浇筑构造柱的混凝土坍落度一般为 50~70 mm。振捣宜采用插入式振动器分层捣实,振捣棒应避免直接触碰钢筋和砖墙;严禁通过砖墙传振,以免砖墙变形和灰缝开裂。

单元 5 砌块砌体施工

用砌块代替普通黏土砖作为墙体材料是墙体改革的重要途径。目前工程中多采用中小型砌块。中型砌块施工,是采用各种吊装机械及夹具将砌块安装在设计位置,一般要按建筑物的平面尺寸及预先设计的砌块排列图逐块按次序吊装、就位、固定。小型砌块施工,与传统的砖砌体砌筑工艺相似,也是手工砌筑,但在形状、构造上有一定的差异。

一、砌块安装前的准备工作

1. 编制砌块排列图

砌块砌筑前,应根据施工图纸的平面、立面尺寸,并结合砌块的规格,先绘制砌块排列图,如图 2-32 所示。绘制砌块排列图时在立面图上按比例绘出纵横墙,标出楼板、大梁、过梁、楼梯、孔洞等位置,在纵横墙上绘出水平灰缝线,然后以主规格为主、其他型号为辅,按墙体错缝搭砌的原则和竖缝大小进行排列。在墙体上大量使用的主要规格砌块,称为主规格砌块;与它相搭配使用的砌块,称为副规格砌块。小型砌块施工时,也可不绘制砌块排列图,但必须根据砌块尺寸和灰缝厚度计算皮数和排数,以保证砌体尺寸符合设计要求。

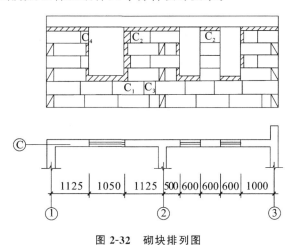

图 2-32 砌块排列图

若设计无具体规定,砌块应按下列原则排列。

(1) 尽量多用主规格砌块或整块砌块,减少非主规格砌块的规格与数量。

(2) 砌筑应符合错缝搭接的原则,搭接长度不得小于砌块高的 1/3,并且不应小于 150 mm。当搭接长度不足时,应在水平灰缝内设置 $2\phi4$ mm 的钢筋网片予以加强,网片两端离该垂直缝的距离不得小于 300 mm。

(3) 外墙转角处及纵横交接处,应用砌块相互搭接,如不能相互搭接,则每两皮应设置一道拉结钢筋网片。

(4) 水平灰缝宽一般为 10~20 mm,有配筋的水平灰缝宽为 20~25 mm。竖缝宽度为 15~20 mm,当竖缝宽度大于 40 mm 时应用与砌块同强度的细石混凝土填实,当竖缝宽度大于 100 mm 时,应用黏土砖镶砌。

(5) 当楼层高度不是砌块(包括水平灰缝)的整数倍时,用黏土砖镶砌。

(6) 对于空心砌块,上下皮砌块的壁、肋、孔均应垂直对齐,以提高砌体的承载能力。

2. 砌块的堆放

砌块的堆放位置应在施工总平面图上周密安排,并应尽量减少二次搬运,使场内运输路线最短,以便砌筑时起吊。堆放场地应平整夯实,使砌块堆放平稳,并做好排水工作;砌块不宜直接堆放在地面上,应堆在草袋、煤渣垫层或其他垫层上,以免砌块底面玷污。砌块的规格、数量必须配套,不同类型分别堆放。

3. 砌块的吊装方案

砌块墙的施工特点是,砌块数量多,吊次也相应增多,但砌块的重量不是很大。砌块安装方案与所选用的机械设备有关,通常采用的吊装方案有两种:一是以塔式起重机进行砌块、砂浆的运输,以及楼板等构件的吊装,由台灵架吊装砌块,如工程量大,组织两栋房屋对翻流水等可采用这种方案;二是以井架进行材料的垂直运输,杠杆车进行楼板吊装,所有的预制构件及材料的水平运输则用砌块车和劳动车运输,台灵架负责砌块的吊装。

除了应准备好砌块的垂直、水平运输和吊装的机械外,还要准备安装砌块的专用夹具和有关工具。

二、砌块施工工艺

砌块施工时需弹墙身线和立皮数杆,并按事先划分的施工段和砌块排列图逐皮安装。其安装顺序是先外后内、先远后近、先下后上。砌块砌筑时应从转角处或定位砌块处开始,并校正其垂直度,然后按砌块排列图内外墙同时砌筑并且错缝搭砌。

每个楼层砌筑完成后应复核标高,如有偏差则应找平校正。铺灰和灌浆完成后,吊装上一皮砌块时,不允许碰撞或撬动已安装好的砌块。如相邻砌体不能同时砌筑,则应留阶梯形斜槎,不允许留直槎。

砌块施工的主要工序有:铺灰、吊砌块就位、校正、灌缝和镶砖等。

(1) 铺灰。采用稠度良好(50~70 mm)的水泥砂浆,铺3~5 m长的水平缝。夏季及寒冷季节应适当缩短,铺灰应均匀平整。

(2) 砌块安装就位。采用摩擦式夹具,按砌块排列图将所需砌块吊装就位。砌块就位应对准位置徐徐下落,使夹具中心尽可能与墙中心线在同一垂直面上,砌块光面在同一侧,垂直落于砂浆层上,待砌块安放稳妥后,才可松开夹具。

(3) 校正。用线锤和托线板检查垂直度,用拉准线的方法检查水平度。用撬棍、楔块调整偏差。

(4) 灌缝。采用砂浆灌竖缝,两侧用夹板夹住砌块,超过30 mm宽的竖缝采用不低于C20的细石混凝土灌缝,收水后进行嵌缝,即原浆勾缝。以后一般不应再撬动砌块,以防止破坏砂浆的黏结力。

(5) 镶砖。当砌块间出现较大竖缝或过梁找平时,应镶砖。采用MU10级以上的红砖,最后一皮用丁砖镶砌。镶砖工作必须在砌砖校正后即刻进行,镶砖时应注意使砖的竖缝灌密实。

三、混凝土小砌块砌体施工

混凝土小砌块包括普通混凝土小型空心砌块和轻骨料小型空心砌块。

施工时所用的小砌块的产品龄期不应小于28 d。普通混凝土小砌块饱和吸水率低、吸水速度迟缓,一般可不浇水,天气炎热时,可适当洒水湿润。

轻骨料混凝土小砌块的吸水率较大,宜提前浇水湿润。底层室内地面以下或防潮层以下的砌体,应采用强度等级不低于C20的混凝土灌实小砌块的孔洞。

小砌块墙体应对孔错缝搭砌,搭接长度不应小于90 mm。墙体的个别部位不能满足上述要求时,应在灰缝中设置拉结钢筋或钢筋网片,但竖向通缝仍不得超过两皮小砌块。

浇灌芯柱的混凝土,宜选用专用的小砌块灌孔混凝土,当采用普通混凝土时,其坍落度不应小于90 mm。砌筑砂浆强度大于1 MPa时,方可浇灌芯柱混凝土。浇灌时应清除孔洞内的砂浆等杂物,并用水冲洗;先注入适量与芯柱混凝土相同的去石水泥砂浆,再浇灌混凝土。

小砌块墙体转角处和纵横交接处应同时砌筑。临时间断处应砌成斜槎,斜槎水平投影长度不应小于高度的2/3。

小砌块砌体的灰缝应横平竖直,水平灰缝厚度和竖向灰缝宽度宜为10 mm,但不应大于12 mm,也不应小于8 mm。砌体水平灰缝的砂浆饱满度,应按净面积计算不得低于90%;竖向灰缝饱满度不得小于80%,竖缝凹槽部位应用砌筑砂浆填实;不得出现瞎缝、透明缝。

四、蒸压加气混凝土砌块砌体施工

蒸压加气混凝土砌块可砌成单层墙或双层墙体。单层墙是将蒸压加气混凝土砌块立砌,墙厚为砌块的宽度。双层墙是将蒸压加气混凝土砌块立砌两层,中间夹以空气层,两层砌块间,每隔500 mm墙高在水平灰缝中放置$\phi 4 \sim \phi 6$ mm的钢筋扒钉,扒钉间距为600 mm,空气层厚度约70~80 mm。

承重蒸压加气混凝土砌块墙的外墙转角处、墙体交接处,均应沿墙高1 m左右,在水平灰缝中放置拉结钢筋,拉结钢筋为$\phi 6$ mm,钢筋伸入墙内不少于1 000 mm。

蒸压加气混凝土砌块砌筑前,应根据建筑物的平面、立面图绘制砌块排列图。在墙体转角处设置皮数杆,皮数杆上画出砌块皮数及砌块高度,并拉准线砌筑。

蒸压加气混凝土砌块墙的上下皮砌块的竖向灰缝应相互错开,相互错开长度宜为300 mm,并且不小于150 mm。

蒸压加气混凝土砌块墙的灰缝应横平竖直,砂浆饱满,水平灰缝砂浆饱满度不应小于90%;竖向灰缝砂浆饱满度不应小于80%。水平灰缝厚度宜为15 mm,竖向灰缝宽度宜为20 mm。

蒸压加气混凝土砌块墙的转角处,应使纵横墙的砌块相互搭砌,隔皮砌块露端面。蒸压加气混凝土砌块墙的T形交接处,应使横墙砌块隔皮露端面,并坐中于纵墙砌块,砌块的搭砌如图2-33所示。

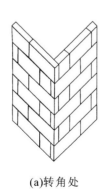
(a)转角处

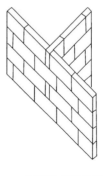
(b)T形交接处图

图2-33 蒸压加气混凝土砌块搭砌

五、粉煤灰砌块砌体施工

粉煤灰砌块墙砌筑前,应按设计图绘制砌块排列图,并在墙体转角处设置皮数杆。粉煤灰砌块的砌筑面应适量浇水。

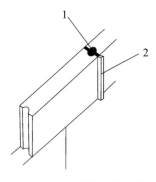

图 2-34 粉煤灰砌块砌筑
1—灌浆;2—泡沫塑料条

粉煤灰砌块的砌筑可采用"铺灰灌浆法"。先在墙顶上摊铺砂浆,然后将砌块按砌筑位置摆放到砂浆层上,并与前一块砌块靠拢,留出不大于 20 mm 的空隙。待砌完一皮砌块后,在空隙两旁装上夹板或塞上泡沫塑料条,在砌块的灌浆槽内灌砂浆,直至灌满。等到砂浆开始硬化不流淌时,即可卸掉夹板或取出泡沫塑料条。粉煤灰砌块砌筑如图 2-34 所示。

粉煤灰砌块上下皮的垂直灰缝应相互错开,错开长度应不小于砌块长度的 1/3。其灰缝厚度、砂浆饱满度及转角、交接处的要求同蒸压加气混凝土砌块的要求。

粉煤灰砌块墙砌到接近上层楼板底时,因最上一皮不能灌浆,可改用烧结普通砖斜砌挤紧。

砌筑粉煤灰砌块外墙时,不得留脚手眼。每一楼层内的砌块墙应连续砌完,尽量不留接槎。如果必须留槎,则应留成料槎,或者在门窗洞口侧边间断。

六、石砌体施工

1. 毛石基础施工

砌筑毛石基础所用毛石应质地坚硬、无裂纹,尺寸在 200～400 mm,强度等级一般为 MU20 以上。所用水泥砂浆为 M2.5～M5 级,稠度为 50～70 mm,灰缝厚度一般为 20～30 mm。不宜采用混合砂浆。

基础砌筑前,应校核毛石基础放线尺寸。

砌筑毛石基础的第一皮石块应坐浆,选较大而平整的石块将大面向下,分皮卧砌,上下错缝,内外搭砌;每皮厚度约 300 mm,搭接不小于 80 mm,不得出现通缝。毛石基础扩大部分,如做成阶梯形,上级阶梯的石块应至少压砌下级阶梯的 1/2,每阶内至少砌两皮,扩大部分每边比墙宽出 100 mm。为增加整体稳定性,应大、中、小毛石搭配使用,并按规定设置拉结石,拉结石长度应超过墙厚的 2/3。毛石砌到室内地坪以下 50 mm,应设置防潮层,一般用 1∶2.5 的水泥砂浆加适量防水剂铺设,厚度为 20 mm。毛石基础每日砌筑高度为 1.2 m。

2. 石墙施工

1) 毛石墙施工

首先应在基础顶面根据设计要求抄平放线、立皮杆数、拉准线,然后进行墙体施工。砌筑第一层石块时,应大面向下,其余各层应利用自然形状相互搭接紧密,面石应选择至少具有一面平整的毛石砌筑,较大空隙用碎石填塞。墙体砌筑每层高 300～400 mm,中间隔 1 m 左右应砌与墙同宽的拉结石,上、下层间的拉结石位置应错开。施工时,上下层应相互错缝,内外搭接,不得采用外面侧立石块,中间填心的砌筑方法。每日砌筑高度不应超过 1.2 m,分段砌筑时所留踏步槎高度不超过一个步架。

2）料石墙施工

料石墙的砌筑应用铺浆法,竖缝中应填满砂浆并插捣至溢出为止。上下皮应错缝搭接,转角处或交接处应用石块相互搭砌,如确有困难,则应在每楼层范围内至少设置钢筋网或拉结筋两道。

3）石墙勾缝

石墙的勾缝形式多采用平缝或凸缝。勾缝前先将灰缝刮深 20～30 mm,墙面喷水湿润,并修整。勾缝宜用 1∶1 水泥砂浆,或者用青灰和白灰浆掺加麻刀勾缝。勾缝线条必须均匀一致,深浅相同。

单元6　冬期施工和雨期施工

一、冬期施工

1. 冬期施工的概念

根据当地气象资料,如室外日平均气温连续 5 天稳定低于 5 ℃,则砌筑工程应采取冬期施工措施。此外,当日最低气温低于 0 ℃时,砌筑工程也应采取冬期施工措施。砌筑工程冬期施工应有完整的冬期施工方案。

2. 砌筑工程冬期施工方法

砌筑工程的冬期施工以采用掺盐砂浆法为主,对保温绝缘、装饰等方面有特殊要求的工程,可采用冻结法或其他施工方法。

1）掺盐砂浆法

掺入盐类的水泥砂浆、水泥混合砂浆或微沫砂浆称为掺盐砂浆。采用这种砂浆砌筑的方法称为掺盐砂浆法。

（1）掺盐砂浆法的原理和适用范围。

掺盐砂浆法就是在砌筑砂浆内掺入一定数量的抗冻剂（主要有氯化钠和氯化钙,其他还有亚硝酸钠、碳酸钾和硝酸钙等）,来降低水溶液的冰点,以保证砂浆中有液态水存在,使水化反应在一定负温下不间断进行,使砂浆强度在负温下能够继续增长的方法。同时,由于降低了砂浆中水的冰点,砖石砌体的表面不会因为结冰而形成冰膜,故砂浆和砖石砌体能较好地黏结。掺盐砂浆法具有施工简便、费用低,取材方便等优点,所以在我国砖石砌体冬期施工中应用广泛。

氯盐砂浆吸湿性大,会使结构保温性能下降,并有析盐现象等,所以对下列工程严禁采用掺盐砂浆法施工：①对装饰有特殊要求的建筑物；②使用湿度大于 80% 的建筑物；③接近高压电路的建筑物；④配筋、钢埋件无可靠的防腐处理措施的砌体；⑤处于地下水位变化范围内及水下未设防水层的结构。

（2）掺盐砂浆法的施工要求。

采用掺盐砂浆法进行施工时,应按不同负温界限控制掺盐量,若砂浆中氯盐掺量过少,则砂浆内会出现大量的冰结晶体,水化反应极其缓慢,会降低早期强度。如果氯盐掺量大于 10%,则砂浆的后期强度会显著降低,同时导致砌体析盐量过大,增大吸湿性,降低保温性能。按气温情况规定的掺盐量如表 2-5 所示。

表 2-5　砂浆掺盐量(占用水量百分数,%)

氯盐及砌体材料种类			日最低气温/℃			
			≥−10	−11~−15	−16~−20	−21~−25
氯化钠(单盐)		砖、砌块	3	5	7	—
		砌石	4	7	10	—
(双盐)	氯化钠	砖、砌块	—	—	5	7
	氯化钙		—	—	2	3

注:掺盐量以无水盐计。

对承重结构的砂浆强度等级应按常温施工时提高一级。拌和砂浆前要对原材料加热,并且应优先加热水;当满足不了温度时,再进行砂的加热。当拌和水的温度超过 60 ℃时,拌制时的投料顺序是:水和砂先拌,然后再投放水泥。掺盐砂浆中掺入微沫剂时,盐溶液和微沫剂在砂浆拌和过程中先后加入。砂浆应采用机械进行拌和,搅拌时间应比常温季节增加一倍。拌和后的砂浆应注意保温。

由于氯盐对钢筋有腐蚀作用,掺盐砂浆法用于设有构造配筋的砌体时,钢筋可以涂樟丹 2~3 道或者涂沥青 1~2 道,以防钢筋锈蚀。

掺盐砂浆法砌筑砖砌体,应采用三一法砌筑,使砂浆与砖的接触面能充分结合。砌筑时要求砂浆饱满,灰缝厚度均匀,水平缝和垂直缝的厚度和宽度,应控制在 8~10 mm。采用掺盐砂浆法砌筑砌体时,砌体在转角处和交接处应同时砌筑,对不能同时砌筑而又必须留置的临时间断处,应砌成斜槎,砌体表面宜采用保温材料加以覆盖,继续施工前,应先用扫帚扫净砖表面,然后再施工。

2) 冻结法

冻结法是指用不掺化学外加剂的普通水泥砂浆或水泥混合砂浆进行砌筑的一种冬期施工方法。

(1) 冻结法的原理和适应范围。

冻结法的砂浆内不掺任何抗冻化学剂,允许砂浆在铺砌完后就受冻,受冻的砂浆可以获得较大的冻结强度,并且在解冻后其强度仍可继续增长。所以对有保温、绝缘、装饰等特殊要求的工程和受力配筋砌体以及不受地震区条件限制的工程,均可采用冻结法施工。

冻结法施工所用砂浆,经冻结、融化和硬化三个阶段后,砂浆强度、砂浆与砖石砌体间的黏结力都有不同程度的降低。砌体在融化阶段,由于砂浆强度接近于零,将会增加砌体的变形和沉降。所以对下列结构不宜选用:①空斗墙;②毛石墙;③承受侧压力的砌体;④在解冻期间可能受到振动或动荷载的砌体;⑤在解冻期间不允许发生沉降的砌体。

(2) 冻结法的施工要求。

采用冻结法施工时,应按照三一法砌筑,砌筑时一般采用一顺一丁的组砌方式。冻结法施工中宜采用水平分段施工,墙体一般应在一个施工段范围内,砌筑至一个施工层的高度,不得间断。每日砌筑高度和临时间断处均不宜大于 1.2 m。不设沉降缝的砌体,其分段处的高差不得大于 4 m。

砌体解冻时,由于砂浆的强度接近于零,所以增加了砌体解冻期间的变形和沉降,其下沉量比常温施工的增加10%～20%。解冻期间,由于砂浆受冻后强度降低,砂浆与砌体之间的黏结力减弱,所以砌体在解冻期间的稳定性较差。用冻结法施工的砌体,在开冻前需进行检查,开冻过程中应组织观测。如果发现裂缝、不均匀下沉等情况,应分析原因并立即采取加固措施。

为保证砖砌体在解冻期间能够均匀沉降不出现裂缝,应遵守下列要求:①解冻前应清除房屋中剩余的建筑材料等临时荷载;②在解冻前,宜暂停施工;③留置在砌体中的洞口和沟槽等,宜在解冻前填砌完毕;④跨度大于0.7 m的过梁,宜采用预制构件;⑤门窗框上部应留3～5 mm的空隙,作为解冻后预留沉降量,在楼板水平面上,墙的拐角处、交接处和交叉处每半砖墙厚设置一根$\phi 6$ mm的拉筋。

在解冻期进行观测时,应特别注意多层房屋下层的柱和窗间墙、梁端支承处、墙交接处等地方。此外,还必须观测砌体沉降的大小、方向和均匀性,砌体灰缝内砂浆的硬化情况。观测一般需15 d左右。

解冻时除对正在施工的工程进行强度验算外,还要对已完成的工程进行强度验算。

二、雨期施工

砌筑用砖在雨期必须集中堆放,不宜浇水。砌墙时要求干湿砖合理搭配,湿度过大的砖不可上墙。雨期施工每日砌筑高度不宜超过1.2 m。

雨期遇大雨必须停工。砌砖收工时应在砖墙顶盖一层干砖,避免大雨冲刷灰浆。大雨过后受雨冲刷过的新砌墙体应翻砌最上面两皮砖。

稳定性较差的窗间墙、独立砖柱,应加设临时支撑或及时浇筑圈梁,以增加其稳定性。

砌体施工时,内、外墙尽量同时砌筑,并注意转角及丁字墙间的连接要同时跟上。遇台风时,应在与风向相反的方向加设临时支撑,以保证墙体的稳定。

雨后继续施工,须复核已完工砌体的垂直度和标高。

1. 脚手架的基本要求有哪些?
2. 扣件式钢管脚手架由哪些部件组成?安全要求有哪些?
3. 脚手架有哪些形式?适用于哪些场合?
4. 附着式塔式起重机如何锚固?
5. 塔式起重机如何选用?
6. 砌筑砂浆使用时应注意哪些问题?
7. 砖砌体如何组织施工?
8. 砌块安装前的准备工作有哪些?
9. 简述砌块施工工艺。
10. 砌筑工程冬期施工方法有哪些?
11. 砌筑工程雨期施工方法有哪些?

混凝土工程施工

1. 知识目标

(1) 掌握模板工程、钢筋工程、混凝土工程的施工要求。

(2) 熟悉大体积混凝土及框剪结构混凝土工程施工要求。

(3) 熟悉冬期施工和雨期施工要求。

2. 能力目标

(1) 掌握钢筋的种类、性能及验收要求,加工安装方法;掌握钢筋的冷拉及钢筋的配料计算方法。

(2) 掌握模板的种类、构造要求和安装、拆除方法。

(3) 熟悉钢筋混凝土工程的施工过程、施工工艺。

(4) 熟悉大体积混凝土施工要求、方法。

(5) 熟悉框剪结构混凝土工程施工要求、方法。

单元 1 钢筋工程施工

一、钢筋的验收与配料

1. 钢筋的验收与储存

1) 钢筋的验收

钢筋进场应具有出厂证明书或试验报告单,每捆(盘)钢筋应有标牌,同时应按有关标准和规定进行外观检查和分批做力学性能试验。钢筋在使用时,如发现脆断、焊接性能不良或机械性能显著不正常等,则应进行钢筋的化学成分检验。

2) 钢筋的储存

钢筋进场后,必须严格按批分等级、牌号、直径、长度挂牌存放,不得混淆。钢筋应尽量堆入仓库或料棚内。条件不具备时,应选择地势较高,土质坚硬的场地存放。堆放时,钢筋下部应垫高,离地至少 20 cm 高,以防钢筋锈蚀。在堆场周围应挖排水沟,以利排水。

2. 钢筋的配料

钢筋的配料是指识读工程图纸、计算钢筋下料长度和编制配筋表的过程。

1) 钢筋下料长度

(1) 钢筋长度。施工图(钢筋图)所指的钢筋长度是钢筋外缘至外缘之间的长度,即外包尺寸。

(2) 混凝土保护层厚度。混凝土保护层厚度是指受力钢筋外缘至混凝土表面的距离,其作用是保护钢筋在混凝土中不被锈蚀。混凝土的保护层厚度,一般用水泥砂浆垫块或塑料卡垫在钢筋与模板之间来控制。塑料卡的形状有塑料垫块和塑料环圈两种。塑料垫块用于水平构件,塑料环圈用于垂直构件。

(3) 钢筋接头增加值。由于钢筋直条的供货长度一般为 6~10 m,而有的钢筋混凝土结构的尺寸很大,需要对钢筋进行接长。钢筋接头增加值如表 3-1~表 3-3 所示。

表 3-1 纵向受拉钢筋的最小搭接长度

钢筋类型		混凝土强度等级			
		C15	C20~C25	C30~C35	≥C40
光圆钢筋	HPB300	45d	35d	30d	25d
带肋钢筋	HRB400、RRB400	—	55d	40d	35d

注:(1) 两根直径不同钢筋的搭接长度,以较细钢筋直径计算。d 为钢筋直径,后同。
 (2) 本表适用于纵向受拉钢筋的绑扎搭接接头面积百分率不大于 25% 的场合。当纵向受拉钢筋搭接接头面积百分率大于 25%,但不大于 50% 时,其最小搭接长度应按表中的数值乘以系数 1.2 取用;当接头面积百分率大于 50% 时,应按表中的数值乘以系数 1.35 取用。
 (3) 当符合下列条件时,纵向受拉钢筋的最小搭接长度应根据上述要求确定后,按下列规定进行修正。
 ① 当带肋钢筋的直径大于 25 mm 时,其最小搭接长度应按相应数值乘以系数 1.1 取用。
 ② 对于环氧树脂涂层的带肋钢筋,其最小搭接长度应按相应数值乘以 1.25 使用。
 ③ 当在混凝土凝固过程中受力钢筋易受扰动时(如滑模施工),其最小搭接长度应按相应数值乘以系数 1.1 取用。
 ④ 对末端采用机械锚固措施的带肋钢筋,其最小搭接长度可按相应数值乘以 0.7 取用。
 ⑤ 当带肋钢筋的混凝土保护层厚度大于搭接钢筋直径的 3 倍且配有箍筋时,其最小搭接长度可按相应数值乘以系数 0.8 取用。
 ⑥ 对有抗震设防要求的结构构件,其受力钢筋的最小搭接长度对于一、二级抗震等级,应按相应数值乘以系数 1.05 采用;对于三级抗震等级应按相应数值乘以系数 1.05 采用。在任何情况下,受拉钢筋的搭接长度不应小于 300 mm。
 (4) 纵向压力钢筋搭接时,其最小搭接长度应根据上述规定确定相应数值后,乘以系数 0.7 取用,在任何情况下,受压钢筋的搭接长度不应小于 200 mm。

表 3-2 钢筋对焊长度损失值(mm)

钢筋直径	<16	16~25	>25
损失值	20	25	30

表 3-3 钢筋搭接焊最小搭接长度

焊接类型	HPB300	HRB400
双面焊	4d	5d
单面焊	8d	10d

(4) 弯曲量度差值。钢筋有弯曲时,钢筋在弯曲处的内侧将发生收缩,而外侧却出现延伸,而中心线则保持原有尺寸。钢筋长度的度量方法系指外包尺寸,因此钢筋弯曲后,存在一个量度差值,在计算下料长度时必须加以扣除。根据理论推理和实践经验,弯曲量度差值如表 3-4 所示。

表 3-4　钢筋弯曲量度差值

钢筋弯起角度	30°	45°	60°	90°	135°
钢筋弯曲调整值	0.35d	0.54d	0.85d	1.75d	2.5d

(5) 钢筋弯钩增加值。弯钩形式最常用的有半圆弯钩、直弯钩和斜弯钩。受力钢筋的弯钩和弯折应符合下列要求。

① HPB300 钢筋末端应做 180°弯钩,其弯弧内直径不应小于钢筋直径的 2.5 倍,弯钩的弯后平直部分长度不应小于钢筋直径的 3 倍。

② 当设计要求钢筋末端需做 135°弯钩时,HRB400 钢筋的弯弧内直径不应小于钢筋直径的 4 倍,弯钩的弯后平直部分长度应符合设计要求。

③ 钢筋做不大于 90°的弯折时,弯折处的弯弧内直径不应小于钢筋直径的 5 倍,如表 3-5 所示。

表 3-5　钢筋弯钩增加

弯钩类型		弯钩		
		180°	135°	90°
增加长度	HPB300	6.25d	4.9d	3.5d

注：HPB300 光圆钢筋弯曲直径按 2.5d 计。

④ 除焊接封闭环式箍筋外,箍筋的末端应做弯钩,弯钩的形式应符合设计要求,当无具体要求时,应符合下列要求。

- 箍筋弯钩的弯弧内直径除应满足上述要求外,尚应不小于受力钢筋直径。
- 箍筋弯钩的弯折角度：对于一般结构,不应小于 90°;对于有抗震等要求的结构应为 135°。
- 箍筋弯后平直部分长度：对于一般结构,不宜小于箍筋直径的 5 倍;对于有抗震要求的结构,不应小于箍筋直径的 10 倍。

为了箍筋计算方便,一般将箍筋的弯钩增加长度、弯折减少长度两项合并成一箍筋调整值,如表 3-6 所示。计算时将箍筋外包尺寸或内皮尺寸加上箍筋调整值,即为箍筋下料长度。

表 3-6　箍筋调整值

箍筋量度方法	箍筋直径/mm			
	4～5	6	8	10～12
量外包尺寸/mm	40	50	60	70
量内皮尺寸/mm	80	100	120	150～170

(6) 钢筋下料长度计算。

直筋下料长度＝构件长度＋搭接长度－保护层厚度＋弯钩增加长度

弯起筋下料长度＝直段长度＋斜段长度＋搭接长度－弯折减少长度＋弯钩增加长度

箍筋下料长度＝直段长度＋弯钩增加长度－弯折减少长度＝箍筋周长＋箍筋调整值

2) 钢筋配料

钢筋配料是钢筋加工中的一项重要工作,合理的配料能使钢筋得到最大限度的利用,并使钢筋的安装和绑扎工作简单化。钢筋配料是依据钢筋表合理安排同规格、同品种的下料,使钢筋的出厂规格长度能够得以充分利用,或者使库存中各种规格和长度的钢筋得以充分利用的工作。

(1) 归整相同规格和材质的钢筋。下料长度计算完毕后,把相同规格和材质的钢筋进行归整和组合,同时根据现有钢筋的长度和能够及是时采购到的钢筋的长度进行合理组合加工。

(2) 合理利用钢筋的接头位置。对于有接头的配料,在满足构件中接头的对焊或搭接长度,接头错开的前提下,必须根据钢筋原材料的长度来考虑接头的布置。应充分考虑原材料被截下来的一段长度的合理使用,如果能够使一根钢筋正好分成几段钢筋的下料长度,则是最佳方案。但往往难以做到,所以在配料时,要尽量地使用被截下的一段能够长一些,这样才不致使余料成为废料,使钢筋能得到充分利用。

(3) 钢筋配料应注意的事项。配料计算时,要考虑钢筋的形状和尺寸在满足设计要求的前提下,有利于加工安装;配料时,要考虑施工需要的附加钢筋。例如:板双层钢筋中保证上层钢筋位置的撑脚、墩墙双层钢筋中固定钢筋间距的撑铁、柱钢筋骨架增加四面斜撑等。

根据钢筋下料长度计算结果和配料选择后,汇总编制钢筋配单。钢筋配料单必须反映出工程部位、构件名称、钢筋编号、钢筋简图及尺寸、钢筋直径、钢号、数量、下料长度、钢筋重量等。列入加工计划的配料单,将每一编号的钢筋制作一块料牌作为钢筋加工的依据,并在安装中作为区别各工程部位、构件和各种编号钢筋的标志。钢筋配料单和料牌应严格校核,必须准确无误,以免返工浪费。钢筋料牌如图 3-1 所示。

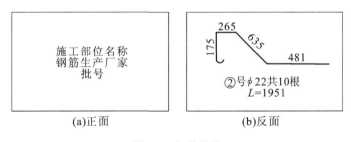

图 3-1 钢筋料牌

【例 3-1】某教学楼第一层楼的 KL1,共计 5 根,如图 3-2 所示,KL1 钢筋布置如图 3-3 所示。梁混凝土保护层厚度 25 mm,抗震等级为三级,混凝土强度级别为 C30,柱截面尺寸 500 mm×500 mm,请对其进行钢筋下料计算,并填写钢筋下料单。

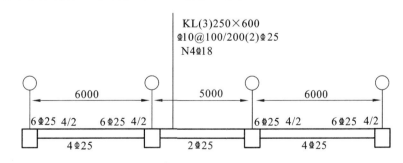

图 3-2 教学楼第一层楼的 KL1 配筋图

【解】(1) 依 11G101—1 图集,查得有关计算数据如下。

C30 混凝土,三级抗震,普通钢筋($d \leqslant 25$ mm)时,$l_{aE}=31d$。

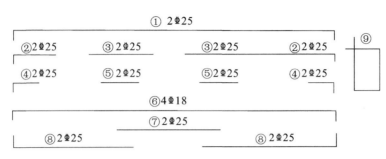

图 3-3 KL1 钢筋布置示意图

① 钢筋在端支座的锚固。

纵筋弯锚或直锚判断:因为支座宽 25～500 mm≤锚固长度 31×18 mm=558 mm,所以钢筋在端支座均需弯锚(注:这里是考察的是直径 18 mm 的受扭钢筋,直径 25 mm 的钢筋必然也需要弯锚)。弯锚部分长度如下。

当直径为 25 mm 时,$0.4l_{aE}=0.4×31×25$ mm$=310$ mm,$15d=15×25$ mm$=375$ mm,

当直径为 18 mm 时,$0.4l_{aE}=0.4×31×18$ mm$=223$ mm,$15d=15×18$ mm$=270$ mm。

注:$0.4l_{aE}$ 表示钢筋弯锚时进入柱中的水平段锚固长度值,$15d$ 表示在柱中的竖直段钢筋的锚固长度值。

② 钢筋在中间支座的锚固(仅⑦、⑧钢筋)。

因为,$l_{aE}=31×25$ mm$=775$ mm;$0.5h_c+5d=(0.5×500+5×25)$ mm$=375$ mm

所以,⑦、⑧钢筋在中间支座处的锚固长度取较大值 775 mm。

(2) 量度差(纵向钢筋的弯折角度为 90°,依据 11G101 图集构造要求,框架主筋的弯曲半径 $R=4d$。

⌀25 钢筋量度差为 $2.931d=2.931×25$ mm$=73$ mm;

⌀18 钢筋量度差为 $2.931d=2.931×18$ mm$=53$ mm。

(3) 各编号钢筋下料长度计算如下。

① 号筋下料长度=梁全长-左端柱宽-右端柱宽+2×$0.4l_{aE}$+2×$15d$-2×量度差值
     =[(6 000+5 000+6 000)-500-500+2×310+2×375-2×73]mm
     =17 224 mm

② 号筋下料长度=$L_{n1}/3$+$0.4l_{aE}$+$15d$-量度差值
     =[(6 000-500)/3+310+375-73]mm=2 445 mm

③ 号钢筋下料长度=2×$L_{nmax}(L_{n1}、L_{n2})/3$+中间柱宽
     =[2×(6 000-500)/3+500]mm=4 167 mm

式中:L_{nmax}——支座左右两跨净跨较大值;

  L_{n1}——支座左跨净跨值;

  L_{n2}——支座右跨净跨值。

④ 号筋下料长度=$L_{n1}/4$+$0.4l_{aE}$+$15d$-量度差值
     =[(6 000-500)/4+310+375-73]mm=1 987 mm

⑤ 号筋下料长度=2×$L_{nmax}(L_{n1}、L_{n2})/4$+中间柱宽
     =[2×(6 000-500)/4+500]mm=3 250 mm

⑥ 号筋下料长度=梁全长-左端柱宽-右端柱宽+2×$0.4l_{aE}$+2×$15d$-2×量度差值

$$= [6\,000 + 5\,000 + 6\,000) - 500 - 500 + 2 \times 223 + 2 \times 270 - 2 \times 53]\text{mm}$$
$$= 16\,880 \text{ mm}$$

⑦号筋下料长度=端支座锚固值+L_{n2}+中间支座锚固值
$$= [775 + (5\,000 - 500) + 775]\text{mm} = 6\,050 \text{ mm}$$

⑧号筋下料长度=L_{n1}+$0.4l_{aE}$+$15d$+中间支座锚固值-量度差值
$$= [(6\,000 - 500) + 310 + 375 + 775 - 73]\text{ mm} = 6\,887 \text{ mm}$$

⑨号筋下料长度=2×梁高+2×梁宽-8×保护层厚度+160(量内皮)
$$= (2 \times 600 + 2 \times 250 - 8 \times 25 + 160) \text{ mm} = 1\,660 \text{ mm}$$

(4) 箍筋数量计算如下。

加密区长度为 900 mm(取 1.5h 与 500 mm 的大值,则 1.5×600 mm=900 mm>500 mm)

每个加密区箍筋数量=[(900-50)/100+1]个=10 个

边跨非加密区箍筋数量=[(6 000-500-900-900)/200-1]个=18 个

中跨非加密区箍筋数量=[(5 000-500-900-900)/200-1]个=13 个

每根梁箍筋总数量=(10×6+18×2+13)个=109 个

编制钢筋下料表如表 3-7 所示。

表 3-7 钢筋下料表

构件	钢筋	简 图	直径/mm	钢筋级别	下料长度/mm	单位根数	合计根数	质量/kg
KL1 梁共 5 根	①		25	⏀	17 224	2	10	490.0
	②		25	⏀	2 445	4	20	188.3
	③		25	⏀	4 167	4	20	321.0
	④		25	⏀	1 987	4	20	158.7
	⑤		25	⏀	3 250	4	20	250.3
	⑥		18	⏀	16 880	4	20	584.4
	⑦		25	⏀	6 050	2	10	233.0
	⑧		25	⏀	6 887	8	40	106.1
	⑨		10	⏀	1 660	109	545	557.8

3) 钢筋代换

钢筋的级别、钢号和直径应按设计要求采用,若施工中缺乏设计图中所要求的钢筋,在征得设计单位的同意并办理设计变更文件后,可按下述原则进行代换。

(1) 当构件按强度控制时,可按强度相等的原则代换,称"等强代换"。如设计中所用钢筋强度为 f_{y1},钢筋总面积 A_{S1};代换后钢筋强度为 f_{y2},钢筋总面积为 A_{S2},应使代换前后钢筋的总强度相等,即

$$A_{S2} f_{y2} > f_{y1} A_{S1}$$
$$A_{S2} \geq (f_{y1} / f_{y2}) \cdot A_{S1}$$

(2) 当构件按最小配筋率配筋时,可按钢筋面积相等的原则进行代换,称为"等面积代换"。

二、钢筋内场加工

1. 钢筋的除锈

钢筋保管不善或存放时间过久,就会受潮生锈。在生锈初期,钢筋表面呈黄褐色,称水锈或色锈,这种水锈除在焊点附近必须清除外,一般可不处理。但是钢筋锈蚀进一步发展,钢筋表面已形成一层锈皮,受锤击或碰撞可见其剥落,这种铁锈不能很好地和混凝土黏结,将会影响钢筋和混凝土的握裹力,并且在混凝土中会继续发展,故需要清除。

钢筋除锈方式有三种:一是手工除锈,如钢丝刷、沙堆、麻袋沙包、砂盘等擦锈;二是除锈机械除锈;三是在钢筋的其他加工工序的同时除锈,如在冷拉、调直过程中除锈。

2. 钢筋调直

钢筋在使用前必须经过调直,否则会影响钢筋受力,甚至会使混凝土提前产生裂缝,如果未调直而直接下料,将会影响钢筋的下料长度,并影响后续工序的质量。

钢筋调直应符合下列要求。

(1) 钢筋的表面应洁净,使用前应无表面油渍、漆皮、锈皮等。

(2) 钢筋应平直,无局部弯曲,钢筋中心线同直线的偏差不超过其全长的1‰。成盘的钢筋或弯曲的钢筋均应调直后方允许使用。

(3) 钢筋调直后其表面伤痕不得使钢筋截面积减少5%以上。

钢筋调直一般采用机械调直,常用的调直机械有钢筋调直机、弯筋机、卷扬机等。钢筋调直机用于圆钢筋的调直和切断,并可清除其表面的氧化皮和污迹。

3. 钢筋切断

钢筋切断有手工剪断、机械切断、氧气切割等三种方法。

手工切断的工具有断线钳(用于切断5 mm以下的钢丝)、手动液压钢筋切断机(用于切断直径为16 mm以下的钢筋、直径25 mm以下的钢绞线)。

机械切断一般采用钢筋切断机,它将钢筋原材料或已调直的钢筋切断,其主要类型有机械式、液压式和手持式钢筋切断机。机械式钢筋切断机有偏心轴立式、凸轮式和曲柄连杆式等形式。

直径大于40 mm的钢筋一般用氧气切割。

4. 钢筋弯曲成形

钢筋弯曲成形有手工和机械弯曲成形两种方法。钢筋弯曲机有机械钢筋弯曲机、液压钢筋弯曲机和钢筋弯箍机等几种形式。

三、钢筋接头的连接

钢筋的接头连接有焊接和机械连接两类。常用的钢筋焊接机械有电阻焊接机、电弧焊接机、气压焊接机及电渣压力焊机等。钢筋机械连接方法主要有钢筋套筒挤压连接、锥螺纹套筒连接等。

1. 钢筋焊接

钢筋焊接方式有闪光对焊、电阻点焊、电弧焊、电渣压力焊、埋弧压力焊、气压焊等,其中,对焊用于接长钢筋、点焊用于焊接钢筋网、埋弧压力焊用于钢筋与钢板的焊接、电渣压力焊用于现场焊接竖向钢筋。

1) 电阻焊

(1) 钢筋点焊。钢筋点焊机是利用电流通过焊件时产生的电阻热作为热源,并施加一定的压力,使交叉连接的钢筋接触处形成一个牢固的焊点,将钢筋焊合起来的机械。点焊时,将表面清理好的钢筋叠合在一起,放在两个电极之间预压夹紧,使两根钢筋交接点紧密接触。当踏下脚踏板时,带动压紧机构使上电极压紧钢筋,同时断路器也接通电路,电流经变压器次级线圈引到电极,接触点处在极短的时间内产生大量的电阻热,使钢筋加热到熔化状态,在压力作用下两根钢筋交叉焊接在一起。当放松脚踏板时,电极松开,断路器随着杠杆下降,断开电路,点焊结束。

(2) 钢筋闪光对焊。闪光对焊是利用电流通过对接的钢筋时,产生的电阻热作为热源使金属熔化,产生强烈飞溅,并施加一定压力而使之焊合在一起的焊接方式。对焊不仅能提高工效、节约钢材,还能充分保证焊接质量。对焊机分为手动对焊机和自动对焊机等两类。

闪光对焊机由机架、导向机构、移动夹具和固定夹具、送料机构、夹紧机构、电气设备、冷却系统及控制开关等组成,如图3-4所示。闪光对焊机适用于水平钢筋非施工现场连接;适用于直径10～40 mm的各种热轧钢筋的焊接。

2) 电弧焊接

钢筋电弧焊是以焊条作为一极,钢筋为另一极,利用焊接电流产生的电弧热进行焊接的一种熔焊方法。电弧焊具有设备简单,操作灵活、成本低等特点,并且焊接性能好,但工作条件差、效率低。适用于构件厂内和施工现场焊接碳素钢、低合金结构钢、不锈钢、耐热钢和对铸铁的补焊,可在各种条件下进行各种位置的焊接。电弧焊又分为手弧焊、埋弧压力焊等。

(1) 手弧焊。手弧焊是利用手工操纵焊条进行焊接的一种电弧焊。手弧焊用的焊机有交流弧焊机(焊接变压器)、直流弧焊机(焊接发电机)等。

手弧焊用的焊机是一台额定电流500 A以下的弧焊电源,如交流变压器或直流发电机;辅助设备有焊钳、焊接电缆、面罩、敲渣锤、钢丝刷和焊条保温筒等,如图3-5所示。

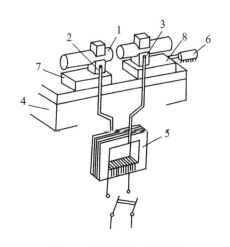

图3-4 钢筋闪光对焊原理
1—焊接的钢筋;2—固定电极;3—可动电极;4—机座;
5—变压器;6—平动顶压机构;7—固定支座;8—滑动支座

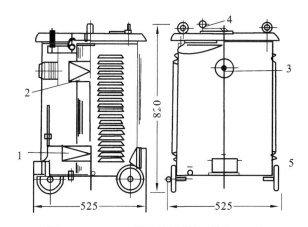

图3-5 BX3-300型交流弧焊机(单位:mm)
1—初级线圈;2—次级线圈;3—电源转换开关;
4—调节手柄;5—滚轮

电弧焊是利用电焊机(交流变压器或直流发电机)的电弧产生的高温(可达6 000 ℃),将焊条末端和钢筋表面熔化,熔化了的金属焊条流入焊缝,冷凝后形成焊缝接头的焊接方法。

BX3-300型交流弧焊机是一台动绕组式单相焊接变压器,其降压特性是借助于初、次级线圈间的漏磁作用而获得的。

焊条的种类很多,根据钢材等级和焊接接头形式选择焊条,如结420、结500等。焊接电流和焊条直径应根据钢筋级别、直径、接头形式和焊接位置进行选择。钢筋电弧焊的接头形式有三种:搭接接头、帮条接头及坡口接头,如图3-6所示。

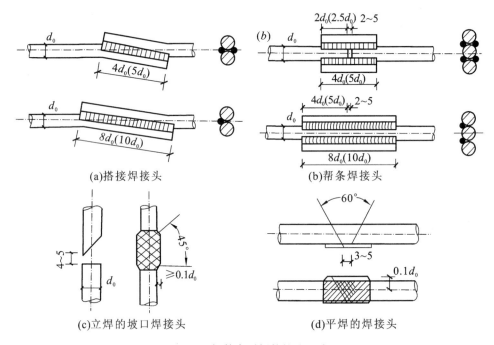

图 3-6 钢筋电弧焊的接头形式

（2）埋弧压力焊。埋弧压力焊是将钢筋与钢板安放成T形形状,焊接电流通过时在焊剂层下产生电弧,形成熔池,加压完成的一种压焊方法。具有生产效率高、质量好等优点,适用于各种预埋件、T形接头、钢筋与钢板的焊接。预埋件钢筋压力焊适用于热轧直径为6~25 mm的HPB300光圆钢筋、HRB400带肋钢筋的焊接,钢板为普通碳素钢,厚度为6~20 mm。埋弧压力焊机主要由焊接电源、焊接机构和控制系统(控制箱)三部分组成。如图3-7所示,工作线圈(次级线圈)分别接入活动电极(钢筋夹头)及固定电极(电磁吸铁盘)。焊机结构采用摇臂式,摇臂固定在立柱上,可做左右回转活动;摇臂本身可做前后移动,以使焊接时能取得所需要的工作位置。摇臂末端装有可上下移动的工作头,其下端是用导电材料制成的偏心夹头,夹头接工作线圈,成活动电极。工作平台上装有平面形电磁吸铁盘,拟焊钢板放置其上,接通电源,能被吸住而固定不动。

在埋弧压力焊时,钢筋与钢板之间引燃电弧之后,电弧作用将使局部用材及部分焊剂熔化和蒸发,蒸发气体形成了一个空腔,空腔被熔化的焊剂所形成的熔渣包围,焊接电弧就在这个空腔内燃烧,在焊接电弧热的作用下,熔化的钢筋端部和钢板金属形成焊接熔池。待钢筋整个截面均匀加热到一定温度,将钢筋向下顶压,随即切断焊接电源,冷却凝固后形成焊接接头。

3）气压焊接

气压焊是利用氧气和乙炔气,按一定的比例混合燃烧的火焰,将被焊钢筋两端加热,使其达到热塑状态,施加适当压力,使其接合的固相焊接法。钢筋气压焊适用于直径为14~40 mm各

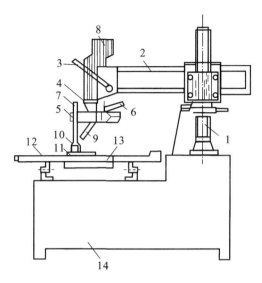

图 3-7 埋弧压力焊机

1—立柱;2—摇臂;3—压柄;4—工作头;5—钢筋夹头;6—手柄;7—钢筋;8—焊剂料箱;
9—焊剂漏口;10—铁圈;11—预埋钢板;12—工作平台;13—焊剂储斗;14—机座

种热轧钢筋,也能进行不同直径钢筋间的焊接,还可用于钢轨焊接。被焊材料有碳素钢、低合金钢、不锈钢和耐热合金等。钢筋气压焊设备轻便,可进行水平、垂直、倾斜等全方位焊接,具有节省钢材、施工费用低廉等优点。

钢筋气压焊接机由供气装置(氧气瓶、溶解乙炔瓶等)、多嘴环管加热器、加压器(油泵、顶压油缸等)、焊接夹具及压接器等组成,如图 3-8 所示。

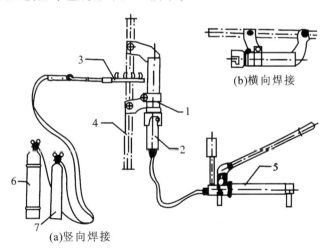

图 3-8 气压焊接置系统图

1—压接器;2—顶头油缸;3—加热器;4—钢筋;5—加压器(手动);6—氧气;7—乙炔

钢筋气压焊采用氧-乙炔火焰对着钢筋对接处连续加热,淡白色羽状火焰前端要触及钢筋或伸到接缝内,火焰始终不离开接缝,待接缝处钢筋红热时,加足顶锻压力使钢筋端面闭合。钢筋端面闭合后,把加热焰调成乙炔稍多的中性焰,以接合面为中心,多嘴加热器沿钢筋轴向,在两倍钢筋直径范围内均匀摆动加热。摆幅由小变大,摆速逐渐加快。当钢筋表面变成炽白色、氧化物变成芝麻粒大小的灰白色球状物继而聚集成泡沫,开始随多嘴加热器摆动方向移动时,再加足顶锻压力,并将压力保持到使接合处对称均匀变粗,并使其直径变为钢筋直径的1.4~1.6倍,变形长度为钢筋直径的1.2~1.5倍,即可中断火焰,焊接完成。

4) 电渣压力焊

钢筋电渣压力焊是将两根钢筋安放成竖向对接形式,利用焊接电流通过两钢筋端面间隙,在焊剂层下形成电弧过程和电渣过程,产生电弧热和电阻热,熔化钢筋,加压完成的一种焊接方法。钢筋电渣压力焊机操作方便,效率高,适用于竖向或斜向受力钢筋的连接,钢筋牌号为HPB300光圆钢筋、HRB400带肋钢筋,直径为14~40 mm。

电渣压力焊机分为自动电渣压力焊机及手工电渣压力焊机等两种,其主要由焊接电源(BX2-1000型焊接变压器)、焊接夹具、操作控制系统、辅件(焊剂盒、回收工具)等组成。图3-9所示的为电动凸轮式钢筋自动电渣压力焊机基本构造示意图。将上、下两钢筋端部埋于焊剂之中,两端面之间留有一定间隙。电源接通后,采用接触引燃电弧,焊接电弧在两钢筋之间燃烧,电弧热将两钢筋端部熔化,熔化的金属形成熔池,熔融的焊剂形成熔渣(渣池),覆盖于熔池之上。熔池受到熔渣和焊剂蒸气的保护,不与空气接触而发生氧化反应。随着电弧的燃烧,两根钢筋端部熔化量增加,熔池和渣池加深,此时应不断将上钢筋下送,至其端部直接与渣池接触时,电弧熄灭。焊接电流通过液体渣池产生的电阻热,继续对两钢筋端部加热,渣池温度可达1 600~2 000 ℃。待上下钢筋端部达到全断面均匀加热的时候,迅速将上钢筋向下顶压,液态金属和熔渣全部挤出,随即切断焊接电源。冷却后,打掉渣壳,露出带金属光泽的焊包。

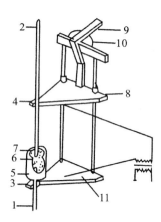

图3-9 电渣焊构造
1、2—钢筋;3—固定电极;4—活动电极;
5—药盒;6—电焊剂;7—焊药;8—滑动架;
9—手柄;10—支架;11—固定架

2. 钢筋机械连接

钢筋机械连接常用挤压连接和锥螺纹套管连接两种形式,是近年来大直径钢筋现场连接的主要方法。

1) 钢筋挤压连接

钢筋挤压连接亦称钢筋套筒冷压连接。它是将需连接的变形钢筋插入特制钢套筒内,利用液压驱动的挤压机进行径向或轴向挤压,使钢套筒产生塑性变形,紧紧咬住变形钢筋从而实现连接的方法,如图3-10所示。它适用于竖向、横向及其他方向的较大直径变形钢筋的连接。与焊接相比,它具有节省电能、不受钢筋可焊性能的影响、不受气候影响、无明火、施工简便和接头可靠度高等特点。

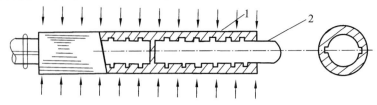

图3-10 钢筋径向挤压连接原理图
1—钢套筒;2—被连接的钢筋

(1) 钢筋径向挤压套管连接。

钢筋径向挤压套管连接是沿套管直径方向从套管中间依次向两端挤压套管,使之冷塑性变形,把插在套管里的两根钢筋紧紧咬合成一体的连接方法,如图 3-11 所示。它适用于带肋钢筋连接。

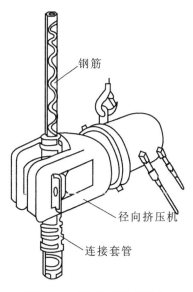

图 3-11 径向挤压套管连接

(2) 轴向挤压套管连接。

钢筋轴向挤压套管连接是沿钢筋轴线冷挤压金属套管,把插入套管里的两根待连接热轧带肋钢筋紧固连成一体的连接方法,如图 3-12 所示。它适用于连接直径为 20~32 mm 的竖向、斜向和水平钢筋。

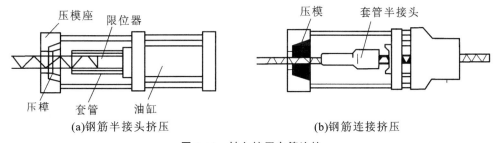

图 3-12 轴向挤压套管连接

套管的材料和几何尺寸应符合接头规格的技术要求,并应有出厂合格证。套管的标准屈服强度和极限承载力应比钢筋大 10% 以上,套管的保护层厚度不宜小于 15 mm,净距不宜小于 25 mm,当所用套管外径相同时,钢筋直径相差不宜大于两个级差。

冷挤压接头的外观检查应符合以下要求。

① 钢筋连接端花纹要完好无损,不能打磨花纹;连接处不能有油污、水泥等杂物。

② 钢筋端头离套管中线不应超过 10 mm。

③ 压痕间距宜为 1~6 mm,挤压后的套管接头长度为套管原长度的 1.10~1.15 倍,挤压后套管接头外径,用量规测量应能通过(量规不能从挤压套管接头外径通过的,可更换挤压模重新

挤压一次),压痕处最小外径为套管原外径的 0.85~0.90。

④ 挤压接头处不能有裂纹、接头弯折角度不得大于 4°。

2) 锥形螺纹钢筋连接

锥形螺纹钢筋连接是将两根待接钢筋的端部和套管预先加工成锥形螺纹,然后用手和力矩扳手将两根钢筋端部旋入套筒形成机械式钢筋接头的连接方法,如图 3-13 所示。它能在施工现场连接 φ16~φ40 mm 的同径或异径的竖向、水平或任何倾角的钢筋,不受钢筋有无花纹及含量的限制。当连接异径钢筋时,所连接钢筋直径之差不应超过 9 mm。

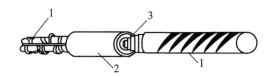

图 3-13 锥形螺纹钢筋接头
1—钢筋;2—套筒;3—锥螺纹

钢筋套管螺纹连接有锥套管和直套管螺纹两种形式。钢套管内壁用专用机床加工或螺纹形式,钢筋的端头亦要在套丝机上加工或与套管匹配的螺纹。连接时,在对螺纹检查无油污和损伤后,先用手旋入钢筋,然后用扭矩扳手紧固至规定的扭矩即完成连接,如图 3-14 所示。它施工速度快、不受气候影响、质量稳定、对中性好。

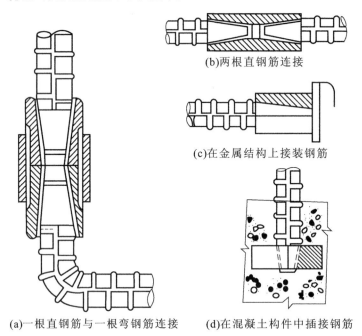

(a)一根直钢筋与一根弯钢筋连接
(b)两根直钢筋连接
(c)在金属结构上接装钢筋
(d)在混凝土构件中插接钢筋

图 3-14 钢筋锥套管螺纹连接

锥形螺纹加工套筒的抗拉强度必须大于钢筋的抗拉强度。在进行钢筋连接时,先取下钢筋连接端的塑料保护帽,检查丝扣牙形是否完好无损、清洁,钢筋规格与连接规格是否一致;确认无误后把拧上连接套一头钢筋拧到被连接钢筋上,并用力矩扳手按规定的力矩值拧紧钢筋接头,当听到扳手发出"咔嗒"声时,表明钢筋接头已拧紧,做好标记,以防钢筋接头漏拧。钢筋接头连接方法如图 3-15 所示,钢筋拧紧的力矩值如表 3-8 所示。

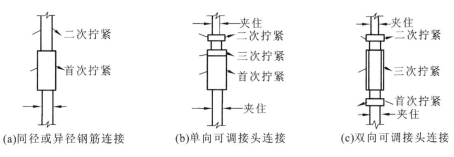

图 3-15 钢筋接头连接方法

表 3-8 钢筋接头拧紧力矩值

钢筋直径/mm	16	18	20	22	25～28	32	36	40
拧紧力矩值/N·m	118	145	177	216	275	314	343	343

四、钢筋的冷拉

钢筋的冷加工有冷拉、冷拔、冷轧等三种形式。这里仅介绍钢筋的冷拉。

1. 冷拉机械

常用的冷拉机械有卷扬机式、阻力轮式、丝杠式、液压式等钢筋冷拉机。

卷扬机式钢筋冷拉工艺是目前普遍采用的冷拉工艺。它适应性强,可按要求调节冷拉率和冷拉控制应力;冷拉行程大,不受设备限制,可适应冷拉不同长度和直径的钢筋;设备简单、效率高、成本低。图 3-16 所示的为卷扬机式钢筋冷拉机构造,它主要由卷扬机、滑轮组、地锚、导向滑轮、夹具和测力装置等组成。工作时,卷筒上传动钢丝绳正、反穿绕在两副动滑轮组上,当卷扬机旋转时,夹持钢筋的一副动滑轮组被拉向卷扬机,使钢筋被拉伸;而另一副动滑轮组则被拉向导向滑轮,为下次冷拉时交替使用。钢筋所受的拉力经传力杆、活动横梁传送给测力装置,从而测出拉力的大小。对于拉伸长度,可通过标尺直接测量或用行程开关来控制。

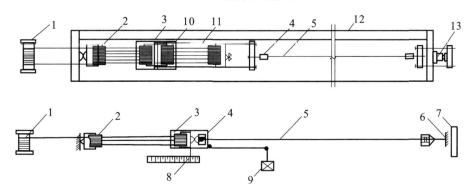

图 3-16 卷扬机式钢筋冷拉机

1—卷扬机;2—滑轮组;3—冷拉小车;4—夹具;5—被冷拉钢筋;6—地锚;
7—防护壁;8—标尺;9—回程荷载架;10—回程滑轮组;11—传力架;12—冷拉槽;13—液压千斤顶

2. 冷拉钢筋作业

(1) 钢筋冷拉前,应先检查钢筋冷拉设备的能力和冷拉钢筋所需的吨位值是否相适应,不允许超载冷拉。用旧设备拉粗钢筋时应特别注意这一点。

(2) 为了确保冷拉钢筋的质量,在钢筋冷拉前,应对测力器和各项冷拉数据进行校核,并做好记录。

(3) 冷拉钢筋时,操作人员应站在冷拉线的侧向,并应在统一指挥下进行作业。听到开车信号,并且操作人员离开危险区后,方能开车。

(4) 在冷拉过程中,应随时注意限制信号,当看到停车信号或见到有人误入危险区时,应立即停车,并稍微放松钢丝绳。在作业过程中,严禁横向跨越钢丝绳或冷拉线。

(5) 冷拉钢筋时,不论是拉紧或放松,均应缓慢和均匀地进行,绝不能时快时慢。

(6) 冷拉钢筋时,如遇焊接接头被拉断,可重新焊接后再拉,但一般不得超过两次。

五、钢筋的绑扎与安装

基面终验清理完毕或施工缝处理完毕养护一定时间,在混凝土强度达到 2.5 MPa 后,即可进行钢筋的绑扎与安装作业。钢筋的安设方法有两种:一种是将钢筋骨架在加工厂制作好,再运到现场安装,称为整装法;另一种是将加工好的散钢筋运到现场,再逐根安装,称为散装法。

1. 钢筋的绑扎接头

1) 钢筋绑扎的要求

(1) 钢筋的交叉点应用铁丝扎牢。

(2) 柱、梁的箍筋,除设计有特殊要求外,应与受力钢筋垂直;箍筋弯钩叠合处,应沿受力钢筋方向错开设置。

(3) 柱中竖向钢筋搭接时,角部钢筋的弯钩平面与模板面的夹角,对于矩形柱,应为45°,对于多边形柱,应为模板内角的平分角。

(4) 板、次梁与主梁交叉处,板的钢筋在上,次梁的钢筋居中,主梁的钢筋在下;当有圈梁或垫梁时,主梁的钢筋应放在圈梁上。主筋两端的搁置长度应保持均匀一致。

2) 钢筋绑扎接头

同一构件中相邻纵向受力钢筋的绑扎搭接接头宜相互错开。

2. 钢筋的现场绑扎

1) 准备工作

(1) 熟悉施工图纸。识读图纸的作用是,一方面校核钢筋加工中是否有遗漏或误差;另一方面也可以检查图纸中是否存在与实际情况不符的地方,以便及时改正。

(2) 核对钢筋加工配料单和料牌。在识读施工图纸的过程中,应核对钢筋加工配料单和料牌,并检查已加工成形的成品的规格、形状、数量、间距是否与图纸一致。

(3) 确定安装顺序。钢筋绑扎与安装的主要工作内容包括:放样画线、排筋绑扎、垫撑铁和保护层垫块、检查校正及固定预埋件等。为了保证工程的顺利进行,在熟悉图纸的基础上,应考虑钢筋绑扎安装顺序。板类构件的排筋顺序一般为先排受力钢筋后排分布钢筋;梁类构件的排筋顺序一般为先摆纵筋(摆放有焊接接头和绑扎接头的钢筋应符合规定),再排箍筋,最后固定。

(4) 做好材料、机具的准备。钢筋绑扎与安装的主要材料、机具包括:钢筋钩、吊线垂球、木水平尺、麻线、长钢尺、钢卷尺、扎丝、垫保护层用的砂浆垫块或塑料卡、撬杆、绑扎架等。对于结构较大或形状较复杂的构件,为了固定钢筋,还需要一些钢筋支架、钢筋支撑等。扎丝一般采用 18~22 号铁丝或镀锌铁丝,扎丝长度一般用钢筋钩拧 2~3 圈后,铁丝出头长度为 20 cm 左右。

(5)放线。放线应从中心点开始向两边量距放点,定出纵向钢筋的位置。水平筋的放线可放在纵向钢筋或模板上。

2)钢筋的绑扎

钢筋的绑扎应顺直均匀、位置正确。钢筋绑扎的操作方法有一面顺扣法、十字花扣法、反十字扣法、兜扣法、缠扣法、兜扣加缠法、套扣法等,较常用的是一面顺扣法。一面顺扣法的操作步骤是:首先将已切断的扎丝在中间折合成 180°弯,然后将扎丝清理整齐。绑扎时,执在左手的扎丝应靠近钢筋绑扎点的底部,右手拿住钢筋钩,食指压在钩前部,用钩尖端钩住扎丝底扣处,并紧靠扎丝开口端,将扎丝拧转两圈套半,在绑扎时扎丝扣伸出钢筋底部要短,并用钩尖将扎丝扣紧。为了使绑扎后的钢筋骨架不变形,每个绑扎点进扎丝扣的方向要求交替变换 90°。

钢筋加工的形状、尺寸应符合设计要求,其偏差应符合表 3-9 所示的规定。

表 3-9 钢筋加工的允许偏差

项 目	允许偏差/mm
受力钢筋顺长度方向全长的净尺寸	±10
弯起钢筋的弯折位置	±20
箍筋内净尺寸	±5

钢筋安置位置的偏差应符合表 3-10 所示的规定。

表 3-10 钢筋安置位置的允许偏差和检验方法

项 目		允许偏差/mm	检验方法
绑扎钢筋网	长、宽	±10	钢尺检查
	网眼尺寸	±20	钢尺量连续三挡,取最大值
绑扎钢筋骨架	长	±10	钢尺检查
	宽、高	±5	钢尺检查
受力钢筋	间距	±10	钢尺量两端、中间各一点,取最大值
	排距	±5	钢尺检查
	保护层厚度 基础	±10	钢尺检查
	保护层厚度 柱、梁	±5	钢尺检查
	保护层厚度 板、墙、壳	±3	钢尺检查
绑扎箍筋、横向钢筋间距		±20	钢尺量连续三挡,取最大值
钢筋弯起点位置		20	钢尺检查
预埋件中心线位置		5	钢尺检查
水平高差		+3.0	钢尺和塞尺检查

单元2　模板工程施工

一、模板构造

模板与其支撑体系组成模板系统。模板系统是一个临时架设的结构体系,其中模板是新浇混凝土成形的模具,它与混凝土直接接触,使混凝土构件具有所要求的形状、尺寸和表面质量。支撑体系是指支撑模板,用于承受模板、构件及施工中各种荷载的作用,并使模板保持所要求的空间位置的临时结构。

模板应保证:混凝土结构和构件浇筑后的各部分形状和尺寸以及相互位置的准确性;具有足够的稳定性、刚度及强度;装拆方便,能够多次周转使用,形式要尽量做到标准化、系列化;接缝应不易漏浆、表面应光洁平整。

1. 模板的分类

(1) 按模板形状,模板可分为平面模板和曲面模板等两类。平面模板又称为侧面模板,主要用于结构物垂直面。曲面模板用于廊道、隧洞、溢流面和某些形状特殊的部位,如进水口扭曲面、蜗壳、尾水管等。

(2) 按模板材料,模板可分为木模板、竹模板、钢模板、混凝土预制模板、塑料模板、橡胶模板等。

(3) 按模板受力条件,模板可分为承重模板和侧面模板等两类。承重模板主要用于承受混凝土重量和施工中的垂直荷载,侧面模板主要用于承受新浇混凝土的侧压力。侧面模板按其支承受力方式,又分为简支模板、悬臂模板和半悬臂模板等。

(4) 按模板使用特点,模板可分为固定式、拆移式、移动式和滑动式等。固定式模板用于形状特殊的部位,不能重复使用。后三种模板都能重复使用,或连续使用在形状一致的部位。但其使用方式有所不同:拆移式模板需要拆散移动;移动式模板的车架装有行走轮,可沿专用轨道使模板整体移动;滑动式模板以千斤顶或卷扬机为动力,可在混凝土连续浇筑的过程中,使模板面紧贴混凝土面滑动。

2. 定型组合钢模板

定型组合钢模板系列包括钢模板、连接件、支承件三个部分,其中:钢模板包括平面钢模板和拐角模板;连接件有U形卡、L形插销、钩头螺栓、紧固螺栓、蝶形扣件等;支承件有圆钢管、薄壁矩形钢管、内卷边槽钢、单管伸缩支撑等。

1) 钢模板的规格和型号

钢模板包括平面模板、阳角模板、阴角模板和连接角模等,如图3-17所示。单块钢模板由面板、边框和加劲肋焊接而成。面板厚2.3 mm或2.5 mm,边框和加劲肋上面按一定距离(如150 mm)钻孔,可利用U形卡和L形插销等拼装成大块模板。

钢模板的宽度以50 mm晋级,长度以150 mm晋级,其规格和型号已做到标准化、系列化。例如,型号为P3015的钢模板,P表示平面模板,3015表示宽×长为300 mm×1 500 mm。又如型号为Y1015的钢模板,Y表示阳角模板,1015表示宽×长为100 mm×1 500 mm。如果拼装时出现不足模数的空隙,则可镶嵌木条补缺,用钉子或螺栓将木条与板块边框上的孔洞连接。

2) 连接件

(1) U形卡。它用于钢模板之间的连接与锁定,使钢模板拼装密合。U形卡安装间距一般不大于 300 mm,即每隔一孔,卡插一个,安装方向一顺一倒相互交错,如图 3-18 所示。

(2) L 形插销。它插入模板两端边框的插销孔内,用于增强钢模板纵向拼接的刚度和保证接头处板面平整,如图 3-18 所示。

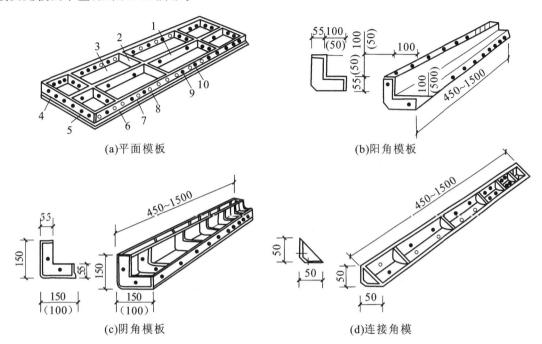

图 3-17　钢模板类型图

1—中纵肋；2—中横肋；3—面板；4—横肋；5—插销孔；6—纵肋；7—凸棱；8—凸鼓；9—U 形卡孔；10—钉子孔

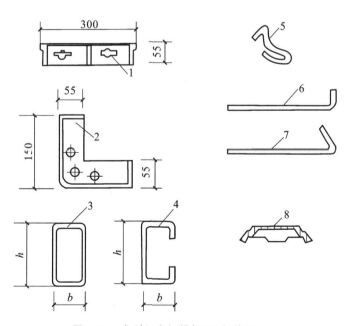

图 3-18　定型组合钢模板系列(单位:mm)

1—平面钢模板；2—拐角钢模板；3—薄壁矩形钢管；4—内卷边槽钢钢楞；5—U 形卡；6—L 形插销；7—钩头螺栓；8—蝶形扣件

（3）钩头螺栓。它用于钢模板与内、外钢楞之间的连接固定,使之成为整体,安装间距一般不大于 600 mm,长度应与采用的钢楞尺寸相适应。

（4）对拉螺栓。它用于保持模板与模板之间的设计厚度,并承受混凝土侧压力及水平荷载,使模板不致变形。

（5）紧固螺栓。它用于紧固钢模板内外钢楞,增强组合模板的整体刚度,长度与采用的钢楞尺寸相适应。

（6）扣件。它用于将钢模板与钢楞紧固,与其他的配件一起将钢模板拼装成整体。按钢楞的不同形状尺寸,分别采用蝶形扣件和 3 形扣件,其规格分为大小两种。

3）支承件

配件的支承件包括钢楞、柱箍、梁卡具、圈梁卡、钢管架、斜撑、组合支柱、钢管脚手支架、平面可调桁架和曲面可变桁架等,分别如图 3-19 至图 3-23 所示。

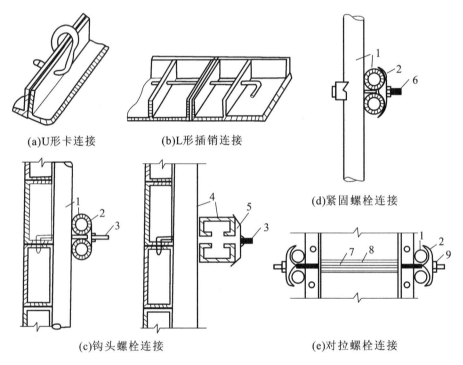

(a)U形卡连接　　(b)L形插销连接

(d)紧固螺栓连接

(c)钩头螺栓连接　　(e)对拉螺栓连接

图 3-19　钢模板连接件

1—圆钢管钢楞;2—3 形扣件;3—构头螺栓;4—内卷边槽钢钢楞;
5—蝶形扣件;6—紧固螺栓;7—对拉螺栓;8—塑料套管;9—螺母

3. 木模板

木模板的木材主要采用松木和杉木,其含水率不宜过高,以免干裂,材质不宜低于三等材。

木模板的基本元件是拼板,它由板条和拼条(木档)组成,如图 3-24 所示。板条厚为 25～50 mm,宽度不宜超过 200 mm,以保证在干缩时,缝隙均匀,浇水后缝隙要严密且板条不翘曲,但梁底板的板条宽度不受限制,以免漏浆。拼条截面尺寸为 25 mm×35 mm～50 mm×50 mm,拼条间距根据施工荷载大小及板条的厚度而定,一般取 400～500 mm。图 3-25 和图 3-26 所示的分别是阶梯形基础和楼梯模板。

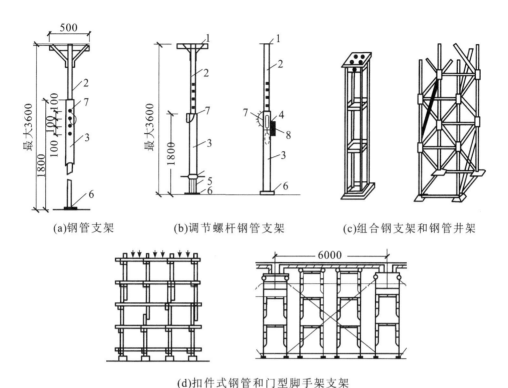

图 3-20 钢支架

1—顶板；2—插管；3—套管；4—转盘；5—螺杆；6—底板；7—插销；8—转动手柄

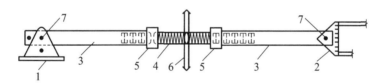

图 3-21 斜撑

1—底座；2—顶棒；3—钢管斜撑；4—花篮螺丝；5—螺母；6—旋杆；7—销钉

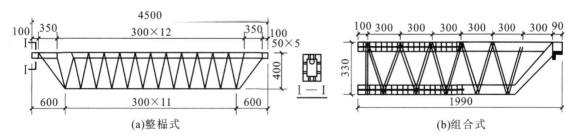

图 3-22 钢桁架

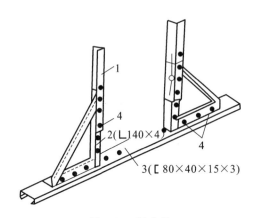

图 3-23 梁卡具
1—调节杆;2—三角架;3—底座;4—螺栓

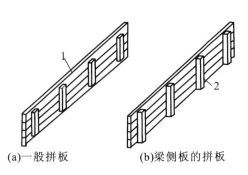

(a)一般拼板　　(b)梁侧板的拼板

图 3-24 拼板的构造
1—板条;2—拼条

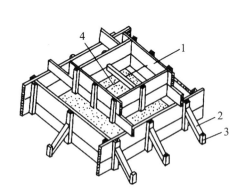

图 3-25 阶梯形基础模板
1—拼板;2—斜撑;3—木桩;4—铁丝

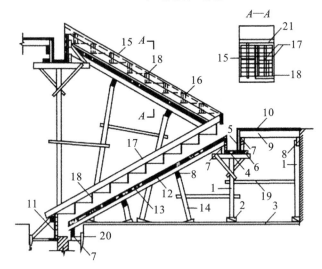

图 3-26 楼梯模板
1—支柱(顶撑);2—木楔;3—垫板;4—平台梁底板;5—侧板;6—夹板;
7—托木;8—杠木;9—木楞;10—平台底板;11—梯基侧板;12—斜木楞;
13—楼梯底板;14—斜向顶撑;15—外帮板;16—横档木;17—反三角板;
18—踏步侧板;19—拉杆;20—木桩;21—搁栅

4. 钢框胶合板模板

钢框胶合板模板是指钢框与木胶合板或竹胶合板结合使用的一种模板。钢框胶合板模板由钢框和防水木、竹胶合板组成,其中防水木、竹胶合板平铺在钢框上,用沉头螺栓与钢框连牢,构造如图 3-27 所示。用于面板的竹胶合板是用竹片或竹帘涂胶黏剂,纵横向铺放,组坯后热压成形。为使钢框竹胶合板板面光滑平整,便于脱模和增加周转次数,一般板面采用涂料覆面处理或浸胶纸覆面处理。

5. 滑动模板

滑动模板(简称为滑模),是在混凝土连续浇筑过程中,可使模板面紧贴混凝土面滑动的模板。采用滑模施工的优点为:要比常规施工节约木材(包括模板和脚手板等)70％左右;可以节约劳动力约 30％~50％左右;要比常规施工的工期短,速度快,可以缩短施工周期 30％~50％;

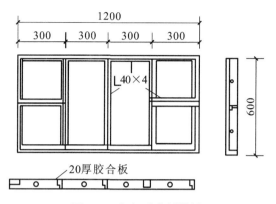

图 3-27 钢框胶合板模板

滑模施工的结构整体性好,抗震效果明显,适用于高层或超高层抗震建筑物和高耸构筑物施工;滑模施工的设备便于加工、安装、运输。

1)滑板系统装置的三个组成部分

(1)模板系统,包括提升架、围圈、模板及加固、连接配件等。

(2)施工平台系统,包括工作平台、外圈走道、内外吊脚手架等。

(3)提升系统,包括千斤顶、油管、分油器、针形阀、控制台、支承杆及测量控制装置等。滑模构造如图 3-28 所示。

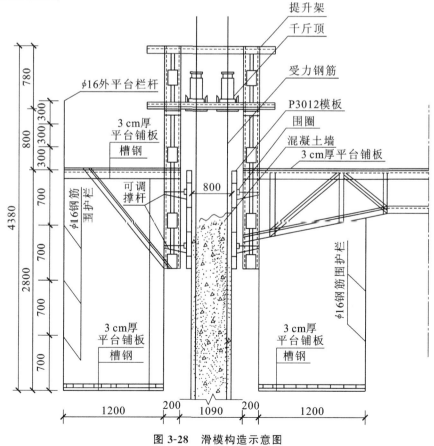

图 3-28 滑模构造示意图

2）主要部件构造及作用

（1）提升架。提升架是整个滑模系统的主要受力部分。各项荷载集中传至提升架,最后通过装设在提升架上的千斤顶传至支承杆上。提升架由横梁、立柱、牛腿及外挑架组成。各部分尺寸及杆件断面应通盘考虑经计算后确定。

（2）围圈。围圈是模板系统的横向连接部分,将模板按工程平面形状组合为整体。围圈也是受力部件,它既承受混凝土侧压力产生的水平推力,又承受模板的重量、滑动时产生的摩阻力等竖向力。在有些滑模系统的设计中,也将施工平台支承在围圈上。围圈架设在提升架的牛腿上,各种荷载将最终传至提升架上。围圈一般用型钢制作。

（3）模板。模板是混凝土成形的模具,要求板面平整、尺寸准确、刚度适中。模板高度一般为 90～120 cm,宽度为 50 cm,但根据需要也可加工成小于 50 cm 的异形模板。模板通常用钢材制作,也有用其他材料制作的,如钢木组合模板是用硬质塑料板或玻璃钢等材料做面板的有机材料复合模板。

（4）施工平台与吊脚手架。施工平台是滑模施工中各工种的作业面及材料、工具的存放场所。施工平台应视建筑物的平面形状、开门大小、操作要求及荷载情况设计。施工平台必须有可靠的强度及必要的刚度,确保施工安全,防止平台变形导致模板倾斜。如果跨度较大时,在平台下应设置承托桁架。

吊脚手架用于对已滑出的混凝土结构进行处理或修补,要求沿结构内外两侧周围布置。吊脚手架的高度一般为 1.8 m,可以设双层或三层。吊脚手架上应有可靠的安全设备及防护设施。

（5）提升设备。提升设备由液压千斤顶、液压控制台、油路及支承杆组成。支承杆可用直径为 25 mm 的光圆钢筋做支承杆,每根支承杆长度以 3.5～5 m 为宜。支承杆的接头可用螺栓连接(支承杆两头加工成阴阳螺纹)或现场用小坡口焊接连接。若回收重复使用,则需要在提升架横梁下附设支承杆套管。如有条件并经设计部门同意,则该支承杆钢筋可以直接打在混凝土中以代替部分结构配筋,可利用钢材 50%～60% 左右。

6. 爬升模板

爬升模板是在混凝土墙体浇筑完毕后,利用提升装置将模板自行提升到上一个楼层,浇筑上一层墙体的垂直移动式模板。爬升模板采用整片式大平模,模板由面板及肋组成,不需要支撑系统;提升设备采用电动螺杆提升机、液压千斤顶或导链。爬升模板是将大模板工艺和滑升模板工艺相结合,既保持大模板施工墙面平整的优点又保持了滑模利用自身设备使模板向上提升的优点,墙体模板能自行爬升而不依赖塔吊。爬升模板适用于高层建筑墙体、电梯井壁、管道间混凝土施工。

爬升模板由钢模板、提升架和提升装置三部分组成,如图 3-29 所示。

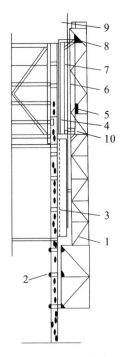

图 3-29 爬升模板
1—爬架;2—螺栓;3—预留爬架孔;4—爬模;
5—爬架千斤顶;6—爬模千斤顶;7—爬杆;
8—模板挑横梁;9—爬架挑横梁;10—脱模千斤顶

7. 台模

台模是浇筑钢筋混凝土楼板的一种大型工具式模板。在施工中可以整体脱模和转运,利用起重机从浇筑完的楼板下吊出,转移至上一楼层,中途不再落地,所以亦称"飞模"。台模按其支架结构类型分为立柱式台模、桁架式台模、悬架式台模等。

台模适用于各种结构的现浇混凝土适用于小开间、小进深的现浇楼板,单座台模面板的面积从 2~6 m² 到 60 m² 以上。台模整体性好,混凝土表面容易平整、施工进度快。

台模由台面、支架(支柱)、支腿、调节装置、行走轮等组成。台面是直接接触混凝土的部件,表面应平整光滑,具有较高的强度和刚度。目前常用的面板有钢板、胶合板、铝合金板、工程塑料板及木板等,如图 3-30 所示。

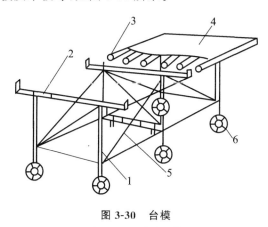

图 3-30 台模
1—支腿;2—可伸缩的横梁;
3—檩条;4—面板;5—斜撑;6—滚轮

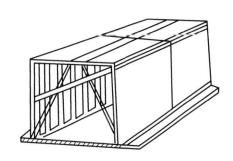

图 3-31 隧道模

8. 隧道模

隧道模是将楼板和墙体一次支模的一种工具式模板,相当于将台模和大模板组合起来,如图 3-31 所示。隧道模有断面呈Ⅱ字形的整体式隧道模和断面呈Γ形的双拼式隧道模两种。整体式隧道模自重大、移动困难,目前已很少应用;双拼式隧道模应用较广泛,特别在内浇外挂和内浇外砌的高、多层建筑中应用较多。

双拼式隧道模由两个半隧道模和 道独立的插入模板组成。在两个半隧道模之间加一道独立的模板,用其宽度的变化,使隧道模适应于不同的开间;在不拆除中间模板的情况下,半隧道模可提早拆除,增加周转次数。半隧道模的竖向墙模板和水平楼板模板间用斜撑连接。在半隧道模下部设行走装置,在模板长方向,沿墙模板设两个行走轮,在近处设置两个千斤顶,模板就位后,用这两个千斤顶将模板顶起,使行走轮离开楼板,施工荷载全部由千斤顶承担。脱模时,松动两个千斤顶,半隧道模在自重作用下,下降脱模,行走轮落到楼板上。半隧道模脱模后,用专用的吊架吊出,吊升至上一楼层。将吊架从半隧模的一端插入墙模板与斜撑之间,吊钩慢慢起钩,将半隧道模托起,托挂在吊架上,吊到上一楼层。

二、模板设计

常用的定型模板在其适用范围内一般无须进行设计或验算。而对于一些特殊结构、新型体系模板或超出适用范围的一般模板,则应进行设计或验算。由于模板为一个临时性系统,因此对钢模板及其支架的设计,其设计荷载值可乘以系数 0.85 予以折减;对木模板及其支架系统设计,其设计荷载值可乘以系数 0.9 予以折减;对冷弯薄壁型钢不予折减。

作用在模板系统上的荷载分为永久荷载和可变荷载。永久荷载包括模板与支架的自重、新浇混凝土自重及对模板侧面的压力,钢筋自重等。可变荷载包括施工人员及施工设备荷载、振捣混凝土时产生的荷载、倾倒混凝土时产生的荷载等。计算模板及其支架时,应根据构件的特点及模板的用途,进行荷载组合。各项荷载标准值按下列规定确定。

1) 模板及其支架自重标准值

可根据模板设计图纸或类似工程的实际支模情况予以计算荷载,对肋形楼板或无梁楼板的荷载可参考表 3-11。

表 3-11 楼板模板自重标准值 单位:N/mm²

模板构件名称	木模板	定型组合钢模板	钢框胶合板模板
平面模板及小楞的自重	300	500	400
楼板模板的自重(其中包括梁模板)	500	750	600
楼板模板及其支架的自重(楼层高度为 4 m 以下)	750	1 100	950

2) 新浇混凝土自重标准值

普通混凝土可采用 24 kN/m²,其他混凝土根据实际湿密度确定。

3) 钢筋自重标准值

钢筋自重标准值根据工程图纸确定。一般梁板结构每立方钢筋混凝土的钢筋重量为楼板 1.1 kN,梁 1.5 kN。

4) 施工人员及施工设备荷载标准值

(1) 计算模板及直接支承模板的小楞时,均布荷载为 2.5 kN/m²,并应另以集中荷载 2.5 kN 再进行验算,比较两者所得的弯矩值并取较大者。

(2) 计算直接支承小楞结构构件时,其均布荷载可取 1.5 kN/m²。

(3) 计算支架立柱及其他支承结构构件时,均布荷载取 1.0 kN/m²。

对于大型浇筑设备(上料平台、混凝土泵等)按实际情况计算;混凝土堆集料高度超过 100 mm 以上时按实际高度计算;模板单块宽度小于 150 mm 时,集中荷载可分布在相邻的两块板上。

5) 振捣混凝土时产生的荷载标准值

对于水平面模板为 2.0 kN/m²;对垂直面模板为 4.0 kN/m²。

6) 新浇混凝土对模板的侧压力标准值

影响新浇混凝土对模板侧压力的因素主要有混凝土材料的种类、温度、浇筑速度、振捣方式、凝结速度等。此外还与混凝土坍落度大小、构件厚度等有关。

当采用内部振捣器振捣,新浇筑的普通混凝土作用于模板的最大侧压力,可按式(3-1)和式(3-2)计算,并取较小值。

$$F = 0.22\gamma_c t_0 \beta_1 \beta_2 V^{\frac{1}{2}} \qquad (3-1)$$
$$F = \gamma_c H \qquad (3-2)$$

式中：F——新浇混凝土的最大侧压力，kN/m^2；

γ_c——混凝土的重力密度，kN/m^3；

t_0——新浇混凝土的初凝时间，h，可按实测确定，当缺乏资料时，可采用 $t_0 = 200/(T+15)$ 计算（T 为混凝土的温度）；

V——混凝土的浇筑速度，m/h；

H——混凝土侧压力计算位置处至新浇混凝土顶面的总高度，m；

β_1——外加剂影响修正系数，不掺外加剂取 1.0，掺入具有缓凝作用的外加剂时取 1.2；

β_2——混凝土坍落度影响修正系数，坍落度小于 3 cm 时取 0.85；5～9 cm 时取 1.0；11～15 cm 时取 1.15。

7）倾倒混凝土时产生的荷载标准值

倾倒混凝土时对垂直面模板产生的水平荷载标准值见表 3-12。

表 3-12 倾倒混凝土时产生的水平荷载标准值

向模板中供料的方法	水平荷载/(kN/m^2)
用溜槽、串筒或导管输出	2
用容量小于 0.2 m^3 的运输器具倾倒	2
用容量小于 0.2～0.8 m^3 的运输器具倾倒	4
用容量大于 0.8 m^3 的运输器具倾倒	6

8）风荷载标准值

对于风压较大的地区及受风荷载作用易倾倒的模板，须考虑风荷载作用下的抗倾倒稳定性。其标准值按式(3-3)计算。

$$W_k = 0.8\beta_z \mu_s \mu_z w_0 \qquad (3-3)$$

式中：W_k——风荷载标准值，kN/m^2；

β_z——高度 z 处的风振系数；

μ_s——风荷载体型系数；

μ_z——风压高度变化系数；

w_0——基本风压，kN/m^2。

β_z、μ_s、μ_z、w_0 的取值均按《建筑结构荷载规范》(GB 50009—2012)的规定采用。

计算模板及其支架的荷载设计值时，应采用上述各项荷载标准值乘以相应的分项系数求得，荷载分项系数见表 3-13。

表 3-13 荷载分项系数 γ_i

项次	荷载类别	γ_i
1	模板及支架自重	
2	新浇混凝土自重	1.2
3	钢筋自重	

续表

项次	荷 载 类 别	γ_i
4	施工人员及施工设备荷载	1.4
5	振捣混凝土时产生的荷载	
6	新浇混凝土对模板侧面的压力	1.2
7	倾倒混凝土时产生的荷载	1.4
8	风荷载	1.4

计算模板及支架时,进行荷载效应组合见表3-14。

表3-14 计算模板及支架的荷载效应组合

构 件 模 板 组 成	参与组合的荷载项	
	计算承载能力	验算刚度
平板和薄壳的模板及其支架	1,2,3,4	1,2,3
梁和拱模板的底板及支架	1,2,3,5	1,2,3
梁、拱、柱(边长≤300 mm)、墙(厚≤100 mm)的侧面模板	5,6	6
厚大结构、柱(边长>300 mm)、墙(厚>100 mm)的侧面模板	6,7	6

为了便于计算,模板结构设计计算时可进行适当简化,即所有荷载可假定为均匀荷载。单元宽度面板、内楞和外楞、小楞和大楞或桁架均可视为梁,支撑跨度等于或多于两跨的可视为连续梁,并视实际情况可分别简化为简支梁、悬臂梁、两跨或三跨连续梁。

当验算模板及其支架的刚度时,其变形值不得超过下列数值。

(1)结构表面外露的模板,为模板构件跨度的1/400。

(2)结构表面隐蔽的模板,为模板构件跨度的1/250。

(3)支架压缩变形值或弹性挠度,为相应结构自由跨度的1/1 000。当验算模板及其支架在风荷载作用下的抗倾倒稳定性时,抗倾倒系数不应小于1.15。

模板系统的设计包括选型、选材、荷载计算、拟定制作安装和拆除方案、绘制模板图等。

三、模板制作、安装、拆除

1. 模板安装

安装模板之前,应事先熟悉设计图纸,掌握建筑物结构的形状尺寸,并根据现场条件,初步考虑好立模及支撑的程序,以及与钢筋绑扎、混凝土浇捣等工序的配合,尽量避免工种之间的相互干扰。

模板的安装包括放样、立模、支撑加固、吊正找平、尺寸校核、填补缝隙及清仓去污等工序。在安装过程中,应注意以下事项。

(1)模板竖立后,须切实校正位置和尺寸,垂直方向用垂球校对,水平长度用钢尺丈量两次以上,应使模板的尺寸合符设计标准。

(2)模板各结合点与支撑必须坚固紧密,牢固可靠,尤其是采用振捣器捣固的结构部位更应注意,以免在浇捣过程中发生裂缝、鼓肚等不良情况。但为了增加模板的周转次数,减少模板拆模的损耗,模板结构的安装应力求简便,尽量少用圆钉,多用螺栓、木楔、拉条等进行加固联结。

(3) 凡属承重的梁板结构,跨度大于 4 m 以上时,由于地基的沉陷和支撑结构的压缩变形,跨中应预留起拱高度。

(4) 为避免拆模时建筑物受到冲击或震动,安装模板时,撑柱下端应设置硬木楔形垫块,所用支撑不得直接支承于地面,应安装在坚实的桩基或垫板上,使撑木有足够的支承面积,以免沉陷变形。

(5) 模板安装完毕,最好立即浇筑混凝土,以防日晒雨淋导致模板变形。为保证混凝土表面光滑和便于拆卸,宜在模板表面涂抹肥皂水或润滑油。夏季或在气候干燥情况下,为防止模板干缩产生裂缝漏浆,在浇筑混凝土之前,需洒水养护。如果发现模板因干燥产生裂缝,应事先用木条或油灰填塞衬补。

(6) 安装边墙、柱等模板时,在浇筑混凝土以前,应将模板内的木屑、刨片、泥块等杂物清除干净,并仔细检查各联结点及接头处的螺栓、拉条、楔木等有无松动滑脱现象。在浇筑混凝土过程中,木工、钢筋、混凝土、架子等工种均应有专人看仓,以便发现问题随时加固修理。

2. 模板拆除

不承重的侧模板在混凝土强度能保证混凝土表面和棱角不因拆模而受损害时方可拆模,一般此时混凝土的强度应达到 2.5 MPa 以上。承重模板应在混凝土达到表 3-15 中所要求的强度以后方能拆除。

表 3-15 承重模板拆除时的混凝土强度要求

构件类型	构件跨度/m	达到设计的混凝土立方体抗压强度标准值的百分率/(%)
板	≤2	≥50
	>2,≤8	≥75
	>8	≥100
梁、拱、壳	≤8	≥75
	>8	≥100
悬臂构件	—	≥100

单元 3　混凝土工程施工

一、混凝土施工

1. 施工准备

混凝土施工准备工作的主要项目有:施工缝处理、设置卸料入仓的辅助设备、模板、钢筋的架设、预埋件埋设、施工人员的组织、浇筑设备及其辅助设施的布置、浇筑前的检查验收等。

(1) 施工缝处理。如果由于技术或施工组织上的原因,不能对混凝土结构一次连续浇筑完毕,而必须停歇较长的时间,其停歇时间已超过混凝土的初凝时间,致使混凝土已初凝;当继续浇混凝土时,形成了接缝,即为施工缝。

① 施工缝的留设位置。施工缝设置的原则,一般宜留在结构受力(剪力)较小且便于施工的

部位;柱子的施工缝宜留在基础与柱子交接处的水平面上,或者梁的下面,又或者吊车梁牛腿的下面、吊车梁的上面、无梁楼盖柱帽的下面,如图 3-32 所示;高度大于 1 m 的钢筋混凝土梁的水平施工缝,应留在楼板底面下 20～30 mm 处,当板下有梁托时,留在梁托下部;单向平板的施工缝,可留在平行于短边的任何位置处;对于有主次梁的楼板结构,宜顺着次梁方向浇筑,施工缝应留在次梁跨度的中间 1/3 范围内,如图 3-33 所示。

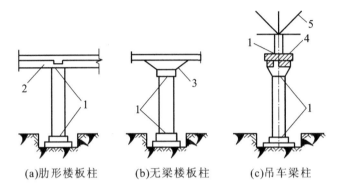

图 3-32 柱子施工缝的位置

1—施工缝;2—梁;3—柱帽;4—吊车梁;5—屋架

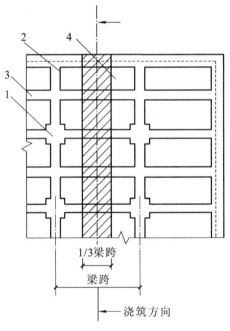

图 3-33 有梁板的施工缝位置

1—柱;2—主梁;3—次梁;4—板

② 施工缝的处理。施工缝处继续浇筑混凝土时,应待混凝土的抗压强度不小于 1.2 MPa 方可进行;施工缝浇筑混凝土之前,应除去施工缝表面的水泥薄膜、松动石子和软弱的混凝土层,处理方法有风砂枪喷毛、高压水冲毛、风镐凿毛或人工凿毛,并加以充分湿润和冲洗干净,不得有积水;浇筑时,施工缝处宜先铺水泥浆(水泥︰水=1︰0.4),或者与混凝土成分相同的水泥砂

浆一层，厚度为 30～50 mm，以保证接缝的质量；浇筑过程中，施工缝应细致捣实，使其紧密结合。

（2）仓面准备。浇筑仓面的准备工作，包括机具设备、劳动组合、照明、风水电供应、所需混凝土原材料的准备等，应事先安排就绪，仓面施工的脚手架、工作平台、安全网、安全标识等应检查是否牢固，电源开关、动力线路是否符合安全规定。

仓位的浇筑高程、上升速度、特殊部位的浇筑方法和质量要求等技术问题，须事先进行技术交底。

地基或施工缝处理完毕并养护一定时间，已浇筑完毕的混凝土强度达到 2.5 MPa 后，即可在仓面进行放线，安装模板、钢筋和预埋件，架设脚手架等作业。

（3）模板、钢筋及预埋件检查开仓浇筑前，必须按照设计图纸和施工规范的要求，对仓面安设的模板、钢筋及预埋件进行全面检查验收，签发合格证。

2. 混凝土的拌制

混凝土拌制，是按照混凝土配合比设计要求，将其各组成材料（砂石、水泥、水、外加剂及掺和料等）拌和成均匀的混凝土料，以满足浇筑的需要。混凝土制备的过程包括储料、供料、配料和拌和。其中配料和拌和是主要生产环节，也是质量控制的关键，要求品种无误、配料准确、拌和充分。

1）混凝土配料

（1）配料。配料是按设计要求，称量每次拌和混凝土的材料用量。配料的精度直接影响混凝土质量。混凝土配料要求采用重量配料法，即将砂、石、水泥、掺和料按重量计量，水和外加剂溶液按重量折算成体积计量，称量的允许偏差如表 3-16 所示。设计配合比中的加水量根据水灰比计算确定，并以饱和面干状态的砂子为标准。由于水灰比对混凝土强度和耐久性影响极为重大，绝不能任意变更；施工采用的砂子，其含水量又往往较高，在配料时采用的加水量，应扣除砂子表面含水量及外加剂中的水量。

表 3-16　原材料每盘称量的允许偏差

材料名称材料名称	允许偏差
水泥、掺和料	±2%
粗、细骨料	±3%
水、外加剂	±2%

【例 3-2】 设混凝土实验室配合比为：水泥∶砂子∶石子＝1∶x∶y，测得砂子的含水率为 ω_x，石子的含水率为 ω_y，则施工配合比应为：1∶$x(1+E_x)$∶$y(1+E_y)$。

【解】 已知 C20 混凝土的试验室配合比为：1∶2.56∶4.21，水灰比为 0.55，经测定砂的含水率为 2%，石子的含水率为 1%，每 1 m³ 混凝土的水泥用量 330 kg，则施工配合比为

$$1∶2.56(1+2\%)∶4.21(1+1\%)=1∶2.61∶4.25$$

每 1 m³ 混凝土材料用量为：
- 水泥：330 kg
- 砂：330×2.61 kg＝861.3 kg

- 石：330×4.25 kg＝1402.5 kg
- 水：(330×0.55－330×2.56×2％－330×4.21×1％)kg＝151.55 kg

施工中往往以一袋或两袋水泥为下料单位，每搅拌一次称为一盘。因此，求出每 1 m³ 混凝土材料用量后，还必须根据工地现有搅拌机出料容量确定每次需用几袋水泥，然后按水泥用量算出砂、石子的每盘用量。

例 3-2 中，如采用 JZ500 型搅拌机，出料容量为 0.5 m³，则每搅拌一次的装料数量为：
- 水泥：330×0.5 kg＝155 kg(取 3 袋水泥，即 150 kg)
- 砂：861.3×150/330 kg＝391.5 kg
- 石：1402.5×150/330 kg＝637.5 kg
- 水：151.55×150/330 kg＝68.89 kg

(2) 给料。给料是将混凝土各组分从料仓按要求提供到称料料斗。给料设备的工作机构常与称量设备相连，当需要给料时，控制电路开通，进行给料。当计量达到要求时，即断电停止给料。常用的给料设备有皮带给料机、给料闸门、电磁振动给料机、叶轮给料机、螺旋给料机等。

(3) 称量。混凝土配料称量的设备，有简易称量(地磅)、电动磅秤、自动配料杠杆秤、电子秤、配水箱及定量水表。

2) 混凝土拌和

混凝土拌和的方法，有人工拌和与机械拌和两种。用拌和机拌和混凝土较广泛，能提高拌和质量和生产率。拌和机械有自落式和强制式两种，如表 3-17 所示。

表 3-17 混凝土搅拌机类型

自落式			强制式			
鼓筒式	双锥式		立轴式			卧轴式（单轴、双轴）
	反转出料	倾翻出料	涡桨式	行星式		
				定盘式	盘转式	

自落式搅拌机是通过筒身旋转，带动搅拌叶片将物料提高，在重力作用下物料自由坠下，反复进行，互相穿插、翻拌、混合使混凝土各组分搅拌均匀的，如图 3-34 所示，为锥形反转出料搅拌机外形。它主要由上料装置、搅拌筒、传动机构、配水系统和电气控制系统等组成。

强制式混凝土搅拌机一般筒身固定，搅拌机片旋转，对物料施加剪切、挤压、翻滚、滑动、混合使混凝土各组分搅拌均匀，如图 3-35 所示。

搅拌机使用前应按照"十字作业法"(清洁、润滑、调整、紧固、防腐)的要求检查离合器、制动器、钢丝绳等各个系统和部位，是否机件齐全、机构灵活、运转正常，并按规定位置加注润滑油脂。进行空转检查，检查搅拌机旋转方向是否与机身箭头一致，空车运转是否达到要求值。在确认以上情况正常后，向搅拌筒内加清水搅拌 3 min 然后将水放出，再可投料搅拌。

开盘操作。在完成上述检查工作后，即可进行开盘搅拌，为不改变混凝土设计配合比，补偿

 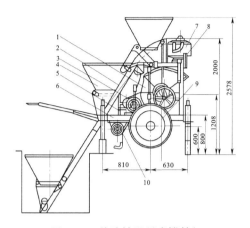

图 3-34　锥形反转出料机外形图　　　　图 3-35　单卧轴强制式搅拌机

1—搅拌装置；2—上料架；3—料斗操纵手柄；4—料斗；
5—水泵；6—底盘；7—水箱；8—供水装置操纵手柄；
9—车轮；10—传动装置

黏附在筒壁、叶片上的砂浆，第一盘应减少石子约 30%，或者多加水泥、砂各 15%。

正常运转。确定原材料投入搅拌筒内的先后顺序应综合考虑到能否保证混凝土的搅拌质量、提高混凝土的强度、减少机械的磨损与混凝土的黏罐现象，减少水泥飞扬，降低电耗以及提高生产率等多种因素。按原材料加入搅拌筒内的投料顺序的不同，普通混凝土的搅拌方法可分为：一次投料法、二次投料法和水泥裹砂法等。

一次投料法是目前最普遍采用的方法，它是采取将砂、石、水泥和水一起同时加入搅拌筒中进行搅拌的方法。为了减少水泥粉尘的飞扬和水泥的黏罐现象，向搅拌机上料斗中投料的顺序应为先倒砂（或石子）再倒水泥，然后倒入石子（或砂），将水泥加在砂、石之间，最后由上料斗将干物料送入搅拌筒内，加水搅拌。

二次投料法又分为预拌水泥砂浆法和预拌水泥净浆法。预拌水泥砂浆法是先将水泥、砂和水加入搅拌筒内进行充分搅拌，成为均匀的水泥砂浆后，再加入石子搅拌成均匀的混凝土。国内一般是使用强制式搅拌机拌制水泥砂浆 1~1.5 min 后再加入石子搅拌 1~1.5 min。国外对这种工艺还专门设计了一种双层搅拌机（称为复式搅拌机），其上层搅拌机搅拌水泥砂浆，搅拌均匀后，再送入下层搅拌机与石子一起搅拌成混凝土。

预拌水泥净浆法是先将水泥和水充分搅拌成均匀的水泥净浆后，再加入砂和石搅拌成混凝土。国外曾设计出一种搅拌水泥净浆的高速搅拌机，其不仅能将水泥净浆搅拌均匀，而且对水泥还有活化作用。国内外的试验表明，二次投料法搅拌的混凝土与一次投料法相比较，混凝土的强度可提高 15%，在强度相同的情况下，可节约水泥 15%~20%。

水泥裹砂法又称 SEC 法，采用这种方法拌制的混凝土称为 SEC 混凝土或造壳混凝土。该法的搅拌程序是先加一定量的水使砂表面的含水量调到某一规定的数值后（一般为 15%~25%），再加入石子并与湿砂拌匀，然后将全部水泥投入与砂石共同拌和，使水泥在砂石表面形成一层低水灰比的水泥浆壳，最后将剩余的水和外加剂加入搅拌成混凝土。采用 SEC 法制备的混凝土与一次投料法相比较，强度可提高 20%~30%，混凝土不易产生离析和泌水现象，工作性好。

从原材料全部投入搅拌筒中时起,到开始卸料时止,所经历的时间称为搅拌时间。为获得混合均匀、强度和工作性都能满足要求的混凝土所需的最低限度的搅拌时间称为最短搅拌时间,这个时间随搅拌机的类型与容量、骨料的品种、粒径及对混凝土的工作性要求等因素的不同而异。混凝土搅拌质量直接和搅拌时间有关,搅拌时间应满足表3-18的要求。

表3-18 混凝土搅拌的最短时间　　　　　　　　　　　　　单位:s

混凝土坍落度/cm	搅拌机机型	搅拌机容量/L		
		<250	250~500	>500
≤3	强制式	60	90	120
≤3	自落式	90	120	150
>3	强制式	60	60	90
>3	自落式	90	90	120

注:① 当掺有外加剂时,搅拌时间应适当延长;
② 全轻混凝土宜采用强制式搅拌机,砂轻混凝土可采用自落式搅拌机,搅拌时间均应延长60~90 s;
③ 高强混凝土应采用强制式搅拌机搅拌,搅拌时间应适当延长。

混凝土拌和物的搅拌质量应经常检查,混凝土拌和物的颜色应均匀一致,无明显的砂粒、砂团及水泥团,石子完全被砂浆所包裹,说明其搅拌质量较好。

每班作业后应对搅拌机进行全面清洗,并在搅拌筒内放入清水及石子运转10~15 min后放出,再用竹扫帚洗刷外壁。搅拌筒内不得有积水,以免筒壁及叶片生锈,如遇冰冻季节应放尽水箱及水泵中的存水,以防冻裂。

每天工作完毕后,搅拌机料斗应放至最低位置,不准悬于半空。电源必须切断,锁好电闸箱,保证各机构处于空位。

3) 混凝土搅拌站

在混凝土施工工地,通常把骨料堆场、水泥仓库、配料装置、拌和机及运输设备等,比较集中地布置,组成混凝土拌和站,或采用成套的混凝土工厂(拌和楼)来制备混凝土。

搅拌站根据其组成部分在竖向布置方式的不同,分为单阶式和双阶式。在单阶式混凝土搅拌站中,原材料一次提升后经过储料斗,然后靠自重下落进入称量和搅拌工序。这种工艺流程,原材料从一道工序到下一道工序的时间短,效率高,自动化程度高,搅拌站占地面积小,适用于产量大的固定式大型混凝土搅拌站,如图3-36所示。

在双阶式混凝土搅拌站中,原材料经第一次提升后经过储料斗,下落经称量配料后,再经过第二次提升进入搅拌机,如图3-37所示。

3. 混凝土运输

混凝土运输是整个混凝土施工中的一个重要环节,对工程质量和施工进度影响较大。由于混凝土料拌和后不能久存,而且在运输过程中对外界的影响敏感,运输方法不当或疏忽大意,都会降低混凝土质量,甚至造成废品。

混凝土料在运输过程中应满足:运输设备应不吸水、不漏浆,运输过程中不发生混凝土拌和物分离、严重泌水及过多降低坍落度;同时运输两种以上强度等级的混凝土时,应在运输设备上

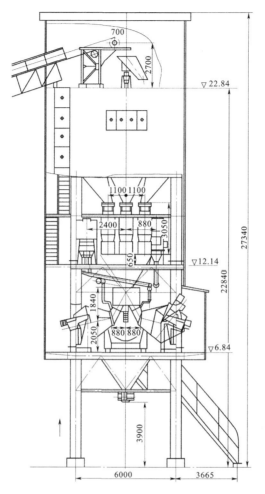

图 3-36　3×1.5 m³ 自落式搅拌站（单位：mm）

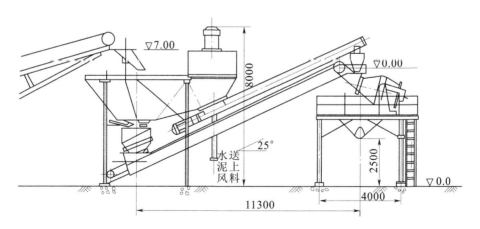

图 3-37　HZ20-1F750I 型混凝土搅拌站（单位：mm）

设置标志,以免混淆;尽量缩短运输时间、减少转运次数。运输时间不得超过表3-19中的规定。因故停歇过久,混凝土产生初凝时,应作废料处理。在任何情况下,严禁中途加水后运入仓内;运输道路基本平坦,避免拌和物振动、离析、分层;混凝土运输工具及浇筑地点,必要时应有遮盖或保温设施,以避免因日晒、雨淋、受冻而影响混凝土的质量;混凝土拌和物自由下落高度以不大于2 m为宜,超过此界限时应采用缓降措施。

表 3-19 混凝土从搅拌机中卸出后到浇筑完毕的延续时间

混凝土强度等级	延续时间/min	
	气温<25 ℃	气温≥25 ℃
低于及等于 C30	120	90
高于 C30	90	60

注:① 掺用外加剂或采用快硬水泥拌制混凝土时,应按试验确定;
② 轻骨料混凝土的运输、浇筑延续时间应适当缩短。

混凝土运输分地面水平运输、垂直运输和楼面水平运输等三种。地面运输时,短距离多用双轮手推车、机动翻斗车;长距离宜用自卸汽车、混凝土搅拌运输车。垂直运输可采用各种井架、龙门架和塔式起重机作为垂直运输工具。对于浇筑量大、浇筑速度比较稳定的大型设备基础和高层建筑,宜采用混凝土泵运输,也可采用自升式塔式起重机或爬升式塔式起重机运输。

(1) 人工运输。人工运输混凝土常用手推车、架子车和斗车等。用手推车和架子车时,要求运输道路路面平整,随时清扫干净,防止混凝土在运输过程中受到强烈振动。道路的纵坡,一般要求水平,局部不宜大于15%,一次爬高不宜超过2~3 m,运输距离不宜超过200 m。

(2) 机动翻斗车。机动翻斗车是混凝土工程中使用较多的水平运输机械。它轻便灵活、转弯半径小、速度快且能自动卸料。车前装有容量为476 L的翻斗,载重量约1 t,最高时速20 km/h。适用于短途运输混凝土或砂石料。

(3) 混凝土搅拌运输车。混凝土搅拌运输车(见图3-38)是运送混凝土的专用设备。它的特点是在运量大、运距远的情况下,能保证混凝土的质量均匀,一般用于混凝土制备点(商品混凝土站)与浇筑点距离较远时使用。它的运送方式有两种:一是在10 km范围内作短距离运送时,只作运输工具使用,即将拌和好的混凝土接送至浇筑点,在运输途中为防止混凝土分离,让搅拌筒只作低速搅动,使混凝土拌和物不致分离、凝结;二是在运距较长时,搅拌运输两者兼用,即先在混凝土拌和站将干料——砂、石、水泥按配比装入搅拌鼓筒内,并将水注入配水箱,开始只作干料运送,然后在到达距使用点10~15 min路程时,启动搅拌筒回转,并向搅拌筒注入定量的水,这样在运输途中边运输边搅拌成混凝土拌和物,送至浇筑点卸出。

(4) 混凝土辅助运输设备。

运输混凝土的辅助设备有吊罐、骨料斗、溜槽、溜管等。常用于混凝土装料、卸料和转运入仓,对于保证混凝土质量和运输工作顺利进行起着相当大的作用,如图3-39所示。

(5) 混凝土泵。

泵送混凝土是将混凝土拌和物从搅拌机出口通过管道连续不断地泵送到浇筑仓面的一种施工方法。工程上使用较多的是液压活塞式混凝土泵,它是通过液压缸的压力油推动活塞,再通过活塞杆推动混凝土缸中的工作活塞来进行压送混凝土。混凝土泵可同时完成水平运输和

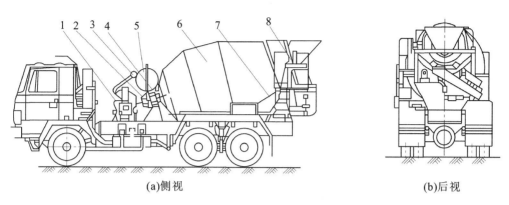

图 3-38 混凝土搅拌运输车外形图
1—泵连接件;2—减速机总成;3—液压系统;4—机架;5—供水系统;6—搅拌筒;7—操纵系统;8—进出料装置

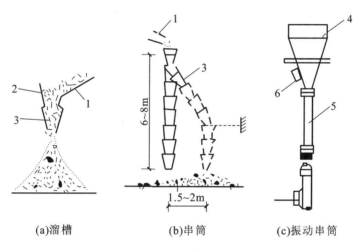

(a)溜槽　　(b)串筒　　(c)振动串筒

图 3-39 溜槽与串筒
1—溜槽;2—挡板;3—串筒;4—漏斗;5—节管;6—振动器

垂直运输工作。

泵送混凝土的设备主要由混凝土泵、输送管道和布料装置构成。混凝土泵有活塞泵、气压泵和挤压泵等几种类型,而以活塞泵应用较多。活塞泵又根据其构造原理不同分为机械式和液压式两种,常用的是液压式。混凝土泵分拖式(地泵)和泵车两种形式。图 3-40 所示为 HBT60 拖式混凝土泵示意图。它主要由混凝土泵送系统、液压操作系统、混凝土搅拌系统、油脂润滑系统、冷却和水泵清洗系统以及用来安装和支承上述系统的金属结构车架、车桥、支脚和导向轮等组成。

常用的液压柱塞泵如图 3-41 所示,它是利用柱塞的往复运动将混凝土吸入和排出。混凝土输送管有直管、弯管、锥形管和浇筑软管等,一般由合金钢、橡胶、塑料等材料制成,常用混凝土输送管的管径为 100~150 mm。

泵送混凝土对原材料的要求有以下几点。

(1) 粗骨料。碎石最大粒径与输送管内径之比不宜大于 1∶3;卵石不宜大于 1∶2.5。

(2) 砂。以天然砂为宜,砂率宜控制在 40%~50%,通过 0.315 mm 筛孔的砂不少于 15%。

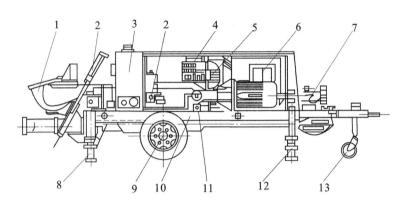

图 3-40　HBT60 拖式混凝土泵

1—料斗；2—集流阀组；3—油箱；4—操作盘；5—冷却器；6—电器柜；7—水泵；
8—后支脚；9—车桥；10—车架；11—排出量手轮；12—前支腿；13—导向轮

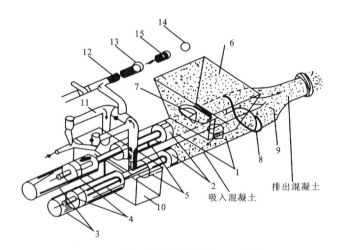

图 3-41　液压活塞式混凝土泵工作原理

1—混凝土缸；2—混凝土活塞；3—液压缸；4—液压活塞；5—活塞杆；6—受料斗；7—吸入端水平片阀；8—排除端竖直片阀；
9—Y形输送管；10—水箱；11—水管；12—水洗用高压软管；13—水洗用法兰；14—海绵球；15—清洗活塞

（3）水泥。最少水泥用量为 300 kg/m³，坍落度宜为 80～180 mm，混凝土内宜适量掺入外加剂。泵送轻骨料混凝土的原材料选用及配合比，应通过试验确定。

泵送混凝土施工中应注意的问题有以下几点。

（1）输送管的布置宜短直，尽量减少弯管数，转弯宜缓，管段接头要严密，少用锥形管。

（2）混凝土的供料应保证混凝土泵能连续工作，不间断；正确选择骨料级配，严格控制配合比。

（3）泵送前，为减少泵送阻力，应先用适量与混凝土内成分相同的水泥浆或水泥砂浆润滑输送管内壁。

（4）泵送过程中，泵的受料斗内应充满混凝土，防止吸入空气形成阻塞。

（5）防止停歇时间过长，若停歇时间超过 45 min，应立即用压力或其他方法冲洗管内残留的混凝土。

(6) 泵送结束后,应及时清洗泵体和管道。
(7) 用混凝土泵浇筑的建筑物,应加强养护,防止龟裂。

4. 混凝土浇筑

混凝土成形就是将混凝土拌和料浇筑在符合设计尺寸要求的模板内,加以捣实,使其具有良好的密实性,达到设计强度的要求。混凝土成形过程包括浇筑与捣实,是混凝土工程施工的关键,将直接影响构件的质量和结构的整体性。因此,混凝土经浇筑捣实后应内实外光、尺寸准确,表面平整,钢筋及预埋件位置符合设计要求,新旧混凝土结合良好。

1) 浇筑前的准备工作

(1) 对模板及其支架进行检查,应确保标高、位置尺寸正确,强度、刚度、稳定性及严密性满足要求;模板中的垃圾、泥土和钢筋上的油污应加以清除;木模板应浇水润湿,但不允许留有积水。

(2) 对于钢筋及预埋件,应请工程监理人员共同检查钢筋的级别、直径、排放位置及保护层厚度是否符合设计和规范要求,并认真进行隐蔽工程记录。

(3) 准备和检查材料、机具等;注意天气预报,不宜在雨雪天气浇筑混凝土。

(4) 做好施工组织工作和技术、安全交底工作。

2) 浇筑工作的一般要求

(1) 混凝土应在初凝前浇筑,如混凝土在浇筑前有离析现象,须重新拌和后才能浇筑。

(2) 浇筑时,混凝土的自由倾落高度:①对于素混凝土或少筋混凝土,由料斗进行浇筑时,不应超过 2 m;②对于竖向结构(如柱、墙)浇筑混凝土的高度不超过 3 m;③对于配筋较密或不便捣实的结构,不宜超过 60 cm,否则应采用串筒、溜槽和振动串筒下料,以防产生离析。

(3) 浇筑竖向结构混凝土前,底部应先浇入 50~100 mm 厚与混凝土成分相同的水泥砂浆,以避免产生蜂窝麻面现象。

(4) 混凝土浇筑时的坍落度应符合设计要求。

(5) 为了使混凝土振捣密实,混凝土必须分层浇筑。

(6) 为保证混凝土的整体性,浇筑工作应连续进行。当由于技术上或施工组织上原因必须间歇时,其间歇时间应尽可能缩短,并应在前层混凝土凝结之前,将次层混凝土浇筑完毕。间歇的最长时间应按所用水泥品种及混凝土条件确定。

(7) 正确留置施工缝。施工缝位置应在混凝土浇筑之前确定,并宜留置在结构受剪力较小且便于施工的部位。柱应留水平缝,梁、板、墙应留垂直缝。

(8) 在混凝土浇筑过程中,应随时注意模板及其支架、钢筋、预埋件及预留孔洞的情况,当出现不正常的变形、位移时,应及时采取措施进行处理,以保证混凝土的施工质量。

(9) 在混凝土浇筑过程中应及时认真填写施工记录。

3) 整体结构浇筑

为保证结构的整体性和混凝土浇筑工作的连续性,应在下一层混凝土初凝之前将上层混凝土浇筑完毕,因此,在编制浇筑施工方案时,首先应计算每小时需要浇筑的混凝土的数量 Q,即

$$Q=\frac{V}{t_1-t_2} \qquad (3-4)$$

式中:V——每个浇筑层中混凝土的体积,m³;

t_1——混凝土初凝时间,h;

t_2——运输时间,h。

根据上式即可计算所需搅拌机、运输工具和振动器的数量,并据此拟定浇筑方案和组织施工。

4) 混凝土浇筑工艺

(1) 铺料。开始浇筑前,要在老混凝土面上,先铺一层 2~3 cm 厚的水泥砂浆(接缝砂浆)以保证新混凝土与基岩或老混凝土结合良好。砂浆的水灰比应较混凝土水灰比减少 0.03~0.05。混凝土的浇筑,应按一定厚度、次序、方向分层推进。

铺料厚度应根据拌和能力、运输距离、浇筑速度、气温及振捣器的性能等因素确定。一般情况下,浇筑层的允许最大厚度不应超过表 3-20 规定的数值,如果采用低流态混凝土及大型强力振捣设备时,其浇筑层厚度应根据试验确定。

表 3-20 混凝土浇筑层厚度

项次	捣实混凝土的方法		浇筑层厚度/mm
1	插入式振捣		振捣器作用部分长度的 1.25 倍
2	表面振动		200
3	人工捣固	在基础、无筋混凝土或配筋稀疏的结构中	250
		在梁、墙板、柱结构中	200
		在配筋密列的结构中	150
4	轻骨料混凝土	插入式振捣器	300
		表面振动(振动时须加荷)	200

(2) 平仓。平仓是把卸入仓内成堆的混凝土摊平到要求的均匀厚度。平仓不好会造成离析,使骨料架空,严重影响混凝土质量。

① 人工平仓。人工平仓用铁锹,平仓距离不超过 3 m。只适用于在靠近模板和钢筋较密的地方,用人工平仓,使石子分布均匀;以及设备预埋件等空间狭小的二期混凝土。

② 振捣器平仓。振捣器平仓时应将振捣器倾斜插入混凝土料堆下部,使混凝土向操作者位置移动,然后一次一次地插向料堆上部,直至混凝土摊平到规定的厚度为止。如果将振捣器垂直插入料堆顶部,平仓工效固然较高,但易造成粗骨料沿锥体四周下滑,砂浆则集中在中间形成砂浆窝,影响混凝土匀质性。经过振动摊平的混凝土表面可能已经泛出砂浆,但内部并未完全捣实,切不可将平仓和振捣合二为一,否则将影响浇筑质量。

(3) 振捣。振捣是振动捣实的简称,它是保证混凝土浇筑质量的关键工序。振捣的目的是尽可能减少混凝土中的空隙,以清除混凝土内部的孔洞,并使混凝土与模板、钢筋及埋件紧密结合,从而保证混凝土的最大密实度,提高混凝土质量。

当结构钢筋较密,振捣器难于施工,或者混凝土内有预埋件、观测设备,周围混凝土振捣力不宜过大时,应采用人工振捣。人工振捣要求混凝土拌和物坍落度大于 5 cm,铺料层厚度小于 20 cm。人工振捣工具有捣固锤、捣固杆和捣固铲。捣固锤主要用于捣固混凝土的表面;捣固铲用于插边,使砂浆与模板靠紧,防止表面出现麻面;捣固杆用于钢筋稠密的混凝土中,以使钢筋被水泥砂浆包裹,增加混凝土与钢筋之间的握裹力。人工振捣工效率低,混凝土质量不易保证。

混凝土振捣主要采用振捣器进行,振捣器产生小振幅、高频率的振动,在其振动的作用下,使混凝土的内摩擦力和黏结力大大降低,使干稠的混凝土获得了流动性,在重力的作用下骨料互相滑动而紧密排列,空隙由砂浆所填满,空气被排出,从而使混凝土密实,并填满模板内部空间,并且与钢筋紧密结合。混凝土振捣器的分类如图3-42所示。

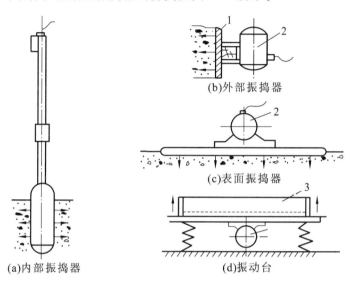

图3-42 混凝土振捣器
1—模板;2—振捣器;3—振动台

一般工程均采用电动式振捣器。电动插入式振捣器又分为串激式振捣器、软轴振捣器和硬轴振捣器三种。其中,插入式振捣器使用较多。

混凝土振捣应在平仓之后立即进行,此时混凝土流动性好,振捣容易,捣实质量好。振捣器在选用时应注意:对于素混凝土或钢筋稀疏的部位,宜用大直径的振捣棒;坍落度小的干硬性混凝土,宜选用高频和振幅较大的振捣器。振捣作业路线应保持一致,并顺序依次进行,以防漏振。振捣棒尽可能垂直地插入混凝土中。如果振捣棒较长或把手位置较高,垂直插入感到操作不便时,也可略带倾斜,但与水平面的夹角不宜小于45°,并且每次倾斜方向应保持一致,否则下部混凝土将会发生漏振。这时作用轴线应平行,如果不平行也会出现漏振点,如图3-43所示。

振捣棒应快插、慢拔。插入过慢,上部混凝土先捣实,就会阻止下部混凝土中的空气和多余

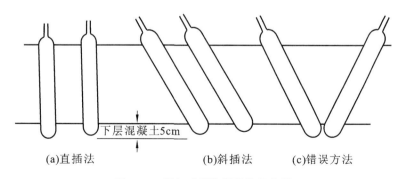

图3-43 插入式振捣器操作示意图

的水分向上逸出；拔得过快，周围混凝土来不及填铺振捣棒留下的孔洞，将在每一层混凝土的上半部留下只有砂浆而无骨料的砂浆柱，从而影响混凝土的强度。为使上下层混凝土振捣密实均匀，可将振捣棒上下抽动，抽动幅度为5~10 cm。振捣棒的插入深度，在振捣第一层混凝土时，以振捣器头部不碰到基岩或老混凝土面，但相距不超过5 cm为宜；振捣上层混凝土时，则应插入下层混凝土5 cm左右，使上下两层结合良好。在斜坡上浇筑混凝土时，振捣棒仍应垂直插入，并且应先振低处，再振高处，否则在振捣低处的混凝土时，已捣实的高处混凝土会自行向下流动，致使密实性受到破坏。软轴振捣棒插入深度为棒长的3/4，若插入过深，则软轴和振捣棒结合处容易损坏。

振捣棒在每一孔位的振捣时间，以混凝土不再显著下沉，水分和气泡不再逸出并开始泛浆为准。振捣时间与混凝土坍落度、石子类型及最大粒径、振捣器的性能等因素有关，一般为20~30 s。振捣时间过长，不但会降低工效，而且还会使砂浆上浮过多，石子集中下部，混凝土产生离析，严重时，整个浇筑层将呈"千层饼"状态。

振捣器的插入间距应控制在振捣器有效作用半径的1.5倍以内，实际操作时也可根据振捣后在混凝土表面留下的圆形泛浆区域能否在正方形排列（直线行列移动）的4个振捣孔径的中点，如图3-44(a)中的A、B、C、D点；或者三角形排列（交错行列移动）的3个振捣孔位的中点，如图3-44(b)中的A、B、C、D、E、F点，相互衔接来判断。在模板边、预埋件周围、布置有钢筋的部位以及两罐（或两车）混凝土卸料的交界处，宜适当减少插入间距，以加强振捣，但不宜小于振捣棒有效作用半径的1/2，并应注意不能触及钢筋、模板及预埋件。为了提高工效，振捣棒插入孔位尽可能呈三角形分布。

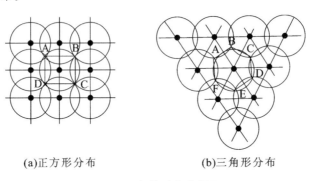

(a)正方形分布　　　　　(b)三角形分布

图3-44　振捣孔位布置图

使用外部式振捣器时，操作人员应穿绝缘胶鞋、戴绝缘手套，以防触电；平板式振捣器应保持拉绳干燥和绝缘，移动和转向时，应蹬踏平板两端，不得蹬踏电机。操作时可通过倒顺开关控制电机的旋转方向，使振捣器的电动机旋转方向正转或反转，从而使振捣器自动地向前或向后移动。沿铺料路线逐行进行振捣，两行之间要搭接5 cm左右，以防漏振。混凝土拌和物停止下沉、表面平整，往上返浆且已达到均匀状态并充满模壳时，表明已振实，可转移作业面，振捣时间一般为30 s左右。在转移作业面时，应注意电缆线勿被模板、钢筋露头等挂住，防止拉断或造成触电事故。振捣混凝土时，一般横向和竖向各振捣一遍即可，第一遍主要是密实，第二遍是使表面平整，其中第二遍是在已振捣密实的混凝土面上快速拖行。

附着式振捣器安装时应保证转轴水平或垂直，如图3-45所示。在一个模板上安装多台附着式振捣器同时进行作业时，各振捣器的频率必须保持一致，相对安装的振捣器的位置应错开。振捣器所装置的构件模板，应坚固牢靠，构件的面积应与振捣器的额定振动板面积相适应。

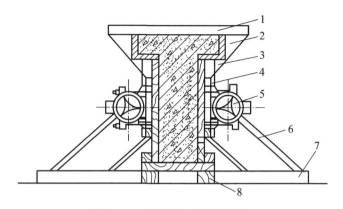

图 3-45 附着式振捣器的安装

1—模板面卡;2—模板;3—角撑;4—夹木枋;
5—附着式振动器;6—斜撑;7—底横枋;8—纵向底枋

混凝土振动台是一种强力振动成形机械装置,必须安装在牢固的基础上,地脚螺栓应有足够的强度并拧紧。在振捣作业中,必须安置牢固可靠的模板锁紧夹具,以保证模板和混凝土与台面一起振动。

5. 混凝土的养护

混凝土浇筑完毕后,在一个相当长的时间内,应让其保持适当的温度和足够的湿度,以造成混凝土良好的硬化条件,这就是混凝土的养护工作。混凝土表面水分不断蒸发,如果不设法防止水分损失,水化作用未能充分进行,混凝土的强度将受到影响,还可能产生干缩裂缝。因此,混凝土养护的目的,一是创造有利条件,使水泥充分水化,加速混凝土的硬化;二是防止混凝土成形后因曝晒、风吹、干燥等自然因素影响,出现不正常的收缩、裂缝等现象。

混凝土的养护方法分为自然养护和热养护两类,见表3-21。养护时间取决于当地气温、水泥品种和结构物的重要性。混凝土必须养护至其强度达到 $1.2\ N/mm^2$ 以上,才可以在上面行人和架设支架、安装模板,但不得冲击混凝土。

表 3-21 混凝土的养护

类别	名称	说 明
自然养护	洒水(喷雾)养护	在混凝土面不断洒水(喷雾),保持其表面湿润
	覆盖浇水养护	在混凝土面覆盖湿麻袋、草袋、湿砂、锯末等,不断洒水保持其表面湿润
	围水养护	四周围成土埂,将水蓄在混凝土表面
	铺膜养护	在混凝土表面铺上薄膜,阻止水分蒸发
	喷膜养护	在混凝土表面喷上薄膜,阻止水分蒸发
热养护	蒸汽养护	利用热蒸气对混凝土进行湿热养护
	热水(热油)养护	将水或油加热,将构件搁置在其上养护
	电热养护	对模板加热或微波加热养护
	太阳能养护	利用各种罩、窑、集热箱等封闭装置对构件进行养护

单元4　大体积混凝土施工

我国工程界一般认为,当混凝土结构断面最小尺寸大于2 m时,即为大体积混凝土。我国高层建筑在二十世纪八九十年代得到了迅猛发展,随着这些高层、超高层建筑的大量建造,各种采用大体积混凝土的结构形式特别是基础,得到了越来越多的应用。但大体积混凝土在施工阶段会因水泥水化热释放引起内外温差过大而产生裂缝。

一、大体积混凝土的温度裂缝

混凝土结构的裂缝产生的原因主要有三种,一是由外荷载引起的裂缝;二是由结构次应力引起的裂缝,这是由于结构的实际工作状态和计算假设模型的差异引起的;三是由变形应力引起的裂缝,这是由温度、收缩、膨胀、不均匀沉降等因素引起的结构变形,当变形受到约束时便产生应力,当此应力超过混凝土抗拉强度时就产生裂缝。

当混凝土结构产生变形时,在结构的内部、结构与结构之间,都会受约束。当混凝土结构截面较厚时,其内部温度分布不均匀,将引起内部不同部位的变形相互约束,称之为内约束,当一个结构物的变形受到其他结构的阻碍时称之为外约束。建筑工程中的大体积混凝土结构所承受的变形,主要是由温差和收缩产生,其约束既有外约束又有内约束。

大体积钢筋混凝土结构中,由于结构截面大,体积大,水泥用量多,水泥水化所释放的水化热会产生较大的温度变化和收缩膨胀作用,由此引起的温度应力是导致钢筋混凝土产生裂缝的主要原因。这种裂缝有表面裂缝和贯穿裂缝两种。表面裂缝是由于混凝土表面和内部的散热条件不同,温度外低内高,形成了温度梯度,使混凝土内部产生压应力,表面产生拉应力,表面的拉应力超过混凝土抗拉强度而引起的。贯穿裂缝是由于混凝土在强度发展到一定程度,混凝土逐渐降温,这个降温差引起的变形加上混凝土的收缩变形,受到地基和其他结构边界条件的约束时引起的拉应力超过混凝土抗拉强度时,所可能产生的贯穿整个截面的裂缝。

简而言之,钢筋混凝土结构由温度引起的裂缝是一种由变形变化引起的裂缝。这种裂缝的起因是温度变化引起变形,当变形得不到满足才引起应力,而且应力与结构的刚度大小有关,只有当应力超过一定数值才引起裂缝。具体来说,温度裂缝的成因有如下几种。

1. 温度变化引起变形

水泥在凝结硬化过程中,会放出大量的水化热。水泥在开始凝结时放热较快,以后逐渐变慢,普通水泥最初3d放出的总热量占总水化热的50%以上。水泥水化热与龄期的关系曲线如图3-46所示。图中Q_0为水泥的最终发热量(J/kg),其中m为系数,它与水泥品种及混凝土入仓温度有关。

在大体积混凝土工程施工中,由于水泥水化热引起混凝土浇筑内部温度和温度应力剧烈变化。大体积混凝土内部某点(如中心点)的温度值随时间而变化,其典型的温度-时间曲线如图3-47所示。混凝土内同一点在不同时间的温度差值称为内部温差。

2. 变形受到约束而引起应力

当大体积混凝土浇筑在基岩或老混凝土上时,由于基岩(或老混凝土)的压缩模量(或弹性

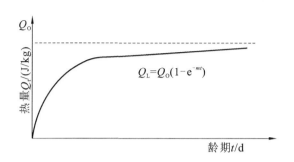

图 3-46 水泥水化热与龄期关系曲线

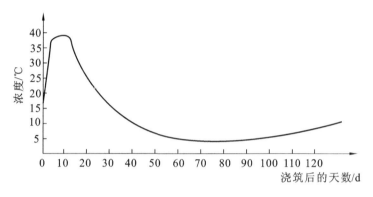

图 3-47 大体积混凝土内部温度变化曲线图

模量)较高,混凝土温度变化所产生的变形受到基岩(或老混凝土)的约束,而在新浇混凝土内部形成温度应力。在升温阶段,约束阻止新浇混凝土的温度膨胀变形,在混凝土内形成压应力,如图 3-48(a)所示。而在降温阶段,新浇混凝土在收缩(降温收缩与干缩)时因存在较强大的地基或基础的约束而不能自由收缩,在新浇混凝土内形成拉应力,如图 3-48(b)所示。由于升温较快,此时新浇混凝土的弹性模量较低,并且徐变影响又较大,因此压应力较小;但是经过恒温阶段的降温时,新浇混凝土的弹性模量已较高,形成的拉应力也较大,除了抵消升温产生的压应力外,还存在较高的拉应力,导致产生内部裂缝,如图 3-49 所示。当结构厚度较小且约束较大时拉应力分布较均匀,而产生贯穿全断面的裂缝,将影响结构安全和造成渗漏。

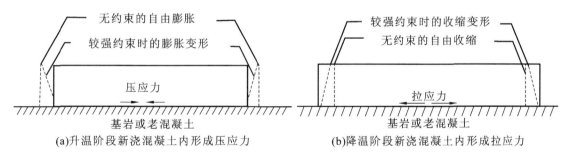

(a)升温阶段新浇混凝土内形成压应力　　(b)降温阶段新浇混凝土内形成拉应力

图 3-48 内部温差和约束共同作用下的温度应力

3. 应力超过了混凝土的抗拉强度而导致产生裂缝

不同龄期混凝土抗拉强度的比较见表 3-22。

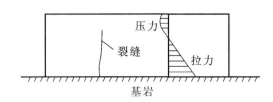

图 3-49 内部应力分布与裂缝特征

表 3-22 不同龄期混凝土抗拉强度的比较(以龄期 28 天为 1.0)

龄期/d	3	4	7	14	21	28
抗拉强度/MPa	0.26	0.35	0.53	0.76	0.90	1.00

由此表可以看出混凝土的早期抗拉强度是很低的。值得注意的是随着水泥强度等级的提高,水泥用量的不断增加,抗拉强度也会相应增加。另外,水化热对强度也有影响,由于水化热的影响,1 d 龄期的小试件强度可比实际大尺寸构件中的强度低 50%,也就是说导致混凝土构件的早期强度降低;而 28 d 龄期的小试件强度则可比实际构件强度高 30%,也就是说对设计而言不安全。因此,这也是要限制最高温度的一个原因。

二、大体积混凝土温度裂缝的控制措施

在大体积混凝土工程施工中,由于水泥水化热引起混凝土浇筑内部温度和温度应力剧烈变化,从而导致混凝土发生裂缝。因此,控制混凝土浇筑块体因水化热引起的温升、混凝土浇筑块体的内外温差及降温速度,是防止混凝土出现有害的温度裂缝的关键问题。这需要在大体积混凝土结构的设计、混凝土材料的选择、配合比设计、拌制、运输、浇筑、保温养护及施工过程中混凝土浇筑内部温度和温度应力的监测等环节,采取一系列的技术措施。

按照上述工序流程,可将大体积混凝土温度裂缝控制措施分为设计措施、施工措施、和监测措施三步,具体如下。

1. 设计措施

(1) 大体积混凝土的强度等级宜在 C20~C35 范围内,利用后期强度为 R60 甚至 R90。随着高层和超高层建物不断出现,大体积混凝土的强度等级日趋增高,出现 C40~C50 等高强混凝土,设计强度过高。水泥用量过大,必然会造成水化热过高。高层建筑的建设周期长,可以利用混凝土的 60 d 或 180 d 的后期强度,这样可以减少混凝土中的水泥用量,以降低混凝土浇筑块体的温度升高。采用降低水泥用量的方法来降低混凝土的绝对温升值,可以使混凝土浇筑后的内外温差和降温速度控制的难度降低,也可降低保温养护的费用,这是大体积混凝土配合比选择的特殊性。其中,强度等级可在 C25~C35 的范围内选用,水泥用量最好不超过 380 kg/m³。

(2) 应优先采用水化热低的矿渣水泥配制大体积混凝土,所用的水泥应进行水化热测定。水泥水化热测定按现行国家标准《水泥水化热实验方法》(GB/T 12959—2008)测定。要求配制混凝土所用水泥 7 d 的水化热不大于 25 kJ/kg。

(3) 采用 5~40 mm 颗粒级配的石子,控制含泥量小于 1.5%。

(4) 采用中、粗砂,控制含泥量小于 1.5%。

(5) 掺和料及外加剂的使用。

国内目前采用的掺和料主要是粉煤灰。由于混凝土中掺入一定数量优质的粉煤灰后,不但能代替部分水泥,而且由于粉煤灰颗粒呈球状且具有滚珠效应,故能起到润滑的作用,可改善混凝土拌和物的流动性、黏聚性和保水性,并且能够补充泵送混凝土中颗粒在0.315 mm以下的细骨料达到占15%的要求,从而改善了可泵性。同时依照大体积混凝土所具有的强度特点,初期处于较高温度条件下,强度增长较快、较高,但是后期强度增长缓慢。掺加粉煤灰后、其中的活性Al_2O_3、SiO_2与水泥水化析出的CaO作用,形成新的水化产物填充孔隙增加密实度,从而改善了混凝土的后期强度。但是值得注意的是,掺加粉煤灰混凝土的早期抗拉强度和极限变形略有降低。因此。对早期抗裂要求较高的混凝土,粉煤灰掺量不宜太多,宜在10%～15%以内。

选用质量优良的粗、细骨料,可以提高混凝土的和易性,大大改善混凝土的工作性能和可靠性,同时可以代替水泥,降低水化热。掺加量为水泥用量的15%,可降低水化热15%左右。

根据结构最小断面尺寸和泵送管道内径,选择合理的最大粒径,尽可能选用较大的粒径。例如,5～40 mm粒径可比5～25 mm粒径的碎石或卵石混凝土减少用水量6～8 kg/m³,降低水泥用量15 kg/m³,因而可以减少泌水、收缩和水化热。应优先选用天然连续级配的粗骨料,使混凝土具有较好的可泵性,减少用水量、水泥用量,进而减少水化热。

细骨料宜采用级配良好的中砂。实践证明,采用细度模数为2.8的中砂比采用细度模数为2.3的中砂,可减少用水量20～25 kg/m³,可降低水泥用量28～35 kg/m³,故降低了水泥水化热、混凝土温升和收缩。

外加剂主要采用减水剂、缓凝剂和膨胀剂等。混凝土中掺入水泥重量0.25%的木钙减水剂,不仅使混凝土工作性能有了明显的改善,同时又减少10%的拌和用水,并且节约10%左右的水泥,从而降低了水化热。

一般泵送混凝土为了延缓凝结时间,要加缓凝剂,反之凝结时间过早,将影响混凝土浇筑面的黏结,易出现层间缝隙,使混凝土防水、抗裂性能和整体强度下降。

为了防止混凝土的初始裂缝,宜加膨胀剂,但膨胀剂的选取需要注意。

(6) 大体积混凝土基础除了应满足承载力和构造要求外,还应增配承受因水泥水化热引起的温度应力来控制裂缝开展的钢筋,通过构造钢筋来控制裂缝,配筋尽可能采用小直径、小间距。《钢筋混凝土结构设计规范》(GB 50010—2010)中规定当筏板厚度超过2 m时,宜沿板厚方向间距不超过1 m设置与板面平行的构造钢筋网片,直径不小于12 mm,间距不宜大于200 mm。

(7) 当基础设置于岩石地基上时,宜在混凝土垫层上设置滑动层,滑动层构造可采用一毡二油,在夏季施工时也可采用一毡一油。也可以涂抹两遍海藻酸钠隔离剂,以减小地基水平阻力系数,一般可减小至$(0.1～0.3)×10^{-2}$ N/mm²。当为软土地基时可以优先考虑采用砂垫层处理。因为砂垫层可以减小地基对混凝土基础的约束作用。

(8) 大体积混凝土工程施工前,应对施工阶段的大体积混凝土浇筑块体的温度、温度应力及收缩力进行验算,确定施工阶段大体积混凝土浇筑块体的升温峰值、内外温差不超过25 ℃,制订温控施工的技术措施。

2. 施工措施

1) 混凝土的浇筑方法

混凝土的浇筑方法可采用分层连续浇筑或推移式连续浇筑。

大体积混凝土结构多为厚大的桩基承台或基础底板等,整体性要求较高,往往不允许留施工缝,要求一次连续浇筑完毕。根据结构特点不同,可分为全面分层、分段分层、斜面分层等浇筑方案,如图 3-50 所示。

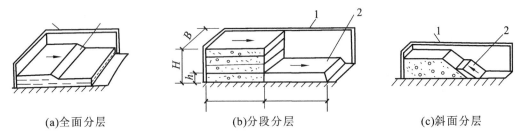

(a)全面分层 (b)分段分层 (c)斜面分层

图 3-50 大体积混凝土浇筑方案图
1—模板;2—新浇筑的混凝土

(1) 全面分层。当结构平面面积不大时,可将整个结构分为若干层进行浇筑,即第一层全部浇筑完毕后,再浇筑第二层,如此逐层连续浇筑,直至结束。为了保证结构的整体性,要求次层混凝土在前层混凝土初凝前浇筑完毕。若结构平面面积为 $A(m^2)$,浇筑分层厚为 $h(m)$,每小时浇筑量为 $Q(m^3/h)$,混凝土从开始浇筑至初凝的延续时间为 $T(h$,一般等于混凝土初凝时间减去运输时间),为了保证结构的整体性,则应满足以下条件。

$$Ah \leqslant QT \tag{3-5}$$

$$A \leqslant QT/h \tag{3-6}$$

即采用全面分层时,结构平面面积应满足上式的条件。

(2) 分段分层。当结构平面面积较大时,全面分层已不适应,这时可采用分段分层浇筑方案。即将结构划分为若干段,每段又分为若干层,先浇筑第一段各层,然后浇筑第二段各层,如此逐层连续浇筑,直至结束。为了保证结构的整体性,要求次段混凝土应在前段混凝土初凝前浇筑并与之捣实成整体。若结构的厚度为 $H(m)$,宽度为 $b(m)$,分段长度为 $l(m)$,为了保证结构的整体性,则应满足以下条件。

$$l \leqslant QT/b(H-b) \tag{3-7}$$

(3) 斜面分层。当结构的长度超过厚度的 3 倍时,可采用斜面分层的浇筑方案。这里,振捣工作应从浇筑层斜面下端开始,逐渐上移,并且振动器应与斜面垂直。

混凝土的摊铺厚度应根据所用振捣器的作用深度及混凝土的和易性确定。当采用泵送混凝土时,混凝土的摊铺厚度不大于 600 mm;当采用非泵送混凝土时,混凝土的摊铺厚度不大于 400 mm。

分层连续浇筑或推移式连续浇筑,其层间的间隔时间应尽量缩短,必须在前层混凝土初凝之前,将其次层混凝土浇筑完毕。层间最长的时间间隔应不大于混凝土的初凝时间。当层间间隔时间超过混凝土的初凝时间,则层面应按施工缝处理。

2) 混凝土的拌制、运输

混凝土的拌制、运输必须满足连续浇筑施工以及尽量降低混凝土出罐温度等方面的要求,并应符合下列规定。

(1) 当炎热季节浇筑大体积混凝土时,混凝土搅拌场站宜对砂、石骨料采取遮阳、降温措施。

(2) 当采用泵送混凝土施工时,混凝土的运输宜采用混凝土搅拌运输车,混凝土搅拌运输车的数量应满足混凝土连续浇筑的要求。

(3) 必要时采取预冷骨料(水冷法、气冷法等)和加冰搅拌等。

(4) 浇筑时间最好安排在低温季节或夜间,若在高温季节施工,则应采取减小混凝土温度回升的措施,譬如尽量缩短混凝土的运输时间、加快混凝土的入仓覆盖速度、缩短混凝土的暴晒时间、混凝土运输工具采取隔热遮阳措施等。对于泵送混凝土的输送管道,应全程覆盖并洒以冷水,以减少混凝土在泵送过程中吸收太阳的辐射热,最大限度地降低混凝土的入模温度。

3) 及时清除表面泌水

在混凝土浇筑过程中,应及时清除混凝土表面的泌水。泵送混凝土的水灰比一般较大,泌水现象也较严重,不及时消除,将会降低结构混凝土的质量。

4) 保温养护

混凝土浇筑完毕后,应及时按量控技术措施的要求进行保温养护,并应符合下列规定:①保温养护措施,应使混凝土浇筑块体的里外温差及降温速度满足温控指标的要求;②保温养护的持续时间,应根据温度应力(包括混凝土收缩产生的应力)加以控制、确定,但不得少于 15 d,保温覆盖层的拆除应分层逐步进行;③在保温养护过程中,应保持混凝土表面的湿润。

保温养护是大体积混凝土施工的关键环节,其目的为:①降低大体积混凝土浇筑块体的内外温差值,以降低混凝土块体的自约束应力;②降低大体积混凝土浇筑块体的降温速度,充分利用混凝土的抗拉强度,以提高混凝土块体承受外约束应力的抗裂能力,达到防止或控制温度裂缝的目的。同时,在养护过程中保持良好的湿度和抗风条件,使混凝土在良好的环境下养护。施工人员需根据事先确定的温控指标的要求,来确定大体积混凝土浇筑后的养护措施。

5) 保温材料作为覆盖层

塑料膜、塑料泡沫板、喷水泥珍珠岩、挂双层草垫等可作为保温材料覆盖混凝土和模板,覆盖层的厚度应根据温控指标的要求计算。并可在混凝土终凝后,在板面做土围堰灌水 5~10 cm 深进行保温和养护。水的热容量大,比热容为 4.186 8 kJ/(kJ℃),覆水层相当于在混凝土表面设置了恒温装置。在寒冷季节可搭设挡风保温棚,并在草袋上设置碘钨灯。

6) 及时回填

土是良好的养护介质,所以应及时回填土。

7) 拆模后应采取防寒措施

在大体积混凝土拆模后,应采取预防寒潮袭击、突然降温和剧烈干燥等措施。

8) 二次振捣

采用二次振捣技术,可以改善混凝土强度,提高抗裂性。当混凝土浇筑后即将凝固时,在适当的时间内再振捣,可以增加混凝土的密实度,减少内部微裂缝。但必须掌握好二次振捣的时间间隔(以 2 h 为宜),否则会破坏混凝土内部结构,起到相反的结果。

9) 散热降温

利用预埋的冷却水管通低温水以散热降温。混凝土浇筑后应立即通水,以降低混凝土的最高温升。

3. 监测措施

(1) 大体积混凝土的温控施工中,除应进行水泥水化热的测定外,在混凝土浇筑过程中还应进行混凝土浇筑温度的监测,在养护过程中应进行混凝土浇筑块体升降温、内外温差、降温速度及环境温度等监测。这些监测结果能及时反馈现场大体积混凝土浇筑块内温度变化的实际情况,以及所采用的施工技术措施的效果,为工程技术人员及时采取温控对策提供科学依据。

(2) 混凝土的浇筑温度是指混凝土振捣后位于混凝土上表面以下 50~100 mm 深处的温度。混凝土浇筑温度的测试每工作班(8 h)应不少于 2 次。大体积混凝土浇筑块体内外温差、降温速度及环境温度的测试一般在前期每 2~4 h 测一次,后期每 4~8 h 测一次。

(3) 大体积混凝土浇筑块体温度监测点的布置,以能真实反映出混凝土块体的内外温差、降温速度及环境温度为原则。

单元 5　框剪结构混凝土工程施工

一、浇筑要求

浇筑钢筋混凝土框剪结构首先应划分施工层和施工段,施工层一般按结构层划分,而每一施工层如何划分施工段,则应考虑工序数量、技术要求、结构特点等。要做到木工在第一施工层安装完模板,准备转移到第二施工层的第一施工段上时,该施工段所浇筑的混凝土强度应达到允许工人在其上操作的强度(即 1.2 MPa)。

混凝土浇筑前应做好必要的准备工作,如模板、钢筋和预埋管线的检查和清理以及隐蔽工程的验收;浇筑用脚手架、走道的搭设和安全检查;根据试验室下达的混凝土配合比通知单准备和检查等材料;并做好施工用具的准备等。

浇筑柱时,施工段内的每排柱应由外向内对称地依次浇筑,不要由一端向另一端推进,预防柱子模板因湿胀造成受推倾斜而导致误差积累难以纠正。截面在 400 mm×400 mm 以内,或有交叉箍筋的柱子,应在柱子模板侧面开孔用斜溜槽分段浇筑,每段高度不超过 2 m。截面在 400 mm×400 mm 以上、无交叉箍筋的柱子,如柱高不超过 4.0 m,可从柱顶浇筑;如用轻骨料混凝土从柱顶浇筑,则柱高不得超过 3.5 m。柱子开始浇筑时,底部应先浇筑一层厚 50~100 mm 与所浇筑混凝土成分相同的水泥砂浆。浇筑完毕,如柱顶处有较大厚度的砂浆层,则应加以处理。柱子浇筑后,应间隔 1~1.5 h,待所浇混凝土拌和物初步沉实后,再浇筑上面的梁板结构。

梁和板一般应同时浇筑,顺次梁方向从一端开始向前推进。只有当梁高大于 1 m 时才允许将梁单独浇筑,此时的施工缝留在楼板板面下 20~30 mm 处。梁底侧面应注意振实,振动器不应直接触及钢筋和预埋件。楼板混凝土的虚铺厚度应略大于板厚,用表面振动器或内部振动器振实,用铁插尺检查混凝土厚度,振捣完后用长的木抹子抹平。

为了保证捣实质量,混凝土应分层浇筑,每层厚度见表 3-23。

表 3-23　混凝土浇筑层的厚度

项次	捣实混凝土的方法		浇筑层厚度/mm
1	插入式振动		振动器作用部分长度的 1.25 倍
2	表面振动		200
3	人工捣实	① 在基础或无筋混凝土和配筋稀疏的结构中	250
		② 在梁、墙、板、柱结构中	200
		③ 在配筋密集的结构中	150

续表

项次		捣实混凝土的方法	浇筑层厚度/mm
4	轻骨料混凝土	插入式振动	300
		表面振动(振动时需加荷)	200

浇筑叠合式受弯构件时，应按设计要求确定是否设置支撑，并且叠合面应根据设计要求预留凸凹差（当无要求时，凸凹为 6 mm），形成延期粗糙面。

二、浇筑方法

1. 混凝土柱的浇筑

1）混凝土的灌注

（1）混凝土柱灌注前，柱底基面应先铺 5～10 cm 厚与混凝土内砂浆成分相同的水泥砂浆，然后再分段分层灌注混凝土。

（2）凡截面在 400 mm×400 mm 以内或有交叉箍筋的混凝土柱，应在柱模侧面开口装上斜溜槽来灌注，每段高度不得大于 2 m，如图 3-51 所示。如箍筋妨碍溜槽安装时，可将箍筋一端解开提起，待混凝土浇至窗口的下口时，卸掉斜溜槽，将箍筋重新绑扎好，用模板封口，柱箍箍紧，继续浇上段混凝土。采用斜溜槽下料时，可将其轻轻晃动，加快下料速度。采用溜筒下料时，柱混凝土的灌注高度可不受限制。

（3）当柱高不超过 3.5 m，截面大于 400 mm×400 mm 且无交叉钢筋时，混凝土可由柱模顶直接倒入。当柱高超过 3.5 m 时，必须分段灌注混凝土，每段高度不得超过 3.5 m。

2）混凝土的振捣

（1）混凝土的振捣一般需 3～4 人协同操作，其中 2 人负责下料，1 人负责振捣，另 1 人负责开关振捣器。

（2）混凝土的振捣尽量使用插入式振捣器。当振捣器的软轴比柱长 0.5～1.0 m 时，待下料至分层厚度后，将振捣器从柱顶伸入混凝土内进行振捣。当用振捣器振捣比较高的柱子时，则应从柱模侧预留的洞口插入，待振捣器找到振捣位置时，再合闸振捣，如图 3-52 所示。

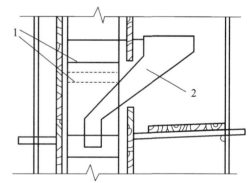

图 3-51 小截面柱侧开窗口浇筑
1—钢筋(虚线钢箍暂时向上移)；
2—带垂直料筒的下料溜槽

（3）振捣时以混凝土不再塌陷，混凝土表面泛浆，柱模外侧模板拼缝均匀微露砂浆为宜。也可用木槌轻击柱侧模判定，如果声音沉实，则表示混凝土已振实。

2. 混凝土墙的浇筑

1）混凝土的灌注

（1）浇筑顺序应先边角后中部，先外墙后隔墙，以保证外部墙体的垂直度。

（2）高度在 3 m 以内的外墙和隔墙，混凝土可以从墙顶向模板内卸料，卸料时须在墙顶安装料斗缓冲,以防止混凝土发生离析。高度大于 3 m 的任何截面墙体,均应每隔 2 m 开洞口,装斜溜槽进料。

(3)墙体上有门窗洞口时,应从两侧同时对称进料,以防将门窗洞口模板挤偏。

(4)墙体混凝土浇筑前,应先铺 5~10 cm 与混凝土内成分相同的水泥砂浆。

2)混凝土的振捣

(1)对于截面尺寸较大的墙体,可用插入式振捣器振捣,其方法同柱的振捣。对较窄或钢筋密集的混凝土墙,宜采用在模板外侧悬挂附着式振捣器振捣,其振捣深度约为 25 cm。

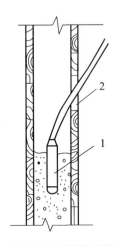

图 3-52 插入式振动器从浇灌洞口插入振捣
1—振捣棒;2—浇灌洞口

(2)遇有门窗洞口时应在两边同时对称振捣,不得用振捣棒棒头敲击预留孔洞模板、预埋件等。

(3)当顶板与墙体整体现浇时,楼顶板端头部分的混凝土应单独浇筑,保证墙体的整体性。

3. 梁、板混凝土的浇筑

1)混凝土的灌注

(1)肋形楼板混凝土的浇筑应顺次梁方向,主次梁同时浇筑。在保证主梁浇筑的前提下,将施工缝留在次梁跨中 1/3 的范围内。

(2)梁、板混凝土宜同时浇筑。当梁高大于 1 m 时,可先浇筑主次梁,后浇筑板。其水平施工缝应布置在板底以下 2~3 cm 处,如图 3-53(a)所示。凡截面高大于 0.4 m、小于 1 m 的梁,应先分层浇筑梁混凝土,待混凝土平楼板底面后,梁、板混凝土同时浇筑,如图 3-47(b)所示。操作时先将梁的混凝土分层浇筑成阶梯形,并向前赶。当起始点的混凝土到达板底位置时,与板的混凝土一起浇筑。随着阶梯的不断延长,板的浇筑也不断向前推移。

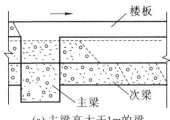 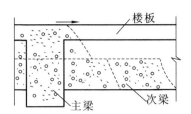

(a)主梁高大于1m的梁　　　　(b)主梁高小于1m、大于0.4m的梁

图 3-53 大体积混凝土浇筑方案图

(3)采用小车或料罐运料时,宜将混凝土料先卸在拌盘上,再用铁锹往梁里浇灌混凝土。在梁的同一位置上,模板两边下料应均衡。浇筑楼板时,可将混凝土料直接卸在楼板上,但应注意不可集中卸在楼板边角或上层钢筋处。楼板混凝土的虚铺高度可高于楼板设计厚度的 2~3 cm。楼板厚度的控制工具如图 3-54 所示。

2)混凝土的振捣

(1)混凝土梁应采用插入式振捣器振捣,从梁的一端开始,先在起头的一小段内浇一层与混凝土成分相同的水泥砂浆,再分层浇筑混凝土。浇筑时两人配合,一人在前面用插入式振捣器

(a) 木橛头

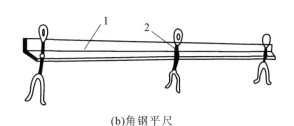
(b) 角钢平尺

图 3-54 楼板厚度标志工具
1—角钢；2—可调螺栓脚架

振捣混凝土，使砂浆先流到前面和底部，让砂浆包裹石子，另一人在后面用捣钎靠着侧板及底部往回钩石子，以免石子阻碍砂浆往前流。待浇筑至一定距离后，再回头浇第二层，直至浇捣至梁的另一端。

（2）浇筑梁柱或主次梁结合部位时，由于梁上部的钢筋较密集，普通振捣器无法直接插振捣，此时可用振捣棒从钢筋空档处插入振捣，或者将振动棒从弯起钢筋斜段间隙中斜向插入振捣，如图 3-55 所示。

（3）楼板混凝土的捣固宜采用平板振捣器振捣。当混凝土虚铺了一定的工作面后，用平板振捣器来振捣。振捣方向应与浇筑方向垂直。由于楼板的厚度一般在 10 cm 以下，振捣一遍即可密实。但通常为使混凝土板面更平整，可将平板振捣器再快速拖拉一遍，拖拉方向与第一遍的振捣方向相垂直。

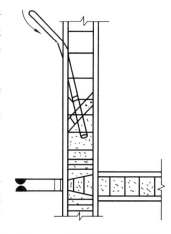
图 3-55 钢筋密集处的振捣

单元 6　冬期施工和雨期施工

一、冬期施工

1. 钢筋工程

由于在负温条件下钢筋的力学性能要发生变化，即屈服点和抗拉强度增加，而伸长率及抗冲击韧性降低，脆性增加，称为冷脆性。

焊接应尽量在室内进行，焊接工作间应有采暖，使焊接接头的温度不会突然下降。在负温时进行闪光对焊，宜选用预热闪光焊或闪光—预热—闪光焊接的工艺。要求焊接时调伸长度增加 10%～20%，以利于增大加热范围；变压器级数应降低 1～2 级；闪光前可将钢筋多次接触，使钢筋温度上升；烧化过程中期的速度应适当减慢；预热时的接触压力可适当提高，预热间歇时间可适当增长。电弧焊接，应先从接头中部引弧，再向两端运弧；焊缝可采用分层控温施焊；焊接时电流应略微增大，焊接速度适当减慢。所有焊接接头，焊完后可放在炉灰渣中让其慢慢降温，不得马上拿到室外。在室外的焊接，则必须使环境温度不低于 −20 ℃，同时应有挡风、防雨雪的措施;焊后的接头严禁立刻碰到冰雪。室外竖向钢筋气压焊,应增长预热时间,压接后应小火回复降温加热 2~3 min,使接头慢慢由红色变成暗灰色。

室外竖向电渣压力焊,应适当调整焊接参数,其中电流的大小,应根据钢筋直径和环境温度而定,与常温时相比应适当增加电流,并应适当增加通电时间。焊接后,接头的药盒应比常温时延长 2 min 左右再拆,接头处的焊渣壳,应延长 5 min 后再去渣,施工时应进行检查观察并按规定进行取样送检。

2. 混凝土工程

新浇混凝土在养护初期遭受冻结,当气温恢复到正温后,即使正温养护到一定龄期,也不能达到其设计强度,这就是混凝土的早期冻害现象。混凝土的早期冻害是由于混凝土内部的水结冰所致。

允许混凝土受冻而不致使其各项性能遭到损害的最低混凝土强度称为混凝土受冻临界强度。我国现行规范规定:冬期浇筑的混凝土抗压强度,在受冻前,硅酸盐水泥或变通硅酸盐水泥配制的混凝土不得低于其设计强度标准值的 30%;矿渣水泥配制的混凝土不得低于其设计强度标准值的 40%;C10 及 C10 以下的混凝土不得低于 5.0 N/mm²。掺加防冻剂的混凝土,温度降低到防冻剂规定温度以下时,混凝土的强度不得低于 3.5 N/mm²。

防止混凝土早期冻害的措施有以下两项:①早期增强,主要提高混凝土早期强度,使其尽快达到混凝土受冻临界强度;②改善混凝土内部结构,如增加混凝土的密实度,掺用外加剂等。

在一般情况下,混凝土冬期施工要求正温浇筑、正温养护。应对原材料的加热,以及混凝土的搅拌、运输、浇筑和养护进行热工计算,并据此施工。混凝土冬期施工的工艺要求如下。

(1) 对材料和材料加热的要求。

① 冬期施工中配制混凝土用的水泥,应优先选用活性高、水化热量大的硅酸盐水泥和普通硅酸盐水泥,不宜用火山灰质硅酸盐水泥和粉煤灰硅酸盐水泥。蒸汽养护时用的水泥品种应经试验确定。水泥的强度等级不应低于 42.5 MPa,最小水泥用量不宜少于 300 kg/m³,水灰比不应大于 0.6。水泥不得直接加热,使用前 1~2 d 运入暖棚存放,暖棚温度宜在 5 ℃以上。因为水的比热是砂、石骨料的 5 倍左右,所以冬期拌制混凝土时应采用先将水加热的方法,但加热温度不得超过有关规定。水的加热方法有三种:用锅烧水,用蒸汽加热水,用电极加热水。

② 骨料要求提前清洗和储备,应做到骨料清洁,无冻块和冰雪。冬期骨料所用储备场地应选择在地势较高不积水的地方。冬期施工拌制混凝土的砂、石温度要符合热工计算需要的温度。骨料加热的方法有:将骨料放在铁板上面,在铁板下面燃烧燃料直接加热;或者通过蒸汽管、电热线加热等。但不得用火焰直接加热骨料。加热的方法可因地制宜,但以蒸汽加热法为好。其优点是加热温度均匀,热效率高;缺点是骨料中的含水量会增加。

③ 原材料不论采用何种方法加热,在设计加热设备时,必须先求出每天的最大用料量和要求达到的温度,根据原材料的初温和比热,求出需要的总热量,同时还考虑加热过程中的热量的损失。得出了要求的总热量,就可以决定采用热源的种类、规模和数量。

④ 钢筋冷拉可以在负温下进行,但温度不得低于-20 ℃。当采用控制应力方法时,冷拉控制应力较常温下提高 30 N/mm²;当采用冷拉率控制方法时,冷拉率与常温相同。钢筋的焊接可在室内进行,如果必须在室外焊接,则其最低温度应不低于-20 ℃,并且应有防雪和防风措施。钢筋焊接的接头严禁立即碰到冰雪,避免造成冷脆现象。

(2) 混凝土的搅拌、运输和浇筑。

① 混凝土不宜露天搅拌,应尽量搭设暖棚,优先选用大容量的搅拌机,以减少混凝土的热量损失。搅拌前,用热水或蒸汽冲洗搅拌机。混凝土的拌和时间应比常温规定时间延长 50%。由于水泥和 80 ℃左右的水拌和时会发生骤凝现象,所以在材料投放时,应先将水和砂石投入拌和,然后加入水泥。若能保证热水不与水泥直接接触,则可将水加热到 100 ℃。

② 混凝土的运输时间和距离应保证混凝土不离析、不丧失塑性。采取的措施主要包括减少运输时间和距离,使用大容积的运输工具并加以适当的保温。

③ 混凝土在浇筑前,应清除模板和钢筋上的积雪和污垢,尽量加快混凝土的浇筑速度,防止热量散失过多。混凝土拌和物的出机温度不宜低于 10 ℃,入模温度不得低于 5 ℃。采用加热养护时,混凝土养护前的温度不低于 2 ℃。

④ 在施工操作上要加强混凝土的振捣,尽可能提高混凝土的密实程度。冬期振捣混凝土时应采用机械振捣,振捣时间应比常温时有所增加。

⑤ 加热养护整体式结构时,施工缝的位置应设置在温度应力较小处。加热温度超过 40 ℃时,由于温度高,势必在结构内部产生温度应力。因此,在施工之前应征求设计单位的意见,在跨内适当设置施工缝。留施工缝处,在水泥终凝后立即用 0.3~0.5 MPa 的气流吹除结合面的水泥膜、污水和松动石子。继续浇筑时,为使新老混凝土牢固结合,不产生裂缝,应对旧混凝土表面进行加热,使其温度与新浇筑混凝土入模温度相同。

⑥ 为了保证新浇筑混凝土与钢筋的可靠黏结,当气温在 −15 ℃以下时,直径大于 25 mm 的钢筋和预埋件,可喷热风加热至 5 ℃,并清除钢筋上的污土和锈渣。

⑦ 冬期不得在强冻胀性地基上浇筑混凝土。这种土冻胀变形大,如果地基土遭冻,必然引起混凝土的冻害及变形。在弱冻胀性地基上浇筑时,地基土应进行保温,以免遭冻。

混凝土冬期施工常用的施工方法有:蓄热法、外加剂和早强水泥法、外部加热法及综合蓄热法。在选择施工方法时,应根据工程特点,首先应保证混凝土尽快达到临界强度,避免遭受冻害;其次,承重结构的混凝土应迅速达到出模强度,保证模板周转。

(1) 蓄热法。

蓄热法就是利用对混凝土组成材料(水、砂、石)预加的热量和水泥水水化热,再加以适当的覆盖保温,从而保证混凝土能够在正温下达到规范要求的临界强度。

用蓄热法施工时,最好使用活性高、水化热大的普通硅酸盐水泥和硅酸盐水泥。当室外最低温度不低于 −15 ℃时,地面以下工程或表面系数(即结构冷却的表面积与其全部结构之比)不大于 15 m^{-1} 的结构,应优先采用蓄热法养护。蓄热法适用于气温不太寒冷的地区或是初冬和冬末季节。

当符合下列情况时,也可优先考虑蓄热法:① 混凝土拆模时所需强度较小;② 室外温度高,风力小;③ 水泥标号高,水泥发热量大的结构。

由于蓄热法施工简单,冬期施工费用低廉,较易保证质量,所以不论在国内或国外,都作为混凝土冬期施工的基本方法。采用蓄热法时,在施工前应进行热工计算。

(2) 综合蓄热法。

综合蓄热法是指在蓄热保温的基础上,充分利用水泥的水化热和掺加相应的外加剂或者进行短时加热等综合措施,创造加速混凝土硬化的条件,使混凝土的浇筑温度降低到冰点温度之前尽快达到受冻前的临界强度。

综合蓄热法一般分为低蓄热养护和高蓄热养护两种。低蓄热养护过程主要以使用早强水泥或掺加负温外加剂等冷操作方法为主,使混凝土在缓慢冷却至冰点前达到允许受冻的临界强度。这两种方法的选择取决于施工和气温条件。一般日平均气温不低于$-15\ ℃$、结构表面系数为 $6\sim 12\ m^{-1}$ 且选用高效保温材料时,宜采用低蓄热养护;当日平均气温低于 $-15\ ℃$、结构表面系数大于 $13\ m^{-1}$ 时,宜采用短时加热的高蓄热养护。

(3) 采用外加剂和早强水泥方法。

掺外加剂法是指在冬期施工的混凝土中加入一定剂量的外加剂,以降低混凝土中的液相冰点,保证水泥在负温环境下能继续水化,从而使混凝土在负温下能达到抗冻害的临界强度。掺外加剂法常与蓄热法一起应用,以充分利用混凝土的初始热量及水泥在水化过程中所释放出来的热量,加快混凝土强度的增长。

二、雨期施工

(1) 模板隔离层在涂刷前应及时掌握天气预报,以防止隔离层被雨水冲掉。

(2) 遇到大雨时应停止浇筑混凝土,已浇部位应加以覆盖。现浇混凝土应根据结构情况和可能,多考虑几道施工缝的留设位置。

(3) 雨期施工时,应加强对混凝土粗、细骨料含水量的测定,及时调整用水量。

(4) 大面积的混凝土浇筑前,应了解 $2\sim 3\ d$ 的天气预报,尽量避开大雨。混凝土浇筑现场要预备大量防雨材料,以备浇筑时突然遇雨进行覆盖。

(5) 模板支撑下的回填应夯实,并加好垫板,雨后应及时检查有无下沉。

(6) 构件堆放地点应平整坚实,周围应做好排水工作,严禁构件堆放区积水、浸泡,防止泥土沾到预埋件上。

(7) 塔式起重机路基,必须高出自然地面 15 cm,严禁雨水浸泡路基。

(8) 雨后吊装时,应先进行试吊,将构件吊至 1 m 左右,往返上下数次稳定后再进行吊装工作。

1. 模板安装的程序是怎样的?包括哪些内容?
2. 模板在安装过程中,应注意哪些事项?
3. 模板拆除时应注意哪些内容?
4. 钢筋下料长度应考虑哪几部分内容?
5. 钢筋切断有哪几种方法?
6. 钢筋弯曲成形有几种方法?
7. 钢筋的接头连接分为几类?
8. 钢筋焊接有几种形式?
9. 钢筋的安设方法有哪几种?
10. 钢筋的搭接有哪些要求?
11. 钢筋的现场绑扎的基本程序有哪些?

12. 钢筋安装质量控制的基本内容有哪些?
13. 混凝土工程施工缝的处理要求有哪些?
14. 搅拌机使用前的检查项目有哪些?
15. 普通混凝土投料要求有哪些?
16. 混凝土搅拌质量如何进行外观检查?
17. 混凝土料在运输过程中应满足哪些基本要求?
18. 混凝土的垂直运输方式有哪些?
19. 铺料方法有哪些?
20. 如何使用振捣器平仓?
21. 振捣器使用前的检查项目有哪些?
22. 振捣器如何进行操作?
23. 混凝土浇筑后为何要进行养护?
24. 钢筋配料计算。一根钢筋混凝土梁,高 500 mm,宽 250 mm,长 4800 mm,保护层厚度为 25 mm,梁内钢筋的规格及形状见图 3-56。试计算每根钢筋的下料长度。

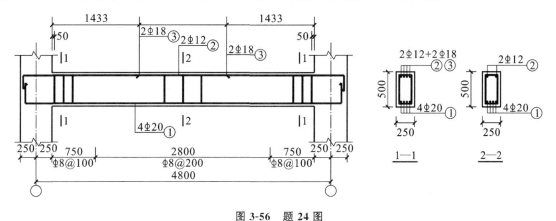

图 3-56 题 24 图

25. 已知 C20 混凝土的试验室配合比为 1∶2.43∶4.31,水灰比为 0.50,经测定砂的含水率为 2.3%,石子的含水率为 1.2%,每 1 m³ 混凝土的水泥用量 345 kg,则施工配合比为多少? 工地采用 JZ500 型搅拌机拌和混凝土,出料容量为 0.5 m³,则每搅拌一次的装料数量为多少?

预应力混凝土工程施工

1. 知识目标：
（1）掌握先张法预应力混凝土工程施工要求。
（2）熟悉后张法预应力混凝土工程施工要求。
（3）了解无黏结预应力混凝土施工要求。

2. 能力目标：
（1）掌握预应力筋锚具、夹具和连接器的应用。
（2）熟悉先张法、后张法和无黏结预应力施工工艺。

单元1　先张法施工

先张法是在浇筑混凝土之前，先张拉预应力钢筋，并将预应力筋临时固定在台座或钢模上，待混凝土达到一定强度（一般不低于混凝土设计强度标准值的75%），混凝土与预应力筋具有一定的黏结力时，放松预应力筋，使混凝土在预应力筋的反弹力作用下，使构件受拉区的混凝土承受顶压应力。预应力筋的张拉力，主要是由预应力筋与混凝土之间的黏结力传递给混凝土。如图4-1所示为预应力混凝土构件先张法（台座）生产示意图。

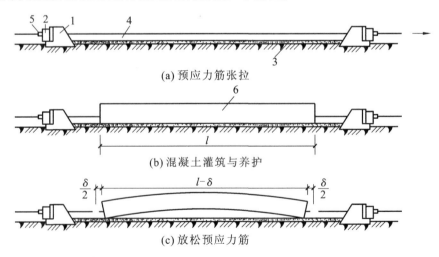

图4-1　先张法台座生产示意图
1—台座承力结构；2—横梁；3—台面；4—预应力筋；5—锚固夹具；6—混凝土构件

先张法生产可采用台座法和机组流水法。

(1)台座法是构件在台座上生产,即预应力筋的张拉、固定、混凝土浇筑、养护和预应力筋的放松等工序均在台座上进行。

(2)机组流水法是利用钢模板作为固定预应力筋的承力架,构件连同模板通过固定的机组,按流水方式完成其生产过程。

先张法适用于生产定型的中小型构件,如空心板、屋面板、吊车梁、檩条等。先张法施工中常用的预应力筋有钢丝和钢筋两类。

因此,对混凝土握裹力有严格要求,在混凝土构件制作、养护时应保证混凝土质量。

一、先张法的施工设备

1. 张拉台座

台座是先张法施工进行张拉和临时固定预应力筋的支撑结构,它承受预应力筋的全部张拉力,要求台座必须具有足够的强度、刚度和稳定性,同时要满足生产工艺要求。台座按构造形式可分为墩式台座和槽式台座。

1)墩式台座

墩式台座由承力台墩、台面和模梁组成,见图4-2。目前常用现浇钢筋混凝土制成的由承力台墩与台面共同受力的台座,可以用于永久性的预制厂制作中小型预应力混凝土构件。台座的长度和宽度由场地大小、构件类型和产量而定,一般长度宜为100~150 m,宽度为2~4 m,这样既可利用钢丝长的特点,张拉一次可生产多根(块)预应力混凝土构件,又减少了张拉和临时固定的工作,而且可以减少因钢丝滑动或台座横梁变形引起的预应力损失。

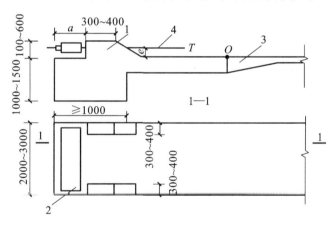

图 4-2 墩式台座(单位:mm)
1—承力台墩;2—横梁;3—台面;4—预应力筋

承力台墩是墩式台座的主要受力结构,依靠其自重和土压力平衡张拉力产生的倾覆力矩,依靠土的反力和摩阻力平衡张力产生的水平位移。因此,承力墩的结构造型大,埋设深度深,投资较大。为了改善承力墩的受力状况,提高台座承受张拉力的能力,可采用与台面共同工作的承力墩,从而减小台墩自重和埋深。台面是预应力混凝土构件成形的胎模,它是由素土夯实后铺碎砖垫层,再浇筑50~80 mm厚的C15~C20混凝土面层组成的。台面要求平整、光滑,沿其纵向留设0.3%的排水坡度,每隔10~20 m设置宽30~50 mm的温度缝。横梁是锚固夹具临时固定预应力筋的支点,也是张拉机械张拉预应力筋的支座,常采用型钢或由钢筋混凝土制作而成。横梁挠度要求小于 2 mm,并不得产生翘曲。

台座稍有变形,滑移或倾角,均会引起较大的应力损失。台座设计时,应进行稳定性和强度验算。稳定性验算包括台座的抗倾覆验算和抗滑移验算等。

2) 槽式台座

槽式台座是由端柱、传力柱和上、下横梁及砖墙组成的,如图 4-3 所示,端柱和传力柱是槽式台座的主要受力结构,采用钢筋混凝土结构。

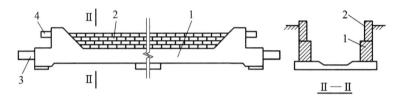

图 4-3 槽式台座
1—传力柱;2—砖墙;3—下横梁;4—上横梁

2. 夹具

夹具是预应力筋进行张拉和临时固定的工具,预应力筋夹具和连接器应具有可靠的锚固性能、足够的承载能力和良好的适用性,构造简单,施工方便,成本低。根据夹具的工作特点和用途可分为张拉夹具和锚固夹具。

1) 夹具的要求

预应力夹具应当具有良好的自锚性能和松锚性能,应能多次重复使用。需敲击才能松开的夹具,必须保证其对预应力筋的锚固没有影响,并且对操作人员的安全不造成危险。当夹具达到实际的极限拉力时,全部零件不应出现肉眼可见的裂缝和破坏。

夹具(包括锚具和连接器)进场时,除应按出厂合格证和质量证明书核查其锚固性能类别、型号、规格及数量外,还应按规定进行外观检查、硬度检验和静载锚固性能试验来进行验收。

2) 锚固夹具

锚固夹具是将预应力筋临时固定在台座横梁上的工具。常用的锚固夹具有以下几种。

(1) 钢质锥形锚具。GE 钢质锥形锚具(又称为弗氏锚),由锚塞和锚圈组成。可锚固标准强度为 1 570 MPa 的 φ5 高强度钢丝束。配用 YDC1000 型穿心式千斤顶张拉、顶压锚固。

(2) 钢质锥形夹具。钢质锥形夹具主要用于锚固直径为 3~5 mm 的单根钢丝夹具,如图 4-4 所示。

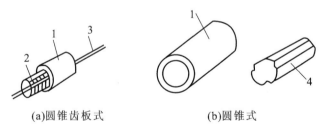

(a) 圆锥齿板式　　(b) 圆锥式

图 4-4 钢质锥形夹具
1—套筒;2—齿板;3—钢丝;4—锥塞

(3)镦头夹具。镦头夹具适用于预应力钢丝固定端的锚固,是将钢丝端部冷镦或热镦形成镦粗头,通过承力板锚固,见图4-5。

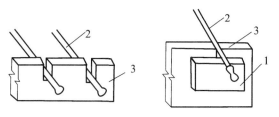

图 4-5　固定端镦头夹具
1—垫片；2—镦头钢丝；3—承力板

3)张拉夹具

张拉夹具是将预应力筋与张拉机械连接起来进行预应力张拉的工具,常用的张拉夹具有月牙形夹具、偏心式夹具和楔形夹具等,如图4-6所示。

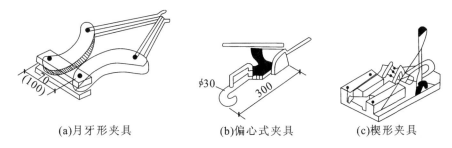

(a)月牙形夹具　　(b)偏心式夹具　　(c)楔形夹具

图 4-6　张拉夹具(单位:mm)

3. 张拉设备

张拉设备要求工作可靠,能准确控制应力,能以稳定的速率加大拉力。在先张法中常用的张拉设备有油压千斤顶、卷扬机、电动螺杆张拉机等。

1)油压千斤顶

油压千斤顶可张拉单根或多根成组的预应力筋。张拉过程可直接从油压表读取张拉力值。成组张拉时,由于拉力较大,一般用油压千斤顶张拉,图4-7所示为油压千斤顶成组张拉装置。

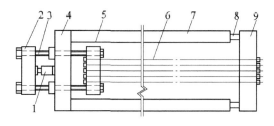

图 4-7　油压千斤顶成组张拉装置图
1—油压千斤顶；2、5—拉力架横梁；3—大螺纹杆；
4、9—前、后横梁；6—预应力筋；7—台座；8—放张装置

2)卷扬机

在长线台座上张拉钢筋时,由于一般千斤顶的行程不能满足长台座要求,小直径钢筋可采

用卷扬机张拉预应力筋,用杠杆或弹簧测力。弹簧测力时,宜设行程开关,在使张拉到规定的应力时,能自行停机,如图4-8所示。

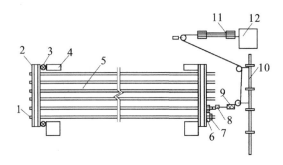

图4-8　用卷扬机张拉预应力筋

1—镦头;2—横梁;3—放松装置;4—台座;5—钢筋;6—垫块;7—销片夹具;
8—张拉夹具;9—弹簧测力计;10—固定梁;11—滑轮组;12—卷扬机

3) 电动螺杆张拉机

电动螺杆张拉机由螺杆、电动机、变速箱、测力计及顶杆等组成。可单根张拉预应力钢丝或钢筋。张拉时,顶杆支于台座横梁上,用张拉夹具夹紧钢筋后,开动电动机,由皮带、齿轮传动系统使螺杆做直线运动,从而张拉钢筋。这种张拉的特点是运行稳定,螺杆有自锁性能,故电动螺杆张拉机恒载性能好,速度快,张拉行程大,如图4-9所示。

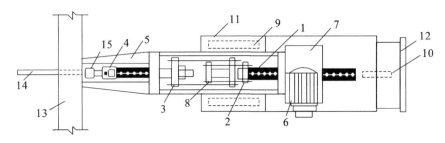

图4-9　电动螺杆张拉机

1—螺杆;2、3—拉拉架;4—张拉夹具;5—顶杆;6—电动机;7—齿轮减速箱;8—测力计;
9、10—车轮;11—底盘;12—手把;13—横梁;14—钢筋;15—锚固夹具

二、先张法的施工工艺

先张法施工工艺流程如图4-10所示。

1. 预应力筋的铺设、张拉

1) 预应力筋的材料要求

预应力筋铺设前先做好台面的隔离层,隔离剂应选用非油质类模板隔离剂。不得使预应力筋受污,以免影响预应力筋与混凝土的黏结。

碳素钢丝因强度高,表面光滑,它与混凝土黏结力较差,必要时可采取表面刻痕和压波措施,以提高钢丝与混凝土的黏结力。

钢丝接长可借助钢丝拼接器用20～22号铁丝密排绑扎,如图4-11所示。

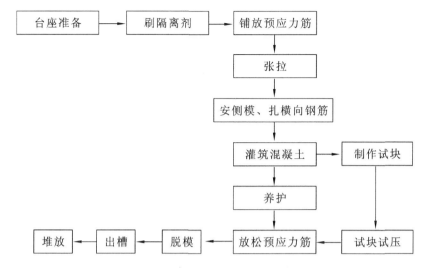

图 4-10 先张法施工工艺流程简图

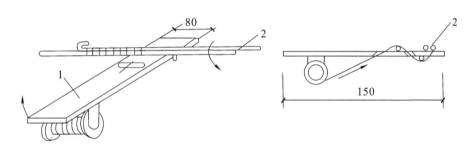

图 4-11 钢丝拼接器（单位：mm）

1—拼接器；2—钢丝

2) 预应力筋张拉应力的确定

预应力筋的张拉控制应力，应符合设计要求。施工时如采用超张拉，可比设计要求提高5%，但其最大张拉控制应力不得超过表 4-1 中的规定。

表 4-1 最大张拉控制应力值（σ_{con}）

钢筋种类	张拉方法	
	先张法	后张法
消除应力钢丝、刻痕钢丝、钢绞线	$0.80 f_{ptk}$	$0.80 f_{ptk}$
热处理钢筋	$0.75 f_{ptk}$	$0.70 f_{ptk}$
冷拉钢筋	$0.95 f_{pyk}$	$0.90 f_{pyk}$

注：f_{ptk} 为预应力筋极限抗拉强度标准值；f_{pyk} 为预应力筋屈服强度标准值。

3) 预应力筋张拉力的计算

预应力筋张拉力 P 按下式计算：

$$P=(1+m)\sigma_{con}A_p \tag{4-1}$$

式中：m——超张拉百分率，%；

σ_{con}——张拉控制应力；

A_p——预应力筋截面面积。

4) 张拉程序

预应力筋的张拉程序可按下列程序之一进行：

$$0 \rightarrow 103\%\sigma_{con} \text{ 或 } 0 \rightarrow 105\%\sigma_{con} \xrightarrow{\text{持荷 2 min}} \sigma_{con}$$

第一种张拉程序中，超张拉3%是为了弥补预应力筋的松弛损失，这种张拉程序施工简便，一般采用较多。

5) 预应力筋伸长值与应力的测定

预应力筋张拉后，一般应校核预应力筋的伸长值。如实际伸长值与计算伸长值的偏差超过±6%时，应暂停张拉，查明原因并采取措施予以调整后，方可继续张拉。预应力筋的实际伸长值，宜在初应力约为$10\%\sigma_{con}$时开始测量，但必须加上初应力以下的推算伸长值。

预应力筋的位置不允许有过大偏差，对设计位置的偏差不得大于5 mm，也不得大于构件截面最短边长的4%。

6) 张拉伸长值校核

预应力筋伸长值的取值范围为：

$$\Delta L(1-6\%) \sim \Delta L(1+6\%)$$

2. 混凝土浇筑与养护

预应力筋张拉完毕后即应浇筑混凝土。混凝土的浇筑应一次完成，不允许留设施工缝。预应力混凝土构件混凝土的强度等级一般不低于C30；当采用碳素钢丝、钢绞线、热处理钢筋做预应力筋时，混凝土的强度等级不宜低于C40。

构件应避开台面的温度缝，当不可能避开时，在温度缝上可先铺薄钢板或垫油毡，然后再灌入混凝土，浇筑时，振捣器不得碰撞预应力钢筋。混凝土未达到一定强度前也不允许碰撞和踩动预应力筋，以保证预应力筋与混凝土有良好的黏结力。

采用平卧叠浇法制作预应力混凝土构件时，其下层构件混凝土的强度需达到8~10 MPa后，方可浇筑上层构件混凝土并应有隔离措施。

预应力混凝土可采用自然养护和蒸汽湿热养护。但应注意采取正确的养护制度，在台座上用蒸汽养护时，温度升高后，预应力筋膨胀而台座的长度并无变化，因而引起预应力筋应力减小，在这种情况下混凝土逐渐硬结，则在混凝土硬化前预应力筋由于温度升高而引起的应力降低将无法恢复，这就是温差引起的预应力损失。因此，为了减少这种温差应力损失，应保证混凝土在达到一定强度（100 N/mm²）之前，将温度升高限制在一定范围内（一般不超过20 ℃），故在台座上采用蒸汽养护时，其最高允许温度应根据设计要求的允许温差（张拉钢筋时的温度与台座温度的差）经计算确定。当混凝土强度养护至7.5 MPa（配粗钢筋）或10 MPa（钢丝、钢绞线配筋）以上时，则可不受设计要求的温差限制，按一般构件的蒸汽养护规定进行。这种养护方法又称为二次升温养护法。在采用机组流水法用钢模制作预应力构件、蒸汽养护时，由于钢模和预应力筋同样伸缩所以不存在因温差而引起的预应力损失，可以采用一般加热养护制度。

3. 预应力筋的放张

(1) 放张方法。配筋不多的中小型构件，钢丝可用砂轮锯或切断机等方法放张。配筋多的混凝土构件，钢丝应同时放张。若逐根放张，最后几根钢丝将由于承受过大的拉力而突然断裂，并且构件端部容易开裂。

消除应力钢丝、钢绞线、热处理钢筋不得用电弧切割，宜用砂轮锯或切断机切断。预应力钢筋数量较多时，可用千斤顶、沙箱、模块等装置，如图4-12至图4-14所示。

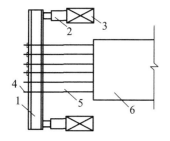 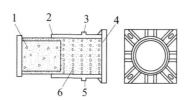 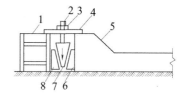

| 图 4-12 千斤顶放张装置图 | 图 4-13 沙箱法放张装置图 | 图 4-14 楔块法放张装置图 |

1—横梁;2—千斤顶;3—承力架;
4—夹具;5—钢丝;6—构件

1—活塞;2—钢套箱;3—进砂口;
4—钢套箱底板;5—出砂口;6—砂

1—横梁;2—螺杆;3—螺母;4—承力板;
5—台座;6、8—钢块;7—钢楔块

(2) 放张顺序。预应力筋的放张顺序,应满足设计要求,如设计无要求时应满足下列规定。

① 对轴心受预压构件(如压杆、桩等)所有预应力筋应同时放张。

② 对偏心受预压构件(如梁等)先同时放张预压力较小区域的预应力筋,再同时放张预压力较大区域的预应力筋。

③ 如不能按上述规定放张时,应分阶段、对称、相互交错的放张,以防止在放张过程中构件发生翘曲、裂纹及预应力筋断裂等现象。

④ 对配筋不多的中小型预应力混凝土构件,钢丝可用剪切、锯割等方法放张,配筋多的预应力混凝土构件,钢丝应同时放张。

⑤ 预应力筋为钢筋时,若数量较少可逐根加热熔断放张,数量较多且张拉力较大时,应同时放张。

单元 2　后张法施工

后张法是先制作构件,在放置预应力钢筋的部位预先留有孔道,待构件混凝土强度达到设计规定的数值后,再用张拉机具夹持预应力筋将其张拉至设计规定的控制预应力,并借助锚具在构件端部将预应力筋锚固,最后进行孔道灌浆(或不灌浆)。预应力筋的张拉力主要是靠构件端部的锚具传递给混凝土,使混凝土产生预压应力。图 4-15 所示的为预应力混凝土后张法生产示意图。

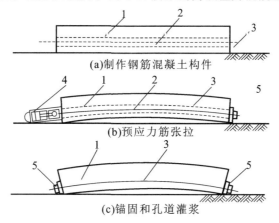

图 4-15　后张法施工示意

1—钢筋混凝土构件;2—预留孔道;3—预应力筋;4—千斤顶;5—锚具

在后张法施工中,锚具永久性地留在构件上,成为预应力构件的一个组成部分,不能重复使用。因此,在后张法施工中,必须有与不同预应力筋配套的锚具和张拉机具。

一、后张法的施工设备

1. 对锚具的要求

锚具是预应力筋张拉和永久固定在预应力混凝土构件上的传递预应力的工具,应该锚固可靠,使用方便,有足够的强度、刚度。按锚固性能的不同,锚具可分为Ⅰ类锚具和Ⅱ类锚具。Ⅰ类锚具适用于承受动载、静载的预应力混凝土结构;Ⅱ类锚具仅适用于有黏结预应力混凝土结构,并且锚具只能处于预应力筋应力变化不大的部位。

锚具的静载锚固性能,应由预应力锚具组装件静载试验测定的锚具效率系数 η_a 和达到实测极限拉力时的总应变 ε_{apu} 确定,其值应符合表 4-2 的规定。

表 4-2 锚具效率系数与总应变

锚具类型	锚具效率系数 η_a	实测极限拉力时的总应变 $\varepsilon_{apu}/(\%)$
Ⅰ	≥0.95	≥2.0
Ⅱ	≥0.90	≥1.7

锚具效率系数 η_a 按下式计算:

$$\eta_a = \frac{F_{apu}}{\eta_p \cdot F_{apu}^c} \tag{4-2}$$

式中:F_{apu}——预应力筋锚具组装件的实测极限拉力(kN);

F_{apu}^c——预应力筋锚具组装件中各根预应力钢材计算极限拉力之和(kN);

η_p——预应力筋的效率系数。

对于重要预应力混凝土结构工程使用的锚具,预应力筋的效率系数 η_p 应按国家现行标准《预应力筋用锚具、夹具和连接器》(GB/T 14370—2007)的规定进行计算。

对于一般预应力混凝土结构工程使用的锚具,当预应力筋为钢丝、钢绞线或热处理钢筋时,预应力筋的效率系数 η_p 取 0.97。

2. 锚具的种类

后张法所用锚具根据其锚固原理和构造形式的不同,分为螺杆锚具、夹片锚具、锥销式锚具和镦头锚具四种体系;在预应力筋张拉过程中,根据锚具所在位置与作用的不同,又可分为张拉端锚具和固定端锚具;预应力筋的种类有热处理钢筋束、消除应力钢丝束或钢绞线束。因此,按锚具锚固钢筋或钢丝的数量,可分为钢绞线束锚具和钢筋束锚具、钢丝锚具及单根粗钢筋锚具。

钢绞线束和钢筋束目前使用的锚具有 JM 型、XM 型、QM 型、KT-Z 型和镦头锚具等。

1) 钢绞线束、钢筋束锚具

(1) JM 型锚具。JM 型锚具由锚环与夹片组成,用于锚固 3~6 根直径为 12 mm 的光圆或变形钢筋束和 5~6 根直径为 12 mm 钢绞线束。它可以作为张拉端或固定端锚具,也可作为重复使用的工具锚。如图 4-16 所示,夹片呈扇形,靠两侧的半圆槽锚固预应力钢筋。为了增加夹片与预应力筋之间的摩擦力,在半圆槽内刻有截面为梯形的齿痕,夹片背面的坡度与锚环一致。锚环分甲型和乙型两种,甲型锚环为一个具有锥形内孔的圆柱体,外形比较简单,使用时直接放置在构件端部的垫板上。乙型锚环在圆柱体外部增添正方形肋板,使用时锚环预埋在构件端部不另设垫板。锚环和夹片均用 45 号钢制造,甲型锚环和夹片必须经过热处理,乙型锚环可不必进行热处理。

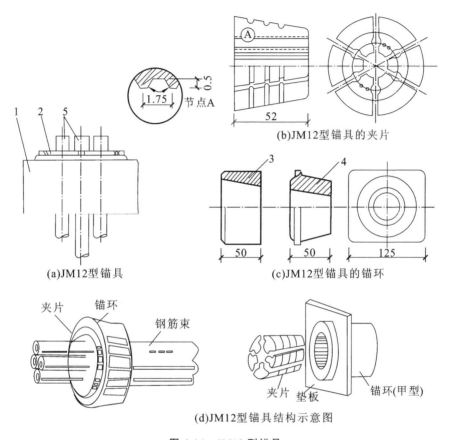

图 4-16 JM12 型锚具

1—锚环;2—夹片;3—圆锚环;4—方锚环;5—预应力钢丝束

(2) XM 型锚具。XM 型锚具属于新型大吨位群锚体系锚具。由锚环和夹片组成,对钢绞线束和钢丝束能形成可靠的锚固。三个夹片一组夹持一根预应力筋形成一锚固单元。由一个锚固单元组成的锚具称为单孔锚具,由两个或两个以上的锚固单元组成的锚具称为多孔锚具,如图 4-17 所示。

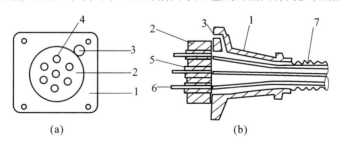

图 4-17 XM 型锚具

1—喇叭管;2—锚环;3—灌浆孔;4—圆锥孔;5—夹片;6—钢绞线;7—波纹管

XM 型锚具的夹片为斜开缝,以确保夹片能夹紧钢绞线或钢丝束中每一根外围钢丝,形成可靠的锚固,夹片开缝宽度一般平均为 1.5 mm。

XM 型锚具既可作为工作锚,又可作为工具锚。

(3) QM 型锚具。QM 型锚具与 XM 型锚具相似,它也是由锚板和夹片组成,但锚孔是直的,锚板顶面是平的,夹片垂直开缝。此外,还配有配套喇叭形铸铁垫板与弹簧圈等。这种锚具适用于锚固 4~31 根 ϕ^j12 和 3~9 根 ϕ^j15 钢绞线束,如图 4-18 所示。

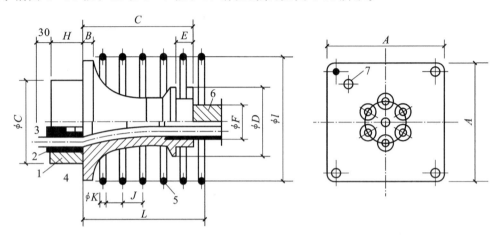

图 4-18 QM 型锚具及配件

1—锚板;2—夹片;3—钢绞线;4—喇叭形铸铁垫板;5—弹簧圈;6—预留孔道用的波纹管;7—灌浆孔

(4) KT-Z 型锚。KT-Z 型锚具由锚环和锚塞组成(见图 4-19),分为 A 型和 B 型两种,当预应力筋的最大张拉力超过 450 kN 时采用 A 型,不超过 450 kN 时,采用 B 型。KT-Z 型锚具适用于锚固 3~6 根直径为 12 mm 的钢筋束或钢绞线束。该锚具为半埋式,使用时先将锚环小头嵌入承压钢板中,并用断续焊缝焊牢,然后共同预埋在构件端部。预应力筋的锚固需借助千斤顶将锚塞顶入锚环,其顶压力为预应力筋张拉力的 50%~60%。使用 KT-Z 型锚具时,预应力筋在锚环小口处形成弯折,因而产生摩擦损失。预应力筋的损失值为:钢筋束约 4‰σ_{con};钢绞线约 2‰σ_{con}。

(5) 镦头锚具。镦头锚用于固定端,如图 4-20 所示,它由锚固板和带镦头的预应力筋组成。

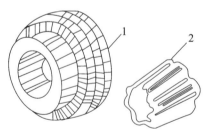

图 4-19 KT-Z 型锚具图

1—锚环;2—锚塞

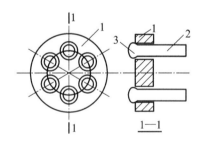

图 4-20 固定端用的镦头锚具

1—锚固板;2—预应力筋;3—镦头

2) 钢丝束锚具

钢丝束所用锚具目前国内常用的有钢质锥形锚具、锥形螺杆锚具、钢丝束镦头锚具、XM 型锚具和 QM 型锚具。

(1) 钢丝束镦头锚具。钢丝束镦头锚具用于锚固 12~54 根 ϕ5 碳素钢丝束,分 DM5A 型和

DM5B 型两种。DM5A 型用于张拉端,由锚环和螺母组成;DM5B 型用于固定端,仅有一块锚板,如图 4-21 所示。

锚环的内外壁均有丝扣,内丝扣用于连接张拉螺杆,外丝扣用于拧紧螺母锚固钢丝束。锚环和锚板四周钻孔,用于固定镦头的钢丝。孔数和间距由钢丝根数确定。钢丝可用液压冷镦器进行镦头。钢丝束一端可在制束时将头镦好,另一端则待穿束后镦头,但构件孔道端部要设置扩孔。

张拉时,张拉螺丝杆一端与锚环内丝扣连接,另一端与拉杆式千斤顶的拉头连接,当张拉到控制应力时,锚环被拉出,则拧紧锚环外丝扣上的螺母来加以锚固。

(2) 钢质锥形锚具。钢质锥形锚具由锚环和锚塞组成,如图 4-22 所示。其用于锚固以锥锚式双作用千斤顶张拉的钢丝束。钢丝分布在锚环锥孔内侧,由锚塞塞紧锚固。锚环内孔的锥度应与锚塞的锥度一致。锚塞上刻有细齿槽,用于夹紧钢丝防止滑移。

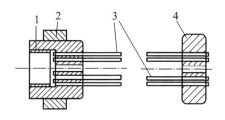

图 4-21 钢丝束镦头锚具
1—A 型锚环;2—螺母;3—钢丝束;4—锚板

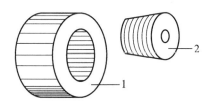

图 4-22 钢质锥形锚具
1—锚环;2—锚塞

锥形锚具的缺点是当钢丝直径误差较大时,易产生单根滑丝现象,并且很难补救。如果采用加大顶锚力的办法来防止滑丝,又易使钢丝被咬伤。此外,钢丝锚固时呈辐射状态,弯折处受力较大,故在国外已少采用。

(3) 锥形螺杆锚具。锥形螺杆锚具适用于锚固 14~28 根 φ5 组成的钢丝束。由锥形螺杆、套筒、螺母、垫板组成,如图 4-23 所示。

3) 单根粗钢筋锚具

(1) 螺丝端杆锚具。螺丝端杆锚具由螺丝端杆、垫板和螺母组成,适用于锚固直径不大于 36 mm 的热处理钢筋,如图 4-24(a) 所示。

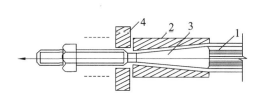

图 4-23 锥形螺杆锚具
1—钢丝;2—套筒;3—锥形螺杆;4—垫板

(a) 螺丝端杆锚具　　(b) 帮条锚具

图 4-24 单根粗钢筋锚具
1—钢筋;2—螺丝端杆;3—螺母;4—焊接接头;5—衬板;6—帮条

螺丝端杆可用同类的热处理钢筋或热处理 45 钢制作。制作时,先粗加工至接近设计尺寸,再进行热处理,然后精加工至设计尺寸。热处理后不能有裂纹和伤痕。螺丝端杆锚具与预应力筋对焊,用张拉设备张拉螺丝端杆,然后用螺母锚固。

(2) 帮条锚具。它由一块方形衬板与三根帮条组成,如图 4-24(b) 所示。衬板采用普通低碳钢板,帮条采用与预应力筋同类型的钢筋。帮条锚具一般用于单根粗钢筋作预应力筋的固定端。

3. 张拉设备

后张法张拉设备主要有千斤顶和高压油泵。

(1) 拉杆式千斤顶(YL型)。拉杆式千斤顶主要用于张拉带有螺丝端杆锚具的粗钢筋、锥形螺杆锚具钢丝束及镦头锚具钢丝束。

拉杆式千斤顶构造如图4-25所示,由主缸1、主缸活塞2、副缸4、副缸活塞5、连接器7、顶杆8和拉杆9等组成。张拉预应力筋时,首先使连接器7与预应力筋11的螺丝端杆14连接,并使顶杆8支承在构件端部的预埋钢板13上。当高压油泵将油液从主缸油嘴3泵入主缸时,将推动主缸活塞向左移动,带动拉杆9和连接在拉杆末端的螺丝端杆,预应力筋即被拉伸,当达到张拉力后,拧紧预应力筋端部的螺母10,使预应力筋锚固在构件端部。锚固完毕后,改用副缸油嘴6进油,推动副缸活塞和拉杆向右移动,回到开始张拉时的位置,与此同时,主缸1的高压油也回到油泵中。目前工地上常用的为600 kN拉杆式千斤顶。

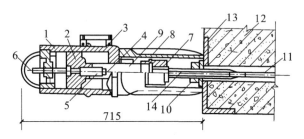

图4-25 拉杆式千斤顶构造示意图(单位:mm)

1—主缸;2—主缸活塞;3—主缸油嘴;4—副缸;5—副缸活塞;6—副缸油嘴;7—连接器;8—顶杆;
9—拉杆;10—螺母;11—预应力筋;12—混凝土构件;13—预埋钢板;14—螺丝端杆

(2) 锥锚式千斤顶(YZ型)。锥锚式千斤顶主要适用于张拉KT-Z型锚具锚固的钢筋束或钢绞线束和使用锥形锚具的预应力钢丝束。其主缸用于张拉预应力筋,副缸用于顶压锥塞,因此又称为双作用千斤顶,如图4-26所示。

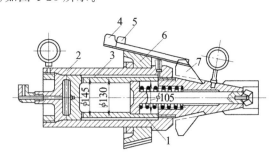

图4-26 YZ85锥锚式千斤顶(单位:mm)

1—副缸;2—主缸;3—退楔缸;4—楔块(退出时位置);
5—楔块(张拉时位置);6—锥形卡环;7—退楔翼片

锥锚式双作用千斤顶的主缸及主缸活塞用于张拉预应力筋,主缸前端缸体上有卡环和销片,用于锚固预应力筋,主缸活塞为一中空筒状活塞,中空部分设有拉力弹簧。副缸和副缸活塞用于顶压锚塞,将预应力筋锚固在构件的端部,设有复位弹簧。

锥锚式双作用千斤顶张拉力为300 kN和600 kN,最大张拉力850 N,张拉行程250 mm。

顶压行程 60 mm。

（3）YC-60 型穿心式千斤顶。穿心式千斤顶(YC 型)适用性很强,适用于张拉各种形式的预应力筋,它适用于张拉采用 JM12 型、QM 型、XM 型的预应力钢绞线、钢筋束和钢绞线束。配置撑脚和拉杆等附件后,又可作为拉杆式千斤顶使用。根据张拉力和构造的不同,有 YC-60、YC20D、YCD120、YCD200 和无顶压机构的 YCQ 型千斤顶。YC-60 型是目前我国预应力混凝土构件施工中应用最为广泛的张拉机械。YC-60 型穿心式千斤顶加装撑脚、张拉杆和连接器后,就可以张拉以螺丝端杆锚具为张拉锚具的单根粗钢筋,张拉以锥形螺杆锚具和 DM5A 型镦头锚具为张拉锚具的钢丝束。现以 YC-60 型千斤顶为例,说明其构造及工作原理,如图 4-27 所示。

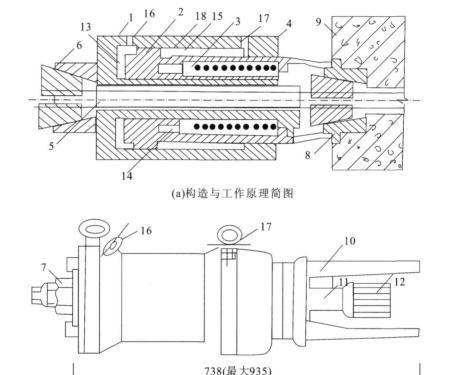

(a)构造与工作原理简图

(b)加撑脚后的外形图

图 4-27　YC-60 型穿心式千斤顶的构造及工作示意图(单位：mm)

1—张拉油缸；2—顶压油缸(即张拉活塞)；3—顶压活塞；4—弹簧；5—预应力筋；6—工具式锚具；7—螺母；8—锚环；9—混凝土构件；10—撑脚；11—张拉杆；12—连接器；13—张拉工作油室；14—顶压工作油室；15—张拉回程油室；16—张拉缸油嘴；17—顶压缸油嘴

YC-60 型穿心式千斤顶,沿千斤顶的轴线有一直通的穿心孔道,供穿过预应力筋之用。YC-60 型穿心式千斤顶既能张拉预应力筋,又能顶压锚具锚固预应力筋,故又称为穿心式双作用千斤顶。YC-60 型穿心式千斤顶张拉力为 600 kN,张拉行程 150 mm。

二、预应力筋的制作

1. 钢筋束及钢绞线束制作

为了保证构件孔道穿入筋和张拉时不发生扭结,应对预应力筋进行编束。编束时把预应力筋理顺后,用18～22号铁丝,每隔1 m左右绑扎一道,形成束状。

钢绞线下料宜用砂轮切割机切割,不得采用电弧切割。

钢绞线编束宜用20号铁丝绑扎,间距2～3 m。编束时应先将钢绞线理顺,并尽量使各根钢绞线松紧一致。如果钢绞线单根穿入孔道,则不编束。

钢绞线下料长度:采用夹片锚具,以穿心式千斤顶在构件上张拉时,钢绞线的下料长度L,按图4-28所示进行计算。

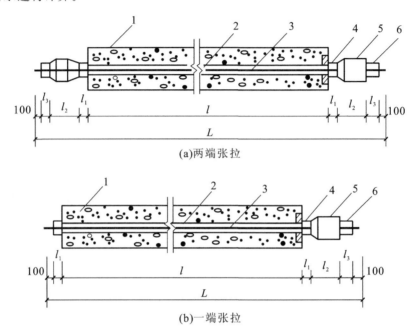

图4-28 钢筋束、钢绞线束下料长度计算简图(单位:mm)
1—混凝土构件;2—孔道;3—钢绞线;4—夹片式工作锚;5—穿心式千斤顶;6—夹片式工具锚

(1) 两端张拉。
$$L=l+2(l_1+l_2+l_3+100) \tag{4-3}$$

(2) 一端张拉。
$$L=l+2(l_1+100)+l_2+l_3 \tag{4-4}$$

式中:l——构件的孔道长度;
　　l_1——夹片式工作锚厚度;
　　l_2——穿心式千斤顶长度;
　　l_3——夹片式工具锚厚度。

2. 钢丝束制作

钢丝束制作随锚具的不同而异,一般需经调直、下料、编束和安装锚具等工序。

当采用镦头锚具时,一端张拉,应考虑钢丝束张拉锚固后螺母位于锚环中部,钢丝下料长度L,可按图4-29所示,用下式计算。

$$L=L_0+2a+2b-0.5(H-H_1)-\Delta L-C \tag{4-5}$$

式中:L_0——孔道长度;
　　a——锚板厚度;

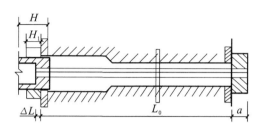

图 4-29 用镦头锚具时钢丝下料长度计算简图

b——钢丝绞头团量,取钢丝直径 2 倍;
H——锚环高度;
H_1——螺母高度;
ΔL——张拉时钢丝伸长值;
C——混凝土弹性压缩(很小时可忽略不计)。

为了保证钢丝不发生扭结,必须进行编束。编束前应对钢丝直径进行测量,直径相对误差不得超过 0.1 mm,以保证成束钢丝与锚具可靠连接。采用锥形螺杆锚具进行编束工作时,应在平整的场地上先将钢丝理顺放平,用 22 号铁丝将钢丝每隔 1 m 编成帘子状,然后每隔 1 m 放置 1 个螺旋衬圈,再将编好的钢丝帘绕衬圈围成圆束,用铁丝绑扎牢固,如图 4-30 所示。

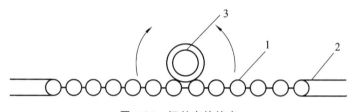

图 4-30 钢丝束的编束
1—钢丝;2—铅丝;3—衬圈

当采用镦头锚具时,根据钢丝分圈布置的特点,编束时首先将内圈和外圈钢丝分别用铁丝顺序编扎,然后将内圈钢丝放在外圈钢丝内扎牢。编束完成后,先在一端安装锚环并完成镦头工作,另一端钢丝的镦头,待钢丝束穿过孔道安装上锚板后再进行。

3. 单根预应力筋制作

单根粗预应力钢筋一般用热处理钢筋,其制作包括配料、对焊、冷拉等工序。为了保证质量,宜采用控制应力的方法进行冷拉;钢筋配料时应根据钢筋的品种测定冷拉率,如果在一批钢筋中冷拉率变化较大时,应尽可能把冷拉率相近的钢筋对焊在一起进行冷拉,以保证钢筋冷拉力的均匀性。

钢筋对焊接长应在钢筋冷拉前进行。钢筋的下料长度由计算确定。

当构件两端均采用螺丝端杆锚具时(见图 4-31),预应力筋下料长度为:

$$L=\frac{l+2l_2-2l_1}{1+\gamma-\delta}+n\Delta \tag{4-6}$$

当一端采用螺丝端杆锚具,另一端采用帮条锚具或镦头锚具时,预应力筋下料长度为:

$$L=\frac{l+l_2+l_3-l_1}{1+\gamma-\delta}+n\Delta \tag{4-7}$$

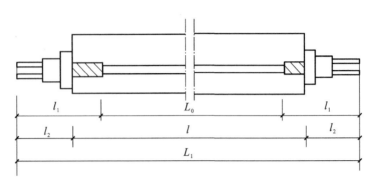

图 4-31 单根预应力筋下料长度计算图

式中：l——构件的孔道长度；

l_1——螺丝端杆长度，一般为 320；

l_2——螺丝端杆伸出构件外的长度，一般为 120～150 mm 或按下式计算：张拉端为 $l_2=2H+h+5$ mm；锚固端为 $l_2=H+h+10$ mm；

l_3——帮条或镦头锚具所需钢筋长度；

γ——预应力筋的冷拉率（由试验确定）；

δ——预应力筋的冷拉回弹率一般为 0.4%～0.6%；

n——对焊接头数量；

Δ——每个对焊接头的压缩量，取一个钢筋直径；

H——螺母高度；

h——垫板厚度。

三、后张法的施工工艺

后张法施工工艺与预应力施工有关的主要是孔道留设，预应力筋张拉和孔道灌浆三部分，如图 4-32 所示为后张法工艺流程图。

1. 孔道留设

孔道留设是后张法预应力混凝土构件制作中的关键工序之一，也是施工过程检验验收的重要环节，主要在穿预应力钢筋（束）及张拉锚固后灌浆时使用。

孔道留设的方法有钢管抽芯法、胶管抽芯法、橡胶抽拔棒法和预埋管法（主要采用波纹管）等。预应力的孔道形式一般有直线、曲线和折线三种。钢管抽芯法只用于直线孔道的成形，胶管抽芯法、橡胶抽拔棒法和预埋管法则可以适用于直线、曲线和折线的孔道。

1）钢管抽芯法

钢管抽芯法适用于留设直线孔道。钢管抽芯法是预先将钢管敷设在模板的孔道位置上，在混凝土浇筑和养护过程中，每隔一定时间要慢慢转动钢管一次，以防止混凝土与钢管黏结。待混凝土初凝后、终凝前抽出钢管，即可在构件中形成孔道。为保证预留孔道质量，施工中应注意以下几点。

（1）选用的钢管应平直，表面光滑，安放位置准确。钢管不直，在转动及拔管时易将混凝土管壁挤裂。钢管预埋前应除锈、刷油，以便抽管。钢管的位置固定一般使用钢筋井字架，井字架间距一般为 1～2 m。在灌筑混凝土时，应防止振动器直接接触钢管，避免产生位移。

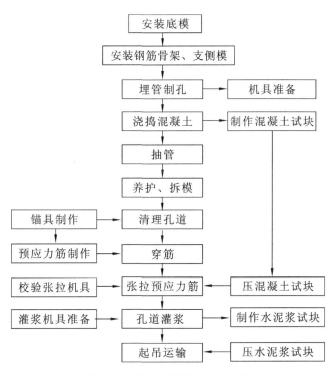

图 4-32 预应力后张法施工式艺

(2) 钢管每根长度最好不超过 15 m,以便旋转和抽管。钢管两端应各伸出构件 500 mm 左右。较长构件可用两根钢管接长,两根钢管接头处可用 0.5 mm 厚铁皮做成的套管连接,如图 4-33 所示。套管内表面要与钢管外表面紧密结合,以防止漏浆堵塞孔道。

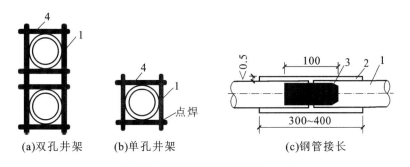

图 4-33 钢管连接方法(单位:mm)

1—钢管;2—白铁皮套管;3—硬木塞;4—井字架

(3) 恰当准确地掌握抽管时间。抽管时间与水泥品种、气温和养护条件有关。抽管宜在混凝土初凝后、终凝以前进行,以用手指按压混凝土表面不显示指纹时为宜。常温下抽管时间约在混混凝土浇筑后 3~6 h。抽管时间过早,会造成坍孔事故;抽管时间太晚,混凝土与钢管黏结牢固,抽管困难,甚至抽不出来。钢管抽芯法应当派人在混凝土浇筑过程及浇筑后每隔一定时间慢慢转动钢管,防止它与混凝土黏住。

(4) 抽管顺序和方法。抽管顺序宜先上后下进行。抽管方法可分为人工或卷扬机抽管,抽管时必须速度均匀,边抽边转,并与孔道保持在一条直线上。抽管后,应及时检查孔道情况,并做好孔道清理工作,以免增加以后穿筋的困难。

(5) 灌浆孔和排气孔的留设。留设预留孔道的同时,方便构件孔道灌浆,按照设计规定,每个构件与孔道垂直的方向应留设若干个灌浆孔和排气孔。一般在构件两端和中间每隔 12 m 左右留设一个直径 20 mm 的灌浆孔,可用木塞或白铁皮管成孔。在构件两端各留一个排气孔。

2) 胶管抽芯法

胶管抽芯法利用的胶管有 5~7 层的夹布胶管和供预应力混凝土专用的钢丝网橡皮管两种。前者必须在管内充气或充水后才能使用。后者质硬,并且有一定弹性,预留孔道时可与钢管一样使用。将胶管预先敷设在模板中的孔道位置上,胶管的固定可用钢筋井字架,胶管直线段每间隔不大于 1.0 m,曲线段不大于 0.5 m,并与钢筋骨架绑扎牢。下面介绍常用的夹布胶管留设孔道的方法。

采用夹布胶管预留孔道时,混凝土浇筑前夹布胶营内充入压缩空气或压力水,工作压力为 500~800 kPa,此时胶管直径可增大约 3 mm。待混凝土初凝后,放出压缩空气或压力水,使管径缩小并与混凝土脱离开,抽出夹布胶管,便可形成孔道。为了保证留设孔道质量,使用时应注意以下几个问题。

(1) 胶管铺设后,应注意不要让钢筋等硬物刺穿胶管,胶管应当有良好的密封性,勿使其漏水、漏气。夹布胶管内充入压缩空气或压力水前,胶管两端应有密封装置(见图 4-34)。密封的方法是将胶管一端外表面削去 1~3 层胶皮及帆布,然后将外表面带有粗丝扣的钢管(钢管一端用铁板密封焊牢)插入胶管端头孔内,再用 20 号铅丝与胶管外表面密缠牢固。铅丝头用锡焊牢。胶管另一端接上阀门,其方法与密封端基本相同。

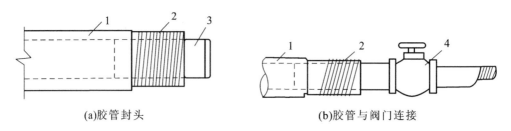

(a)胶管封头 (b)胶管与阀门连接

图 4-34 胶管密封装置

1—胶管;2—铁丝密缠;3—钢管堵头;4—阀门

(2) 胶管接头处理,如图 4-35 所示为胶管接头方法。图 4-35 中 1 mm 厚钢管用无缝钢管制成。其内径等于或略小于胶管外径,以便于打入硬木塞后起到密封作用。铁皮套管与胶管外径相等或稍大(在 0.5 mm 左右),以防止在振捣混凝土时胶管受振外移。

(3) 抽管时间和顺序。其抽管时间比钢管略迟。一般可参照气温和浇筑后的小时数的乘积数值达 200 ℃·h 左右即可。胶管抽芯法预留孔道,混凝土浇筑后不需要旋转胶管,抽管顺序一般为先上后下,先曲后直。

采用钢丝网胶管预留孔道时,预留孔道的方法与钢管相同。由于钢丝网胶管质地坚硬,并具有一定的弹性,抽管时在拉力作用下管径缩小并与混凝土脱离,即可将钢丝网胶管抽出。

胶管抽芯法的灌浆孔和排气孔的留设方法同钢管抽芯法。

3) 预埋金属波纹管法

预埋波纹管法就是利用与孔道直径相同的金属波纹管埋入混凝土构件中,无须抽出,波纹

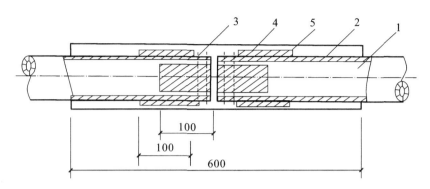

图 4-35 胶管接头(单位:mm)

1—胶管;2—白铁皮套管;3—钉子;4—厚 1 mm 的钢管;5—硬木塞

管一般是由薄钢带(厚 0.3 mm)经压波后卷成黑铁皮管、薄钢管或镀锌双波纹金属软管。它具有重量轻、刚度好、弯折方便、连接简单、摩阻系数小等特点。预埋管法因省去抽管工序,并且孔道留设的位置、形状也易保证,与混凝土黏结良好等优点,可做成各种形状的孔道,故目前应用较为普遍,是后张预应力筋孔道成形用的理想材料。

金属波纹管每根长 4～6 m,也可以根据需要,现场制作,长度不限。波纹管在 1 kN 径向力作用下不变形,使用前应进行灌水试验,检查有无渗漏现象。波纹管外形按照每两个相邻的折叠咬口之间凸出部(波纹)的数量,分为单波纹和双波纹,如图 4-36 所示。

波纹管内径为 40～100 mm,每 5 mm 递增。波纹管高度,单波为 2.5 mm,双波为 3.5 mm。波纹管长度,可根据运输要求或孔道长度进行卷制。波纹管用量大时,生产厂家可带卷管机到现场生产,管长不限。

安装前应事先按设计图纸中预应力的曲线坐标,以波纹管底边为准,在一侧侧模上弹出曲线来,定出波纹管的位置;也可以梁模板为基准,按预应力筋曲线上各点坐标,在垫好底筋保护层垫块的箍筋胶上做标志,定出波纹管的曲线位置。波纹管的固定,可用钢筋支架或井字架,按间距 50～100 cm 焊在钢筋上,曲线孔道时应加密,并用铁丝绑扎牢,以防止浇筑混凝土时,管子上浮(先穿入预应力筋的情况稍好),造成质量事故。

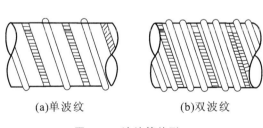

图 4-36 波纹管外形

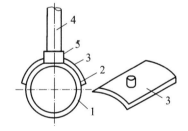

图 4-37 灌浆孔与波纹管的连接

1—波纹管;2—海绵垫片;3—塑料弧形压板;
4—增强塑料管;5—铁丝绑扎

灌浆孔与波纹管的连接,见图 4-37。其做法是在波纹管上开洞,其上覆盖海绵垫片与带嘴的塑料弧形压板,并用铁丝扎牢,再用增强塑料管插在嘴上,并将其引出梁顶面 400～500 mm。在构件两端及管中应设置灌浆孔,其间距不宜大于 12 m(预埋波纹管时灌浆孔间距不宜大于

30 m）。曲线孔道的曲线波峰位置,宜设置泌水管。

2. 预应力筋张拉

用后张法张拉预应力筋时,混凝土强度应符合设计要求,如设计无规定时,则不应低于设计强度等级的75%。张拉程序减少预应力损失,保持预应力的均衡,减少偏心。

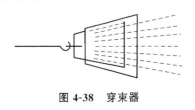

图 4-38 穿束器

1) 穿筋

成束的预应力筋将一头对齐,按顺序编号套在穿束器上,如图4-38所示。

预应力筋穿束根据穿束与浇筑混凝土之间的先后关系,可分为先穿束法和后穿束法两种。

（1）先穿束法。

该法穿束省力,但穿束占用工期,束的自重引起的波纹管摆动会增大摩擦损失,束端保护不当易生锈。按穿束与预埋波纹管之间的配合,又可分为以下三种情况。

① 先穿束后装管:即将预应力筋先穿入钢筋骨架内,然后将螺旋管逐节从两端套入并连接。
② 先装管后穿束:即将螺旋管先安装就位,然后将预应力筋穿入。
③ 二者组装后放入:即在梁外侧的脚手架上将预应力筋与套管组装后,从钢筋骨架顶部放入就位,箍筋应先做成开口箍,再封闭。

（2）后穿束法。

该法可在混凝土养护期内进行,不占工期,便于用通孔器或高压水通孔,穿束后即行张拉,易于防锈,但穿束较为费力。

2) 张拉控制应力及张拉程序

张拉控制应力越高,建立的预应力值就越大,构件抗裂性越好。但是张拉控制应力过高,构件在使用过程中经常处于高应力状态,构件出现裂缝的荷载与破坏荷载很接近,往往构件破坏前没有明显预兆,而且当控制应力过高时,构件混凝土预压应力过大而导致混凝土的徐变应力损失增加。因此控制应力应符合设计规定。在施工中预压力筋需要超张拉时,可比设计要求提高3%~5%,但其最大张拉控制应力不得超过表4-1中的规定。

预应力筋的张拉程序,主要根据构件类型、张锚体系、松弛损失取值等因素来确定。为了减少预应力筋的松弛损失,预应力筋的张拉程序如下。

（1）用超张拉方法减少预应力筋的松弛损失时,预应力筋的张拉程序宜为:$0 \rightarrow 105\% \sigma_{con} \xrightarrow{\text{持荷 2 min}} \sigma_{con}$。

（2）如果预应力筋张拉吨位不大,根数很多,而设计中又要求采取超张拉以减少应力松弛损失时,其张拉程序可为:$0 \rightarrow 103\% \sigma_{con}$。

以上各种张拉操作程序,均可分级加载。对曲线预应力束,一般以 $0.2 \sim 0.25\sigma_{con}$ 为量伸长起点,分3级加载 $0.2\sigma_{con}$（$0.6\sigma_{con}$ 及 $1.0\sigma_{con}$）或4级加载（$0.25\sigma_{con}$,$0.50\sigma_{con}$,$0.75\sigma_{con}$ 及 $1.0\sigma_{con}$）,每级加载均应量测张拉伸长值。

当预应力筋长度较大,千斤顶张拉行程不够时,应采取分级张拉、分级锚固的方法。第二级初始油压为第一级最终油压。预应力筋张拉到规定油压后,持荷复验伸长值,合格后进行锚固。

3) 张拉顺序

张拉顺序应符合设计要求。图4-39所示为预应力混凝土屋架下弦杆与吊车梁的预应力筋张拉顺序。

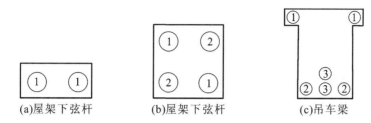

图 4-39 预应力筋的张拉顺序

(1) 对配有多根预应力筋的预应力混凝土构件,由于不可能同时一次张拉完预应力筋,应分批、对称地进行张拉。对称张拉是为了避免张拉时构件截面呈现过大的偏心受压状态。分批张拉时,由于后批张拉的作用力,使混凝土再次产生弹性压缩导致先批预应力筋应力下降。此应力损失可按式(4-8)计算后加到先批预应力筋的张拉应力中去。分批张拉的损失也可以采取对先批预应力筋逐根复位补足的办法处理。

$$\Delta\sigma = [E_s(\sigma_{con} - \sigma_1)A_p]/E_c A_n \quad (4-8)$$

式中:$\Delta\sigma$——先批张拉钢筋应增加的应力;

E_s——预应力筋弹性模量,kN/mm^2;

σ_{con}——张拉控制应力;

σ_1——后批张拉预应力筋的第一批预应力损失(包括锚具变形后和摩擦损失),kN/mm^2;

E_c——混凝土弹性模量,kN/mm^2;

A_p——后批张拉的预应力筋截面积,mm^2;

A_n——构件混凝土净截面积(包括构造钢筋折算面积),mm^2。

(2) 对平卧叠浇的预应力混凝土构件,上层构件的重量产生的水平摩阻力,会阻止下层构件在预应力筋张拉时混凝土弹性压缩的自由变形,待上层构件起吊后,由于摩阻力影响消失会增加混凝土弹性压缩的变形,从而引起预应力损失。该损失值,随构件形式、隔离剂和张拉方式的不同而不同,其变化差异较大。目前尚未掌握其变化规律,为了便于施工,在工程实践中可采取逐层加大超张拉的办法来弥补该预应力损失,但是底层的预应力混凝土构件的预应力筋的张拉力不得超过顶层的预应力筋的张拉力,具体规定如下。

预应力筋为钢丝、钢绞线、热处理钢筋,应小于 5%,其最大超张拉力应小于抗拉强度的 75%;预应力筋为冷拉热轧钢筋,应小于 9%,其最大超张拉力应小于标准强度的 95%。

【例 4-1】 某屋架下弦截面积尺寸为 240 mm×220 mm,有 4 根预应力筋;预应力筋采用 HRB335 级钢筋,直径为 25 mm,张拉控制应力 $\sigma_{con} = 0.85 f_{pyk} = 0.85 \times 500 \text{ N/mm}^2 = 425 \text{ N/mm}^2$。采用 $0 \to 1.03\sigma_{con}$ 张拉程序,沿对角线分两批对称张拉,屋架下弦杆构造配筋为 $4\phi10$,孔道直径为 $D=48$ mm,试计算第一批预应力筋张拉应力增加值 $\Delta\sigma$。

【解】 采用两台 YL60 千斤顶,考虑到第二批张拉对第一批预应力筋的影响,则第一批预应力筋张拉应力应增加 $\Delta\sigma$。

$$\Delta\sigma = [E_s(\sigma_{con} - \sigma_1)A_p]/E_c A_n$$

其中,$E_s = 180\,000 \text{ N/mm}^2$,$E_c = 32\,500 \text{ N/mm}^2$,$\sigma_{con} = 425 \text{ N/mm}^2$,$\sigma_1 = 28 \text{ N/mm}^2$(计算略去),$A_p = 491 \times 2 = 982 \text{ mm}^2$,$A_n = (240 \times 220 - 4 \times \pi \times 48^2/4 + 4 \times 78.5 \times 200\,000/32\,500) \text{ mm}^2 = 47\,498 \text{ mm}^2$

代入式(4-8),得 $\Delta\sigma = [180\,000 \times (424-28) \times 982/(32\,500 \times 47\,498)]\text{N/mm}^2 = 45.4\text{ N/mm}^2$

则第一批预应力筋张拉应力为:$(425+45.4) \times 1.03\text{ N/mm}^2 = 485\text{ N/mm}^2 > 0.9f_{\text{pyk}} = 450\text{ N/mm}^2$

上述计算表明,分批张拉的影响若计算补加到先批预应力筋张拉应力中,将使张拉应力过大,超过了规范规定,故采取重复张拉补足的办法。

【例 4-2】 在例 4-1 中,若 $\Delta\sigma = 12\text{ N/mm}^2$,试计算第一批、第二批预应力筋的张拉力及油压表读数。

【解】 当采用超张拉 $\Delta\sigma$ 时,钢筋的应力为 $1.03 \times (425+12)\text{ N/mm}^2 = 450\text{ N/mm}^2 = 0.9f_{\text{pyk}}$

故第一批筋可超张拉 $\Delta\sigma$。

第一批的张拉力为:$N = 1.03 \times (425+12) \times 491\text{ kN} = 221\text{ kN}$

油压表读数:$P = \dfrac{221\,000}{16\,200}\text{ N/mm}^2 = 13.64\text{ N/mm}^2$(活塞面积 $16\,200\text{ mm}^2$)

第二批筋的张拉力为:$N = 1.03 \times 425 \times 491\text{ kN} = 214.9\text{ kN}$

油压表读数为:$P = \dfrac{214\,900}{16\,200}\text{ N/mm}^2 = 13.3\text{ N/mm}^2$

4) 叠层构件的张拉

对叠浇生产的预应力混凝土构件,上层构件产生的水平摩阻力会阻止下层构件的预应力筋张拉时混凝土弹性压缩的自由变形,当上层构件吊起后,由于摩阻力的影响消失,将增加混凝土的弹性压缩变形,因而引起预应力损失。该损失值与构件形式、隔离层和张拉方式有关。为了减少和弥补该项预应力损失,可自上而下逐层加大张拉力,底层张拉力不宜比顶层张拉力大 5%(如钢丝、钢绞线、热处理钢筋等),并且不得超过表 4-1 规定。

为了使逐层加大的张拉力符合实际情况,最好在正式张拉前对某叠层第一、二层构件的张拉压缩量进行实测,然后按式(4-9)计算各层应增加的张拉力。

$$\Delta N = (n-1)\dfrac{\Delta_1 - \Delta_2}{L} E_s A_p \tag{4-9}$$

式中:ΔN——层间摩阻力;

n——构件所在层数(自上而下计算);

Δ_1——第一层构件张拉压缩值;

Δ_2——第二层构件张拉压缩值;

L——构件长度;

E_s——预应力筋弹性模量;

A_p——预应力筋截面面积。

【例 4-3】 例 4-2 中的预应力屋架下弦孔道长度为 $23\,800\text{ mm}$,4 榀屋架叠加生产,经实测第一榀屋架压缩变形值为 12 mm,第二榀屋架压缩变形值为 11 mm,试计算摩阻力 ΔN。

【解】 层间摩阻力 ΔN 为

$$\Delta N = (n-1)\dfrac{\Delta_1 - \Delta_2}{L} E_s A_p = (2-1)\dfrac{12-11}{23\,800} \times 180\,000 \times 982\text{ N} = 7\,427\text{ N}$$

则第二榀屋架张拉应力为:$\sigma_{\text{con}} + \dfrac{7427}{982} = 0.85 \times 500 + 7.6\text{ N/mm}^2 = 433\text{ N/mm}^2$

第三榀屋架张拉应力为：$(433+7.6)\mathrm{N/mm^2}=440.6\ \mathrm{N/mm^2}$

第四榀屋架张拉应力为：$(440.6+7.6)\mathrm{N/mm^2}=448.2\ \mathrm{N/mm^2}$

上面各榀屋架预应力的张拉力都满足不超过 $0.90f_{pyk}(450\ \mathrm{N/mm^2})$ 的要求。

5) 张拉方法和张拉端设置的要求

为了减少预应力筋与预留孔壁摩擦引起的预应力损失，对于抽芯成形孔道，曲线预应力筋和长度大于 24 m 的直线预应力筋，应在两端张拉；对于长度等于或小于 24 m 的直线预应力筋，可在一端张拉；预埋波纹管孔道，对于曲线预应力筋和长度大于 30 m 的直线预应力筋，宜在两端张拉；对于长度等于或小于 30 m 的直线预应力筋可在一端张拉。当同一截面中有多根一端张拉的预应力筋时，张拉端宜分别设在构件的两端，以免构件受力不均匀。安装张拉设备时，对于直线预应力筋，应使张拉力的作用线与孔道中心线重合；对于曲线预应力筋，应使张拉力的作用线与孔道中心线末端的切线方向重合。

6) 预应力值的校核和伸长值的测定

为了了解预应力值建立的可靠性，需对预应力筋的应力及损失进行检验和测定，以便使张拉时补足和调整预应力值。检验应力损失最方便的办法是，在预应力筋张拉 24 h 后、孔道灌浆前再重新张拉一次，测读前后两次的应力值之差，即为钢筋预应力损失（并非应力损失全部，但已完成很大部分）。预应力筋张拉锚固后，实际预应力值与工程设计规定检验值的相对允许偏差为 $\pm 5\%$。

在测定预应力筋伸长值时，须先建立 $10\%\sigma_{con}$ 的初应力，预应力筋的伸长值，也应从建立初应力后开始测量，但须加上初应力的推算伸长值，推算伸长值可根据预应力弹性变形呈直线变化的规律求得。例如，某筋应力自 $0.2\sigma_{con}$ 增至 $0.3\sigma_{con}$ 时，其变形为 4 mm，即应力每增加 $0.1\sigma_{con}$ 变形增加 4 mm，故该筋初应力 $10\%\sigma_{con}$ 时的伸长值为 4 mm。对于后张法来说，尚应扣除混凝土构件在张拉过程中的弹性压缩值。预应力筋在张拉时，通过伸长值的校核，可以综合反映出张拉应力是否满足，孔道摩阻损失是否偏大，以及预应力筋是否有异常现象等。例如，实际伸长值与计算伸长值的偏差超过 $\pm 6\%$ 时，应暂停张拉，分析原因后再采取措施。

3. 孔道灌浆

孔道灌浆是后张法预应力工艺的重要环节，预应力筋张拉完毕后，应立即进行孔道灌浆。孔道灌浆的目的是为了防止钢筋锈蚀，增加结构的整体性和耐久性，提高结构的抗裂性和承载能力。

灌浆用的水泥浆应有足够的强度和黏结力，并且应有较好的流动性，较小的干缩性和泌水性，水泥强度等级一般应不低于 42.5 之间，水灰比控制在 $0.4\sim 0.45$，搅拌后 3 h 泌水率宜控制在 2%，最大不得超过 3%，水泥浆的稠度控制在 $14\sim 18$ s。对孔隙较大的孔道，可采用砂浆灌浆。

为了增加孔道灌浆的密实性，减少水泥浆收缩，可掺入 $0.05\%\sim 0.1\%$ 的脱脂铝粉或其他类型的膨胀剂。在水泥浆或砂浆内可以掺入对预应力筋无腐蚀作用的外加剂，如掺入占水泥重量 0.25% 的木质素磺酸钙，或者掺入占水泥重量 0.05% 的铝粉。不入掺外加剂时，可采用二次灌浆法。

灌浆前，用压力水冲洗和湿润孔道。用电动或手动灰浆泵进行灌浆。灌浆工作应连续进行，不得中断。并应防止空气压入孔道而影响灌浆质量。灌浆压力宜控制在 $0.3\sim 0.5$ MPa 为宜。灌浆顺序应为先下后上，以避免上层孔道漏浆时把下层孔道堵塞。孔道末端应设置排气孔,灌浆时待排气孔溢出浓浆后,才能将排气孔堵住继续加压到 0.5～0.6 MPa,并稳定两分钟,关闭控制闸,保持孔道内压力。每条孔道应一次灌成,中途不应停顿,否则应将已压的水泥浆冲洗干净,从头开始灌浆。

灌浆后,切割外露部分预应力钢绞线(留 30～50 mm)并将其分散,锚具应采用混凝土封头保护。封头混凝土尺寸应大于预埋钢板,厚度不小于 100 mm,封头内应配钢筋网片,细石混凝土强度等级为 C30～C40。

孔道灌浆后,当灰浆强度达到 15 N/mm^2 时,方能移动构件,灰浆强度达到 100% 设计强度时,才能允许吊装。

单元3 无黏结预应力混凝土施工

在后张法预应力混凝土构件中,预应力筋分为有黏结和无黏结两种。有黏结的预应力是后张法的常规做法,张拉后通过灌浆使预应力筋与混凝土黏结。无黏结预应力是近几年发展起来的新技术,其做法是在预应力筋表面覆裹一层涂塑层或刷涂油脂并包塑料带(管)后,如同普通钢筋一样先铺设在支好的模板内,再浇筑混凝土,待混凝土达到规定的强度后,用张拉机具进行张拉;当张拉达到设计的应力后,两端再用特制的锚具锚固。预应力筋张拉力完全靠构件两端的锚具传递给构件。它属于后张法施工。

这种预应力工艺的优点是借助两端的锚具传递预应力,无须留孔灌浆,施工简便,利于提高结构的整体刚度和使用功能,减少材料用量,摩擦损失小,预应力筋易弯成多跨曲线形状等,但对锚具锚固能力要求较高。无黏结预应力适用于大柱网整体现浇楼盖结构,尤其在双向连续平板和密肋楼板中使用最为合理经济。目前,无黏结预应力混凝土平板结构的跨度,单向板可达 9～10 m,双向板为 9 m×9 m,密肋板为 12 m,现浇梁跨度可达 27 m。

一、无黏结预应力筋的制作

1. 无黏结预应力筋的组成及要求

无黏结预应力筋(下面简称为无黏结筋)主要由预应力钢材、涂料层、外包层 3 部分组成,如图 4-40 所示。

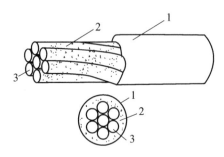

图 4-40 无黏结预应力筋
1—塑料外包层;2—防腐润滑脂;
3—钢绞线(或碳素钢丝束)

1) 无黏结筋

无黏结筋宜采用柔性较好的预应力筋制作,选用 $7\phi^5_4$ 或 $7\phi^5_5$ 钢绞线。无黏结预应力筋所用钢材主要有消除应力钢丝和钢绞线。钢丝和钢绞线不得有死弯,有死弯时必须切断,每根钢丝必须通长,严禁有接点。预应力筋的下料长度计算,应考虑构件长度、千斤顶长度、镦头的预留量、弹性回弹值、张拉伸长值、钢材品种和施工方法等因素。具体计算方法与有黏结预应力筋的计算方法基本相同。

预应力筋下料时,宜采用砂轮锯或切断机切断,不得采用电弧切割。钢丝束的钢丝下料应采用等长下料。钢绞线下料时,应在切口两侧用 20 号或 22 号钢丝预先绑扎牢固,以免切割后松散。

2) 涂料层

无黏结筋的涂料层常采用防腐油脂或防腐沥青制作。涂料层的作用是使无黏结筋与混凝土隔离,减少张拉时的摩擦损失,防止预应力筋腐蚀等。因此,涂料应有较好的化学稳定性和韧性,要求涂料性能应满足在-20~+70 ℃温度范围内,不流淌、无开裂、不变脆、能较好地黏附在钢筋上并有一定韧性;使用期内化学稳定性高;润滑性能好,摩擦阻力小;不透水、不吸湿,防腐性能好。

3) 外包层

无黏结筋的外包层主要由高压聚乙烯塑料带或塑料管制作。外包层的作用是使无黏结筋在运输、储存、铺设和浇筑混凝土等过程中不会发生不可修复的破坏,因此要求外包层应满足在-20~+70 ℃温度范围内,低温不脆化,高温化学稳定性好;必须具有足够的韧性,抗破损性强;对周围材料无侵蚀作用;防水性强。塑料使用前必须烘干或晒干,避免在成形过程中由于气泡引起塑料表面开裂。

制作单根无黏结筋时,宜选用防腐油脂之间有一定的间隙,使预应力筋能在塑料套管中任意滑动,其塑料外包层应用塑料注塑机注塑成形,防腐油脂应填充饱满,外包层应松紧适度。成束无黏结预应力筋可用防腐沥青或防腐油脂作为涂料层。当使用防腐沥青时,应使用密缠塑料带作为外包层,塑料带各圈之间的搭接宽度不应小于带宽的 1/2,缠绕层数不小于四层。要求防腐油脂涂料层无黏结筋的张拉摩擦系数不应大于 0.12,防腐沥青涂料层无黏结筋的张拉摩擦系数不应大于 0.25。

2. 无黏结预应力筋的锚具

无黏结预应力筋的锚具性能,应符合Ⅰ类锚具的规定。我国主要采用高强钢丝和钢绞线作为无黏结预应力钢筋,高强钢丝主要用镦头锚具,钢绞线可采用 XM、QM 锚具。

3. 无黏结预应力筋的制作

一般采用挤压涂层工艺和涂包成形工艺两种方法来制作无黏结预应力筋。

1) 挤压涂层工艺

挤压涂层工艺主要是无黏结筋通过涂油装置涂油,涂油无黏结筋通过塑料挤压机涂刷聚乙烯或聚丙烯塑料薄膜,再经冷却筒模成形塑料套管。这种挤压涂层工艺的特点是效率高、质量好、设备性能稳定,与电线、电缆包裹塑料套管的工艺相似,适用于大规模生产的单根钢绞线和 7 根钢丝束。挤压涂层工艺流水线如图 4-41 所示。

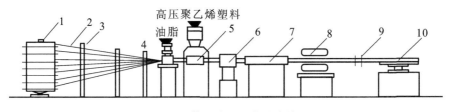

图 4-41 挤压涂层工艺流水线图

1—放线盘;2—钢丝;3—梳子板;4—给油装置;5—塑料挤压机机头;
6—风冷装置;7—水冷装置;8—牵引机;9—定位支架;10—收线盘

2) 涂包成形工艺

涂包成形工艺是无黏结筋经过涂料槽涂刷涂料后,再通过归束滚轮成束并进行补充涂刷,涂料厚度一般为 2 mm,可以采用手工操作完成内涂刷防腐沥青或防腐油脂,外包塑料布。涂好涂料的无黏结筋随即通过绕布转筒自动地交叉缠绕两层塑料布,当达到需要的长度后进行切割,成为一根完整的无黏结预应力筋。也可以在缠纸机上连续作业,完成编束、涂油、镦头、缠塑料布和切断等工序。缠纸机的工作示意图如图4-42所示。这种涂包成形工艺的特点是质量好,适应性较强。

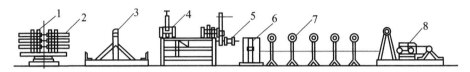

图 4-42　无黏结预应力筋缠纸工艺流程图

1—放线盘;2—盘圆钢丝;3—梳子板;4—油枪;5—塑料布卷;6—切断机;7—滚道台;8—牵引装置

无黏结预应力筋在制作时,钢丝放在放线盘上,穿过梳子板汇成钢丝束,通过油枪均匀地涂油后穿入锚环,用冷镦机冷镦锚头,带有锚环的成束钢丝用牵引机向前牵引,同时开动装有塑料条的缠纸转盘,钢丝束一边前进一边进行缠绕塑料布条工作。当钢丝束达到需要长度后,进行切割,成为一根完整的无黏结预应力筋。

二、无黏结预应力筋的布置

在单向连续梁板中,无黏结筋的铺设如同普通钢筋一样铺设在设计位置上。在双向配筋的连续平板中,无黏结筋一般需要配置成两个方向的悬垂曲线,两个方向的无黏结筋互相穿插,施工操作较为困难,因此必须事先编出无黏结筋的铺设顺序。其方法是将各向无黏结筋各搭接点的标高标出,对各搭接点相应的两个标高分别进行比较,若一个方向某一无黏结筋的各点标高均分别低于与其相交的各筋相应点标高时,则此筋可先放置。按此规律编出全部无黏结筋的铺设顺序。即先铺设标高低的无黏结筋,再铺设标高较高的无黏结筋,并应尽量避免两个方向的无黏结筋相互穿插编结。

无黏结预应力筋应严格按设计要求的曲线形状就位固定牢固。无黏结预应力筋的铺设,通常是在底部钢筋铺设后进行。水电管线一般宜在无黏结预应力筋铺设后进行,无黏结预应力筋应铺放在电线管下面,并且不得将无黏结筋的竖向位置抬高或压低。支座处负弯矩钢筋通常是在最后铺设。

三、无黏结预应力混凝土结构施工

无黏结预应力混凝土在施工中的主要问题是无黏结预应力筋的铺设、张拉和端部锚头处理。无黏结预应力筋在使用前应逐根检查外包层的完好程度,对有轻微破损者,可包塑料带补好,对破损严重者应予以报废。

1. 无黏结预应力筋的铺设

无黏结预应力筋,一般用7根$\phi 5$高强度钢丝组成,或形成钢丝束,或拧成钢绞线,通过专用设备,涂包防锈油脂,再套上塑料套管。

制作工艺为:编束放盘→涂上涂料层→覆裹塑料套→冷却→调直→成形

无黏结预应力筋应严格按设计要求的曲线形状就位并固定牢靠。无黏结预应力筋控制点的安装偏差为:矢高方向±5 mm,水平方向±30 mm。

无黏结预应力筋的垂直位置,宜用支撑钢筋或钢筋马凳控制,其间距为 1~2 m。无黏结预应力筋的水平位置应保持顺直。

在双向连续平板中,各无黏结预应力筋曲线高度的控制点用铁马凳垫好并扎牢。在支座部位,无黏结预应力筋可直接绑扎在梁或墙的顶部钢筋上;在跨中部位,无黏结预应力筋可直接绑扎在板的底部钢筋上。

2. 无黏结预应力筋的张拉

由于无黏结预应力筋一般为曲线配筋,当预应力筋的长度小于 25 m 时,宜采用一端张拉;若长度大于 25 m 时,宜两端张拉;长度超过 50 m,宜采取分段张拉。

预应力筋的张拉程序宜采用 $0 \to 103\%\sigma_{con}$,以减少无黏结预应力筋的松弛应力损失。

无黏结预应力筋的张拉顺序应根据预应力筋的铺设顺序一致,先铺设的先张拉,后铺设的后张拉。

预应力平板结构中,预应力筋往往很长,如何减少其摩阻损失值是一个重要的问题。影响摩阻损失值的主要因素是润滑介质、外包层和预应力筋的截面形式。其中,润滑介质和外包层的摩阻损失值,对一定的预应力束而是个定值,即相对稳定的。而截面形式则影响较大,不同截面形式其离散性不同,但如能保证截面形状在全长内一致,则其摩阻损失值就能在很小的范围内波动。否则,因局部阻塞就可能导致其损失值无法测定。摩阻损失值,可用标准测力计或传感器等测力装置进行测定。施工时,为了降低摩阻损失值,可使用标准测力计或传感器等测力装置进行测定。在施工时,为了降低摩阻损失值,宜采用多次重复张拉工艺。成束无黏结预应力筋在正式张拉前,一般宜先用千斤顶往复抽动 1~2 次以降低张拉摩擦损失。无黏结预应力筋的张拉过程中,当有个别钢丝发生滑脱或断裂时,可相应降低张拉力,但滑脱或断裂的数量不应超过结构同一截面无黏结预应力筋总量的 2%。

预应力筋张拉长度值应按设计要求进行控制。

3. 无黏结预应力筋的端部锚头处理

1) 张拉端部处理

预应力筋端部处理取决于无黏结预应力筋和锚具的种类。

锚具的位置通常为混凝土的端面缩进一定的距离,前面做成一个凹槽,待预应力筋张拉锚固后,将外伸在锚具外的钢绞线切割到规定的长度,即要求露出夹片锚具外长度不小于 30 mm,然后在槽内壁涂以环氧树脂类黏结剂,以加强新老材料间的黏结,再用后浇膨胀混凝土或低收缩防水砂浆或环氧砂浆密封。

在对凹槽填砂浆或混凝土前,应预先对无黏结预应力筋端部和锚具夹持部分进行防潮、防腐封闭处理。

无黏结预应力筋采用钢丝束镦头锚具时,其张拉端头处理如图 4-43 所示,其中塑料套筒供钢丝束张拉时锚环从混凝土中拉出来用,软塑料管是用来保护无黏结钢丝末端因穿锚筒内产生空隙,必须用油枪通过锚环的注油孔向套筒内注满防腐油脂,灌油后将外露锚具封团好,避免长期与大气接触造成锈蚀。

采用无黏结钢绞线夹片锚具时,张拉端头构造简单,无须另加设施。张拉端头钢绞线预留长度不小于 150 mm,多余的应切割掉,然后在锚具及承压板表面涂以防水涂料,再进行封闭。无黏结预应力筋端部锚头的防腐处理应特别重视。采用 XM 型夹片式锚具的钢绞线,张拉端头构造简单,无须另加设施,锚固区可以用后浇的钢筋混凝土圈梁封闭,端头钢绞线预留长度不小于 150 mm,多余部分切断并将锚具外伸的钢绞线散开打弯,埋在圈梁混凝土内加强锚固,如图 4-44 所示。

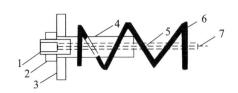 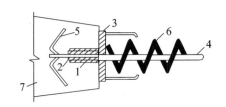

图 4-43 镦头锚固系统张拉端图　　　　图 4-44 夹片式锚具张拉端处理
1—锚环;2—螺母;3—承衬板;4—塑料套筒;　　1—锚环;2—夹片;3—埋件(承压板);4—无黏结筋;
5—软塑料管;6—螺旋筋;7—无黏结筋　　　　　5—散开打弯的钢绞线;6—螺旋筋;7—后浇混凝土

2) 固定端处理

无黏结预应力筋的固定端可设置在构件内。当采用无黏结钢丝束时固定端可采用扩大的镦头锚板,并用螺旋筋加强,如图 4-45(a)所示。施工中如端头无黏结构配筋时,需要配置构造钢筋,使固定端板与混凝土之间有可靠的锚固性能。当采用无黏结钢绞线时,锚固端可采用压花成型,使固定端板与混凝土之间有可靠的锚固性能。当采用无黏结钢绞线时,锚固端可采用压花成型,如图 4-45(b)所示,埋置在设计部位。这种做法的关键是张拉前锚固端的混凝土强度等级必须达到设计强度(≥C30)时才能形成可靠的黏强式锚头。

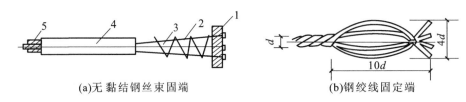

(a)无黏结钢丝束固端　　　　(b)钢绞线固定端

图 4-45 无黏结筋固定端详图
1—锚板;2—钢丝;3—螺旋筋;4—软塑料管;5—无黏结钢丝束

复习思考题

1. 试述先张法预应力混凝土构件的生产流程。
2. 先张法预应力混凝土构件生产的张拉控制应力和张拉程序有哪些要求?
3. 先张法预应力筋(丝)应如何铺设?
4. 先张法预应力筋应如何放张?
5. 后张法预应力混凝土构件生产的张拉控制应力和张拉程序有哪些要求?
6. 后张法预应力筋的下料长度如何计算?
7. 后张法预应力施工孔道如何留设?
8. 试述无黏结预应力混凝土方法。
9. 预应力吊车梁,孔道尺寸为 6 m,采用 6 根 φ6 热处理钢筋束,采用 YC60 型千斤顶张拉,一端张拉,张拉程序为 0→$1.03\sigma_{con}$ 拉控制应力为 $0.70f_{pyk}$($f_{pyk}=1\,400\ \text{N/mm}^2$),试计算钢筋的下料长度和最大张拉力。

单元 5 钢结构工程施工

1. 知识目标
（1）熟悉钢结构的连接要求。
（2）掌握钢结构的安装要求。
（3）熟悉钢结构防腐涂料的类型，以及防腐涂装要求。

2. 能力目标：
（1）掌握钢结构的施工工序、方法。
（2）掌握焊接方法和焊接工艺。
（3）掌握高强度螺栓连接施工安装工艺。
（4）掌握钢结构工程的安装方法。
（5）掌握防腐涂装方法；熟悉薄涂型防火涂料的涂装工艺。

单元1 钢结构构件制作

一、加工制作前的准备工作

（1）根据钢结构工程设计图编制零部件加工图和数量。
（2）制订零部件制作的工艺流程。
（3）对进厂材料进行复查，如钢板的材质、规格等是否符合钢结构规定。
（4）培训员工或招聘熟练工人、技术人员及车间管理人员。
（5）钢结构制作和质量检查所用的钢尺，均应具有相同精度，并应定期送计量部门检定。
（6）在钢结构制作过程中，应严格按工序检验，合格后，下一道工序方能施工。

二、钢结构构件制作及检验流程

钢结构构件制作及检验流程如图5-1所示。

三、放样

放样是钢结构制作工艺中的第一道工序，其工作的准确与否将直接影响到整个产品的质量。放样工作包括：核对图纸的安装尺寸和孔距；以1∶1的大样放出节点，根据设计图确定各构件的实际尺寸；放样工作完成后，对所放大样和样板进行检验；制作样板和样杆作为下料、弯制、铣、刨、制孔等加工的依据。

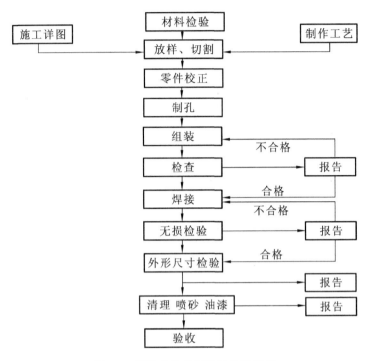

图 5-1 钢结构构件制作及检验流程

四、号料

号料(也称画线),即利用样板、样杆或根据图纸,在板料及型钢上画出孔的位置和零件形状的加工界线。号料的一般工作内容包括:检查核对材料;在材料上划出切割、铣、刨、弯曲、钻孔等加工位置;打冲孔;标注出零件的编号等。常采用的号料方法有:①集中号料法;②套料法;③统计计算法;④余料统一号料法。

五、切割下料

切割下料的目的就是将放样和号料的零件形状从原材料上进行下料分离。钢材的切割可以通过切削、冲剪、摩擦机械力和热切割来实现。常用的切割方法有:机械剪切、气割和等离子切割三种方法。

六、边缘加工

在钢结构加工中一般需要边缘加工,除图纸要求外,在梁翼缘板、支座支承面、焊接坡口及尺寸要求严格的加筋板、隔板、腹板和有孔眼的节点板等部位应进行边缘加工。常用的边缘加工方法主要有铲边、刨边、铣边、碳弧气刨、气割和坡口机加工等。

七、弯制

在钢结构制作中,弯制成形的加工方法主要有卷板(滚圆)、弯曲(煨弯)、折边和模具压制等几种。

1. 滚圆

滚圆是指在外力的作用下,使钢板的外层纤维伸长,内层纤维缩短而产生弯曲变形。在常温状态下进行滚圆钢板的方法有:机械滚圆、胎模压制和手工制作等三种加工方法。

2. 弯曲

在钢结构的制造过程中,弯曲成形的应用相当广泛,其加工方法分为压弯、滚弯和拉弯等几种。

压弯是用压力机压弯钢板,此种方法适用于一般直角弯曲(V形件)、双直角弯曲(U形件),以及其他适宜弯曲的构件。滚弯是用滚圆机滚弯钢板,此种方法适用于滚制圆筒形构件及其他弧形构件。拉弯是用转臂拉弯机和转盘拉弯机拉弯钢板,它主要用于将长条板材拉制成不同曲率的弧形构件。

3. 折边

在钢结构制造中,将构件的边缘压弯成倾角或一定形状的操作称为折边。折边广泛用于薄板构件,它有较长的弯曲线和很小的弯曲半径。薄板经折边后可以大大提高结构的强度和刚度。

板料的弯曲折边是通过折边机来完成的。板料折弯压力机用于将板料弯曲成各种形状,一般在上模进行一次行程后,便能将板料压成一定的几何形状,若采用不同形状的模具或通过几次冲压,还可以得到较为复杂的各种截面形状。当配备相应的装备时,还可以用于剪切和冲孔。

八、开孔

在钢结构制孔中包括铆钉孔、普通螺栓连接孔、高强度螺栓孔、地脚螺栓孔等,制孔方法通常有冲孔和钻孔两种。

1. 钻孔

钻孔是钢结构制造中普遍采用的方法,能用于几乎任何规格的钢板、型钢的孔加工。钻孔的加工方法分为画线钻孔、钻模钻孔和数控钻孔等。

2. 冲孔

冲孔是在冲孔机(冲床)上进行,一般适用于非圆孔。冲孔的生产效率较高,但由于孔的周围产生冷作硬化,孔壁质量较差,有孔口下塌、孔的下方增大的倾向,所以,一般用于对质量要求不高的孔以及预制孔(非成品孔),在钢结构主构件中较少直接采用。

九、组装

钢结构组装的方法包括地样法、仿形复制装配法、立装法、卧装法和胎模装配法等。

(1) 地样法:用1∶1的比例在装配平台上放出构件实样,然后根据零件在实样上的位置,分别组装起来成为构件。

(2) 仿形复制装配法:先用地样法组装成单面(单片)的结构,然后定位点焊牢固,将其翻身,作为复制胎模,在其上面装配另一个单面结构,往返两次组装。

(3) 立装法:根据构件的特点及其零件的稳定位置,选择自上而下或自下而上的顺序装配。

(4) 卧装法:将构件放置于卧倒的位置进行的装配。

(5) 胎模装配法:将构件的零件用胎模定位在其装配位置上的组装方法。

十、钢结构构件的验收、运输和堆放

1. 钢结构构件的验收

钢构件加工制作完成后,应按照施工图和《钢结构工程施工质量验收规范》(GB 50205—2001)的规定进行验收,有的还分为工厂验收和工地验收,因为工地验收还增加了运输的因素。钢构件出厂时,应提供产品合格证及技术文件,施工图和设计变更文件,制作中技术问题处理的协议文件,钢材、连接材料、涂装材料的质量证明或试验报告,焊接工艺评定报告,高强度螺栓摩擦面抗滑移系数试验报告,焊缝无损检验报告及涂层检测资料,主要构件检验记录,预拼装记录等。由于受运输、吊装条件的限制,以及另外设计的复杂性,有时构件要分为或若干段出厂,为了保证工地安装的顺利进行,在出厂前应进行预拼装(需预拼装时)、构件发运和包装清单等。

2. 构件的运输

发运的构件,单件超过3吨的,宜在醒目位置用油漆标上重量及重心位置的标志,以免在装、卸车和起吊过程中损坏构件;节点板、高强度螺栓连接面等重要部分应有适当的保护措施,零星的部件等都应按同一类别用螺栓和铁丝紧固成束或包装发运。

大型或重型构件的运输应根据行车路线、运输车辆的性能、码头状况、运输船只来编制运输方案。在运输方案中应着重考虑吊装工程的堆放条件、工期要求来编制构件的运输顺序。

运输构件时,应根据构件的长度、重量断面形状选用车辆;构件在运输车辆上的支点、两端伸长的长度及绑扎方法均应保证构件不产生永久变形、不损伤涂层。构件起吊必须按设计吊点起吊,不得随意进行。

公路运输装运的高度极限为4.5 m,如需通过隧道时,则高度极限为4 m,构件长出车身不得超过2 m。

3. 构件的堆放

构件一般应堆放在工厂的堆放场和现场的堆放场。构件堆放扬地应平整坚实,无水坑、冰层,地面平整干燥,并应排水通畅,有较好的排水设施,同时有车辆进出的回路。

构件应按种类、型号、安装顺序划分区域,插上标志牌。构件底层垫块应有足够的支承面,不允许垫块有大的沉降量,堆放的高度应有计算依据,以最下面的构件不产生永久变形为准,不得随意堆高。钢结构产品不得直接置于地上,要垫高200 mm。

在堆放中,发现有变形不合格的构件,则应严格检查,进行矫正,然后再堆放。不得把不合格的变形构件堆放在合格的构件中,否则会大大地影响安装进度。

对于已堆放好的构件,应派专人汇总资料,建立完善的进出厂的动态管理,严禁乱翻、乱移。同时对已堆放好的构件应进行适当保护,避免风吹雨打、日晒夜露。

不同类型的钢构件一般不能堆放在一起。同一工程的钢构件应分类堆放在同一地区,便于装车发运。

单元2 钢结构连接

钢结构是由若干构件组合而成的。钢结构连接的作用就是通过一定的方式将板材或型钢组合成构件,再将若干个构件组合成整体结构,以保证其共同工作。

钢结构的连接方法可分为焊接连接、铆钉连接、螺栓连接和紧固件连接等,如图 5-2 所示。

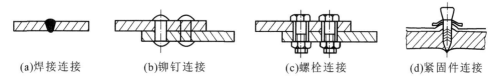

(a)焊接连接　　(b)铆钉连接　　(c)螺栓连接　　(d)紧固件连接

图 5-2　钢结构的连接方法

一、焊接连接

1. 焊接连接的特点

焊接连接具有构造简单、用料经济、制作加工方便、结构刚度大等优点。但也有焊缝附近局部材质变脆;受压构件承载力降低;对裂纹很敏感,局部裂纹一旦萌生,就很容易扩展到整个构件截面,低温冷脆问题较为突出等缺点。

2. 焊接方法

用于钢结构连接的焊接方法主要有手工电弧焊(见图 5-3)、自动或半自动埋弧焊(见图 5-4)、气体保护焊和电阻焊等。

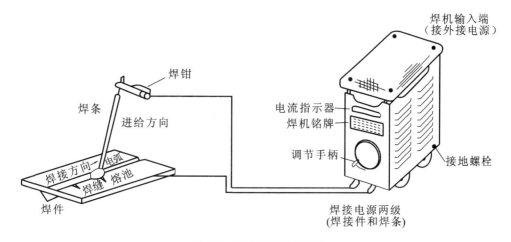

图 5-3　手工电弧焊示意图

(1) 手工电弧焊是最常用的一种焊接方法。通电后,在涂有药皮的焊条和焊件间产生电弧;电弧提供热源,使焊条中的焊丝熔化,滴落在焊件上被电弧吹成的小凹槽熔池中;焊缝金属冷却后把被连接件连成一体。

手工电弧焊所用焊条应与焊件钢材(或称主体金属)相适应,例如:对 Q235 钢采用 E43 型焊条;对 Q345 钢采用 E50 型焊条;对 Q390 钢和 Q420 钢采用 E55 型焊条。不同钢种的钢材相焊接时,宜采用低组配方案,即宜采用与低强度钢相适应的焊条。

(2) 埋弧焊是电弧在焊剂层下燃烧的一种电弧焊方法。焊丝送进和焊接方向的移动有专门机构控制的称埋弧自动电弧焊;焊丝送进有专门机构控制,而焊接方向的移动靠工人操作的称为埋弧半自动电弧焊。电弧焊的焊丝不涂药皮,但施焊端靠由焊剂漏头自动流下的颗粒状焊剂所覆盖,电弧完全被埋在焊剂之内,电弧热量集中,熔深大,适用于厚板的焊接,具有很高的生产率。

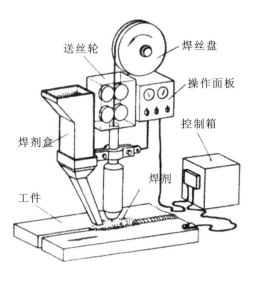
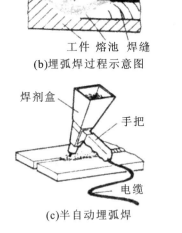

(a)自动埋弧焊　　　　　　　(c)半自动埋弧焊

图 5-4　埋弧焊示意图

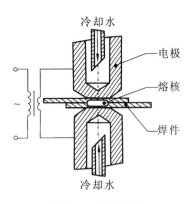

图 5-5　电阻点焊

(3) 气体保护焊是利用二氧化碳气体或其他惰性气体作为保护介质的一种电弧熔焊方法。它直接依靠保护气体在电弧周围造成局部的保护层，以防止有害气体的侵入并保证了焊接过程的稳定性。

(4) 电阻焊是利用电流通过焊件接触点表面的电阻所产生的热量来熔化金属，再通过压力使其焊合，适用于板叠厚度不大于 12 mm 的焊接。对冷弯薄壁型钢的焊接，常用电阻点焊，如图 5-5 所示。

3. 焊缝连接形式及焊缝形式

1) 焊缝连接形式

按被连接钢材的相互位置可将焊缝连接形式分为对接、搭接、T 形连接和角部连接，如图 5-6 所示。按焊缝截面形式可分为对接焊缝和角焊缝。

2) 焊缝形式

对接焊缝按所受力的方向分为正对接焊缝和斜对接焊缝。角焊缝按所受力的方向可分为正面角焊缝、侧面角焊缝和斜焊缝等，如图 5-7 所示。

角焊缝沿长度方向的布置可分为连续角焊缝和间断角焊缝，如图 5-8 所示。

焊缝按施焊位置可分为平焊(又称俯焊)、横焊、立焊及仰焊等，如图 5-9 所示。

4. 焊缝缺陷及焊缝质量检验

1) 焊缝缺陷

焊缝缺陷是指焊接过程中产生于焊缝金属或附近热影响区钢材表面或内部的缺陷。常见的焊缝缺陷有裂纹、焊瘤、烧穿、弧坑、气孔、夹渣、咬边、未熔合、未焊透等，如图 5-10 所示，以及焊缝尺寸不符合要求、焊缝成形不良等。裂纹是焊缝连接中最危险的缺陷。

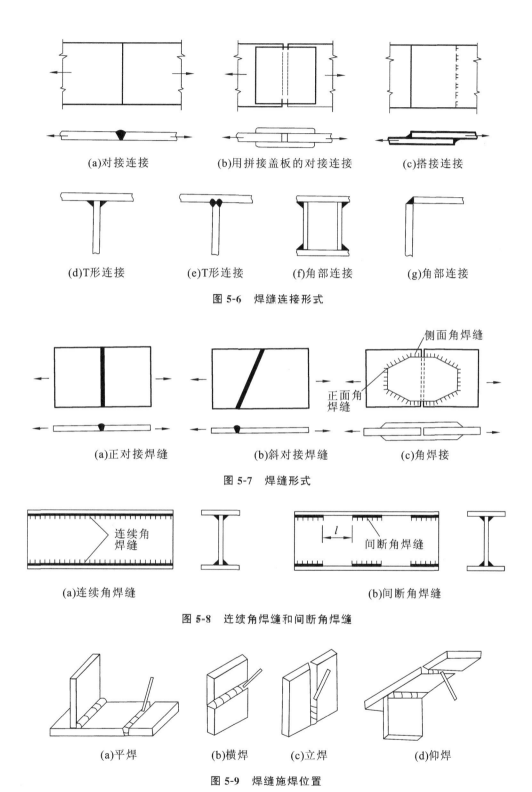

图 5-6 焊缝连接形式

图 5-7 焊缝形式

图 5-8 连续角焊缝和间断角焊缝

图 5-9 焊缝施焊位置

2)焊缝质量检验

《钢结构工程施工质量验收规范》(GB 50205—2001)中规定焊缝按其检验方法和质量要求可分

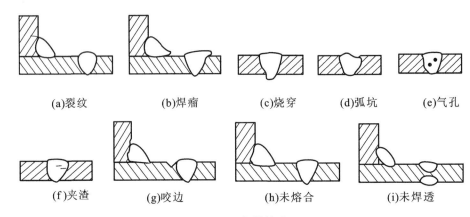

图 5-10 焊缝缺陷

为一级、二级和三级。三级焊缝只要求对全部焊缝作外观检查且符合三级质量标准；设计要求全焊透的一级、二级焊缝除进行外观检查外，还要求用超声波探伤进行内部缺陷的检验，若超声波探伤不能对缺陷作出判断时，则应采用射线探伤检验，并应符合国家相应质量标准的要求。

5．角焊缝的构造要求

1）截面形式

角焊缝按其截面形式可分为直角角焊缝（见图5-11）和斜角角焊缝（见图5-12）。

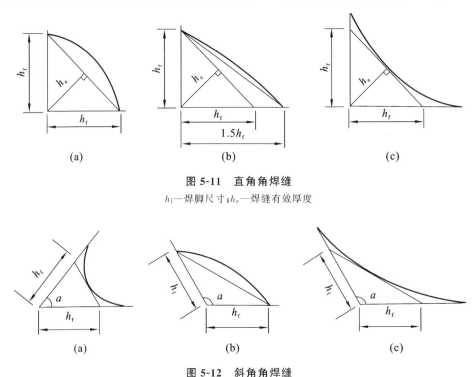

图 5-11 直角角焊缝

h_f—焊脚尺寸；h_e—焊缝有效厚度

图 5-12 斜角角焊缝

h_f—焊脚尺寸；a—两焊角边的夹角

直角角焊缝通常焊成表面微凸的等腰直角三角形截面，在直接承受动力荷载的结构中，为了减少应力集中，提高构件的抗疲劳强度，侧面角焊缝以凹形为最好。但手工焊成凹形极为费事,因此采用手工焊时,焊缝做成直线形较为合适。当用自动焊时,由于电流较大,金属熔化速度快、熔深大,焊缝金属冷却后的收缩自然形成凹形表面。为此规定在直接承受动力荷载的结构(如吊车梁)中,侧面角焊缝做成凹形或直线形均可。对于正面角焊缝,因其刚度较大,受动力荷载时应焊成平坡式,直角边的比例通常为1:1.5(长边顺内力方向)。

两焊脚边的夹角 $\alpha > 90°$ 或 $\alpha < 90°$ 的焊缝称为斜角角焊缝,斜角角焊缝常用于钢漏斗和钢管结构中。对于夹角 $\alpha > 135°$ 或 $\alpha < 60°$ 的斜角角焊缝,除钢管结构外,不宜用于受力焊缝。

2) 最大焊脚尺寸 $h_{f\max}$

《钢结构工程施工质量验收规范》(GB 50205—2001)中规定:除了直接焊接钢管结构的焊脚尺寸 h_f 不宜大于支管壁厚的 2 倍之外,h_f 不宜大于较薄焊件厚度的 1.2 倍,即最大焊脚尺寸 $h_f \leq 1.2 t_{\min}$,$t_{\min}$ 为较薄焊件的厚度。在板件边缘的角焊缝,当板件厚度 $t \leq 6$ mm 时,$h_f \leq t$,即 $h_{f\max} = t$;当 $t > 6$ mm 时,$h_f \leq t - (1 \sim 2$ mm),即 $h_{f\max} = t - (1 \sim 2$ mm)。h_f 太大会使施焊时热量输入过大,焊缝收缩时容易产生较大的焊接残余变形和三向焊接残余应力;并且会使热影响区扩大,容易产生脆性断裂;甚至易使较薄焊件烧穿。板件边缘的较大角焊缝当与板件边缘等厚时,施焊时易产生咬边现象。

3) 最小焊脚尺寸 $h_{f\min}$

《钢结构工程施工质量验收规范》(GB 50205-2001)中规定:角焊缝的焊脚尺寸 h_f 不得小于 $1.5\sqrt{t}$,t 为较厚焊件厚度;自动焊熔深大,最小焊脚尺寸可减少 1 mm;对 T 形连接的单面角焊缝,应增加 1 mm。当焊件厚度等于或小于 4 mm 时,则最小焊脚尺寸应与焊件厚度相同。h_f 太小会使焊缝有缺陷或尺寸不足时影响承载力过多,并且焊缝因冷却过快容易产生收缩裂纹,故规定 h_f 最小值应随 $t_{\max}$ 而相应增加。

4) 不等焊脚尺寸的构造要求

角焊缝的两焊脚尺寸一般为相等。当焊件的厚度相差较大且等焊脚尺寸不能符合以上最大焊脚尺寸及最小焊脚尺寸要求时,可采用不等焊脚尺寸。

5) 搭接连接的构造要求

当板件端部仅有两条侧面角焊缝连接时,宜使每条侧面角焊缝计算长度 $l_w \geq$ 其间距 b,并且间距 $b \leq 16$ 倍的较薄焊件厚度 t($t > 12$mm)或 200 mm($t \leq 12$ mm)时,在搭接连接过程中,当仅采用正面角焊缝时,其搭接长度不得小于焊件较小厚度的 5 倍,也不得小于 25 mm,以免焊缝受偏心弯矩影响太大而破坏。杆件端部搭接采用围焊(包括三面围焊、L 形围焊)时,转角处截面突变会产生应力集中,如在此处起灭弧,可能出现弧坑或咬边等缺陷,从而加大应力集中的影响,故所有围焊的转角处必须连接施焊。对于非围焊情况,当角焊缝的端部在构件转角处时,可连续地进行长度为 $2h_f$ 的绕角焊。

6. 对接焊缝的构造要求

1) 坡口形式

对接焊缝的焊件常需做成坡口,故又称为坡口焊缝。当焊件厚度很小(手工焊 $t \leq 6$ mm,埋弧焊 $t \leq 10$ mm)时可用直边缝;对于一般厚度的焊件可采用具有坡口角度的单边 V 形或 V 形焊缝;对于较厚的焊件($t > 20$ mm),常采用 U 形、K 形和 X 形坡口,如图 5-13 所示。

2) 截面的改变

对接焊缝拼接处,当焊件的宽度不同或厚度在一侧相差 4 mm 以上时,在宽度方向或厚度方向从一侧或两侧做成坡度不大于 1:2.5 的斜角,如图 5-14 所示,以使截面过渡平缓,减小应力集中。

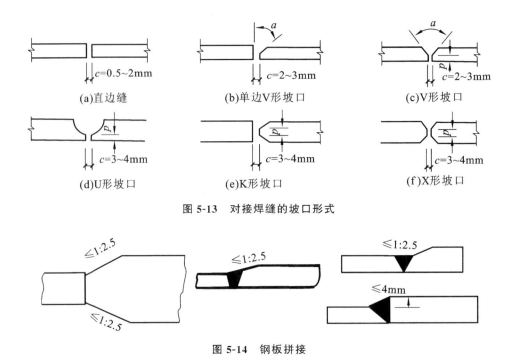

图 5-13 对接焊缝的坡口形式

图 5-14 钢板拼接

3) 引弧板

在焊缝起灭弧处会出现弧坑等缺陷,这些缺陷对连接的承载力影响较大,故焊接时一般应设置引弧板和引出板,如图 5-15 所示,焊后将它割除。对受静力荷载的结构设置引弧板和引出板有困难时,允许不设置,此时可令焊缝计算长度等于实际长度减去 $2t$(t 为较薄焊件厚度)。

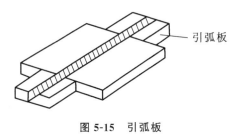

图 5-15 引弧板

二、螺栓连接

螺栓连接分普通螺栓连接和高强度螺栓连接两种。

1. 普通螺栓连接

钢结构的普通螺栓连接即将普通螺栓、螺母、垫圈机械地和连接件连接在一起形成的一种连接形式。

普通螺栓分为 A、B、C 三级。A 级与 B 级为精制螺栓,C 级为粗制螺栓。

C 级螺栓由未经加工的圆钢压制而成。螺杆与栓孔之间有较大的间隙,连接的变形大,但安装方便,并且能有效地传递拉力,故一般可用于沿螺栓杆轴受拉的连接中,以及次要结构的抗剪连接或安装时的临时固定。

A、B 级精制螺栓制作和安装复杂,价格较高,已很少在钢结构中采用。

2. 高强度螺栓连接

高强度螺栓一般采用 45 号钢、40B 钢和 20MnTiB 钢加工制作。其可分大六角头型(见图 5-16(a))和扭剪型(见图 5-16(b))两种。安装时应通过特别的扳手,以较大的扭矩上紧螺帽,使螺杆产生很大的预拉力。高强度螺栓的连接分为摩擦型连接和承压型连接两种。

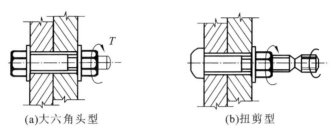

(a)大六角头型　　　　(b)扭剪型

图 5-16　高强度螺栓

3. 螺栓连接的排列和构造要求

1）排列方式

螺栓连接时钢板上的螺栓排列方式分为并列式和错列式(也称梅花式)两种,如图 5-17 所示。

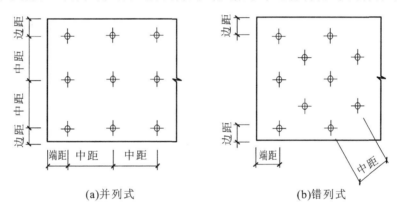

(a)并列式　　　　(b)错列式

图 5-17　螺栓连接时钢板上的螺栓排列方式

2）螺栓布置的原则

螺栓的排列中螺栓的各间距应满足受力、构造和施工各方面的要求。钢板上螺栓的容许间距见表 5-1 所示。

表 5-1　钢板上螺栓和铆钉的容许间距

名称	位置和方向			最大容许距离（取两者的较小者）	最小容许距离
中心间距	外排（垂直内力方向或顺内力方向）			$8d_0$ 或 $12t$	$3d_0$
	中间排	垂直内力方向		$16d_0$ 或 $24t$	
		顺内力方向	构件受压力	$12d_0$ 或 $18t$	
			构件受拉力	$16d_0$ 或 $24t$	
	沿对角线方向			—	

续表

名称	位置和方向			最大容许距离 （取两者的较小者）	最小容许距离
中心至构件边缘距离	顺内力方向			$4d_0$ 或 $8t$	$2d_0$
	垂直内力方向	剪切或手工气割边			$1.5d_0$
		轧制边、自动气割或锯割边	高强度螺栓		
			其他螺栓或铆钉		$1.2d_0$

注：①d_0 为螺栓孔或铆钉孔孔径，t 为外层薄板件厚度。
②钢板边缘与刚性构件（如角钢、槽钢）相连的螺栓最大间距，可按中间排数值采用。

（1）受力要求 对于受拉构件，各排螺栓的中距、边距不能过小，以免使螺栓周围应力集中相互影响，截面削弱过多会降低承载力。端距应按被连接件材料的抗挤压及抗剪切等强度条件确定，以使钢板在端部不致被螺栓撕裂；受压构件上的中距不宜过大，防止发生鼓曲。

（2）构造要求 为了使连接可靠，每一杆件在节点上以及拼接接头的一端，永久性螺栓数不宜少于两个；对于直接承受动力荷载的普通螺栓连接应采用双螺帽或其他防止螺帽松动的有效措施。

（3）施工要求 应保证有一定的空间，便于用扳手拧紧螺栓。

4. 高强度螺栓施工

1）施工的机具

（1）手动扭矩扳手：常用的手动扭矩扳手有指针式、音响式和扭剪型三种。

（2）扭剪型手动扳手：是一种紧固扭剪型高强度螺栓使用的手动力矩扳手。

（3）电动扳手：常用的电动扳手有 NR-9000A，NR-12 和双重绝缘定扭矩、定转角电动扳手等。

2）大六角头高强度螺栓施工

（1）扭矩法施工：在采用扭矩法终拧前，应首先进行初拧，对螺栓多的大接头，还需进行复拧。

（2）转角法施工：利用螺母旋转角度以控制螺杆弹性伸长量来控制螺栓轴向力的方法。

3）扭剪型高强度螺栓施工

扭剪型高强度螺栓连接副紧固施工比大六角头高强度螺栓连接副紧固施工要简便得多，正常的情况采用专用的电动扳手进行终拧，梅花头拧掉标志着螺栓终拧的结束。

三、铆钉连接

铆钉连接有热铆和冷铆两种方法。热铆是由烧红的钉坯插入构件的钉孔中，用铆钉枪或压铆机铆合而成。冷铆是在常温下铆合而成。在建筑结构中一般都采用热铆。

铆钉连接由于构造复杂，技术水平要求较高，费钢费工，现已很少采用。但是铆钉连接的塑性和韧性较好，传力可靠，连接质量容易检查，对主体金属材质质量要求相对较低，在一些重型和直接承受动力荷载的结构中，有时仍然采用。

四、轻钢结构的紧固件连接

在冷弯薄壁型钢结构中经常采用自攻螺钉、钢拉铆钉、射钉等机械式紧固件连接方式，如图

5-18 所示,主要用于压型钢板之间和压型钢板与冷弯型钢等支承构件之间的连接。

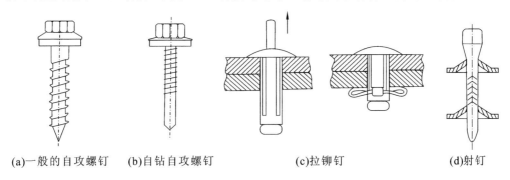

(a)一般的自攻螺钉　(b)自钻自攻螺钉　(c)拉铆钉　(d)射钉

图 5-18　轻钢结构紧固件

单元 3　钢结构涂装工程

一、防腐涂装工程施工

1. 工艺流程

防腐涂装工程的施工工艺流程为:基面喷砂除锈→底漆涂装→中间漆涂装→面漆涂装→检查验收。

2. 钢结构涂装前的表面处理(除锈)

建筑钢结构工程的油漆涂装应在钢结构制作安装验收合格后进行。油漆涂刷前,应采取适当的方法将需要涂装部位的铁锈、焊缝药皮、焊接飞溅物、油污、尘土等杂物清理干净。

基面清理除锈质量的好坏,直接影响到涂层质量的好坏。因此涂装工艺的基面除锈质量等级应符合设计文件的规定要求。钢结构除锈质量等级分类执行《涂覆涂料前钢材表面处理　表面清洁度的目视评定》(GB/T 8923.1—2011、GB/T 8923.2—2008、GB/T 8923.3—2009、GB/T 8923.4—2013)中的规定。

油污的清除方法根据工件的材质、油污的种类等因素来决定,通常采用溶剂清洗或碱液清洗。

清洗方法有槽内浸洗法、擦洗法、喷射清洗和蒸汽法等。

钢构件表面除锈方法根据要求不同可采用手工除锈、机械除锈、喷砂除锈、酸洗除锈等。

3. 涂料涂装方法

合理的施工方法,对保证涂装质量、施工进度、节约材料和降低成本有很大的作用。常用的涂料的施工方法有刷涂法、手工滚涂法、浸涂法、空气喷涂法、雾气喷涂法。

4. 钢结构涂装施工工艺

钢结构涂装施工工艺的环境要求为:①环境温度应按照涂料的产品说明书要求,当产品说明书无要求时,环境温度宜在 5～38 ℃之间,相对湿度不应大于 85%;②涂装时构件表面不得有结露、水汽等;③涂装后 4 h 内应保护其不受雨淋。

设计要求或钢结构施工工艺要求禁止涂装的部位为防止误涂,在涂装前必须进行遮蔽保护。例如,地脚螺栓和底板、高强度螺栓结合面,与混凝土紧贴或埋入的部位。

涂料开桶前,应充分摇匀。开桶后,原漆应不存在结皮、结块、凝胶等现象,有沉淀应能搅起,有漆皮应除掉。

涂装施工过程中,应控制油漆的黏度、稠度、稀度,兑制时应充分搅拌,使油漆的色泽、黏度均匀一致。调整黏度必须使用专用的稀释剂,如需代用,必须经过试验。

涂刷遍数及涂层厚度应执行设计要求的规定;涂装间隔时间应根据各种涂料的产品说明书确定;涂刷第一层底漆时,涂刷方向应一致,接槎整齐。

钢结构安装后,还要进行防腐涂料的第二次涂装。涂装前,首先利用砂布、电动钢丝刷、空气压缩机等工具将钢构件表面处理干净,然后对涂层损坏部分和未涂部位进行补涂,最后按照设计要求的规定进行二次涂装施工。

涂装完工后,经自检和专业检并进行记录。涂层有缺陷时,应分析并确定缺陷原因,及时修补。修补的方法和要求与正式涂层部分相同。

构件涂装后,应加上临时围护进行隔离,防止踩踏,损伤涂层;并不要接触酸类液体,防止咬伤涂层;需要运输时,应防止磕碰、拖拉损伤涂层。

钢构件在运输、存放和安装过程中,对损坏的涂层应进行补涂。一般情况下,工厂制作完后只涂一遍底漆,其他底漆、中间漆、面漆在安装现场吊装前涂装,最后一遍面漆应在安装完成后涂装;也可以由安装单位与制作单位协商,在制作单位完成底漆、中间漆的涂装,但最后一遍面漆仍由安装单位来完成。不论哪种方式,对损伤处的涂层及安装连接部位均应补涂。补涂遍数及要求应与原涂层相同。

5. 涂料涂装检验

钢结构防腐涂料、面漆、稀释剂和固化剂等材料的品种、规格、性能和质量等,应符合现行国家产品标准和设计要求。

涂装前钢结构的表面除锈应符合现行国家有关标准和设计的要求。处理后的钢材表面不应有铁锈、焊渣、焊疤、油污、尘土、水和毛刺等。当设计无要求时,钢结构的表面除锈等级应符合规定。

涂料涂装时不得误涂、漏涂,涂层应无脱皮和返锈现象。

二、防火涂装工程施工

1. 工艺流程

防火涂装工程施工工艺流程为:施工准备→调配涂料→涂装施工→检查验收。

2. 施工准备

钢结构防火涂料的选用应符合《钢结构防火涂料》(GB 14907—2002)的标准规定。所选用防火涂料应是主管部门鉴定合格,并经当地消防部门批准的产品。

防火涂料涂装前,钢结构工程应已验收合格,钢结构表面除锈及防锈底漆应符合设计要求和规范规定,并经验收合格后方可进行涂装。

防火涂料涂装前,应彻底清除钢构件表面的灰尘、油污等杂物,对钢构件防锈涂层碰损或漏涂部位补刷防锈底漆,并应在室内装饰之前和不被后续工程所损坏的条件下进行。施工前,对不需要进行防火保护的墙面、门窗、机械设备和其他构件应用塑料布遮挡保护。

涂装施工时,环境温度宜在5~38℃之间,相对湿度不应大于80%,空气应流通。露天作业时应选择适当的天气,大风、降雨、严寒的情况均不应作业。

3. 厚涂型钢结构防火涂料操作工艺

防火涂料涂装,一般采用喷涂法施工,机具为压送式喷涂机,局部修补和小面积构件采用手工抹涂的方法施工。

防火涂料的配制搅拌,应边配边用,当天配制的涂料必须在说明书规定的时间内使用完。搅拌和配制的涂料,应使之均匀一致,并且稠度适宜,使其既能在输送管道中流动畅通,只能在喷涂后不会产生流淌和下坠的现象。

喷涂应分若干层完成,第一层喷涂以基本覆盖钢材表面即可,以后每层喷涂厚度为 5~10 mm,一般以 7 mm 为宜。在每层涂层基本干燥或固化后,方可继续喷涂下一层涂料,通常每天喷涂一层。喷涂保护方式、喷涂层数和涂层厚度应根据防火设计的要求来确定。

喷涂时,喷枪要垂直于被喷涂钢构件表面,喷距为 6~10 m,喷涂气压应保持在 0.4~0.6 MPa。喷枪运行速度应保持稳定,不能在同一位置久留。喷涂过程中,配料及往喷涂机内加料应连续进行,不得停顿。

施工过程中,操作者应采用测厚针检测涂层厚度,直到符合设计规定的厚度,方可停止喷涂。喷涂后,对丁明显的凹凸不平处,采用抹灰刀等工具进行剔除和补涂,以确保涂层表面均匀。

厚涂型钢结构防火涂料施工的质量要求为:①涂层应在规定的时间内干燥固化,各层间黏结牢固,不出现粉化、空鼓、脱落和明显裂纹;②钢结构接头、转角处的涂层应均匀一致,无漏涂出现;③涂层厚度应达到设计要求,否则应进行补涂处理,使之符合规定的厚度。

4. 防火涂料涂装检验

钢结构防火涂料的品种、规格、性能和质量等,应符合设计要求,并应经过具有资质的检测机构检测,符合现行国家有关标准的规定。

防火涂料涂装前,钢结构表面除锈及防锈底漆应符合现行国家有关标准和设计要求。

钢结构防火涂料的黏接强度和抗拉强度应符合国家现行《钢结构防火涂料应用技术规程》(CECS 24—1990)的标准规定。

1. 钢结构的连接方法有哪些?各种连接方法各有何优缺点?
2. 钢结构焊接如何进行施工?
3. 简述扭转型高强度螺栓的施工方法。
4. 为何要规定螺栓排列的最大和最小间距要求?
5. 简要说明常用的焊接方法和各自的优缺点。
6. 摩擦型和承压型高强螺栓的传力机理有何不同?
7. 简述螺栓的常见布置形式和需考虑的因素。
8. 对接焊缝常用的坡口形式有哪些?
9. 钢结构在工程中的应用如何?
10. 钢结构材料如何进行下料?
11. 钢结构预拼装应达到什么要求?
12. 简述钢结构构件制作的施工工序。
13. 简述钢结构防腐与防火的防护方法。

结构工程安装

1. 知识目标

（1）了解索具设备的种类及特点，掌握桅杆式起重机、自行式起重机、塔式起重机的使用要求。

（2）熟悉混凝土单层厂房构件的吊装要求。

（3）掌握单层钢结构厂房、多层及高层钢结构、钢网架结构安装等的施工要求。

2. 能力目标

（1）掌握桅杆式起重机、自行式起重机、塔式起重机的使用方法。

（2）熟悉混凝土单层厂房构件的吊装工序，各工序的施工方法。

（3）掌握单层钢结构厂房、多层及高层钢结构、钢网架结构安装等的施工方法。

单元1　索具与起重机械

一、索具设备

1. 钢丝绳

钢丝绳是吊装作业中最常用的绳索，它具有强度高、韧性好、耐磨性好、能承受冲击荷载等优点。同时，磨损后其表面产生毛刺，容易发现，易于检查，便于防止发生事故。

1）钢丝绳的构造与种类

结构吊装中常用的钢丝绳是由直径相同的光面钢丝捻成钢丝股，再由六股钢丝股围绕一股绳芯捻成。

2）钢丝绳的允许拉力计算

钢丝绳允许拉力按式(6-1)计算：

$$[F_g] = \frac{\alpha F_g}{K} \tag{6-1}$$

式中：$[F_g]$——钢丝绳的允许拉力，kN；

　　　F_g——钢丝绳的破断拉力总和，kN；

　　　α——换算系数；

　　　K——钢丝绳的安全系数。

3）钢丝绳的安全检查及报废标准

钢丝绳使用一定时间后，就会产生不同程度的磨损、断丝和腐蚀等现象，这将降低其承载能力。经检查有下列情况之一者,就应予以报废:钢丝绳整股破断;使用时断丝数目增加很快;钢丝绳在一个节距内断丝、锈蚀或磨损的数量超过一定数值等。

4)钢丝绳使用注意事项

钢丝绳穿过滑轮时,滑轮槽的直径应比钢丝绳子的直径大 1~2.5 mm。滑轮的直径不得小于钢丝绳直径的 10~12 倍,以减小钢丝绳的弯曲应力。应定期对钢丝绳加润滑油(一般为 4 月/次)。存放在仓库里的钢丝绳应成卷排列,避免重叠堆置,库中应保持干燥,以防钢丝绳锈蚀。在使用中,如绳股间有大量的油挤出,表明钢丝绳的荷载已相当大,这时必须勤加检查,以防发生事故。

2. 吊装工具

吊装工具是结构安装工程中不可缺少的绑扎、固定、吊升的工具。吊装工具包括卡环、吊索、横吊梁、滑轮组、倒链、卷扬机等。

1)卡环(卸甲、卸扣)

卡环(又称卸甲或卸扣)用于吊索之间或吊索和构件吊环之间的连接,由弯环和销子两部分组成,如图 6-1 示。

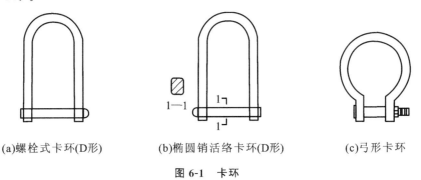

(a)螺栓式卡环(D形)　　(b)椭圆销活络卡环(D形)　　(c)弓形卡环

图 6-1　卡环

卡环的分类方式为:①按弯环形式可分为 D 形卡环和弓形卡环两种形式;②按销子和弯环的连接形式可分为螺栓式卡环和活络式卡环两种。螺栓式卡环的销子和弯钩采用螺纹连接,而活络式卡环的销子端头和弯环孔眼无螺纹,可直接抽出,销子的截面有圆形和椭圆形两种。

2)吊索

吊索也称为千斤绳、绳套。根据形式的不同可分为环状吊索(又称万能吊索或闭式吊索)和开式吊索,又可分为 8 股吊索和轻便吊索,如图 6-2 所示。

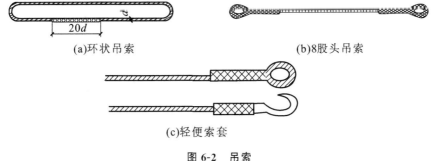

(a)环状吊索　　(b)8 股头吊索

(c)轻便索套

图 6-2　吊索

3)横吊梁(铁扁担、平衡梁)

为了承受吊索对构件轴向压力和减小起吊高度,可采用横吊梁。常用的横吊梁有滑轮横吊梁、钢板横吊梁(见图 6-3)、钢管横吊梁(见图 6-4)等。

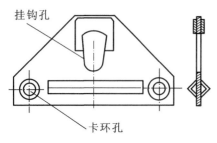
图 6-3 钢板横吊梁

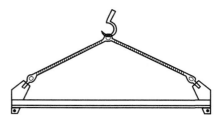
图 6-4 钢管横吊梁

4）其他辅件

其他辅件主要有钢丝绳夹和钢丝绳卡扣等，它们主要是用于固定或连接钢丝绳端。钢丝绳夹的构造尺寸按《钢丝绳夹》(GB/T 5976—2006)标准，详见图 6-5。

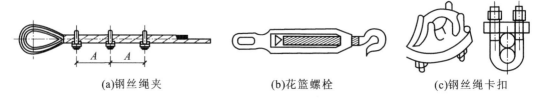

(a)钢丝绳夹　　　　　(b)花篮螺栓　　　　　(c)钢丝绳卡扣

图 6-5 钢丝绳链接辅件

5）滑轮、滑轮组

滑轮又名葫芦，可以省力，也可以改变用力的方向。滑轮的分类方式为：①按滑轮数量的多少，可分为单门、双门和多门等；②按使用方式的不同，可分为定滑轮和动滑轮两种，如图 6-6 所示。

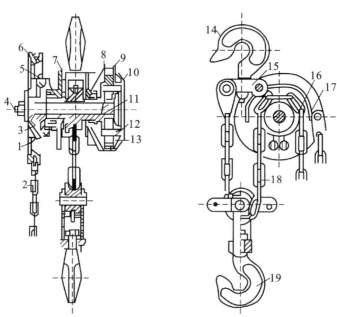

图 6-6 齿轮式链条滑轮

1—摩擦垫圈；2—手链；3—圆盘；4—链轮轴；5—棘轮圈；6—牵引链轮；7—夹板；8—传动轮；9—齿圈；10—驱动装置；11—齿轮；12—轴心；13—行星齿轮；14—挂钩；15—横梁；16—起重星轮；17—保险簧；18—吊钩

定滑轮可以改变力的方向,但不能省力;动滑轮可以省力,但不能改变力的方向。滑轮的允许荷载,根据滑轮轴的直径确定,使用时不能超载。

滑轮组是由一定数量的定滑轮和动滑轮及绕过的绳索组成的,它即可以改变力的方向又可以达到省力的目的。

二、桅杆式起重机

建筑工程中常用的桅杆式起重机有独脚桅杆、人字桅杆、悬臂桅杆和牵缆式起重机等。桅杆式起重机制作简单,装拆方便,起重量较大,受地形限制小,能用于其他起重机械不能安装的一些特殊工程和设备,但这类机械的服务半径小、移动困难,需要使用较多的缆风绳,如图6-7所示。

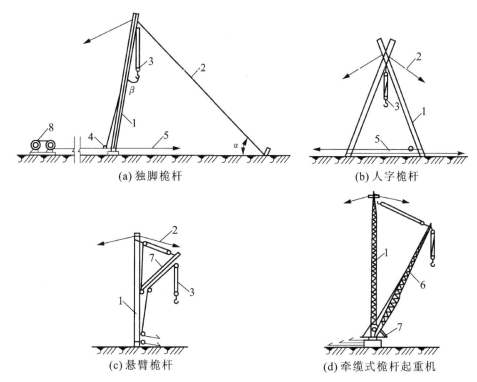

图 6-7 桅杆式起重机

1—桅杆;2—缆风绳;3—起重滑轮组;4—导向装置;5—拉索;6—起重臂;7—回转盘;8—卷扬机

三、自行式起重机

在结构安装工程中主要采用的自行杆式起重机有:履带式起重机、汽车式起重机和轮胎式起重机等。

1. 履带式起重机

1) 构造及分类

履带式起重机是在行走的履带底盘上装有起重装置,它由动力装置、传动机构、回转机构、行走机构、操作系统及工作机构(包括起重杆、起重滑轮组、卷扬机等)等组成,如图6-8所示。履

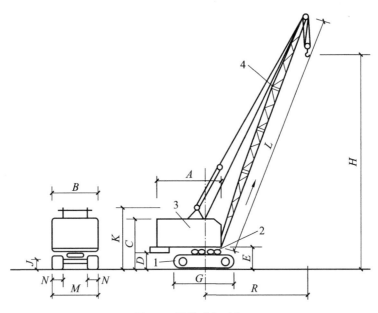

图 6-8 履带式起重机
1—行走装置;2—回转机构;3—机身;4—起重臂

带式起重机稳定性差,行驶速度慢,并且易损坏路面,转移时多用平板拖车装运。

2) 常用型号及性能

目前在结构安装工程中常用的履带式起重机,主要是国产的 W_1-50、W_1-100 和 W_1-200 等型号。

起重机的起重量(Q)、起升高度(H)、工作幅度(R)这三个参数之间存在着相互制约的关系,起重臂的长度(L)及其仰角(α)有关。每一种型号的起重机都有几种臂长(L)。当臂长(L)一定时,随起重机仰角(α)的增大,起重量(Q)增大,起重半径(R)减少,起重高度(H)增大。当起重臂仰角(α)一定时,随着起重臂的臂长(L)的增加,起重量(Q)减少,起重半径(R)增大,起重高度(H)增大。其数值的变化取决于起重臂仰角的大小和起重臂长度。

3) 稳定性验算

使用履带式起重机进行超负载吊装或接长起重臂时,必须对起重机进行稳定性验算,以保证起重机在吊装过程中不至于发生倾覆事故,确保安全生产。根据验算结果,采取增加配重等措施后,才能进行吊装。

履带式起重机稳定性应是在起重机处于最不利的情况,即车身旋转 90°起吊重物时,进行验算,如图 6-9 所示。

$$K_2 = \frac{\text{稳定力矩}}{\text{倾覆力矩}} \geq 1.4 \tag{6-2}$$

对 A 点取力矩可得:

$$K_2 = \frac{G_1 l_1 + G_2 l_2 + G_0 l_0 - G_3 l_3}{(Q+q)(R-l_2)} \geq 1.4 \tag{6-3}$$

式中:G_0——平衡重所受的重力,N;

G_1——起重机机身可转动部分所受重力(地面倾斜的影响忽略不计,下同),N;

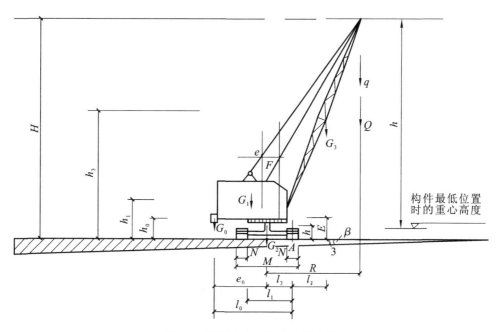

图 6-9 履带式起重机稳定性验算

G_2——起重机机身不转动部分所受重力,N;
G_3——起重臂所受重力,N;
Q——吊装荷载(包括构件和索具),N;
q——起重滑轮组所受重力,N;
l_0——G_0 重心至 A 点的距离,m;
l_1——G_1 重心至 A 的距离,m;
l_2——G_2 重心至 A 点的距离,m;
l_3——G_3 重心至 A 点的距离,m;
R——起重机的工作幅度,m。

2. 汽车式起重机

汽车式起重机是装在通用载重汽车底盘或是专用汽车载重汽车底盘上的一种起重机,其行驶的驾驶空与起重的操纵室是分开的。汽车式起重机也是一种自行式起重机,车身回转 360°,其构造与履带式起重机基本相同,如图 6-10 所示。它的特点是机动灵活,行驶速度快,能快速转移到新的施工现场并迅速投入工作,对路面的破坏性小,对路面要求也不十分高。特别适合用于中小型单层工业厂房结构吊装中。

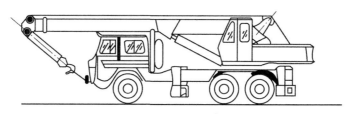

图 6-10 汽车式起重机

汽车式起重机吊装时稳定性差,所以起重机设有可伸缩的支腿,起重时支腿落地,以增加机身的稳定,并起到保护轮胎的作用,这种起重机不能负重行驶。

汽车式起重机按起重量的大小分为轻型、中型和重型三种,起重量在 20 t 以内的为轻型,20~50 t 为中型,50 t 及以上的为重型。汽车式起重机按传动装置形式的不同可分为机械传动、电力传动、液压传动三种。

3. 轮胎式起重机

轮胎式起重机是一种把起重机构安装在专用加重型轮胎和轮轴组成的特制底盘上的一种全回转式起重机,其构造与履带式起重机基本相同,但其横向尺寸较大,故横向稳定性好,并能在允许载荷下负荷行走。为了保证吊装作业时机身的稳定性,起重机设有四个可伸缩支腿,如图 6-11 所示。轮胎式起重机与汽车式起重机有许多相似之处,二者的主要差别是行驶速度慢,所以不宜长距离的行驶,适合于作业地点相对固定而作业量较大的结构安装工程。

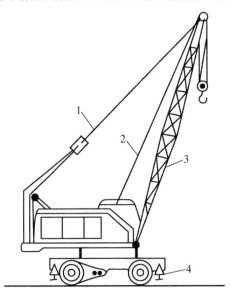

图 6-11 轮胎式起重机
1—起重杆;2—起重索;3—变幅索;4—支腿

四、塔式起重机

塔式起重机(简称塔吊),它的起重臂安装在塔身上部,具有较大的起重高度和工作幅度,工作速度快,生产效率高,广泛用于多层和高层的工业与民用建筑施工中。

塔式起重机按照性能的不同可分为轨道式、爬升式和附着式三种。

1. 轨道式塔式起重机

轨道式塔式起重机是一种在轨道上行驶的自行式塔式起重机。其中,有的只能在直线轨道上行驶,有的可沿 L 形或 U 形轨道行驶。它的作业范围在两倍幅度的宽度和行走线长度的矩形面积内,并可负荷行驶,如图 6-12 所示。

2. 爬升式塔式起重机

爬升式塔式起重机是自升式塔式起重机的一种,它由底座、套架、塔身、塔顶、行车式起重

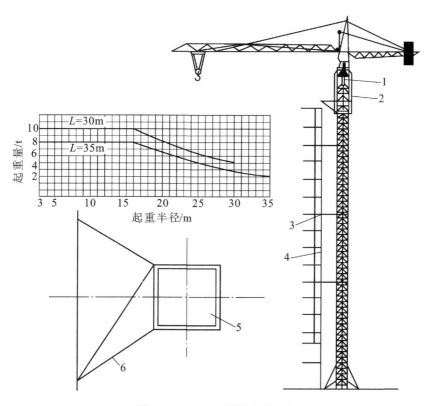

图 6-12　QT4-10 型塔式起重机

1—液压千斤顶；2—顶升套架；3—锚固装置；4—建筑物；5—塔身；6—附着杆

臂、平衡臂等部分组成。它安装在高层装配式结构的框架梁或电梯间结构上，每安装 1～2 层楼的构件，便靠一套爬升设备使塔身沿建筑物向上爬升一次。其具体结构如图 6-13 所示。

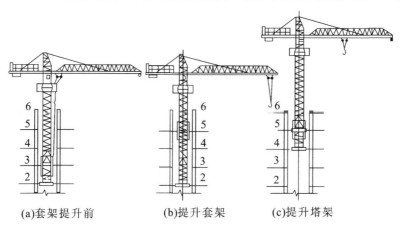

(a)套架提升前　　(b)提升套架　　(c)提升塔架

图 6-13　爬升式起重机及爬升过程示意图

3. 附着式塔式起重机

附着式塔式起重机是固定在建筑物近旁钢筋混凝土基础上的自升式塔式起重机，如图6-14所示。随着建筑物的升高，利用液压自升系统逐步将塔顶顶升、塔身接高。为了保证塔身的稳定,每隔一定高度将塔身与建筑物用锚固装置水平连接起来,使起重机依附在建筑物上。锚固装置由套装在塔身上的锚固环、附着杆及固定在建筑结构上的锚固支座构成。第一道锚固装置设置于塔身高度的30~50 m处,自第一道向上每隔20 m左右设置一道,一般锚固装置设置3~4道,这种塔身起重机适用于高层建筑施工。附着式塔式起重机顶升接高过程,如图6-15所示。

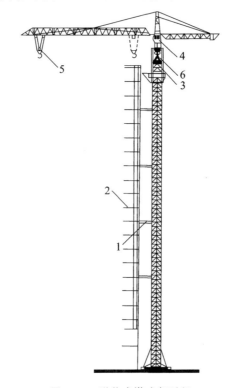

图6-14 附着式塔式起重机
1—撑杆;2—建筑物;3—标准节;4—操纵室;5—起重小车;6—顶升套架

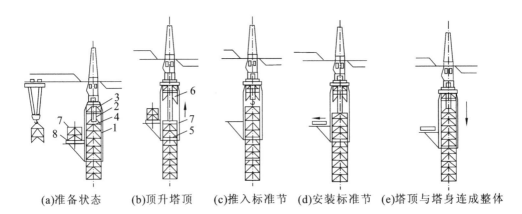

(a)准备状态　(b)顶升塔顶　(c)推入标准节　(d)安装标准节　(e)塔顶与塔身连成整体

图6-15 附着式塔式起重机顶升接高过程
1—顶升套架;2—液压千斤顶;3—支撑座;4—顶升横梁;5—定位销;6—过渡节;7—标准节;8—摆渡小车

单元 2　混凝土单层厂房构件吊装

钢筋混凝土单层工业厂房除基础在施工现场就地浇筑外,其他构件均为预制构件,对于重量大、不便运输的构件在现场制作,而对于中小型构件在预制厂制作生产。在现场制作的构件主要有柱、屋架、吊车梁等,而连系梁、屋面结构(屋面板、天窗架、天沟板)、基础梁等都集中在预制厂制作,制作完成后运到施工现场安装。

一、准备工作

结构安装中的准备工作在建筑施工中占有相当重要的地位,它不仅影响到施工进度与安装质量,而且对文明施工、组织施工达到有节奏、连续的进行起到相当大的作用。

钢筋混凝土单层工业厂房构件安装前的准备工作包括了场地清理、道路修筑、基础的准备、构件的运输、排放、堆放和拼装加固、检查清理、弹线与编号及机具、吊具的准备等。

1. 场地清理与修筑临时道路

起重机进场之前,根据现场施工平面布置图,在场地上标出起重机开行路线,清理开行道路上的杂物,修筑好临时道路,并进行平整压实。对于回填土或软地基上,用碎石夯实或用枕木铺垫。对整个场地进行平整与清理,挖设排水沟,做好场地的排水准备,以利于雨期施工排水的需要。

2. 基础的准备

装配式钢筋混凝土柱基础一般做成杯形基础,在浇筑杯形基础时,应保证定位轴线及杯口尺寸准确。在柱吊装之前要对杯底标高进行抄平;抄平后,用高等级水泥砂浆或C20细石混凝土找平到所需的标高上。

杯底抄平,即对杯底标高进行一次检查和调整,以保证柱子吊装后各柱顶面标高一致。

在基础杯口顶面弹出建筑物的纵、横定位轴线和柱的吊装准线,杯口顶面的轴线与柱的吊装准线相对应,作为对柱的对位、校正依据。

3. 构件的运输与堆放

钢筋混凝土单层工业厂房的预制构件主要有柱、吊车梁、连系梁、屋架、天窗架、屋面板等。目前重量在 50 kN 以下者,一般可在预制厂生产制作,一些尺寸及重量大、运输不便的构件,如柱、屋架等可在现场制作。

1) 构件的运输

在实际工作中,不仅要提高运输的效率,还要注意保证构件在运输过程中不被损坏、不变形,并且要为吊装作业创造有利的条件。

长度在 6 m 以内的柱子一般用汽车运输;较长的柱子用拖车运输,采用两点或三点支承运输;柱子在运输车上应侧放,并采取稳定措施防止倾倒。屋架一般跨度大、厚度小,重量不大,侧向刚度差,易发生平面外变形。钢筋混凝土折线形屋架一般在现场制作。

2) 构件的堆放

构件应堆放在坚实平整的地基上,位置尽可能布置在起重机的工作幅度范围以内。构件应按工程名称、构件型号、吊装顺序分别堆放,并考虑构件吊装的先后顺序和施工进度的要求,以免出现先吊的构件被压,影响施工进度和出现二次搬运。

预制构件运输到现场后,大型构件如柱、屋架等应按施工组织设计构件平面布置图就位;小型构件如屋面板、连系梁等可在规定的适当位置堆放,垫木在一条垂直线上,一般连系梁可叠放 2~3 层,屋面板 6~8 层。场地狭小时,小构件也可考虑随运随吊的方法。

4. 构件检查与清理

预制构件在生产和运输过程中,可能会出现外形尺寸方面的误差,以及构件表面产生缺陷,构件的损伤、变形、裂纹等问题。因此,对构件必须进行检查与清理,以保证吊装质量。其检查内容包括以下几项。

1) 强度检查

构件混凝土强度是否达到了吊装的强度要求,构件在吊装时,必须要求:普通混凝土构件强度至少达到设计强度的 70%;跨度较大的梁和屋架混凝土强度达到设计强度的 100%;预应力混凝土构件中的孔道灌浆的水泥浆强度也不能低于 15 MPa。

2) 构件的外形尺寸、接头钢筋、埋铁件的位置和尺寸、吊环的规格和位置

检查柱的总长度、柱脚底面的平整度、截面尺寸、各部位预埋件的位置与尺寸,柱底到牛腿面的长度等,详细检查记录。

检查屋架的总长度、侧向弯曲、连接屋面板、天窗架、支撑等构件的预埋铁件的数量与位置。

检查吊车梁总长度、高度、侧向弯曲、各埋铁件的数量与位置等。

检查吊环的位置是否正确,吊环有无变形和损伤,吊环的孔洞能否穿过钢丝索和卡环等。

3) 构件表面检查

构件表面检查主要检查构件表面有无损伤、缺陷、变形及裂纹。另外,还应检查预埋件上是否有被水泥浆覆盖的现象或有污物,如果发现应及时清除,以免影响构件拼装(焊接等)和拼装质量。

4) 与设计要求核对

检查装配式钢筋混凝土构件的型号、规格与数量是否满足满足设计要求。

5. 构件的弹线与编号

构件的弹线:构件在吊装之前要在构件表面弹出吊装准线,此准线即为弹线,作为构件对位、校正的依据。

对于形状复杂的构件应标出它的重心及绑扎点的位置。构件的弹线一般在施工现场进行,主要包括柱、屋架、吊车梁及屋面结构。

(1) 柱 应在柱身的三个面上弹吊装准线。对于矩形截面柱,可按几何中线弹吊装准线;对于工字形截面柱,为了便于观测及避免视差,则应在靠柱边翼缘上弹出一条与中心线平行的线,该线应与基础杯口面上的定位轴线相吻合。另外,在柱顶要弹出截面中心线,在牛腿面上要弹出吊车梁的吊装准线。

(2) 屋架 在屋架上弦顶面应弹出几何中心线,并从跨度的中央向两端分别弹出天窗架、屋面板或檩条的吊装准线。在屋架的两个端头应弹出屋架纵横吊装准线。

(3) 梁 在梁的两端及顶面应弹出几何中心线,作为梁的吊装准线。

6. 其他机具的准备

结构吊装工程除了要准备需要的大型起重机械外,还应:准备好钢丝绳、吊具、吊索、起重滑轮组等;配备电焊机、电焊条;为了配合高空作业,保证施工安全,便于人员上下及解开吊索,应

准备好轻便的竹梯或挂梯;为了临时固定柱和调整构件的标高,应准备好各种规格的木楔、铁楔或铁垫片。

二、柱安装

单层工业厂房预制柱的类型很多,重量和长度不一。装配式钢筋混凝土柱的截面形式有矩形、工字形、管形、双肢形等,但吊装工艺相同。

柱安装的施工过程包括绑扎→吊升→对位、临时固定→校正→最后固定等工序。

1. 绑扎

柱的绑扎方法应与柱的形状、几何尺寸、重量、配筋部位、吊装方法,以及所采用的吊具和起重机性能等情况来确定。绑扎应牢固可靠,易绑易拆,自重在 13 t 以下的中、小型柱,大多绑扎一点;重型或配筋少而细长的柱,则需绑扎两点,甚至三点。有牛腿的柱,一点绑扎的位置,常选在牛腿以下;若柱上部较长,也可绑在牛腿以上。工字形截面柱的绑扎点应选在矩形截面处(实心处),否则,应在绑扎的位置用方木加固翼缘。双肢柱的绑扎点应选在平腹杆处。绑扎柱子用的吊具,有铁扁担、吊索(千斤绳)、卡环(卸甲)等。为了使其在高空中脱钩方便,应尽量采用活络式卡环。为了避免起吊时吊索磨损构件表面,应在吊索与构件之间用麻袋或木板铺垫。

在现场制作柱时,一般是平卧(大面向上)浇筑,在支模、浇混凝土前,就要确定绑扎方法,在绑扎点埋吊环、留孔洞或底模悬空,以便绑扎钢丝绳。

柱常用的绑扎方法如下。

1) 斜吊绑扎法

当柱的宽面抗弯强度能满足吊装要求时,可采用斜吊绑扎法。柱吊起后呈倾斜状态,由于吊索歪在柱的一边,起重钩可低于柱顶,这样起重臂可以短些。另外,柱在现场是大面向上浇筑,直接将柱在平卧的状态下,从底模上吊起,不需翻身,也不用横吊梁。但这种绑扎方法,因柱身倾斜,就位时对正底线比较困难。具体如图 6-16 所示。

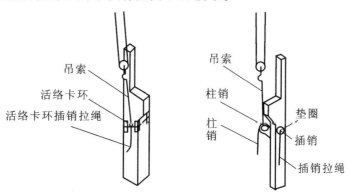

图 6-16 斜吊绑扎法

2) 直吊绑扎法

当柱的宽面抗弯强度不能满足吊装要求时,应采用直吊绑扎法。即吊装前先将柱子翻身,再经绑扎进行起吊,这种绑扎法是用吊索绑牢柱身,从柱子宽面两侧分别扎住卡环,再与横吊梁相连,柱吊直后,横吊梁必须超过柱顶,柱身呈直立状态,所以需要较长的起重臂。具体如图 6-17 所示。

3) 两点绑扎法

当柱身较长,一点绑扎抗弯强度不能满足时,可用两点绑扎起吊,如图 6-18 所示。当确定柱

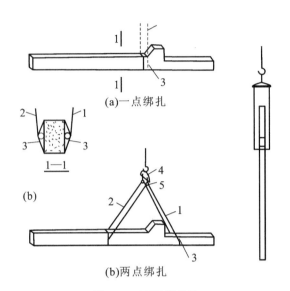

图 6-17 直吊绑扎法

1—第一支吊索；2—第二支吊索；3—活络卡环；4—铁扁担；5—滑车

绑扎点的位置时，应使两根吊索的合力作用线高于柱子的重心。即下绑扎点至柱重心的距离小于上绑扎点至柱重心的距离。这样柱子在起吊过程中，柱身可自行转为直立状态。

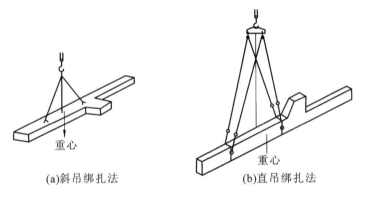

图 6-18 两点绑扎法

2. 吊升

柱的吊升方法是根据柱子的重量、长度、起重机的性能和现场施工条件而定。对于重型柱有时采用两台起重机起吊。用单机吊装时，基本上可用旋转法和滑行法两种吊升方法。

1) 旋转法

起重机边升钩、边回转起重杆，直到将柱子转为直立状态，使柱子绕柱脚旋转吊起插入杯口中。为了使在吊升过程中保持一定的工作幅度，起重杆应不起伏。这样在预制或堆放柱子时，应使柱子的绑扎点、柱脚中心线、杯口中心线三点共弧，将柱脚布置在杯口附近，如图 6-19 所示。

由于条件限制，不能布置成三点共弧时，也可采取绑扎点或柱脚与杯口中心两点共弧。这种布置法在吊升过程中，都会改变工作幅度，起重杆会起伏，工效较低，并且不够安全。

用旋转法吊升时，柱在吊装过程中所受的振动较小，生产率较高，但对起重机的机动性要求较高，构件在现场布置要求也高，通常使用自行式起重机吊装柱时，宜采用旋转法。

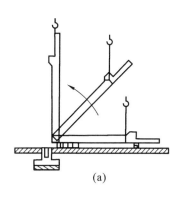 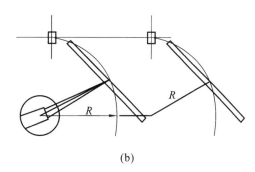

图 6-19 旋转法

2) 滑行法

柱在吊升时,起重机只升吊钩,起重杆不转动,使柱脚沿地面滑行逐渐成直立状态,然后起重杆转动使柱插入杯口中,如图 6-20 所示。这样柱将靠杯基成纵向布置,绑扎点布置在杯口附近,并与杯口中心位于起重机同一工作幅度的圆上,以便将柱吊离地面后,稍转动吊杆即可就位。用滑行法吊装时,柱在滑行过程中受到振动,对构件不利。因此,宜在柱脚处采取加滑橇等措施以减少柱脚与地面的摩擦。滑行法适用于柱较重和较长、现场狭窄、柱无法按旋转法布置排放的情况下。但滑行法对起重机械的机动性要求较低,只需要起重钩上升,通常使用桅杆式起重机吊装柱时,宜采用滑行法。

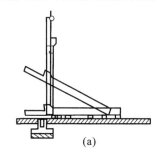 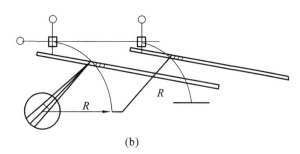

图 6-20 滑行法

3. 对位、临时固定

柱脚插入杯口后,并不立即落至杯底,而是停在离杯底 30～50 mm 处进行对位。对位的方法是用八块楔块从柱的四边放入杯口,并用撬棍撬动柱脚,使柱的吊装准线对准杯口顶面上的吊装准线,并使柱基本保持垂直。对位后,略打紧楔块,放松吊钩,柱沉至杯底。经复查吊装准线的对准情况,随即将四面的楔块打紧,将柱临时固定,起重机脱钩。当柱身与杯口间隙太大时,应选择较大规格的楔块,而不能用几个楔块叠合使用。

临时固定柱的楔块,可用硬木或铸铁制作,铸铁楔块可以重复使用,并且易拔出。

当柱较高,基础的杯口深度与柱长之比小于 1/20,或柱具有较大的悬臂(或牛腿)时,仅靠柱脚处的楔块将不能保证柱临时固定的稳定,这时则应采取增设缆风绳或加斜撑等措施来加强柱临时固定的稳定。

4. 校正

如果柱的吊装就位不够准确,就会影响到与柱相连接的吊车梁、屋架等构件后续吊装的准确性。柱的校正包括垂直度、平面位置和标高等工作。其中,柱的标高校正是在杯形基础抄平时就已完成而柱的垂直度、平面位置的校正是在柱对位时进行。具体方法如图 6-21 和图 6-22 所示。

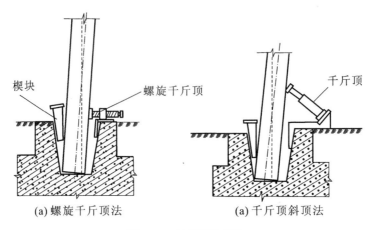

图 6-21 千斤顶校正法

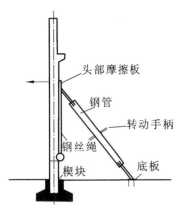

图 6-22 撑杆校正法

柱的垂直偏差的检查方法是用两架经纬仪从柱相邻的两侧去检查柱吊装准线的垂直度。

5. 最后固定

柱校正后应立即进行最后固定，最后固定的方法是在柱与杯口的空隙内浇筑细石混凝土，所用细石混凝土的强度等级应比构件混凝土的强度等级提高一级。

在浇筑细石混凝土前，应将杯口空隙内的杂质等清理干净，并用水湿润柱和杯口壁，然后浇筑细石混凝土。混凝土浇筑工作一般分两次进行。

第一次浇筑混凝土至楔块的底面，待混凝土强度达设计强度的 25% 后，拔出楔块。再进行一次柱的平面位置、垂直度的复查。复查无误后，进行第二次浇筑混凝土至杯口的顶面。在捣实混凝土时，不要碰到楔块，以免影响柱子的垂直度或变位。

三、吊车梁吊装

吊车梁的类型通常有 T 形、鱼腹式和组合式等几种。当跨度为 12 m 时，亦可采用横吊梁吊升，一般为单机起吊，特重的也可采用双机抬吊。

吊车梁安装的施工过程包括绑扎→吊升→对位、临时固定→校正→最后固定等工序。

1. 绑扎、吊升、对位、临时固定

吊车梁的吊装必须在基础杯口二次浇筑混凝土强度达到设计强度的 70% 以上时才能进行。吊车梁起吊后应基本保持水平。因此，吊车梁绑扎时，两根吊索应等长，其绑扎点对称地设置在梁的两端，吊钩应对准梁的重心，如图 6-23 所示。吊车梁两端绑扎溜绳以控制梁的转动，防止碰撞其他构件。

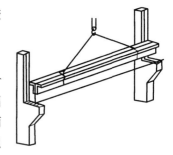

图 6-23 吊车梁吊装

当吊车梁吊升超过牛腿标高 300 mm 左右时,即可停止升钩,然后缓缓下降进行就位。

吊车梁就位时,应使吊车梁的端部的中心线基本上对准牛腿上安装吊车梁的安装准线,在对位过程中,纵轴方向上不宜用撬杠拨正吊车梁,因为柱在纵轴线方向上的刚度较差,撬动过度会使柱发生弯曲而产生偏移。假若在横轴线上未对准,应将吊车梁吊起,再重新对位。

吊车梁本身的稳定性好,对位后一般不需要采取临时固定措施,仅用垫铁垫平即可,起重机即可松钩移走。当梁高与梁宽之比超过 4 时,用铁丝将梁捆在柱上,以防倾倒。

2. 校正

吊车梁的校正工作主要包括平面位置、垂直度和标高等内容。标高的校正已经在杯形基础的杯底抄平时完成,如果有微小的偏差,可在铺轨时,用铁屑砂浆在吊车梁顶面找平即可。

吊车梁的校正工作,应在一个车间或伸缩缝区段内的全部结构安装完毕,并最后固定后进行。因为安装屋架、支撑等构件时可能引起柱变位,影响吊车梁的准确位置。

吊车梁的垂直度与平面位置的校正应同时进行。吊车梁的垂直度测量,一般用尺寸锤、靠尺、线锤检查。T 形吊车梁测其两端的垂直度,鱼腹式吊车梁测其跨中两侧的垂直度。

吊车梁平面位置的校正,主要是检查各吊车梁是否在同一纵轴线上,以及两列吊车梁的纵轴线之间的跨距。跨距为 6 m 长,5 t 以内的吊车梁,可用拉钢丝法或仪器放线法校正;跨距为 12 m 长,重型吊车梁通常采用边吊边校正的方法。

1) 拉钢丝法(通线法)

根据柱的定位轴线,在车间的两端地面定出吊车梁定位轴线位置,打下木桩,并设置经纬仪;用经纬仪先将两端的四根吊车梁位置校正准确,用钢尺检查两列吊车梁之间的跨距;然后在四根已校正好的吊车梁端部设置支架,高约 200 mm。根据吊车梁的轴线拉钢丝线;发现吊车梁纵轴线与钢丝线不一致,据钢丝线逐根拨正吊车梁的吊装中心线;拨正吊车梁可用撬杠或其他工具,如图 6-24 所示。

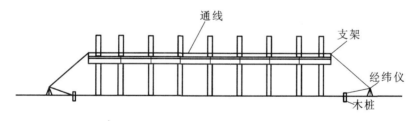

图 6-24 拉钢丝校正法

2) 仪器放线法

用经纬仪在各个柱的侧面放一条与吊车梁中线距离相等的校正基线。校正基准线至吊车梁中线距离由放线者自行决定。校正时,凡是吊车梁中线与其柱侧基线的距离不等者,用撬杠拨正即可。

3. 最后固定

吊车梁的最后固定,是在吊车梁校正完毕后,用连接钢板与柱侧面、吊车梁顶面的预埋铁件相焊接,并在接头处支模,浇筑细石混凝土。

四、屋架安装

钢筋混凝土屋架有预应力折线形屋架、三角形屋架、多腹杆折线形屋架、组合屋架等。中小型单层工业厂房屋架的跨度一般为 12~24 m,重量为 3~10 t,屋架的制作一般在施工现场采取平卧叠浇,以 3~4 榀为一叠。

屋架安装的特点是安装高度较高,屋架的跨度较大,但厚度较薄。吊升过程中容易产生平面外变形,甚至产生裂缝。因此,需要进行有关的吊装验算,采取必要的加固措施后,方可进行。

屋架安装的施工过程包括绑扎→翻身扶直、就位→吊升→对位、临时固定→校正→最后固定等工序。

1. 绑扎

屋架的绑扎点应根据跨度和不同类型进行选择,绑扎点应在节点上或靠近节点处,对称于屋架的重心,吊点的数目应满足设计要求,以免吊装过程中构件产生裂缝。翻身扶直时,吊索与水平线的夹角不宜小于 60°,吊升时不宜小于 45°,以免屋架产生过大的横向压力,必要时应采用横吊梁。屋架的绑扎方法应根据屋架的跨度、安装高度和起重机的吊杆长度确定。当屋架的跨度 $L \leqslant 18$ m,采用两点绑扎起吊;当屋架的跨度 $18 \text{ m} < L \leqslant 30 \text{ m}$,采用四点绑扎起吊;当屋架的跨度 $L > 30$ m,除采用四点绑扎外,应加横吊梁,以减少吊索高度,如图 6-25 所示。对于三角形组合屋架,由于整体性和侧向刚度较差,并且下弦为圆钢或角钢,必须用铁扁担绑扎;对于钢屋架,侧向刚度很差,均应绑扎几道杉木杆,作为临时加固措施。

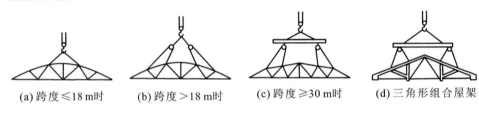

(a) 跨度≤18 m时　　(b) 跨度>18 m时　　(c) 跨度≥30 m时　　(d) 三角形组合屋架

图 6-25　屋架的绑扎方法

2. 翻身扶直、就位

由于屋架在现场制作时均为平卧叠浇布置在跨内。因此,在安装前先要翻身扶直,并将其吊运预定的地点就位。

屋架是一个平面受力构件,侧向刚度较差。扶直时由于自重的影响改变了杆件受力性质,特别是上弦杆极易扭曲造成屋架损伤。因此,扶直时应注意以下问题:扶直屋架时,起重机的吊钩应对准屋架的中心,吊索左右对称,吊钩对准屋架下弦中点,防止屋架摆动;数榀叠浇生产的跨度 18 m 以上的屋架,为防止屋架扶直过程中突然下滑造成损伤,应在屋架两端搭设枕木垛,其高度与下一榀屋架上平面齐平;屋架在一起叠浇时,叠浇的屋架之间有黏结应力存在,应用凿、撬棍、倒链消除黏结后再行扶直;凡屋架高度超过 1.7 m,应在表面加绑木、竹或钢管横杆,用于加强屋架的平面刚度;当扶直屋架时采用的绑扎点或绑扎方法与设计不同时,应按实用的绑扎方法验算屋架的扶直应力。

扶直屋架时由于起重机与屋架的相对位置不同,可分为正向扶直与反向扶直。

1) 正向扶直

起重机位于屋架下弦一边,首先以吊钩对准屋架中心,收紧吊钩,接着起重机升钩,并降低起重臂使屋架以下弦为轴缓转为直立状态,如图 6-26 所示。

2) 反向扶直

起重机位于屋架上弦一边,首先以吊钩对准屋架中心,收紧吊钩,然后略微提升起重臂使屋架脱模。接着起重机升钩,并升起重臂使屋架以下弦为轴缓转为直立状态,如图6-27所示。

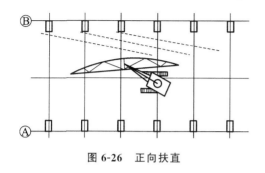

图6-26 正向扶直

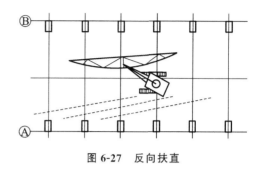

图6-27 反向扶直

正向扶直与反向扶直中最大的不同点就是在扶直过程中,起重臂一升一降,而升臂比降臂易于操作且较安全,所以应尽量采用正向扶直。

3)就位

屋架扶直后应立即进行就位,就位位置与起重机的性能和安装方法有关,应力求少占地,便于吊装,并且应考虑吊装顺序、两头朝向等问题,一般是靠柱斜放,就位范围在布置预制构件平面图时应确定。一般有同侧就位和异侧就位两种形式,就位位置与屋架预制位置在同一侧时称为同侧就位;就位位置与屋架预制位置不在同一侧时称为异侧就位,如图6-28所示。

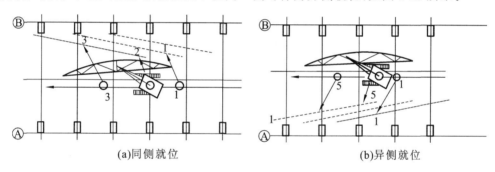

图6-28 屋架的就位

3. 吊升、对位与临时固定

屋架吊升是先将屋架垂直吊离地面约300 mm,然后将屋架转至吊装位置下方,再将屋架提升超过柱顶约300 mm,对准建筑物的定位轴线,将屋架缓降至柱顶进行对位。

屋架对位后,应立即进行临时固定。临时固定稳妥后,起重机才可以摘钩离去。

第一榀屋架的临时固定必须十分可靠。因为这时它只是单片结构,并且每二榀屋架临时固定还要以第一榀屋架作为支撑。第一榀屋架临时固定的方法,通常是用四根缆风绳从两侧将屋架拉牢,也可将屋架与抗风柱相连接作为临时固定。

第二榀屋架的临时固定是用屋架校正器撑牢在第一榀屋架上,以后各榀屋架的临时固定都是用屋架校正器撑牢在前一榀屋架上。每榀屋架至少用两根校正器,如图6-29所示。

4. 校正、最后固定

屋架的偏差校正主要是竖向偏差用线锤和经纬仪检查,用屋架校正器纠正。屋架校至垂直后,立即用电焊固定。焊接时,先焊接屋架两端成对角线的两侧边,再焊接另外两边,避免两端同侧施焊,而造成因焊接变形引起的屋架偏差。

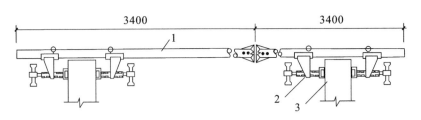

图 6-29 屋架校正器
1—钢管;2—撑脚;3—屋架上弦

五、屋面板安装

钢筋混凝土单层工业厂房屋面结构所用的屋面板一般为预应力大型屋面板,可单独安装。屋面板均埋有吊环,用吊索钩住吊环即可安装。为了充分发挥起重机效率,一般采用一次多块的方式。屋面板的安装顺序,应自两边檐口左右对称地逐块铺向屋脊,避免屋架受荷载不均匀;屋面板对位后,应用电焊固定,每块板至少焊三点,最后一块只能焊两点。

六、钢筋混凝土单层厂房结构安装方案

钢筋混凝土单层工业厂房结构的一般特点是平面尺寸大;承重结构的跨度与柱距大;构件类型少且重量大;厂房内还有各种设备基础等。因此,在拟定结构安装方案时,应着重解决起重机的选择、结构安装方法、起重机开行路线及停机位置的确定,以及构件在现场的平面布置等问题。

1. 起重机的选择

1) 起重机类型的选择

钢筋混凝土单层工业厂房结构安装起重机的类型选择,主要根据厂房的外形尺寸(跨度、柱距)、构件尺寸与自重、吊装高度,以及施工现场条件和当地现有的起重设备等确定。

对于一般中小型厂房,由于平面尺寸不大,构件重量较轻,起升高度较小,厂房内设备为后期安装,采用自行杆式起重机是较合理的,其中履带式起重机、汽车式起重机的使用最为普遍;当厂房结构高度和长度较大时,选用塔式起重机吊装屋盖结构;对于大跨度的重型厂房,因厂房的跨度和高度都较大,构件尺寸和重量亦很大,往往需要结合设备安装的同时考虑结构吊装的问题,多选用大型自行式起重机、重型塔式起重机、大型牵缆桅杆式起重机;在缺乏自行杆式起重机的地方,或者厂房面积较小、构件较轻时,可采用桅杆式起重机,如独脚桅杆、人字桅杆等;对于重型构件,当一台起重机无法满足吊装要求时,也可用两台或三台起重机进行吊装。

2) 起重机型号及起重臂长度的选择

起重机类型确定之后,还要进一步选择起重机的型号及起重臂长度,所选择起重机的三个重要参数:起重量 Q、起重高度 H、工作幅度 R 应满足结构吊装的要求。

(1) 起重量 Q。

所选起重机的起重量必须大于或等于所吊装构件的重量与索具之和,即

$$Q \geqslant Q_1 + Q_2 \tag{6-4}$$

式中:Q——起重机的起重量,kN;

Q_1——构件的重量,kN;

Q_2——吊具的重量,kN。

(2)起升高度 H。

所选起重机的起升高度,必须满足吊装构件安装高度的要求,如图 6-30 所示。

$$H \geqslant h_1 + h_2 + h_3 + h_4 \tag{6-5}$$

式中:H——起重机起重高度,m,从停机面算起至吊钩的距离。

h_1——吊装支座表面高度,m,从停机面算起;

h_2——吊装间隙,m,视工作情况而定,一般不小于 0.3 m;

h_3——绑扎点至构件吊起后底面的距离,m;

h_4——索具高度,m,自绑扎点至吊钩钩口高度,视情况而定。

(3)工作幅度(回转半径)R。

安装构件所需的最小工作幅度与起重机型号及所吊构件的横向尺寸有关,一般是根据所需的 Q_{min}、H_{min} 值初步选定起重机的型号,再按下式进行计算,如图 6-31 所示。

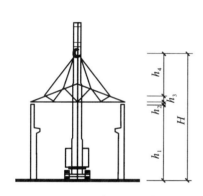

图 6-30 起升高度的计算简图

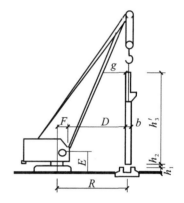

图 6-31 工作幅度计算简图

$$R_{min} = F + D + \frac{1}{2}b \tag{6-6}$$

式中:R_{min}——起重机最小起重半径,m;

F——起重臂底铰至回转中心的距离,m;

D——起重臂底铰距所吊构件边缘距离,m。

$$D = g + (h_1 + h_2 + h_3' - E)\cot\alpha \tag{6-7}$$

式中:g——构件上口边缘起重杆之间的水平空隙,m,不小于 500 mm;

E——起重臂底铰距地面的距离,m;

α——起重杆的倾角;

h_3'——所吊构件高度,m;

b——构件高度;

h_1、h_2——同前。

起重机工作幅度的确定通常考虑下面几个因素:当起重机可以不受限制地开到构件安装位置附近安装时,对工作幅度无要求,在计算起重量和起升高度后,便可查阅起重机起重表或性能曲线来选择起重机型号及起重臂长,并可查得在此起重高度下相应的工作幅度,作为确定起重机开行路线及停机位置时参考;当起重机不能直接开到构件安装位置附近去安装构件时,应根据起重量、起升高度和工作幅度三个参数,查起重机性能表或性能曲线来选择起重机型号及起重臂长。

(4) 最小臂长的确定。

当起重机的起重臂需跨过已安装好的结构去安装构件时,如跨过屋架安装屋面板,为了不触碰屋架,需求出起重机的最小臂长。决定最小臂长的方法有数解法(见图 6-32(a))和图解法(见图 6-32(b))。

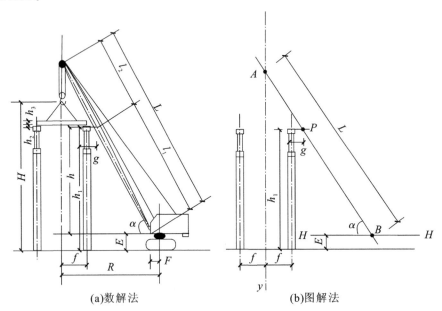

图 6-32 最小杆长的计算方法

① 数解法 从图中则可得最小杆长 L_{min} 的计算公式得

$$L = L_1 + L_2 \tag{6-8}$$

$L = \dfrac{f+g}{\cos\alpha} + \dfrac{h}{\sin\alpha}$ 这个式子的仰角为变量,欲求最小杆长时的 α 值,仅对上式进行一次微分,并令 $\dfrac{dL}{d\alpha} = 0$,可解得:

$$\alpha = \arctan\left(\dfrac{h}{f+g}\right)^{\frac{1}{3}} \tag{6-9}$$

式中:L——起重机臂长,m;

f——起重机吊钩跨过已安装结构的距离,m;

g——起重臂轴线与已吊装屋架间的水平距离,至少取 1 m;

h——起重臂底铰至构件吊装支座的高度,m。

$$h = h_1 - E$$

h_1——停机面至构件吊装支座的高度,m;

E、α——同上。

α 求出之后代入 $L = \dfrac{f+g}{\cos\alpha} + \dfrac{h}{\sin\alpha}$ 中,即得起重机最小杆长的理论值,再根据所选起重机的实

际杆长加以确定。

则工作幅度：
$$R=F+L\cos\alpha \tag{6-10}$$
$$H=l\sin\alpha+E-d \tag{6-11}$$

式中：d——起重杆顶至吊钩中心的距离，取 $2\sim3.5$ m 安全高度。

按计算出的 R 值及已选定的起重杆长 L，查起重机性能表，复核起重量 Q 得起升高度 H，如果能满足构件的吊装要求，即可根据 R 值确定起重机吊装屋面板时的停机位置。

② 图解法　首先按比例（一般不小于 1∶200）绘出构件的安装标高和实际地面线；然后由 $H+d$ 定出 P_1 点的位置，由 g 值定出 P_2 位置，g 值为起重臂轴线与已吊装屋架间的水平距离，至少取 1 m。连接 P_1P_2 并延长到起重机回转中心至停机面的高度相交处于 P_3，此点即为起重臂底铰的位置，测量出 P_1P_3 的长度，即为所求的起重机最小杆长。

2. 结构吊装方法及起重机开行路线、停机位置

1）结构吊装方法

单层工业厂房的结构吊装方法有分件吊装法与综合吊装法两种。

（1）分件吊装法是指起重机在车间内每开行一次仅吊装一种或两种同类构件。起重机的第一次开行吊装完全部柱子，并对柱子进行校正和最后固定；第二次开行，吊装吊车梁、连系梁的及柱间支撑等；第三次开行，分节间吊装屋架、天窗架、屋面板及屋面构件（如檩条、天沟板）等。

分件吊装法的特点是每次吊装基本是同类型构件，索具不需要经常更换，操作程序基本相同，速度快；能充分发挥起重机的工作能力；构件的校正、固定有足够的时间；构件可分批进场，供应较简单，现场平面布置较容易。其主要缺点是起重机行走频繁，开行路线长；不能按节间及早为下道工序创造工作面；层面板吊装往往另需辅助起重设备。

（2）综合吊装法是指起重机在车间内的一次开行中，分节间吊装完所有各种类型的构件。通常起重机开始吊装 $4\sim6$ 根柱子，立即进行校正和固定，接着吊装吊车梁、连系梁、屋架、屋面板等构件。

综合吊装法的特点：开行路线较短，停机位置较小；构件供应平面布置复杂；校正也困难，平面位置很难保证；同时吊装多种构件，经常更换索具；起重机生产效率低。实际应用中，很少应用。

2）起重机的开行路线及停机位置

起重机的开行路线与起重机的停机位置、起重机的性能、构件的尺寸及重量、构件的平面布置、构件的供应方式、吊装方法等因素有关。

（1）当吊装屋架、层面板等屋面构件时，起重机大多沿跨中开行。

（2）当吊装柱时，则视跨度、柱距的大小，柱的尺寸、重量及起重机性能，可沿跨中或跨边开行，若柱布置在跨内，起重机在跨内开行，第一个停机位置可吊装 $1\sim4$ 根柱。

① 当 $R\geqslant\dfrac{L}{2}$ 时，起重机可沿跨中开行，每个停机位置可吊装两根柱，如图 6-33（a）所示。

② 当 $R\geqslant\sqrt{\left(\dfrac{L}{2}\right)^2+\left(\dfrac{b}{2}\right)^2}$ 时，起重机可沿跨中开行，每个停机位置可吊装四根柱，如图 6-33（b）所示。

③ 当 $R<\dfrac{L}{2}$ 时，起重机可沿跨边开行，每个停机位置吊装一根柱，如图 6-33（c）所示。

④ 当 $R \geqslant \sqrt{a^2 + \left(\dfrac{b}{2}\right)^2}$ 时,起重机可沿跨边开行,每个停机位置则可吊装两根柱,如图 6-33(d) 所示。

式中:R——起重机工作幅度,m;

L——厂房跨度,m;

b——柱间距,m;

a——起重机开行路线的跨边距离。

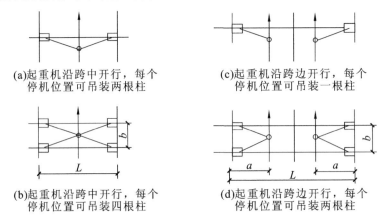

(a)起重机沿跨中开行,每个停机位置可吊装两根柱

(c)起重机沿跨边开行,每个停机位置可吊装一根柱

(b)起重机沿跨中开行,每个停机位置可吊装四根柱

(d)起重机沿跨边开行,每个停机位置可吊装两根柱

图 6-33 起重机吊装柱时的开行路线及停机位置

(3) 当柱布置在跨外时,则起重机一般沿跨外沿边开行,停机位置与跨边开行相似。

(4) 当单层厂房面积大,为加速工程进度,可将建筑物划分为若干段,选用多台起重机同时施工,每台起重机可以独立作业,负责完成一个区段的全部吊装工作,组成流水施工。

(5) 当建筑具有多跨并列,并且有纵跨时,可先吊装各纵向跨,然后吊装横向跨,以保证在各纵向跨吊装时,运输机械畅通,若纵向跨有高低跨,则应先吊装高跨,然后逐步向两边吊装。

图 6-34 所示为一半单跨车间采用分件吊装法时,起重机开行路线及停机位置图。起重机沿跨外从 A 轴开行,吊装 A 列柱;再从 B 轴沿跨内开行,吊装 B 列柱;然后再转到 A 轴一侧扶直屋架并将其就位,再转到 B 轴一侧扶直屋架并将其就位,再转到 B 轴安装 B 连系梁、吊车梁等;随后再转到 A 轴安装 A 轴连系梁、吊车梁等构件,最后再转到跨中安装屋面结构(如屋面板、天窗架、天沟板)等。

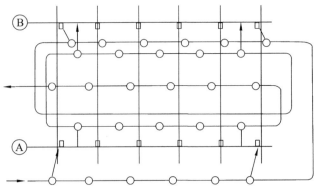

图 6-34 起重机开行路线及停机位置

3. 构件的平面布置与运输堆放

构件的平面布置时应注意下列问题:每跨构件应尽可能布置在本跨内。有困难时,才考虑布置跨外便于吊装的地方;构件的布置方式应满足吊装工艺要求,尽可能布置在起重机工作幅度内,尽量减少起重机负重行走的距离及起伏起重臂的次数;构件的布置应重近轻远,首先考虑重型构件的布置;构件的布置方式应便于支模及混凝土的浇筑工作,对预应力混凝土构件应留出抽管及穿筋场所。

构件的平面布置可分为预制阶段与吊装阶段的构件排放布置两种。

1) 预制阶段的构件平面布置

目前在现场预制的构件主要是柱和屋架,其他构件均在预制构件厂或场外制作。

(1) 柱的布置。柱预制时,应按后期吊装阶段的排放要求进行布置,采用布置方式有斜向布置(见图 6-35)和纵向布置(见图 6-36)两种。采用旋转法吊装时,一般按斜向布置;采用滑行法吊装时,可纵向布置,也可斜向布置。

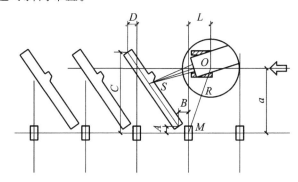

图 6-35　柱的斜向布置(旋转法吊装)

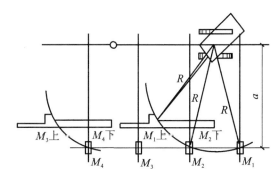

图 6-36　柱的纵向布置(滑行法吊装)

(2) 屋架的布置。屋架一般在现场制安装在跨内平卧叠浇,以 3~4 榀为一叠。屋架叠浇时其布置方式有正面斜向布置、正反斜向布置和正反纵向布置三种。因正面斜向布置使屋架扶直方便,故应优先选用正面斜向布置,只有在场地受限制时,才考虑采用其他两种形式。若为预应力混凝土屋架,在屋架一端或两端需留出抽管及穿筋必需的长度;若为钢管做留孔,一端抽管时需留出的长度为屋架全长另加抽管时所需工作场地 3 m;若用胶管做预留孔,则屋架两端的预留长度可以减少;屋架之间的间隙可取 1 m 左右以便支模及浇混凝土;屋架之间的搭接长度视场地在大不而定;布置屋架的制的位置还应考虑到屋架的扶直排放要求及屋架扶直的先后次序,先扶直者放在上层;对屋架两端头的朝向也要注意,要符合屋架吊装时对朝向要求。具体如图 6-37 所示。

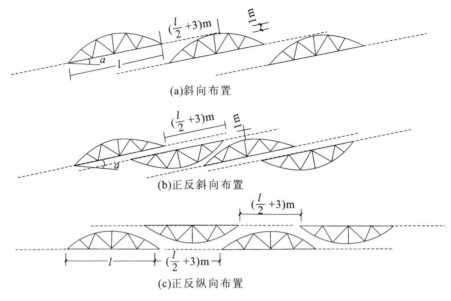

图 6-37 屋架预制时的布置方式

(3)吊车梁的布置。当吊车梁安排在现场制作时,可靠近柱基顺纵向轴线略作倾斜布置,也可插在柱的空档中。

2)吊装阶段构件的排放布置及运输堆放

吊装阶段的排放布置一般是指柱已吊装完毕,其他构件的排放布置。例如,屋架的扶直排放,吊车梁和屋面板的运输排放等。

(1)屋架的扶直排放。屋架扶直后应立即随即排放,按排放位置的不同可分为同侧排放、异侧排放。屋架排放方式常用的有两种:靠柱边斜向排放、靠柱边成组纵向排放。

① 靠柱边斜向排放。屋架的斜向排放,按如下方法确定(见图 6-38):在安装屋架时,起重机大都沿跨中开行,起重机停机位置的确定是以屋架轴线中心 M 为圆心,所选起重机安装屋架的工作幅度 R 为半径画弧,与开行路线相交于 O_1、O_2、O_3……即为停机位置。

屋架靠柱边斜向排放,但距柱边净距不小于 200 mm,并可利用柱作为屋架的临时支撑。这样便定出屋架排放的外边线 $P—P$;起重机在安装屋架和屋面板时,机身需要回转,若起重机机身尾部至回转中心距离为 A,则在距起重机开行路线 $A+0.5$ m 范围内不宜布置屋架及其他构件,以免吊装构件时碰撞构件。这可画出屋架排放的内边线 $Q—Q$,$P—P$ 和 $Q—Q$ 两条线即为屋架的排放控制范围。在 $Q—Q$,$P—P$ 两条控制线中间,即是屋架中点 $H—H$ 线,以停机点 O_1 为圆心,以起重机的工作幅度 R 为半径画弧交于 $H—H$ 线上 G 点,G 点则是屋架的中点。其他屋架的扶直排放位置均平行于此屋架,相邻两屋架中点的间距为此两屋架轴线间的距离。

此种排放形式常用于屋架重量较大,起重机无法负重行驶的情况。

② 靠柱边成组纵向排放。一般以 4~5 榀为一组先靠柱边顺轴线纵向排放(就位)屋架与柱,屋架与屋架之间的净距不小于 200 mm,相互之间用铁丝及支撑拉紧撑牢,每组之间留 3 m 作为通路。

此种排放形式常用于屋架重量较小,起重机可负重行驶的情况。

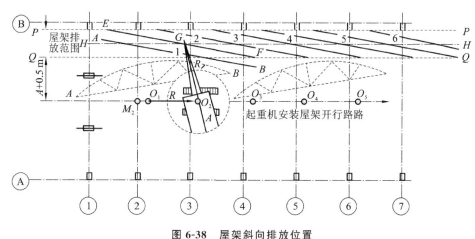

图 6-38 屋架斜向排放位置
（虚线表示屋架预制时的位置）

（2）吊车梁，车系梁、屋面板的运输，堆放与排放。

① 吊车梁、连系梁的排放位置，一般在其吊装位置的柱列附近跨内、跨外均可，有时也可从运输车辆上直接吊到牛腿上。

② 屋面板的排放位置可布置在跨内或跨外，根据起重机吊装屋面板时所需的工作幅度确定。当屋面板在跨内排放时，大约应向后退 3～4 个节间开始排放；若在跨外排放时，应向后退 1～2 个节间开始排放。屋面板的叠放高度一般为 6～8 层。

③ 若吊车梁、屋面板等构件，在吊装时已集中堆放在吊装现场附近，也可不用排放，而采用随吊随运的办法。

单元 3　钢结构工程安装

一、单层钢结构厂房安装

钢结构单层工业厂房一般由柱、柱间支撑、吊车梁、制动梁（桁架）、屋架、天窗架、上下支撑、檩条及墙体骨架等构件组成，如图 6-39 所示。柱基通常采用钢筋混凝土阶梯或独立基础。单层钢结构安装工艺流程，如图 6-40 所示。

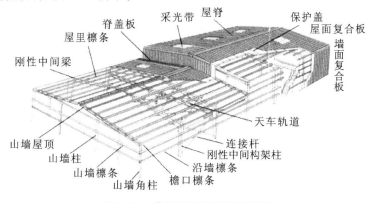

图 6-39　单层钢结构厂房效果图

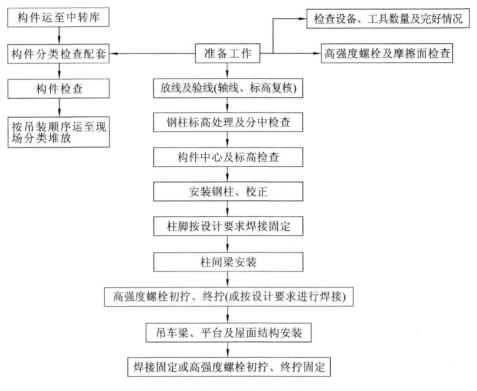

图 6-40 单层钢结构安装工艺流程

1. 基础检查

钢结构安装前应对建筑物的定位轴线、基础轴线和标高、地脚螺栓规格和位置等进行复查,并应进行基础检验和办理交接验收。

(1) 将柱的定位轴线弹测在柱基表面。

(2) 对柱基标高进行找平。混凝土柱基标高浇筑一般预留 50~60 mm(与钢柱底设计标高相比),在安装时使钢垫板或提前采用坐浆承板找平。

① 当采用钢垫板做支撑板时,钢垫板的面积应根据基础混凝土的抗压强度、柱脚底板下二次灌浆前柱底承受的荷载和地脚螺栓的紧固拉力计算确定。垫板与基础面和柱底面的接触应平整、紧密。

② 当采用坐浆承板时,应采用无收缩砂浆,柱子吊装前砂浆垫块的强度应高于基础混凝土强度一个等级,并且砂浆垫块应有足够的面积以满足承载的要求。

2. 钢柱安装

钢柱安装前应按构件明细表核对进场构件,查验产品合格证和设计文件;工厂预拼装过的构件在现场组装时,应根据预拼装记录进行。同时,应对构件进行全面检查,包括外形尺寸、螺栓孔位置及直径、连接件数量及质量、焊缝、摩擦面、防腐涂层等;对构件的变形、缺陷、不合格处,应在地面进行矫正、修整、处理,合格后方可安装。

1) 吊装

根据钢柱的形状、端面、长度、起重机性能等具体情况,确定钢柱安装的吊点位置和数量。常用的钢柱吊装方法有旋转法、递送法、滑行法,对于重型钢柱可采用双机抬吊。

2) 钢柱校正

钢结构的主要构件,如柱、主梁、屋架、天窗架、支撑等,安装时应立即校正,并进行永久固定。切忌安装一大片后再进行校正,此时再校正将影响结构整体的正确位置,是不允许的。

(1) 柱底板标高的校正。

根据钢柱实际长度、柱底平整度和柱顶到距柱底部距离,重点保证柱顶部的标高值,然后决定基础标高的调整数值。

(2) 纵横十字线的校正。

钢柱底部制作时,用钢冲在柱底板侧面打出互相垂直的四个面,每个面一个点,用三个点与基础面十字线对准既可,争取达到点线重合,如有偏差可借用线。

(3) 柱垂直度的校正。

两台经纬仪校正柱子成 90°夹角两面的垂直度,使用缆风绳进行校正。先不断调整底板下面的螺母,直至符合要求后,拧上底板上方的双螺母;松开缆风绳,钢柱处于自由状态,再用经纬仪复核,如小有偏差,调整下螺母至满足要求,将双螺母拧紧;矫正结束后,可将螺母与螺杆焊实。

3. 钢梁安装

1) 钢吊车梁安装

钢吊车梁安装一般采用工具式吊耳或捆绑法进行吊装。在进行安装前应将吊车梁的分中标记引至吊车梁的端头,以利于吊装时按柱牛腿的定位轴线临时定位,如图 6-41 所示。

2) 钢吊车梁的校正

钢吊车梁的校正包括标高调整、纵横轴线(包括直线度和轨道轨距)校正和垂直度校正。

(1) 标高调整。

当一跨内两排吊车梁吊装完毕后,用一台水准仪在梁上或专门搭设的平台上,测量每根梁两端的标高,计算标准值。通过增加垫板的措施进行调整,达到规范的要求。

(2) 纵横轴线校正。

钢柱和柱间支撑安装好,首先使用经纬仪将每轴列中端部柱基的正确轴线,引到牛腿顶部的水平位置,定出正确轴线距吊车梁中心线距离;在吊车梁顶面中心线拉一通长钢丝(或使用经纬仪/全站仪),进行逐根调整。当两排纵横轴线达到要求后,复查吊车梁跨距。

(3) 吊车梁垂直校正。

在吊车梁的上翼缘悬挂锤球,测量线绳到梁腹板上下两处的距离。根据梁的倾斜程度,用楔铁块调整,使线锤与腹板上下相等。纵横轴线和垂直度校正可同时进行。对重型吊车梁进行校正宜在屋盖吊装后进行。

4. 钢斜梁安装

1) 起吊方法

门式刚架采用的钢结构斜梁应最大限度在地面拼装,将组装好的斜梁吊起,就位后与柱连接。可用单机进行二、三、四点或结合使用铁扁担(见图 6-42)起吊,或者采用双机抬吊。

2) 吊点选择

大跨度斜梁的吊点必须计算确定。对于侧向刚度小和腹板宽厚比大的构件,主要从吊点多少及双机抬吊同步的动作协调考虑;必要时,两机大钩间拉一根钢丝绳,保持两钩距离固定。在

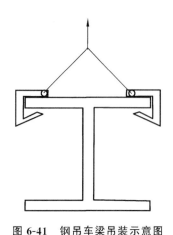

图 6-41　钢吊车梁吊装示意图

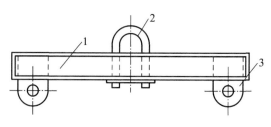

图 6-42　铁扁担示意图
1—扁担吊；2、3—吊环

吊点中钢丝绳接触的部位放加强筋或用木方子填充好后,再进行绑扎。

5. 钢屋架安装

1) 钢屋架的吊装

钢屋架的侧向刚度较差,安装前需要进行稳定性验算,稳定性不足时应进行加固。单机吊常加固下弦,双机吊装常加固上弦;吊装绑扎处必须位于桁架节点,以防止屋架产生弯曲变形。第一榀屋架起吊就位后,应在屋架两侧用缆风绳固定。如果端部已有抗风柱已校正,可与其固定。第二榀屋架就位后,屋架的每个坡面用一个间隙调整器进行屋架垂直度矫正;然后,依次进行两端支座中螺栓固定或焊接,安装垂直支撑及水平支撑并检查无误后,成为样板跨,依此类推安装。如果有条件,可在地面上将天窗架预先拼装在屋架上,并将吊索两面绑扎,把天窗架夹在中间,以保证整体安装的稳定。屋架在扶直就位和吊升两个施工过程中,绑扎点均应选在上弦节点处,左右对称。绑扎吊索内力的合力作用点(绑扎中心)应高于屋架重心,这样屋架起吊后不易转动或倾翻。绑扎吊索与构件水平面所成夹角,扶直时不宜小于 60°,吊升时不宜小于 45°,具体的绑扎点数目及位置与屋架的跨度及形式有关,其选择方式应符合设计要求。一般钢筋混凝土屋架跨度小于或等于 18 m 时,采用两点绑扎;屋架跨度大于 18 m 时,用两根吊索,采用四点绑扎;屋架的跨度大于或等于 30 m 时,为了减少屋架的起吊高度,应采用横吊梁(减少吊索高度)。

2) 钢屋架垂直度的校正

在屋架下拉一根通长钢丝,同时在屋架上弦中心线引出一个同等距离的标尺,用线锤校正垂直度。也可用一台经纬仪,放在柱顶一侧,与轴线平移距离 L_a;在对面柱顶上设距离同样为 L_a 的一点,再从屋架中心线处用标尺挑出与其相距 L_a 的点。如果三点在一条线上,则屋架垂直。

6. 其他构件的安装

安装顺序宜先从靠近山墙且有柱间支撑的两榀刚架开始,在刚架安装完毕后,应将其间的支撑、檩条、隅撑等全部安装好,并检查各部位尺寸及垂直度等,合格后进行连接固定;然后以此为起点,向房屋另一端顺序安装,其间墙梁、檩条、隅撑和檐檩等亦随之安装,待一个区段整体校正后,其螺栓方可拧紧。

各种支撑、拉条、隅撑的紧固程度,以不应将檩条等构件拉弯或产生局部变形为原则。不得利用已安装就位的构件吊其他重物;不得在高强度螺栓连接处或主要受力部位焊接其他物件。

刚架在施工中以及施工人员离开现场的夜间,或雨、雪天气暂停施工时,均应临时固定。

檩条因壁薄刚度小,应避免碰撞、堆压而产生翘曲、弯扭变形;吊装时吊点位置应适当,防止弯扭变形和划伤构件。拉条宜设置在腹板的中心线以上,拉条应拉紧,这样在安装屋面时,檩条不致产生肉眼可见的扭转,其扭转角不应超过3°。檩条与钢架、梁的连接件(檩托)应采取措施,防止檩条在支座处倾覆、扭转以及腹板压曲。

钢平台、钢梯、栏杆等构件,直接关系到人身安全,安装时应特别重视,其连接质量、尺寸等应符合规范要求;其外观亦应重视,特别是其栏杆,应平整,无飞溅、毛刺等。

7. 压型钢板安装

1)施工准备

压型钢板安装应在钢结构安装、焊接、防腐、防火完毕验收合格并办理有关隐蔽手续后进行,最好是整体施工。

压型钢板的几何尺寸、重量及允许偏差应符合要求。有关材质复验和有关试验鉴定已经完成。

高空施工的安全走道应按施工组织设计的要求搭设完毕。施工用电的连接应符合安全用电的有关要求。

压型钢板施工前,应根据施工图的要求,选定符合设计规定的材料,板型报设计审批确认。根据已确认板型的有关技术参数绘制压型钢板的排板图。

2)施工工艺

压型钢板施工工艺,如图6-43所示。压型钢板在装、卸、安装中严禁用钢丝绳捆绑直接起吊,运输及堆放时有足够支点,以防变形。铺设前对弯曲变形者应矫正好,钢柱、屋架顶面应保持清洁,严防潮湿及涂刷油漆未干。

压型钢板的切割应使用冷作、空气等离子弧的方法切割,严禁用氧气切割。大孔洞四周应补强。压型钢板应按施工要求分区、分片吊装到施工楼层并放置稳妥,及时安装,不宜在高空过夜,必须过夜的应临时固定。

压型钢板按图纸放线安装、调直、压实并用自攻螺钉固定。压型钢板之间,压型钢板与龙骨(屋面檩条、墙檩、平台梁等)之间,均需要用连接件固定,常用的连接方式有以下几种:自攻螺钉连接;拉铆钉连接、扣件连接、咬合连接、栓钉连接。不管采用何种连接形式,连接件的数量与间距应符合设计要求。

压型钢板是一种柔性构件,其搭接端必须支撑在龙骨上,同时保证有一定的搭接长度。纵向搭接部位一般会出现不同的缝隙,此缝隙会随搭接长度的增加而加大,尤其在屋面上,搭接越长并不意味着防雨水的渗漏就越好。在压型钢板安装时,搭接部位和搭接长度均应按设计要求施工,并且应满足规范中规定的最小值。对组合楼板的压型钢板,施工和验收的重点是端部支撑长度和锚固连接的要求。

压型钢板的安装除了保证安全可靠外,防水和密封的问题事关建筑物的使用功能和寿命,应注意以下几点。

(1)屋面自攻螺钉、拉铆钉一般要求设在波蜂上;墙板一般要求设在波谷上,自攻螺钉配备的密封橡胶盖垫必须齐全,并且外露部分可使用防水垫圈和防锈螺盖。外露拉铆钉必须采用防水型,外露钉头涂密封膏。

(2)屋脊板、封檐板、包角板及泛水板等配件之间的搭接宜背主导风向,搭接部位接触面宜

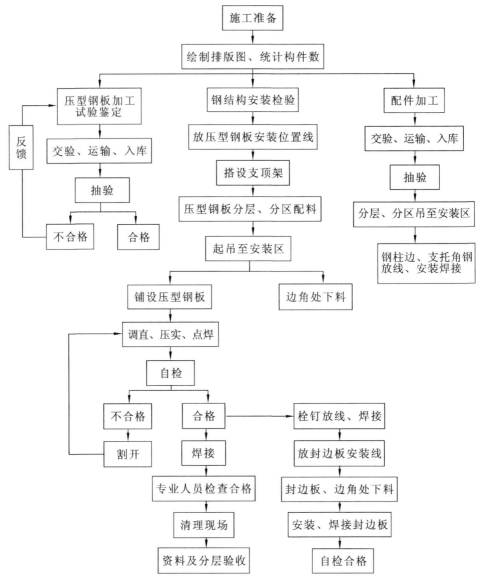

图 6-43 压型钢板安装工艺流程图

采用密封胶密封,连接拉铆钉尽可能避开屋面板波谷。

(3) 夹芯板、保温板之间的搭接或插接部位应设置密封条,密封条应通长,一般采用软质泡沫聚氨酯密封胶条。在压型钢板的两端,应设置与板型一致的泡沫堵头进行端部密封,一般采用软质泡沫聚氨酯制品,用不干胶粘贴。

(4) 安装完毕,应及时清扫施工垃圾,剪切下的边角料应收集到地面上集中堆放。应减少在压型钢板上的人员走动,严禁在压型钢板上堆放重物。

二、多层及高层钢结构安装

用于钢结构高层建筑的体系有:框架结构、框架-剪力墙结构、框筒结构、组合筒体系及交错钢桁架体系等。多层与高层钢结构的安装工艺流程如图 6-44 所示。

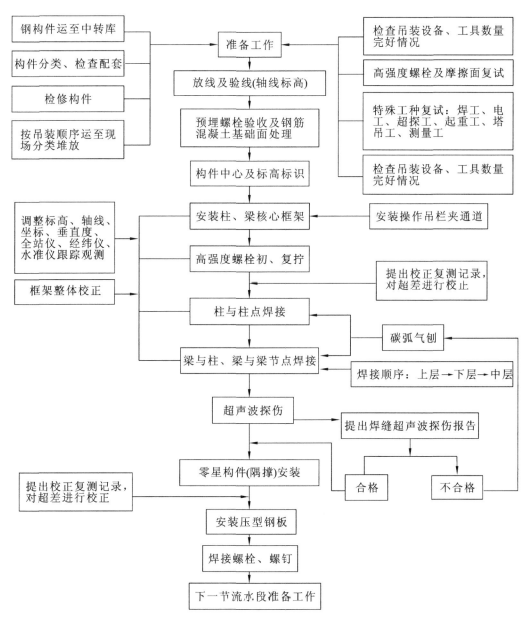

图 6-44 多层与高层钢结构安装工艺流程图

三、钢网架结构安装

网架结构是由多根杆件按照一定的规律布置,通过结点连接而成的网格状杆系结构。其构件和节点可定型化,适用于工厂成批生产,现场拼装。

网架结构安装方法包括高空拼装法、整体安装法、高空滑移法等,具体介绍如下。

1. 高空拼装法

高空拼装法是指先在地面上搭设拼装支架,然后用起重机把网架构件分件或分块吊至空中的设计位置,在支架上进行拼装的方法。

网架的总的拼装顺序是从建筑物的一端开始向另一端以两个三角形同时推进,待两个三角形相反后,则按人字形逐渐向前推进,最后在另一端的正中闭合。每榀块体的安装顺序,在开始的两个三角形部分是由屋脊部分开始分别向两边拼装,两个三角形相交后,则由交点开始同时向两边推进。

2. 整体安装法

整体安装法分为多机抬吊法、提升机提升法、桅杆提升法和千斤顶顶升法等。

1) 多机抬吊法

准备工作简单,安装快速方便,适用于跨度 40 m 左右、高度在 25 m 左右的中小型网架屋盖吊装。

2) 提升机提升法

在结构柱上安装升板工程用的电动穿心式提升机,将地面正位拼装的网架直接整体提升到柱顶横梁就位。适用于跨度 50～70 m 左右、高度在 40 m 以上、重复较大的大、中型周边支承网架屋盖吊装。

3) 桅杆提升法

网架在地面错位拼装,用多根独脚桅杆将其整体提升到柱顶以上,然后进行空中旋转和移位,落下就位安装。适用于安装高、重、大(跨度 80～100 m)的大型网架屋盖吊装。

4) 千斤顶顶升法

利用支承结构和千斤顶将网架整体顶升到设计位置。其设备简单,不使用大型吊装设备;顶升支承结构可利用永久性支承,拼装网架不需要搭设拼装支架,可节省费用,降低施工成本,操作简便安全;但顶升速度较慢,并且对结构顶升的误差控制要求严格,以防失稳。适用于安装多支点支承的各种四角锥网架屋盖。

3. 高空滑移法

将网架条状单元在建筑物上由一端滑移到另一端,就位后总拼成整体的方法称高空滑移法。高空滑移法分为单条滑移法和逐条积累滑移法。

(1) 单条滑移法 将条状单元一条一条地分别从一端滑移到另一端就位安装,各条单元之间分别在高空再连接,即逐条滑移,逐条连接成整体。

(2) 逐条积累滑移法 先将条状单元滑移一段距离后(能连接上第二条单元的宽度即可),连接上第二条单元后,两条单元一起在滑移一段距离(宽度同上),再接第三条,三条又一起滑移一段距离……如此循环操作,直至接上最后一条单元为止。

1. 起重机械的种类有哪些?
2. 桅杆式起重机的组成有哪些?主要包括哪些类型?独脚桅杆的固定方法有哪些?有什么要求?
3. 塔式起重机的主要包括哪些类型?
4. 单层工业厂房构件安装工艺中构件的检查与清理工作包括哪些内容?何谓构件的弹线?

5. 柱的安装施工工艺包括哪些内容？绑扎柱的方法有几种？有什么要求？
6. 柱的吊升方法根据何种情况而定？有几种吊升方法？各自的特点是什么？
7. 柱的校正工作包括哪些内容？柱的最后固定施工方法是什么？
8. 吊车梁的吊装工艺是什么？在什么阶段完成吊车梁的校正工作？
9. 屋架的安装特点及施工工艺是什么？屋架扶直有几种？正向扶直与反向扶直的不同点是什么？
10. 结构吊装方法有哪些？各自的特点是什么？
11. 起重机的开行路线与什么因素有关？在吊装柱时如何确定？
12. 构件的平面布置应注意哪些问题？柱有几种布置形式？旋转法布置柱时如何确定？
13. 网架节点有哪些种类？其特点如何？
14. 钢结构开始安装前，施工单位应进行哪些方面的准备工作？
15. 简述网架结构的安装方法。

防水工程施工

1. 知识目标

(1) 熟悉地下工程刚性防水和柔性防水的施工要求。

(2) 掌握卫生间、楼地面聚氨酯防水的施工要求。

(3) 掌握屋面防水施工要求。

(4) 掌握屋面各构造层的施工要求。

(5) 熟悉防水工程冬季、雨季施工要求。

2. 能力目标

(1) 熟悉地下工程刚性防水和柔性防水的施工方法。

(2) 掌握卫生间楼地面聚氨酯防水的施工方法,熟悉卫生间楼地面氯丁胶乳沥青防水涂料的施工方法,熟悉室内防水工程施工的要求、方法。

(3) 掌握卷材防水屋面、涂膜防水屋面、刚性防水屋面的施工方法,了解常见的屋面渗漏防治方法。

(4) 掌握屋面保温(隔热)层施工方法,了解屋面通风隔热架空层安装方法,熟悉坡屋面、内架空屋面保温(隔热)构造,熟悉金属板保温夹芯板屋面构造与施工方法。

(5) 熟悉防水工程冬雨季施工要求。

单元 1　地下工程防水施工

一、防水混凝土施工

1. 防水混凝土的基本要求

防水混凝土可通过调整配合比,或者掺加外加剂、掺和料等措施配制而成,其抗渗等级不得小于 P6;防水混凝土的施工配合比应通过试验确定,试配混凝土的抗渗等级应比设计要求提高 0.2 MPa;防水混凝土应满足抗渗等级要求,并应根据地下工程所处的环境和工作条件,满足抗压、抗冻和抗侵蚀性等耐久性要求。

防水混凝土结构是指因本身的密实性而具有一定防水能力的整体式混凝土或钢筋混凝土结构。防水混凝土适用于有防水要求的地下整体式混凝土结构。

防水混凝土一般分为普通防水混凝土、外加剂防水混凝土和膨胀剂或膨胀水泥防水混凝土三大类。外加剂防水混凝土又分为引气剂防水混凝土、减水剂防水混凝土、三乙醇胺防水混凝土、氯化铁防水混凝土等。

2. 防水混凝土施工

1) 防水混凝土施工缝的处理

防水混凝土应连续浇筑，宜少留施工缝。当留设施工缝时，应符合以下规定。

(1) 墙体水平施工缝不应留在剪力最大处或底板与侧墙的交接处，应留在高出底板表面不小于 300 mm 的墙体上。拱（板）墙结合的水平施工缝，宜留在拱（板）墙接缝线以下 150～300 mm 处。墙体有顶留孔洞时，施工缝距孔洞的边缘不应小于 300 mm。

(2) 垂直施工缝应避开地下水和裂隙水较多的地段，并宜与变形缝相结合。

2) 防水混凝土的施工工艺

(1) 模板安装。防水混凝土所有模板，除满足一般要求外，还应特别注意模板拼缝应严密不漏浆，构造应牢固稳定，固定模板的螺栓（或铁丝）不宜穿过防水混凝土结构。固定模板用的螺栓必须穿过混凝土结构时，可采用工具式螺栓、螺栓加堵头、螺栓上加焊方形止水环等做法。止水环尺寸及环数应符合设计规定。如设计无规定，则止水环应为 10 cm×10 cm 的方形止水环，并且至少有一环。

① 工具式螺栓做法：用工具式螺栓将固定模板用螺栓固定并拉紧，以压紧固定模板。拆模时将工具式螺栓取下，再以嵌缝材料及聚合物水泥砂浆将螺栓凹槽封堵严密，如图 7-1 所示。

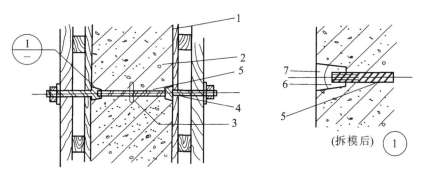

图 7-1 工具式螺栓的防水做法

1—模板；2—结构混凝土；3—工具式螺栓；4—固定模板用螺栓；5—嵌缝材料；6—密封材料；7—聚合物水泥砂浆

② 螺栓加焊止水环做法：在对拉螺栓中部加焊止水环，止水环与螺栓必须满焊严密。拆模后应沿混凝土结构边缘将螺栓割断。此法将消耗所用螺栓，如图 7-2 所示。

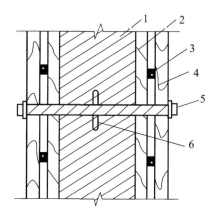

图 7-2 螺栓加焊止水环

1—围护结构；2—模板；3—小龙骨；4—大龙骨；5—螺栓；6—止水环

③ 预埋套管加焊止水环做法：套管采用钢管，其长度等于墙厚（或其长度加上两端垫木的厚度之和等于墙厚），兼具撑头作用，以保持模板之间的设计尺寸。止水环在套管上满焊严密。支模时在预埋套管中穿入对拉螺栓拉紧固定模板。拆模后将螺栓抽出，套管内以膨胀水泥砂浆封堵密实。套管两端有垫木的，拆模时连同垫木一并拆除，除密实封堵套管外，还应将两端垫木留下的凹坑用同样的方法封实，如图 7-3 所示。此法可用于抗渗要求一般的结构。

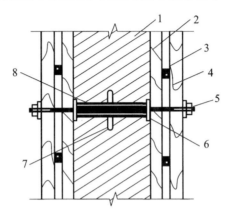

图 7-3 预埋套管支撑示意图
1—防水结构；2—模板；3—小龙骨；4—大龙骨；5—螺栓；6—垫木；7—止水环；8—预埋套管

（2）钢筋施工。做好钢筋绑扎前的除污、除锈工作。绑扎钢筋时，应按设计规定留足保护层，并且迎水面钢筋保护层厚度不应小于 50 mm。应以相同配合比的细石混凝土或水泥砂浆制成垫块，将钢筋垫起，以保证保护层厚度。严禁以垫铁或钢筋头垫钢筋，或者将钢筋用铁钉及钢丝直接固定在模板上。钢筋应绑扎牢固，避免因碰撞、振动使绑扣松散、钢筋移位，造成露筋。钢筋及绑扎钢丝均不得接触模板。采用铁马凳架设钢筋时，在不便取掉铁马凳的情况下，应在铁马凳上加焊止水环。在钢筋密集的情况下，更应注意绑扎或焊接质量，并使用自密实高性能混凝土浇筑。

（3）混凝土搅拌。选定配合比时，其试配要求的抗渗水压应较其设计值提高 0.2 MPa，并准确计算及称量每种用料，投入混凝土搅拌机。外加剂的掺入方法应遵从所选外加剂的使用要求。

（4）混凝土运输。运输过程中应采取措施防止混凝土拌和物产生离析，以及坍落度和含气量的损失，同时要防止漏浆。

防水混凝土拌和物在常温下应于 0.5 h 以内运至现场；运送距离较远或气温较高时，可掺入缓凝型减水剂，缓凝时间宜为 6～8 h。

（5）混凝土的浇筑和振捣。在结构中若有密集管群，以及预埋件或钢筋稠密之处，不易使混凝土浇捣密实时，应选用免振捣的自密实高性能混凝土进行浇筑。

在浇筑大体积结构中，遇到有预埋大管径套管或面积较大的金属板时，其下部的倒三角形区域不易浇捣密实而形成空隙，造成漏水，为此，可在管底或金属板上预先留置浇筑振捣孔，以利于浇捣和排气，浇筑后再将孔补焊严密。

混凝土浇筑应分层，每层厚度不宜超过 30～40 cm，相邻两层浇筑时间间隔不应超过 2 h，夏季可适当缩短。混凝土在浇筑地点须检查坍落度，每工作班至少检查两次。普通防水混凝土坍落度不宜大于50 mm。

防水混凝土必须采用高频机械振捣,振捣时间宜为10～30 s,以混凝土泛浆和不冒气泡为准。要依次振捣密实,应避免漏振、欠振和超振。掺加引气剂或引气型减水剂时,应采用高频插入式振捣器振捣密实。

(6) 混凝土的养护。防水混凝土的养护对其抗渗性能影响极大,特别是早期湿润养护更为重要,一般在混凝土进入终凝(浇筑后4～6 h)即应覆盖,浇水湿润养护不少于14 d。防水混凝土不宜用电热法养护和蒸汽养护。

(7) 模板拆除。由于防水混凝土要求较严,因此不宜过早拆模。拆模时混凝土的强度必须超过设计强度等级的70%,混凝土表面温度与环境之差不得大于15 ℃,以防止混凝土表面产生裂缝。拆模时应注意勿使模板和防水混凝土结构受损。

(8) 防水混凝土结构的保护。地下工程的结构部分拆模后,经检查合格后,应及时回填。回填前应将基坑清理干净,无杂物且无积水。回填土应分层夯实。地下工程周围800 mm以内宜用灰土、黏土或粉质黏土回填;回填土中不得含有石块、碎砖、灰渣、有机杂物及冻土。回填施工应均匀对称进行。回填后地面建筑周围应做不小于800 mm宽的散水,其坡度宜为5%。以防地表水侵入地下。

完工后的防水结构,严禁再在其上打洞。若结构表面有蜂窝麻面,应及时修补。修补时应先用水冲洗干净,涂刷一道水胶比为0.4的水泥浆,再用水胶比为0.5的1∶2.5水泥砂浆填实抹平。

二、水泥砂浆防水层施工

1. 防水砂浆

防水砂浆应包括聚合物水泥防水砂浆、掺外加剂或掺和料的防水砂浆,宜采用多层抹压法施工。水泥砂浆防水层可用于地下工程主体结构的迎水面或背水面,不应用于受持续振动或温度高于80 ℃的地下工程防水。水泥砂浆防水层应在基础垫层、初期支护、围护结构及内衬结构验收合格后施工。

水泥砂浆的品种和配合比设计应根据防水工程的要求确定。聚合物水泥防水砂浆厚度单层施工宜为6～8 mm,双层施工宜为10～12 mm;掺外加剂或掺和料的水泥防水砂浆厚度宜为18～20 mm。水泥砂浆防水层的基层混凝土强度或砌体用的砂浆强度均不应低于设计值的80%。

2. 防水砂浆的施工要求

1) 一般要求

基层表面应平整、坚实、清洁,并应充分湿润、无明水。基层表面的孔洞、缝隙,应采用与防水层相同的防水砂浆堵塞并抹平。施工前应将预埋件、穿墙管预留凹槽内嵌填密封材料后,再对水泥砂浆层进行施工。

防水砂浆的配合比和施工方法应符合所掺材料的规定,其中聚合物水泥防水砂浆的用水量应包括乳液中的含水量。水泥砂浆防水层应分层铺抹或喷射,铺抹时应压实、抹平,最后一层表面应提浆压光。聚合物水泥防水砂浆拌和后应在规定时间内用完,施工中不得任意加水。

水泥砂浆防水层各层应紧密黏合,每层宜连续施工;必须留设施工缝时,应采用阶梯坡形搓,但离阴阳角处的距离不得小于 200 mm。

水泥砂浆防水层不得在雨天和五级及以上大风中施工。冬期施工时,气温不应低于 5 ℃。夏季不宜在 30 ℃ 以上或烈日照射下施工。

水泥砂浆防水层终凝后,应及时进行养护,养护温度不宜低于 5 ℃,并应保持砂浆表面湿润,养护时间不得少于 14 d。

聚合物水泥防水砂浆未达到硬化状态时,不得浇水养护或直接受雨水冲刷,硬化后应采用干湿交替的养护方法。潮湿环境中,可在自然条件下养护。

2) 基层处理

基层处理十分重要,是保证防水层与基层表面结合牢固,不空鼓和密实不透水的关键。基层处理包括清理、浇水、刷洗、补平等工序,使基层表面保持潮湿、清洁、平整、坚实、粗糙。

(1) 混凝土基层的处理。

① 新建混凝土工程处理。拆除模板后,立即用钢丝刷将混凝土表面刷毛,并在抹面前浇水冲刷干净。

② 旧混凝土工程处理。补做防水层时需用钻子、刹斧、钢丝刷将表面凿毛,清理平整后再冲水,用棕刷刷洗干净。

③ 混凝土基层表面凹凸不平、蜂窝孔洞的处理。超过 1 cm 的棱角及凹凸不平处,应剔成慢坡形,并浇水清洗干净,用素灰和水泥砂浆分层找平(见图 7-4)。混凝土表面的蜂窝孔洞,应先将松散不牢的石子除掉,浇水冲洗干净,用素灰和水泥砂浆交替抹到与基层面相平(见图 7-5)。混凝土表面的蜂窝床面不深,石子黏结较牢固,只需用水冲洗干净后,用素灰打底,水泥砂浆压实找平(见图 7-6)。

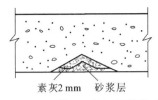
图 7-4 基层凹凸不平的处理

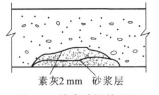
图 7-5 蜂窝孔洞的处理

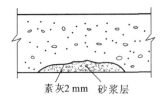
图 7-6 蜂窝麻面的处理图

④ 混凝土结构的施工缝要沿缝剔成八字形凹槽,用水冲洗后,用素灰打底,水泥砂浆压实抹平,如图 7-7 所示。

(2) 砖砌体基层的处理。对于新砌体,应将其表面残留的砂浆等污物清除干净,并浇水冲洗。对于旧砌体,要将其表面酥松表皮及砂浆等污物清理干净,至露出坚硬的砖面,并浇水冲洗。对于石灰砂浆或混合砂浆砌的砖砌体,应将缝剔深 1 cm,缝内呈直角,如图 7-8 所示。

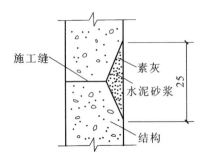
图 7-7 混凝土结构施工缝的处理图

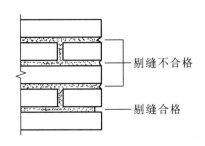
图 7-8 砖砌体的剔缝

3. 防水砂浆的施工方法

1）普通水泥砂浆防水层施工

（1）混凝土顶板与墙面防水层操作。

第一层：素灰层，厚 2 mm。先抹一道 1 mm 厚素灰，用铁抹子往返用力刮抹，使素灰填实基层表面的孔隙。随即在已刮抹过素灰的基层表面再抹一道厚 1 mm 的素灰找平层，抹完后，用湿毛刷在素灰层表面按顺序涂刷一遍。

第二层：水泥砂浆层，厚 4～5 mm 在素灰层初凝时抹第二层水泥砂浆层，应防止素灰层过软或过硬，过软会破坏素灰层，过硬则会造成黏结不良。应使水泥砂浆层薄薄压入素灰层厚度的 1/4 左右，抹完后，在水泥砂浆初凝时用扫帚按顺序向一个方向扫出横向条纹。

第三层：素灰层，厚 2 mm。在第二层水泥砂浆凝固并具有一定强度（常温下间隔一昼夜）后，适当浇水湿润，方可进行第三层操作，其方法同第一层。

第四层：水泥砂浆层，厚 4～5 mm。按照第二层的操作方法将水泥砂浆抹在第三层上，抹后在水泥砂浆凝固前的水分蒸发过程中，分次用铁抹子压实，一般以抹压 3～4 次为宜，最后再压光。

第五层：第五层是在第四层水泥砂浆抹压两边后，用毛刷均匀地将水泥浆刷在第四层表面，随第四层抹实压光。

（2）砖墙面和拱顶防水层的操作。第一层是刷一道水泥浆，厚度约为 1 mm，用毛刷往返涂刷均匀，涂刷后，可抹第二、三、四层等，其操作方法与混凝土基层防水相同。

2）地面防水层的操作

地面防水层操作与墙面、顶板操作不同的地方是，素灰层（一、三层）不采用刮抹的方法，而是把拌和好的素灰倒在地面上，用棕刷往返用力涂刷均匀，第二层和第四层是在素灰层初凝前后把拌和好的水泥砂浆层按厚度要求均匀铺在素灰层上，按墙面、顶板操作要求抹压，各层厚度也均与墙面、顶板防水层相同。地面防水层在施工时应防止践踏，并应由里向外的顺序进行，如图 7-9 所示。

3）特殊部位的施工

结构阴阳角处的防水层均需抹成圆角，阴角直径 5 cm，阳角直径 1 cm。防水层的施工缝需留斜坡阶梯形槎，槎子的搭接要依照层次操作顺序层层搭接。留槎的位置一般留在地面上，亦可留在墙面上，所留的槎子均需离阴阳角 20 cm 以上，如图 7-10 所示。

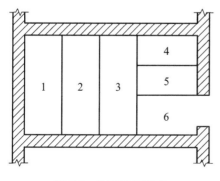

图 7-9 地面施工顺序

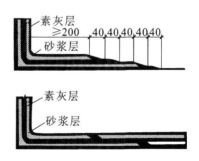

图 7-10 防水层接槎处理

三、卷材防水层施工

1. 防水卷材的主要类型

防水卷材按原材料性质分类主要可分为沥青防水卷材、高聚物改性沥青防水卷材和合成高分子防水卷材三大类,沥青防水卷材现已逐渐淘汰使用。

1) 沥青防水卷材

沥青防水卷材的传统产品是石油沥青纸胎油毡。由于原料80%左右是沥青,沥青类建筑防水卷材在生产过程中会产生较大污染,加之工艺落后、耗能高、资源浪费,自1999年以来,国家及地方政府不断发文,曾勒令除新型改性沥青类产品以外的其他产品逐步退市,并一再提高技术标准。从2008年开始,工信部、国家发改委、国家质检总局等部门也分别从淘汰落后产能、调整产业结构、管理生产许可证准入等方面,限制沥青类防水卷材的生产量。

2) 高聚物改性沥青防水卷材

该卷材使用的高聚物改性沥青,是指在石油沥青中添加聚合物,以改善沥青的感温性差、低温易脆裂、高温易流淌等不足。用于沥青改性的聚合物较多,主要以SBS(苯乙烯-丁二烯-苯乙烯合成橡胶)为代表的弹性体聚合物和以APP(无规聚丙烯合成树脂)为代表的塑性体聚合物两大类。卷材的胎体主要使用玻纤毡和聚酯毡等高强材料。其主要品种有SBS改性沥青防水卷材、APP改性沥青防水卷材、PVC改性焦油沥青防水卷材、再生胶改性沥青防水卷材、废橡胶粉改性沥青防水卷材和其他改性沥青防水卷材等种类。

SBS防水卷材的特点是低温柔性好、弹性和延伸率大、纵横向强度均匀性好,不仅可以在低寒、高温的气候条件下使用,并在一定程度上可以避免结构层由于伸缩开裂对防水层构成的威胁。APP防水卷材的特点则是耐热度高、热熔性好,适合热熔法施工,因而更适合高温气候或有强烈太阳辐射地区的建筑屋面防水。

3) 合成高分子防水卷材

合成高分子防水卷材是一类无胎体的卷材。其特点是拉伸强度大、断裂伸长率高、抗撕裂强度大、耐高低温性能好等,因而对环境气温的变化和结构基层伸缩、变形、开裂等状况具有较强的适应性。此外,由于其耐腐蚀性和抗老化性好,可以延长卷材的使用寿命,降低防水工程的综合费用。

合成高分子防水卷材按其原料的品质可分为合成橡胶和合成树脂两大类。当前最具代表性的产品是合成橡胶类的三元乙丙橡胶(EPDM)防水卷材和合成树脂类的聚氯乙烯(PVC)防水卷材。

此外,我国还研制出多种橡塑共混防水卷材,其中氯化聚乙烯-橡胶共混防水卷材具有代表性,其性能指标接近三元乙丙橡胶防水卷材。由于原材料与价格有一定优势,其推广应用量正逐步扩大。

2. 防水卷材的使用要求

卷材防水层宜用于经常处在地下水环境,并且受侵蚀性介质作用或受振动作用的地下工程,应敷设在混凝土结构的迎水面。防水卷材用于建筑物地下室时,应敷设在结构底板垫层至墙体防水设防高度的结构基面上。防水卷材用于单建式的地下工程时,应从结构底板垫层敷设至顶板基面,并应在外围形成封闭的防水层。

防水卷材的品种规格和层数,应根据地下工程防水等级、地下水位高低及水压力作用状况、结构构造形式和施工工艺等因素确定。

3. 防水卷材的施工方法

地下防水工程一般把卷材防水层设置在建筑结构的外侧迎水面上,称为外防水。外防水有两种设置方法,即外防内贴法和外防外贴法。外防水层的铺贴法可以借助土压力压紧,并与结构一起抵抗有压地下水的渗透和侵蚀作用,防水效果良好,应用比较广泛。卷材防水层用于建筑物地下室时,应敷设在结构主体底板垫层至墙体顶端的基面上,在外围形成封闭的防水层。

铺贴卷材的基层必须牢固、无松动现象;基层表面应平整干净;阴阳角处均应做成圆弧形或钝角。铺贴卷材前,应在基面上涂刷基层处理剂。当基层较潮湿时,应涂刷湿固化型胶黏剂或潮湿界面隔离剂。基层处理剂应与卷材和胶黏剂的材性相容,基层处理剂可采用喷涂法或涂刷法施工。喷涂应均匀一致,不露底,待表面干燥后,再铺贴卷材。铺贴卷材时,每层的沥青胶要求涂布均匀,厚度一般为 1.5~2.5 mm。外贴法铺贴卷材应先铺平面,后铺立面。平、立面交接处应交叉搭接;内贴法宜先铺垂直面,后铺水平面。铺贴垂直面时应先铺转角,后铺大面。墙面铺贴时应待冷底子油干燥后自下而上进行。

卷材接槎的搭接长度:高聚物改性沥青卷材为 150 mm,合成高分子卷材为 100 mm。当使用两层卷材时,上下两层和相邻两幅卷材的接缝应错开 1/3~1/2 幅宽,并不得互相垂直铺贴。在立面与平面的转角处,卷材的接缝应留在平面距立面不小于 600 mm 处。在所有转角处均应铺贴附加层并仔细粘贴紧密。粘贴卷材时应展平压实。卷材与基层和各层卷材间必须粘贴紧密,搭接缝必须用沥青胶仔细封严。最后一层卷材贴好后,应在其表面均匀涂刷一层 1~1.5 mm 的热沥青胶,以保护防水层。铺贴高聚物改性沥青卷材时应采用热熔法施工,在幅宽内卷材底表面均匀加热,不可过分加热或烧穿卷材。只使卷材的黏结面材料加热呈熔融状态后,立即与基层或已粘贴好的卷材黏结牢固,但对厚度小于 3 mm 的高聚物改性沥青防水卷材不能采用热熔法施工。铺贴合成高分子卷材要采用冷粘法施工,所使用的胶黏剂必须与卷材材性相容。

1)外防内贴法

外防内贴法是浇筑混凝土垫层后,在垫层上将永久保护墙全部砌好,将卷材防水层铺贴在垫层和永久保护墙上的方法,如图 7-11 所示,其施工程序如下。

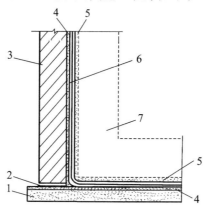

图 7-11 外防内贴法示意图

1—混凝土垫层;2—干铺油毡;3—永久性保护墙;4—找平层;
5—保护层;6—卷材防水层;7—需防水的结构

(1) 在已施工好的混凝土垫层上砌筑永久保护墙,保护墙全部砌好后,用 1∶3 水泥砂浆在垫层和永久保护墙上抹找平层。保护墙与垫层之间须干铺一层油毡。

(2) 找平层干燥后即涂刷冷底子油或基层处理剂,干燥后方可铺贴卷材防水层,铺贴时应先铺立面、后铺平面,先铺转角、后铺大面。在全部转角处应铺贴卷材附加层,附加层可为两层同类油毡或一层抗拉强度较高的卷材,并应仔细粘贴紧密。

(3) 卷材防水层铺完经验收合格后即应做好保护层。立面可抹水泥砂浆、贴塑料板,或者用氯丁系胶黏剂铺贴石油沥青纸胎油毡;平面可抹水泥砂浆,或浇筑不小于 50 mm 厚的细石混凝土。

(4) 进行需防水结构的施工时,应将防水层压紧。如果为混凝土结构,则永久保护墙可作为一侧模板;结构顶板卷材防水层上的细石混凝土保护层厚度不应小于 70 mm,防水层如果为单层卷材,则其与保护层之间应设置隔离层。

(5) 结构完工后,方可回填土。

2) 外防外贴法

外防外贴法是将立面卷材防水层直接敷设在需防水结构的外墙外表面,其施工程序如下。

(1) 先浇筑需防水结构的底面混凝土垫层;在垫层上砌筑永久性保护墙,墙下铺一层干油毡。墙的高度应不小于需防水结构底板厚度并再加 100 mm。

(2) 在永久性保护墙上用石灰砂浆接砌临时保护墙,墙高为 300 mm 并抹 1∶3 水泥砂浆找平层;在临时保护墙上抹石灰砂浆找平层并刷石灰浆。如果用模板代替临时性保护墙,应在其上涂刷隔离剂。

(3) 待找平层基本干燥后,即可根据所选卷材的施工要求进行铺贴。

(4) 在大面积铺贴卷材之前,应先在转角处粘贴一层卷材附加层,然后进行大面积铺贴,先铺平面、后铺立面。在垫层和永久性保护墙上应将卷材防水层空铺,而在临时保护墙(或模板)上应将卷材防水层临时贴附,并分层临时固定在其顶端。

(5) 浇筑需防水结构的混凝土底板和墙体,在需防水结构外墙外表面抹找平层。

(6) 主体结构完成后,铺贴立面卷材时,应先将接槎部位的各层卷材揭开,并将其表面清理干净,如果卷材有局部损伤,应及时进行修补。当使用两层卷材接槎时,卷材应错槎接缝,上层卷材应盖过下层卷材。卷材的甩槎、接槎做法如图 7-12 和图 7-13 所示。

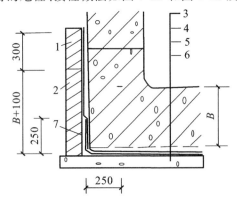

图 7-12 卷材防水层甩槎做法

1—临时保护墙;2—永久保护墙;3—细石混凝土保护层;4—卷材防水层;
5—水泥砂浆找平层;6—混凝土垫层;7—卷材加强层

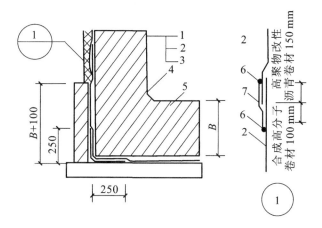

图 7-13 卷材防水层接槎做法
1—结构墙体;2—卷材防水层;3—卷材保护层;4—卷材加强层;
5—结构底板;6—密封材料;7—盖缝条

(7) 待卷材防水层施工完毕,并经过检查验收合格后,应及时做好卷材防水层的保护结构。保护结构的几种做法如下。

① 砌筑永久保护墙,并每隔 5~6 m 及在转角处断开,在断开的缝中填以卷材条或沥青麻丝;保护墙与卷材防水层之间的空隙应随砌随以砌筑砂浆填实,保护墙完工后方可回填土。注意在砌保护墙的过程中勿损坏防水层。

② 抹水泥砂浆。在涂抹卷材防水层最后一道沥青胶结材料时,趁热撒上干净的热砂或散麻丝,冷却后随即抹一层 10~20 mm 的 1∶3 水泥砂浆,水泥砂浆经养护达到强度后,即可回填土。

③ 贴塑料板。在卷材防水层外侧直接用氯丁系胶黏剂固定 5~6 mm 厚的聚乙烯泡沫塑料板,完工后即可回填土。亦可用聚醋酸乙烯乳液粘贴 40 mm 厚的聚苯泡沫塑料板代替。

3) 提高卷材防水层质量的措施

(1) 采用点粘、条粘、空铺的措施可以充分发挥卷材的延伸性能,有效地减少卷材被拉裂的可能性。具体做法是:点粘法时,每平方米卷材下粘五点(100 mm×100 mm),粘贴面积不大于总面积的 6%;条粘法时,每幅卷材两边各与基层粘贴 150 mm 宽;空铺法时,卷材防水层周边与基层粘贴 800 mm 宽。

(2) 增铺卷材附加层。对变形较大、易遭破坏或易老化部位,如变形缝、转角、三面角,以及穿墙管道周围、地下出入口通道等处,均应铺设卷材附加层。附加层可采用同种卷材加铺 1~2 层,亦可用其他材料作增强处理。

(3) 做密封处理。在分格缝、穿墙管道周围、卷材搭接缝,以及收头部位应做密封处理。施工中,要重视对卷材防水层的保护。

四、涂料防水层施工

1. 常用的防水涂料类型

常用的防水涂料的类型主要有以下几种。

1) 沥青防水涂料

沥青防水涂料的主要成膜物质是以乳化剂配制的乳化沥青和填料组成。在Ⅲ级防水卷材屋面上单独使用时的厚度不应小于 8 mm,每平方米涂布量约为 8 kg,因而需多遍涂抹。由于这类涂料的沥青用量大、含固量低、弹性和强度等综合性能较差,在防水工程中已逐渐被淘汰。

2) 高聚物改性沥青防水涂料

高聚物改性沥青涂料的品种包括:以化学乳化剂配制的乳化沥青为基料,掺加氯丁橡胶或再生橡胶水乳液的防水涂料;众多的溶剂型改性沥青涂料,如氯丁橡胶沥青涂料、SBS 橡胶沥青涂料、丁基橡胶沥青涂料等。

3) 合成高分子防水涂料

合成高分子防水涂料的类型包括水乳型、溶剂型和反应型三种。其中综合性能较好的品种是反应型聚氨酯防水涂料。

聚氨酯防水涂料是以甲组分(聚氨酯预聚体)与乙组分(固化剂)按一定比例混合的双组分涂料。常用的品种有聚氨酯防水涂料(不掺加焦油)和焦油聚氨酯防水涂料两种。聚氨酯防水涂料大多为彩色,固体含量高,具有橡胶状弹性,延伸性好,拉伸强度和抗撕裂强度高,耐油、耐磨、耐海水浸蚀,使用温度范围宽,涂膜反应速度易于调整,因而是一种综合性能好的高档次涂料,但其价格也较高。焦油聚氨酯防水涂料为黑色,有较大臭味,反应速度不易调整,性能易出现波动。由于焦油对人体有害,故这种涂料不能用于冷库内壁和饮水工程,室内施工时应采取通风措施。

2. 防水涂料的使用要求

无机防水涂料宜用于地下工程结构主体的背水面;有机防水涂料宜用于主体结构的迎水面,用于背水面的有机防水涂料应具有较高的抗渗性,并且与基层有较好的黏结性。

防水涂料品种的选择应符合下列规定。

(1) 潮湿基层宜选用与潮湿基面黏结力大的无机防水涂料或有机防水涂料,也可采用先涂无机防水涂料而后再涂有机防水涂料构成复合防水涂层。

(2) 冬期施工宜选用反应型涂料。

(3) 埋置深度较深的重要工程、有振动或有较大变形的工程,宜选用高弹性防水涂料。

(4) 有腐蚀性的地下环境宜选用耐腐蚀性较好的有机防水涂料,并应做刚性保护层。

(5) 聚合物水泥防水涂料应选用Ⅱ型产品。

采用有机防水涂料时,基层阴阳角应做成圆弧形,阴角直径宜大于 50 mm,阳角直径宜大于 10 mm,在底板转角部位应增加胎体增强材料,并应增涂防水涂料。

防水涂料宜采用外防外涂或外防内涂,如图 7-14 和图 7-15 所示。

掺外加剂、掺和料的水泥基防水涂料厚度不得小于 3.0 mm;水泥基渗透结晶型防水涂料的用量不应小于 1.5 kg/m²,并且厚度不应小于 1.0 mm;有机防水涂料的厚度不得小于 1.2 mm。

3. 防水涂料的施工方法

1) 施工工艺

涂膜施工的顺序为:基层处理→涂刷底层卷材(即聚氨酯底胶、增强涂布或增补涂布)→涂布第一道涂膜防水层(聚氨酯涂膜防水材料、增强涂布或增补涂布)→涂布第二道(或面层)涂膜防水层(聚氨酯涂膜防水材料)→稀撒石渣→铺抹水泥砂浆→设置保护层。

涂布顺序为:先垂直面、后水平面;先阴阳角及细部、后大面。每层涂布方向应互相垂直。

(1) 涂布与增补涂布。在阴阳角、排水口、管道周围、预埋件及设备根部、施工缝或开裂处等需要增强防水层抗渗性的部位,应做增强或增补涂布。

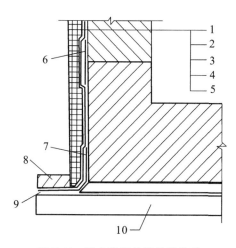
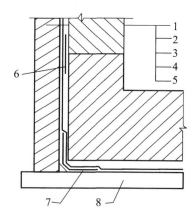

图 7-14 防水涂料外防外涂构造
1—保护墙;2—砂浆保护层;3—涂料防水层;4—砂浆找平层;
5—结构墙体;6—涂料防水层加强层;7—涂料防水加强层;
8—涂料防水层搭接部位保护层;9—涂料防水层搭接部位;10—混凝土垫层

图 7-15 防水涂料外防内涂构造
1—保护墙;2—涂料保护层;3—涂料防水层;
4—找平层;5—结构墙体;6—涂料防水层加强层;
7—涂料防水加强层;8—混凝土垫层

增强涂布或增补涂布可在粉刷底层卷材后进行,也可以在涂布第一道涂膜防水层以后进行。实际操作中还有将增强涂布夹在每相邻两层涂膜之间的做法。

增强涂布的做法为:在涂布增强膜中敷设玻璃纤维布,用板刷涂刮驱气泡,将玻璃纤维布紧密地粘贴在基层上,不得出现空鼓或皱折,这种做法一般为条形。增补涂布为块状,做法同增强涂布,但可进行多层涂抹。

增强涂布、增补涂布与基层卷材是组成涂膜防水层的最初涂层,对防水层的抗渗性能具有重要作用,因此涂布操作时要认真仔细,保证质量,不得有气孔、鼓泡、皱折、翘边,玻璃布应按设计规定搭接,并且不得露出面层表面。

(2)涂布第一道涂膜。在前一道卷材固化干燥后,应先检查其上是否有残留气孔或气泡,如无,即可涂布施工,如有,则应用橡胶板刷将混合料用力压入气孔填实补平,然后再进行第一层涂膜施工。

涂布第一道聚氨酯防水材料,可用塑料板刷均匀涂刮,应做到厚薄一致,厚度约为 1.5 mm。

平面或坡面施工后,在防水层未固化前不宜上人踩踏,涂抹施工过程中应留出施工退路,可以分区分片用后退法涂刷施工。

在施工温度低或混合液流动度低的情况下,涂层表面留有板刷或抹子涂后的刷纹,为此应预先在混合搅拌液内适当加入二甲苯稀释,用板刷涂抹后,再用滚刷滚涂均匀,涂膜表面即可平滑。

(3)涂布第二道涂膜。第一道涂膜固化后,即可在其上涂刮第二道涂膜,其方法与第一道涂膜相同,但涂刮方向应于第一道施工方向垂直。涂布第二道涂膜与第一道涂膜相间隔的时间应以第一道涂膜的固化程度(手感不黏)确定,一般不少于 24 h,也不多于 72 h。

当 24 h 后涂膜仍黏手,而又需涂刷下一道时,可先涂一些涂膜防水材料即可以上人操作,不影响施工质量。

(4)稀撒石渣。在第二道涂膜固化之前,在其表面稀撒粒径约为 2 mm 的石渣,涂膜固化后,这些石渣即牢固地黏结在涂膜表面,其作用是增强涂膜与其保护层的黏结能力。

(5) 设置保护层。最后一道涂膜固化干燥后,即可设置保护层。保护层可根据建筑要求设置相适宜的形式,例如:立面、平面可在稀撒石渣上抹水泥砂浆,铺贴瓷砖、陶瓷锦砖;一般房间的立面可以铺抹水泥砂浆,平面可铺设缸砖或水泥方砖,也可抹水泥砂浆或浇筑混凝土;若用于地下室墙体外壁,可在稀撒石渣层上抹水泥砂浆保护层,然后回填土。

五、地下工程混凝土结构细部构造防水施工

1. 变形缝

设置变形缝是为了适应地下工程由于温度、湿度作用及混凝土收缩、徐变而产生的水平变位,以及地基不均匀沉降而产生的垂直变位,以保证工程结构的安全和满足密封防水的要求。在这个前提下,还应考虑其构造合理、材料易得、工艺简单、检修方便等要求。

变形缝应满足密封防水、适应变形、施工方便、检修容易等要求。用于伸缩的变形缝宜少设,可根据不同的工程结构类别、工程地质情况采用后浇带、加强带、诱导缝等替代措施。

止水带施工应符合下列规定。

(1) 止水带埋设位置应准确,其中间空心圆环应与变形缝的中心线重合。

(2) 止水带应固定,顶、底板内止水带应呈盆状安设。

(3) 中埋式止水带先施工一侧混凝土时,其端模应支撑牢固,并应严防漏浆。

(4) 止水带的接缝宜为一处,应设在边墙较高位置上,不得设在结构转角处,接头宜采用热压焊接。

(5) 中埋式止水带在转弯处应做成圆弧形,(钢边)橡胶止水带的转角半径不应小于200 mm,转角半径应随止水带宽度的增大而相应加大。

安设于结构内侧的可卸式止水带施工时应符合下列规定。

(1) 所需配件应一次配齐。

(2) 转角处应做成45°折角,并应增加紧固件的数量。

变形缝与施工缝均用外贴式止水带(中埋式)时,其相交部位宜采用十字配件,如图 7-16 所示。变形缝用外贴式止水带的转角部位宜采用直角配件,如图 7-17 所示。

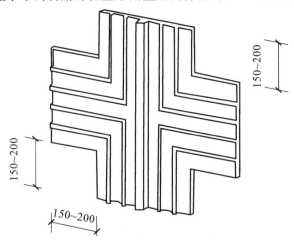

图 7-16 外贴式止水带在施工缝与变形缝相交处的十字配件

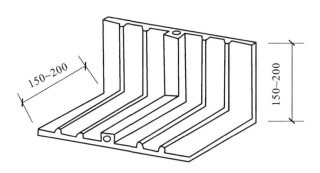

图 7-17 外贴式止水带在转角处的直角配件

密封材料嵌填施工时,应符合下列规定。

(1) 缝内两侧基面应平整干净、干燥,并应刷涂与密封材料相容的基层处理剂。
(2) 嵌缝底部应设置背衬材料。
(3) 嵌填应密实连续、饱满,并应黏结牢固。

在缝表面粘贴卷材或涂刷涂料前,应在缝上设置隔离层。卷材防水层、涂料防水层的施工应符合规定。

2. 后浇带

后浇带是在地下工程不允许留设变形缝,而实际长度超过了伸缩缝的最大间距,所设置的一种刚性接缝。虽然先、后浇筑混凝土的接缝形式和防水混凝土施工缝大致相同,但后浇带的位置与结构形式、地质情况、荷载差异等有很大关系,故后浇带应按设计要求留设。

后浇带应在两侧混凝土干缩变形基本稳定后施工,混凝土的收缩变形一般在龄期为 6 周后才能基本稳定,在条件许可时,间隔时间越长越好。

1) 一般要求

(1) 后浇带宜用于不允许留设变形缝的工程部位。
(2) 后浇带应在其两侧混凝土龄期达到 42 d 后再施工,高层建筑的后浇带施工应按规定时间进行。
(3) 后浇带应采用补偿收缩混凝土浇筑,其抗渗和抗压强度等级不应低于两侧混凝土。
(4) 后浇带应设在受力、和变形较小的部位,其间距和位置应按结构设计要求确定,宽度宜为 700~1 000 mm。
(5) 后浇带两侧可做成平直缝或阶梯缝,其防水构造形式宜采用如图 7-18 至图 7-20 所示的构造。

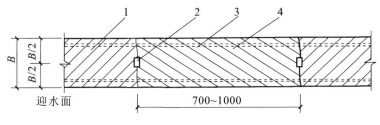

图 7-18 后浇带防水构造(一)

1—先浇混凝土;2—遇水膨胀止水条(胶);3—结构主筋;4—后浇补偿收缩混凝土

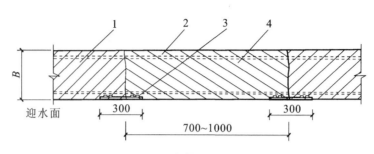

图 7-19 后浇带防水构造(二)

1—先浇混凝土;2—结构主筋;3—外贴式止水带;4—后浇补偿收缩混凝土

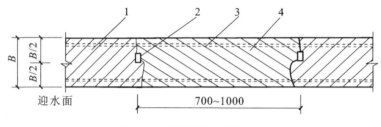

图 7-20 后浇带防水构造(三)

1—先浇混凝土;2—遇水膨胀止水条(胶);3—结构主筋;4—后浇补偿收缩混凝土

(6)采用掺膨胀剂的补偿收缩混凝土,水中养护14 d后的限制膨胀率不应小于0.015%,膨胀剂的掺量应根据不同部位的限制膨胀率设定值经试验确定。

2)施工

后浇带混凝土施工前,后浇带部位和外贴式止水带应防止落入杂物和损伤外贴止水带。后浇带混凝土应一次浇筑,不得留设施工缝;混凝土浇筑后应及时养护,养护时间不得少于28 d。

后浇带需超前止水时,后浇带部位的混凝土应局部加厚,并应增设外贴式或中埋式止水带,如图 7-21 所示。

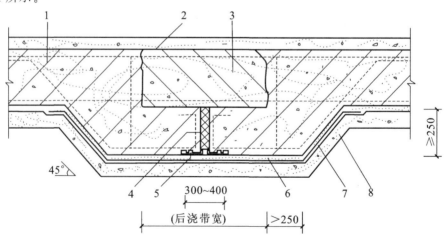

图 7-21 后浇带超前止水构造

1—混凝土结构;2—钢丝网片;3—后浇带;4—填缝材料;5—外贴式止水带;
6—细石混凝土保护层;7—卷材防水层;8—垫层混凝土

单元 2　室内防水工程施工

一、施工要求

1. 防水材料要求

厕浴间和厨房防水材料的要求如下。

(1) 厕浴间和厨房防水材料一般有合成高分子防水涂料、聚合物水泥防水涂料、水泥基渗透结晶型防水材料、界面渗透型防水材料与涂料复合、聚乙烯丙纶防水卷材与聚合物水泥黏结料等。选用另外的防水材料时,其材料性能指标必须符合相关材料质量标准,应达到验收要求。

(2) 使用高分子防水涂料、聚合物水泥防水涂料时,防水层厚度不应小于 1.2 mm;水泥基渗透结晶型防防水涂膜厚度不应小于 0.8 mm 或用料不应小于 0.8 kg/m²;界面渗透型防水液与柔性防水涂料复合施工时厚度不应小于 0.8 mm;聚乙烯丙纶防水卷材与聚合物水泥黏结料复合施工时,其厚度不应小于 1.8 mm。

采用防水材料复合施工时的要求如下。

① 刚性防水材料与柔性涂料复合使用时,刚性材料宜放在下部。

② 两种柔性材料复合使用时,材料应具有相容性。

③ 厨房、厕浴间防水层现场使用的增强附加层的胎体材料可选用无纺布或低碱玻纤布,其质量应符合有关材料标准要求。

④ 基层处理剂与卷材、涂料、黏结料均应分别配套且材性相容。

2. 排水坡度(含找坡层)要求

(1) 地面向地漏处排水坡度应为 1%～2%。

(2) 地漏处排水坡度,从地漏边缘向外 50 mm 以内的排水坡度为 5%。

(3) 大面积公共厕浴间地面应分区,每一个分区设一个地漏。区域内排水坡度为 2%,坡度直线长度不大于 3 m。

3. 防水构造要求

1) 楼地面结构层

预制钢筋混凝土圆孔板板缝通过厕浴间时,板缝间应用防水砂浆堵严抹平,缝上加一层宽度为 250 mm 的胎体增强材料,并涂刷两遍防水涂料。

2) 防水基层(找平层)

用配合比 1∶2.5 或 1∶3.0 水泥砂浆找平,厚度为 20 mm,抹平压光。

3) 地面防水层、地面与墙面阴阳角的处理

地面防水层应做在地面找平层之上,饰面层以下。地面四周与墙体连接处、防水层往墙面上 250 mm 以上、地面与墙面阴阳角处应先做附加层处理,再做四周立墙防水层。

4) 管根防水

(1) 管根孔洞在立管定位后,楼板四周缝隙用 1∶3 水泥砂浆堵严。缝隙大于 20 mm 时,可用细石防水混凝土堵严,并做底模。

(2) 在管根与混凝土(或水泥砂浆)之间应留凹槽,槽深 10 mm、宽 20 mm。凹槽内嵌填密封膏。

(3)管根平面与管根周围立面转角处应做涂膜防水附加层。

(4)预设套管措施。必要时在立管外设置套管,一般套管高出铺装层地面20 mm,套管内径要比立管外径大2～5 mm,空隙嵌填密封膏。

套管安装时,在套管周边预留10 mm×10 mm凹槽,凹槽内嵌填密封膏。

5)饰面层

防水层上做20 mm厚水泥砂浆保护层,在其上做地面砖等饰面层,材料由设计选定。

6)墙面与顶板防水

墙面与顶板应做防水处理。有淋浴设施的厕浴间墙面,防水层高度不应小于1.8 m,并与楼地面防水层交圈。顶板防水处理方案由设计确定。

二、厕浴间和厨房防水施工工艺

结合以往成熟的施工经验,厕浴间和厨房的防水施工工艺和作业要求可按使用要求和选材选择。

1. 聚合物乳液(丙烯酸)防水涂料施工

1)施工机具

主要施工机具如下。

(1)清理基面工具:开刀、凿子、锤子、钢丝刷、扫帚、抹布等。

(2)涂覆工具:滚子、刷子等。

2)施工工艺

(1)施工工艺流程为:清理基层→涂刷底部防水层→细部附加层→涂刷中、面层防水层→防水层第一次蓄水试验→保护层或饰面层施工→第二次蓄水试验。

(2)操作要点。

① 清理基层。基层表面必须将浮土打扫干净,清除杂物、油渍、明水等。

② 涂刷底部防水层。取丙烯酸防水涂料倒入一个空桶中约2/3,加少许水稀释并充分搅拌,用滚刷均匀地涂刷底层,用量约为0.4 kg/m^2,待手摸不黏手后进行下一道工序。

③ 涂刷细部附加层。

● 嵌填密封膏:按设计要求在管根等部位的凹槽内嵌填密封膏,密封材料应压嵌严密,防止裹入空气,并与缝壁黏结牢固,不得有开裂、鼓泡和下塌现象。

● 地漏、管根、阴阳角等易漏水部位的凹槽内,用丙烯酸防水涂料涂覆找平。

● 在地漏、管根、阴阳角和出入口等易发生漏水的薄弱部位,需增加一层胎体增强材料,宽度不得小于300 mm,搭接宽度不得小于100 mm,施工时先涂刷丙烯酸防水涂料,再铺增强层材料,然后再涂刷两遍丙烯酸防水涂料。

④ 涂刷中、面层防水层。取丙烯酸防水涂料,用滚刷均匀地涂在底层防水层上面,每遍为0.5～0.8 kg/m^2,其下层增强层和中层必须连续施工,不得间隔,若厚度不够,加涂一层或数层以达到设计规定的涂膜厚度要求。

⑤ 第一次蓄水试验。在做完全部防水层干固48 h以后,蓄水24 h,以未出现渗漏为合格。

⑥ 保护层或饰面层施工。第一次蓄水合格后,即可做保护层或饰面施工。

⑦ 第二次蓄水试验。在保护层或饰面施工完工后,应进行第二次蓄水试验,以确保防水工程的质量。

3) 成品保护

(1) 操作人员应严格保护好已完工的防水层,非防水施工人员不得进入现场踩踏。

(2) 为确保排水畅通,地漏、排水口应避免杂物堵塞。

(3) 施工时严防涂料污染已做好的其他部位。

4) 注意事项

(1) 5 ℃以下不得施工。

(2) 不宜在特别潮湿或不通风的环境中施工。

(3) 涂料应存放在5 ℃以上的阴凉干燥处。存放地点及施工现场必须通风良好,严禁烟火。

2. 单组分聚氨酯防水涂料施工

单组分聚氨酯防水涂料是以异氰酸酯、聚醚为主要原料,配以各种助剂制成,属于有机溶剂挥发型合成高分子的单组分柔性防水涂料。

1) 主要施工机具

主要施工机具如下。

(1) 涂料涂刮工具:橡胶刮板。

(2) 地漏、转角处等涂料涂刷工具:油漆刷。

(3) 清理基层工具:铲刀。

(4) 修补基层工具:抹子。

2) 施工工艺

(1) 施工工艺流程为:清理基层→细部附加层施工→第一遍涂膜施工→第二遍涂膜施工→第三遍涂膜施工→第一次蓄水试验→保护层、饰面层施工→第二次蓄水试验。

(2) 操作要点。

① 清理基层。基层表面必须认真清扫干净。

② 细部附加层施工。厕浴间的地漏、管根、阴阳角等处应使用单组分聚氨酯涂刮一遍做附加层处理。

③ 第一遍涂膜施工。以单组分聚氨酯涂料用橡胶刮板在基层表面均匀涂刮,厚度一致,涂刮量以 0.6~0.8 kg/m² 为宜。

④ 第二遍涂膜施工。在第一遍涂膜固化后,再进行第二遍聚氨酯涂刮。对平面的涂刮方向应与第一遍涂刮方向相垂直,涂刮量应与第一遍相同。

⑤ 第三遍涂膜和黏砂粒施工。第二遍涂膜固化后,进行第三遍聚氨酯涂刮,最终达到设计厚度。在最后一遍涂膜施工完毕尚未固化时,在其表面应均匀地撒上少量干净的粗砂,以增加与即将覆盖的水泥砂浆保护层之间的黏结。

厕浴间和厨房防水层经多遍涂刷,单组分聚氨酯涂膜总厚度应不小于1.5 mm。

⑥ 当涂膜固化完全并经第一次蓄水试验验收合格才可进行保护层、饰面层施工。

3. 聚合物水泥防水涂料施工

聚合物水泥防水涂料(简称JS防水涂料)是以聚合物乳液和水泥为主要原料,加入其他添加剂制成的液料与粉料两部分,按规定比例混合拌匀使用。

1) 施工机具

主要施工机具如下。

(1) 基层清理工具:锤子、凿子、铲子、钢丝刷、扫帚等。
(2) 取料配料工具:台秤、搅拌器、材料桶等。
(3) 涂料涂覆工具:滚刷、刮板、刷子等。

2) 施工工艺

(1) 施工工艺流程为:清理基层→底面防水层→细部附加层施工→涂刷中间防水层施工→涂刷表面防水层→第一次蓄水试验→保护层、饰面层施工→第二次蓄水试验。

(2) 操作要点。

① 清理基层。表面必须彻底清扫干净,不得有浮尘、杂物、明水等。

② 涂刷底面防水层。底层用料由专人负责材料配制,先按表7-1的配合比分别称出配料所用的液料、粉料、水,在桶内用手提电动搅拌器搅拌均匀,使粉料均匀分散。

表7-1 防水涂料配合比

防水涂料类别		按重量配合比
Ⅰ型	底层涂料	液料∶粉料∶水=10∶(7~10)∶14
	中、面层涂料	液料∶粉料∶水=10∶(7~10)∶(0~2)
Ⅱ型	底层涂料	液料∶粉料∶水=10∶(10~20)∶14
	中、面层涂料	液料∶粉料∶水=10∶(10~20)∶(0~2)

用滚刷或油漆刷均匀地涂刷成底面防水层,不得露底,一般用量为 $0.3 \sim 0.4 \ kg/m^2$。待涂层干固后,才能进行下一道工序。

③ 细部附加层施工。对地漏、管根、阴阳角等易发生漏水的部位,应进行密封或加强处理。按设计要求在管根等部位的凹槽内嵌填密封膏,密封材料应压嵌严密,防止裹入空气,并与缝壁黏结牢固,不得有开裂、鼓泡和下塌现象。在地漏、管根、阴阳角和出入口等易发生漏水的薄弱部位,可加一层增强胎体材料,材料宽度不小于 300 mm,搭接宽度应不小于 100 mm。施工时先涂一层 JS 防水涂料,再铺胎体增强材料,最后再涂一层 JS 防水涂料。

④ 涂刷中、面防水层。按设计要求和表7-2提供的防水涂料配合比,将配制好的Ⅰ型或Ⅱ型 JS 防水涂料,均匀涂刷在底面防水层上。每遍涂刷量以 $0.8 \sim 1.0 \ kg/m^2$ 为宜(涂料用量均为液料和粉料的原材料用量,不含稀释加水量)。多遍涂刷(一般3遍以上),直到达到设计规定的涂膜厚度要求。大面涂刷涂料时,不得加铺胎体,如果设计要求增加胎体时,需使用耐碱网格布或 $40 \ g/m^2$ 的聚酯无纺布。

⑤ 第一次蓄水试验。在最后一遍防水层干固 48 h 后蓄水 24 h,以无渗漏为合格。

⑥ 保护层或饰面层施工。第一次蓄水试验合格后,即可做保护层、饰面层施工。

⑦ 第二次蓄水试验。在保护层或饰面层完工后,进行第二次蓄水试验,确保厕浴间和厨房的防水工程质量。

3) 成品保护

(1) 操作人员应严格保护已做好的涂膜防水层。涂膜防水层未干时,严禁在上面踩踏;在做完保护层以前,任何与防水作业无关的人员不得进入施工现场;在第一次蓄水试验合格后应及时做好保护层,以免损坏防水层。

(2) 地漏或排水口应防止杂物堵塞,确保排水畅通。

(3) 施工时,涂膜材料不得污染已做好饰面的墙壁、卫生洁具、门窗等。

4) 注意事项

(1) 防水涂料的配制应计量准确,搅拌均匀。

(2) 涂料涂刷施工时应按操作工艺严格执行,保证涂膜厚度,注意工序间隔时间。粉料应存放在干燥处,液料存放温度在 5 ℃ 以上的阴凉处。配制好的防水涂料应在 3h 内用完。

(3) 厕浴间施工时应有良好的照明及通风条件。

4. 水泥基渗透结晶型防水材料施工

水泥基渗透结晶型防水材料施工指采用涂料涂刷或使用防水砂浆施抹来进行防水层施工。

1) 水泥基渗透结晶型防水涂料施工

水泥基渗透结晶型防水材料是一种刚性防水材料,其与水作用后,材料中含有的活性化学物质通过载体向混凝土内部渗透,在混凝土中形成不溶于水的结晶体,填塞毛细孔道从而使混凝土致密、防水。

水泥基渗透结晶型防水材料按使用方法可分为防水涂料和防水剂。

水泥基渗透结晶型防水涂料包括浓缩剂、增效剂,它们均是粉状材料,化学活性较强,经与水拌和调配成浆料为防水涂料。

(1) 浓缩剂浆料:直接刷涂或喷涂于混凝土表面。

(2) 增效剂浆料:用于浓缩剂涂层的表面,在浓缩剂涂层上形成坚硬的表层,可增强浓缩剂的渗透效果。单独使用于结构表面时,起防潮作用。

水泥基渗透结晶型防水剂(又称掺和剂),是以专有的多种特殊活性化学物质为主要原料,配以各种其他辅料制成的,属于水泥基渗透结晶型刚性防水材料。

(1) 主要施工机具:手用钢丝刷、电动钢丝刷、凿子、锤子、计量水和料的器具、拌料器具、专用尼龙刷、油漆刷、喷雾器具、胶皮手套等。

(2) 作业条件。

① 水泥基渗透结晶型防水材料不得在环境温度低于 4 ℃ 时使用。

② 基层应粗糙、干净、湿润。无论新浇筑的或旧的混凝土基面,均应用水润湿透(但不得有明水)。新浇筑的混凝土以浇筑后 24～72 h 为涂料的最佳使用时段。

③ 基层不得有缺陷部位,否则应进行处理后方可进行施工。

(3) 施工工艺。

① 施工工艺流程为:基层检查→基层处理→制浆→重点部位的加强处理→第一遍涂刷涂料→第二遍涂刷涂料→养护→检验。

② 操作要点。

- 基层检查。检查混凝土基层有无裂纹、孔洞,以及有机物、油漆和杂物等。
- 基层处理。先修理缺陷部位,如封堵孔洞,除去有机物、油漆等其他黏结物,遇到有大于 0.4 mm 以上的裂纹,应进行裂缝修理;对蜂窝结构或疏松结构均应凿除,松动杂物用水冲刷至见到坚实的混凝土基面并将其润湿,涂刷浓缩剂浆料,用量为 1 kg/m²,再用防水砂浆填补、压实,掺和剂的掺量为水泥含量的 2%。打毛混凝土基面,使毛细孔充分暴露。底板与边墙相交的阴角处加强处理。用浓缩剂料团(浓缩剂粉:水＝5:1,用抹子调和 2 min 即可使用)趁潮湿嵌填于阴角处,用手锤或抹子捣固压实。
- 制浆。防水涂料用量为:总用量不小于 0.8 kg/m²,浓缩剂不小于 0.4 kg/m²,增效剂不小于 0.4 kg/m²。

制浆工艺为：按防水涂料∶水＝5∶2（体积比）将粉料与水倒入容器内，搅拌 3～5 min，混合均匀。一次制浆不宜过多，要在 20 min 分钟内用完，混合物变稠时要频繁搅动，中间不得加水、加料。

- 重点部位加强处理。厨、厕浴间的地漏、管根、阴阳角、非混凝土或水泥砂浆基面等处用柔性涂料做加强处理。做法同柔性涂料或参考细部构造做法，厕浴间下水立管防水做法如图 7-22 所示，地漏防水做法如图 7-23 所示。

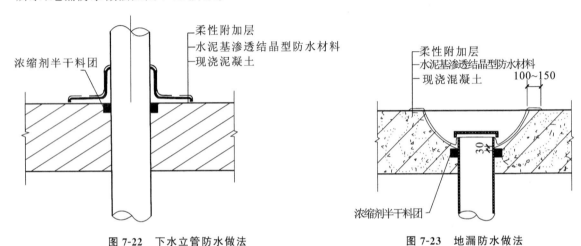

图 7-22　下水立管防水做法　　　　　图 7-23　地漏防水做法

- 第一遍涂刷涂料。涂料涂刷时需用半硬的尼龙刷，不宜用抹子、滚筒、油漆刷等；涂刷时应来回用力，以保证凹凸处都能涂上，涂层要求均匀，不应过薄或过厚，控制在单位用量之内。
- 第二遍涂刷涂料。待上道涂层终凝 6～12 h 后，仍呈潮湿状态时进行，如第一遍涂层太干则应先喷洒些雾水后再进行增效剂涂刷。此遍涂层也可使用相同量的浓缩剂。
- 养护。养护必须用干净的水，在涂层终凝后做喷雾养护，不应出现明水，一般每天需喷雾水 3 次，连续数天，在热天或干燥天气应多喷几次，使其保持湿润状态，防止涂层过早干燥。蓄水试验需在养护完 3～7 天后进行。
- 检验。涂料涂层施工后，需检查涂层是否均匀、用量是否准确、有无漏涂，如有缺陷应及时修补。经蓄水试验合格后，进行下道工序施工。

(4) 成品保护及安全注意事项。

① 保护好防水涂层，在养护期内任何人员不得进入施工现场。
② 地漏应防止杂物堵塞，确保排水畅通。
③ 拌料和涂刷涂料时应戴胶皮手套。
④ 防水涂料必须储存在干燥的环境中，最低温度为 7 ℃，一般储存条件下有效期为 1 年。

2) 水泥基渗透结晶型防水砂浆施工

水泥基渗透结晶型砂水砂浆由水泥基渗透结晶型掺和剂、硅酸盐水泥、中（粗）砂（含泥量不大于 2%）按比例而成。

水泥基渗透结晶型砂水砂浆包括水泥基渗透结晶型防水剂（又称掺和剂）、水泥（采用硅酸盐水泥）、砂（中粒砂，含泥量不大于 2%）。

(1) 主要施工机具如下。

① 基面处理工具：手用钢丝刷、电动钢丝刷、凿子、锤子等。
② 计量工具：计量防水剂、水泥、砂子、水等。
③ 拌和材料及运料工具：锹、桶、砂浆搅拌机、推车等。
④ 施抹防水砂浆工具：抹子。
⑤ 地漏等细部构造涂刷工具：油漆刷。
⑥ 防水层养护工具：喷雾器具。

（2）作业条件。
① 水泥基渗透结晶型防水材料不得在环境温度低于 4 ℃时使用，雨天不施工。
② 基层应粗糙、干净，以提供充分开放的毛细管系统，以利于渗透。
③ 基层需要润湿，无论新浇筑的，或者是旧的混凝土基面，都应用水润湿，但不得有明水；基层有缺陷时应修补处理后方可进行施工。

（3）施工工艺。
① 施工工艺流程为：基层检查→基层处理→重点部位加强处理→第一遍涂刷水泥净浆→拌制防水砂浆→抹防水砂浆→加分格缝→养护。
② 操作要点。

● 基层检查。检查混凝土基层有无油漆、有机物、杂物以及孔洞或大于 0.4 mm 的裂纹等缺陷。

● 基层处理。先处理缺陷部位、封堵孔洞，除去有机物、油漆等其他黏结物，清除油污及疏松物等。如有 0.4 mm 以上的裂纹，应先进行裂缝修理；沿裂缝两边凿出 20 mm（宽）×30 mm（深）的 U 形槽，用水冲净、润湿后，除去明水，沿槽内涂刷浆料后用浓缩剂半干料团（粉水比为 6∶1）填满、夯实；遇到有蜂窝或疏松结构均应凿除，将所有松动的杂物用水冲刷掉，直至见到坚实的混凝土基面并将其润湿后，涂刷灰浆（粉水比为 5∶2），用量为 1 kg/m²，再用防水砂浆填补、压实，防水剂的掺量为水泥用量的 2%～3%。经处理过的混凝土基面，不应存留任何悬浮物等物质。底板与边墙相交的阴角处做加强处理。用浓缩剂料团（防水剂粉水比为 5∶1，用抹子调和 2 min 即可使用）趁潮湿嵌填于阴角处，用手锤或抹子捣固压实。

● 重点部位附加层处理。厕浴间和厨房的地漏、管根、阴阳角等处用柔性涂料做附加层处理，方法同柔性涂料施工，参照图 7-24 所示的细部构造图。

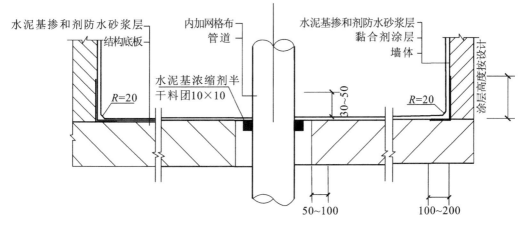

图 7-24　水泥基渗透结晶型防水砂浆立管做法

- 第一遍涂刷水泥净浆。用油漆刷等将水泥净浆涂刷在基层上,用量为 1~2 kg/m²。
- 拌制防水砂浆。人工搅拌时,配合比为水泥∶砂∶水∶防水剂=1∶2.5(3)∶0.5∶2(3),将配好量的硅酸盐水泥与砂预混均匀后再在中间留有盛水坑;将配好量的防水剂与水在容器中搅拌均匀后倒入盛水坑中拌匀,再与水泥砂子的混合物进行混合搅拌成稠浆状;机械搅拌时,将按比例配好量的砂子、防水剂、水泥、水依次放入搅拌机内,搅拌 3 min,即可使用。
- 抹防水砂浆。将制备好的防水砂浆均摊在处理过的结构基层上用抹子用力抹平、压实,不得有空鼓、裂纹等现象,如果发生此类现象应及时修复;所有的施工方法按防水砂浆的标准施工方法进行。陶粒、砖等砌筑墙面在做地面砂浆防水层时可进行侧墙的防水砂浆层的施抹,施抹完成后即完成了防水施工作业。
- 加分格缝。防水砂浆施工面积大于 36 m² 时应加分格缝,缝隙用柔性嵌缝膏嵌填。
- 养护。防水砂浆层养护必须用干净水做喷雾养护,不应出现明水,一般每天需喷雾水 3 次,连续 3~4 天,在热天或干燥天气应多喷几次,用湿草垫或湿麻袋片覆盖养护,保持湿润状态,防止防水砂浆层过早干燥。蓄水试验需在养护完 3~7 天后进行,蓄水验收合格后方可进行下道工序施工。

(4)成品保护及安全注意事项。

① 严格保护已做好的防水层,在养护期内任何人员不得进入施工现场。

② 地漏应防止杂物堵塞,确保排水畅通。

③ 拌料时应戴胶皮手套。

④ 水泥基渗透结晶型防水材料必须储存在干燥环境中,最低温度为 7 ℃,储存有效期为 1 年。

单元 3 外墙防水施工

一、外保温外墙防水防护施工

(1)保温层应固定牢固,表面平整、干净。

(2)外墙保温层的抗裂砂浆层施工应符合下列规定。

① 抗裂砂浆层的厚度、配合比应符合设计要求。当内掺纤维等抗裂材料时,比例应符合设计要求,并应搅拌均匀。

② 当外墙保温层采用有机保温材料时,抗裂砂浆施工时应先涂刮界面处的材料,然后分层抹压抗裂砂浆。

③ 抗裂砂浆层的中间宜设置耐碱玻纤网格布或金属网片。金属网片应与墙体结构固定牢固。玻纤网格布铺贴应平整无皱折,两幅间的搭接宽度不应小于 50 mm。

④ 抗裂砂浆应抹平压实,表面无接槎印痕,网格布或金属网片不得外露。防水层为防水砂浆时,抗裂砂浆表面应搓毛。

⑤ 抗裂砂浆终凝后应进行保湿养护。防水砂浆养护时间不宜少于 14 d,养护期间不得受冻。

(3)外墙保温层上的防水层施工应符合规定。

(4)防水透气膜施工应符合下列规定。

① 基层表面应平整、干净、牢固,无尖锐凸起物。
② 敷设宜从外墙底部一侧开始,将防水透气膜沿外墙横向展开,铺于基面上,沿建筑立面自下而上横向敷设,按顺水方向上下搭接,当无法满足自下而上敷设顺序时,应确保沿顺水方向上下搭接。
③ 防水透气膜横向搭接宽度不得小于100 mm,纵向搭接宽度不得小于150 mm。搭接缝应采用配套胶黏带黏结。相邻两幅膜的纵向搭接缝应相互错开,间距不小于500 mm。
④ 防水透气膜搭接缝应采用配套胶黏带覆盖密封。
⑤ 防水透气膜应随铺随固定,固定部位应预先粘贴小块丁基胶带,用带塑料垫片的塑料锚栓将防水透气膜固定在基层墙体上,固定点每平方米不得少于3处。
⑥ 敷设在窗洞或其他洞口处的防水透气膜,以I字形裁开,用配套胶黏带固定在洞口内侧。与门、窗框连接处应使用配套胶黏带满粘密封,四角用密封材料封严。
⑦ 幕墙体系中穿透防水透气膜的连接件周围应用配套胶黏带封严。

二、无外保温外墙防水防护施工

(1) 外墙结构表面的油污、浮浆应清除,孔洞、缝隙应堵塞抹平,不同结构材料交接处的增强处理材料应固定牢固。
(2) 外墙结构表面宜进行找平处理,找平层施工应符合下列规定。
① 外墙结构表面清理干净后,方可进行界面处理。
② 界面处理材料的品种和配合比应符合设计要求,拌和应均匀一致,无粉团、沉淀等缺陷。涂层应均匀,不露底。待表面收水后,方可进行找平层施工。
③ 找平层砂浆的强度和厚度应符合设计要求,厚度在10 mm以上时,应分层压实、抹平。
(3) 外墙防水层施工前,宜先做好节点处理,再进行大面积施工。
(4) 防水砂浆施工应符合下列规定。
① 基层表面应为平整的毛面,光滑表面应做界面处理,并充分润湿。
② 防水砂浆的配制应符合下列规定。
● 配合比应按照设计要求,通过试验确定。
● 配制乳液类聚合物水泥防水砂浆前,乳液应先搅拌均匀,再按规定比例加入拌和料中搅拌均匀。
● 干粉类聚合物水泥防水砂浆应按规定比例加水搅拌均匀。
● 粉状防水剂配制普通防水砂浆时,应先将规定比例的水泥、砂和粉状防水剂干拌均匀,再加水搅拌均匀。
● 液态防水剂配制普通防水砂浆时,应先将规定比例的水泥和砂干拌均匀,再加入用水稀释的液态防水剂搅拌均匀。
③ 配制好的防水砂浆宜在1 h内用完,施工中不得任意加水。
④ 界面处理材料涂刷厚度应均匀、覆盖完全。收水后应及时进行防水砂浆的施工。
⑤ 防水砂浆涂抹施工应符合下列规定。
● 厚度大于10 mm时应分层施工,第二层应待前一层指触不黏时进行,各层应黏结牢固。
● 每层宜连续施工。当需留茬时,应采用阶梯坡形茬,接茬部位离阴阳角不得小于200 mm,上下层接茬应错开300 mm以上。接茬应依层次顺序操作、层层搭接紧密。

- 喷涂施工时,喷枪的喷嘴应垂直于基面,合理调整压力,以及调整喷嘴与基面距离。
- 涂抹时应压实、抹平;遇气泡时应挑破,保证铺抹密实。
- 抹平、压实应在初凝前完成。

⑥ 窗台、窗楣和凸出墙面的腰线等部位上表面的流水坡应找坡准确,外口下沿的滴水线应连续、顺直。

⑦ 砂浆防水层分格缝的留设位置和尺寸应符合设计要求。分格缝的密封处理应在防水砂浆达到设计强度的80%后进行,密封前应将分格缝清理干净,密封材料应嵌填密实。

⑧ 砂浆防水层转角宜抹成圆弧形,圆弧半径应不小于5 mm,转角抹压应顺直。

⑨ 门框、窗框、管道、预埋件等与防水层相接处应留8~10 mm宽的凹槽,密封处理应符合第⑦点的要求。

⑩ 砂浆防水层未达到硬化状态时,不得浇水养护或直接受雨水冲刷。聚合物水泥防水砂浆硬化后应采用干湿交替的养护方法,普通防水砂浆防水层应在终凝后进行保湿养护。养护时间不宜少于14 d,养护期间不得受冻。

(5) 防水涂料施工应符合下列规定。

① 施工前应先对细部构造进行密封或增强处理。

② 涂料的配制和搅拌应符合下列规定。

- 双组分涂料配制前,应将液体组分搅拌均匀。配料应按照规定要求进行,不得任意改变配合比。
- 应采用机械搅拌,配制好的涂料应色泽均匀,无粉团、沉淀。

③ 涂膜防水层的基层宜干燥;防水涂料涂布前,应先涂刷基层处理剂。

④ 涂膜宜多遍完成,后遍涂布应在前遍涂层干燥成膜后进行。挥发性涂料的每遍用量不宜大于0.6 kg/m²。

⑤ 每遍涂布应交替改变涂层的涂布方向,同一涂层涂布时,先后接茬宽度宜为30~50 mm。

⑥ 涂膜防水层的甩茬应避免污损,接涂前应将甩茬表面清理干净,接茬宽度不应小于100 mm。

⑦ 胎体增强材料应铺贴平整、排除气泡,不得有褶皱和胎体外露,胎体层充分浸透防水涂料;胎体的搭接宽度不应小于50 mm。胎体的底层和面层涂膜厚度均不应小于0.5 mm。

⑧ 涂膜防水层完工并经验收合格后,应及时做好饰面层。饰面层施工时应有成品保护措施。

单元4 屋面工程施工

一、找坡层和找平层施工

为了便于敷设隔气层和防水层,必须在结构层或保温层表面作找平处理。在找坡层、找平层施工前,首先要检查其敷设的基层情况,如屋面板安装是否牢固,有无松动现象;基层局部是否凹凸不平,凹坑较大时应先填补;保温层表面是否平整,厚薄是否均匀;板状保温材料是否铺平垫稳;用保温材料找坡是否准确等。基层质量的好坏将直接影响防水层的质量,是防水层质量的基础。基层的质量包括结构层和找平层的刚度、平整度、强度、表面完整程度及基层含水率等。

找平层是防水层的依附层,其质量的好坏将直接影响到防水层的质量,所以要求找平层必须做到"五要、四不、三做到"。

- "五要":一要坡度准确、排水流畅;二要表面平整;三要坚固;四要干净;五要干燥。
- "四不":一是表面不起砂;二是表面不起皮;三是表面不酥松;四是表面不开裂。
- "三做到":一要做到混凝土或砂浆配比准确;二要做到表面二次压光;三要做到充分养护。

当屋面保温层、找平层因施工时含水率过大或遇雨水浸泡不能及时干燥,而又要立即敷设柔性防水层时,必须将屋面做成排汽屋面,以避免因防水层下部水分汽化造成防水层起鼓破坏,避免因保温层因含水率过高造成保温性能降低。如果采用低吸水率(小于6%)的保温材料时,就可以不必做排气屋面。

1. 装配式钢筋混凝土板的板缝嵌填施工

装配式钢筋混凝土板的板缝嵌填施工应符合下列规定。

(1) 嵌填混凝土前板缝内应清理干净,并应保持湿润。
(2) 当板缝宽度大于40 mm或上窄下宽时,板缝内应按设计要求配置钢筋。
(3) 嵌填细石混凝土的强度等级不应低于C20,填缝高度宜低于板面10~20 mm,并且应振捣密实和浇水养护。
(4) 板端缝应按设计要求增加防裂的构造措施。

2. 找坡层和找平层的基层的施工

找坡层和找平层的基层的施工应符合下列规定。

(1) 应清理结构层、保温层上面的松散杂物,凸出基层表面的硬物应剔平扫净。
(2) 抹找坡层前,宜对基层洒水润湿。
(3) 突出屋面的管道、支架等根部,应用细石混凝土堵实和固定。
(4) 对不易与找平层结合的基层应作界面处理。

找坡层和找平层所用材料的质量和配合比应符合设计要求,并应准确计量和机械搅拌;找坡应按屋面排水方向和设计坡度要求进行,找坡层最薄处厚度不宜小于20 mm;找坡材料应分层敷设和适当压实,表面宜平整和粗糙,并应适时浇水养护;找平层应在水泥初凝前应压实抹平,水泥终凝前完成收水后应二次压光,并应及时取出分格条。养护时间不得少于7 d。

卷材防水层的基层与突出屋面结构的交接处,以及基层的转角处,找平层均应做成圆弧形,并且应整齐平顺。找平层圆弧半径应符合表7-2的规定。

表7-2 找平层圆弧半径

卷材种类	圆弧半径/mm
高聚物改性沥青防水卷材	50
合成高分子防水卷材	20

找坡层和找平层的施工环境温度不宜低于5 ℃。

二、保温层和隔热层施工

1. 保温隔热材料

屋面保温隔热材料宜选用聚苯乙烯硬质泡沫保温板、聚氨酯硬质泡沫保温板、喷涂硬泡聚氨酯或绝热玻璃棉等。聚氨酯硬质泡沫保温板应符合国家标准《建筑绝热用硬质聚氨酯泡沫塑料》(GB/T 21558—2008)的要求。

喷涂硬泡聚氨酯保温材料的主要物理性能应符合国家标准《硬泡聚氨酯保温防水工程技术规范》(GB 50404—2007)的要求。绝热玻璃棉应符合国家标准《建筑绝热用玻璃棉制品》(GB/T 17795—2008)的要求。

采用机械固定施工方法的块状保温隔热材料应单独固定,其具体固定方法见表7-3。

表7-3 采用机械固定施工方法的块状保温隔热材料的固定方法

保温隔热材料		每块板固定件最少数量		固定位置
发泡聚苯板	挤塑聚苯板(XPS)	4个	任一边长≤1.2 m	四个角,固定垫片距离板材边缘不大于150 mm
	模塑聚苯板(EPS)	6个	任一边长>1.2 m	四个角及沿长向中线均匀布置,固定垫片距离板材边缘不大于150 mm
玻璃棉板、矿渣棉板、岩棉板		2个	—	沿长向中线均匀布置

注:其他类型的保温隔热板材固定件布置由系统供应商建议提供。

2. 保温材料的储运、保管与验收

(1) 保温材料的储运、保管应符合下列规定。

① 保温材料应采取防雨、防潮、防火的措施,并应分类存放。

② 板状保温材料搬运时应轻拿轻放。

③ 纤维保温材料应在干燥、通风的房屋内储存,搬运时应轻拿轻放。

(2) 进场的保温材料应检验下列项目。

① 板状保温材料应检验表观密度或干密度、压缩强度或抗压强度、导热系数、燃烧性能。

② 纤维保温材料应检验表观密度、导热系数、燃烧性能。

3. 保温层的施工环境温度

保温层的施工环境温度应符合下列规定。

(1) 干铺的保温材料可在负温度下施工。

(2) 用水泥砂浆粘贴的板状保温材料不宜低于5 ℃。

(3) 喷涂硬泡聚氨酯宜为15～35 ℃,空气相对湿度宜小于85%,风速不宜大于三级。

(4) 现浇泡沫混凝土宜为5～35 ℃。

4. 保温层施工

1) 板状材料保温层施工

板状材料保温层施工应符合下列规定。

(1) 基层应平整、干燥、干净。

(2) 相邻板块应错缝拼接,分层敷设的板块上下层接缝应相互错开,板间缝隙应采用同类材料嵌填密实。

(3) 采用干铺法施工时,板状保温材料应紧靠在基层表面上,并应铺平垫稳。

(4) 采用黏结法施工时,胶黏剂应与保温材料相容,板状保温材料应贴严、粘牢,在胶黏剂固化前不得上人踩踏。

(5) 采用机械固定法施工时,固定件应固定在结构层上,固定件的间距应符合设计要求。

2) 纤维材料保温层施工

纤维材料保温层施工应符合下列规定。

(1) 基层应平整、干燥、干净。

(2) 纤维保温材料在施工时,应避免重压,并应采取防潮措施。

(3) 纤维保温材料敷设时,平面拼接缝应贴紧,上下层拼接缝应相互错开。

(4) 屋面坡度较大时,纤维保温材料宜采用机械固定法施工。

(5) 在敷设纤维保温材料时,应做好劳动保护工作。

3) 喷涂硬泡聚氨酯保温层施工

喷涂硬泡聚氨酯保温层施工应符合下列规定。

(1) 基层应平整、干燥、干净。

(2) 施工前应对喷涂设备进行调试,并应对喷涂试块进行材料性能检测。

(3) 喷涂时喷嘴与施工基面的间距应由试验确定。

(4) 喷涂硬泡聚氨酯的配合比应准确计量,发泡厚度应均匀一致。

(5) 一个作业面应分遍喷涂完成,每遍喷涂厚度不宜大于 15 mm,硬泡聚氨酯喷涂后 20 min 内严禁上人。

(6) 喷涂作业时,应采取防止污染的遮挡措施。

4) 现浇泡沫混凝土保温层施工

现浇泡沫混凝土保温层施工应符合下列规定。

(1) 基层应清理干净,不得有油污、浮尘和积水。

(2) 现浇泡沫混凝土应按设计要求的干密度和抗压强度进行配合比设计,拌制时应计量准确,并应搅拌均匀。

(3) 泡沫混凝土应按设计的厚度设定浇筑面标高线,找坡时宜采取挡板辅助措施。

(4) 泡沫混凝土的浇筑出料口离基层的高度不宜超过 1 m,泵送时应采取低压泵送。

(5) 泡沫混凝土应分层浇筑,一次浇筑厚度不宜超过 200 mm,终凝后应进行保湿养护,养护时间不得少于 7 d。

5. 隔气层施工

隔气层施工应符合下列规定。

(1) 隔气层施工前,基层应进行清理,宜进行找平处理。

(2) 屋面周边隔气层应沿墙面向上连续敷设,高出保温层上表面不得小于 150 mm。

(3) 采用卷材作为隔气层时,卷材宜空铺,卷材搭接缝应满粘,其搭接宽度不应小于 80 mm;采用涂膜做隔气层时,涂料涂刷应均匀,涂层不得有堆积、起泡和露底现象。

(4) 穿过隔气层的管道周围应进行密封处理。

6. 倒置式屋面保温层施工

1) 一般规定

倒置式屋面是把原屋面"防水层在上,保温层在下"的构造设置倒置过来,将憎水性或吸水率较低的保温材料放在防水层上,使防水层不易损伤,提高耐久性,并可防止屋面结构内部结露。倒置式屋面保温层具有节能、保温隔热、延长防水层使用寿命、施工方便、劳动效率高、综合造价经济等特点。

保温材料应选用高热绝缘系数、低吸水率的新型材料,如聚苯乙烯泡沫塑料、聚乙烯泡沫塑料、聚氨酯泡沫塑料、泡沫玻璃等,也可选用蓄热系数和热绝缘系数都较大的水泥聚苯乙烯复合板等保温材料。

倒置式保温防水屋面主防水层(保温层之下的防水层)应选用合成高分子防水材料和中高档高聚物改性沥青防水卷材,也可选用改性沥青涂料与卷材复合防水。不宜选用刚性防水材料和松散憎水性材料,如防水宝、拒水粉等。也不宜选用胎基易腐烂的防水材料和易腐烂的涂料或加筋布等。

倒置式屋面保温层施工应符合下列规定。

(1) 施工完的防水层,应进行淋水或蓄水试验,并应在合格后再进行保温层的敷设。

(2) 板状保温层的敷设应平稳,拼缝应严密。

(3) 保护层施工时,应避免损坏保温层和防水层。

2)施工工艺

施工工艺流程为:基层清理检查、工具准备、材料检验→节点增强处理→防水层施工、检验→保温层敷设、检验→现场清理→保护层施工→验收。

(1) 防水层施工。根据不同的材料,采用相应的施工方法和工艺进行施工、检验。

(2) 保温层施工。保温材料可以直接干铺或用专用黏结剂粘贴,聚苯板不得选用溶剂型黏结剂粘贴。保温材料接缝处可以是平缝也可以是企口缝,接缝处可以灌入密封材料以连成整体。块状保温材料的施工应采用斜缝排列,以利于排水。

当采用现喷硬泡聚氨酯保温材料时,要在成形的保温层面进行分格处理,以减少收缩开裂。大风天气和雨天不得施工,同时注意喷施人员的劳动保护。

(3) 面层施工。

① 上人屋面。采用 40~50 mm 厚钢筋细石混凝土作面层时,应按刚性防水层的设计要求进行分格缝的节点处理;采用混凝土块材作为上人屋面保护层时,应使用水泥砂浆坐浆平铺,板缝用砂浆勾缝处理。

② 不上人屋面。当屋面是非功能性上人屋面时,可采用平铺预制混凝土板的方法进行压埋,预制板应有一定强度,厚度也应不小于 30 mm。选用卵石或沙砾作保护层时,其直径应为 20~60 mm,铺埋前,应先敷设 250 g/m² 的聚酯纤维无纺布或油毡等隔离,再铺埋卵石,并应注意雨水口的畅通。压置物的质量应保证最大风力时保温板不被刮起和保证保温层在积水状态下不浮起。聚苯乙烯保温层不能直接受太阳照射,以防紫外线照射导致老化,还应避免与溶剂接触和在高温环境下(80 ℃以上)使用。

7. 屋面排气构造施工

当保温层材料采用吸水率低($\omega<6\%$)的材料时,它们不会再吸水,保温性能就能得到保证。如果保温层采用吸水率大的材料,施工时如遇雨水或施工用水侵入,造成很大含水率时,则应使它干燥,但许多工程找平层已施工,一时无法干燥,为了避免因保温层含水率高而导致防水层起鼓,使屋面在使用过程中逐渐将水分蒸发(需几年或几十年时间),过去采取被称为排气屋面的技术措施,也被称为呼吸屋面,如图 7-25 和图 7-26 所示。此技术措施是在保温层中设置纵横排气道,在交叉处安放向上的排气管,目的是当温度升高,水分蒸发,气体沿排气道、排气管与大气连通,不会产生压力,潮气还可以从孔中排出,排气屋面要求排气道不得堵塞。这种做法确实有一定的效果。所以在规范中规定如果保温层含水率过高(超过 15%)时,不管设计时是否有规定,施工时都必须作排气屋面处理。当然如果采用低吸水率保温材料时,就可以不采用这种做法了。

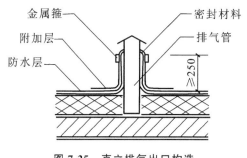
图 7-25 直立排气出口构造

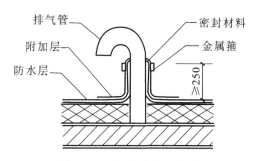
图 7-26 弯形排气出口构造

屋面排气构造施工应符合下列规定。
(1) 排气道及排气孔的设置应符合规范规定。
(2) 排气道应与保温层连通,排气道内可填入透气性好的材料。
(3) 施工时,排气道及排气孔均不得被堵塞。
(4) 屋面纵横排气道的交叉处可埋设金属或塑料排气管,排气管宜设置在结构层上,穿过保温层及排气道的管壁四周应打孔。排气管应作好防水处理。

8. 种植隔热层施工

种植隔热层施工应符合下列规定。
(1) 种植隔热层挡墙或挡板施工时,留设的泄水孔位置应准确,并不得堵塞。
(2) 凹凸型排水板宜采用搭接法施工,搭接宽度应根据产品的规格具体确定;网状交织排水板宜采用对接法施工;采用陶粒作排水层时,敷设应平整,厚度应均匀。
(3) 过滤层土工布敷设应平整、无皱折,搭接宽度不应小于 100 mm,搭接宜采用黏合或缝合处理;土工布应沿种植土周边向上敷设至种植土高度。
(4) 种植土层的荷载应符合设计要求。种植土、植物等应在屋面上均匀堆放,并且不得损坏防水层。

9. 架空隔热层施工

架空隔热层施工应符合下列规定。
(1) 架空隔热层施工前,应将屋面清扫干净,并应根据架空隔热制品的尺寸弹出支座中线。
(2) 在架空隔热制品支座底面,应对卷材、涂膜防水层采取加强措施。
(3) 敷设架空隔热制品时,应随时清扫屋面防水层上的落灰、杂物等,操作时不得损伤已完工的防水层。
(4) 架空隔热制品的敷设应平整、稳固,缝隙应勾填密实。

10. 蓄水隔热层施工

蓄水隔热层施工应符合下列规定。
(1) 蓄水池的所有孔洞应预留,不得后凿。所设置的溢水管、排水管和给水管等,应在混凝土施工前安装完毕。
(2) 每个蓄水区的防水混凝土应一次浇筑完毕,不得留置施工缝。
(3) 蓄水池的防水混凝土施工时,环境气温宜为 5~35 ℃,并应避免在冬期和高温期施工。
(4) 蓄水池的防水混凝土完工后,应及时进行养护,养护时间不得少于 14 d,蓄水后不得断水。
(5) 蓄水池的溢水口标高、数量、尺寸应符合设计要求,过水孔应设在分仓墙底部,排水管应与水落管连通。

三、屋面卷材防水层施工

1. 防水卷材的选用

(1) 根据当地历年最高气温、最低气温、屋面坡度和使用条件等因素,选择耐热度、柔性相适应的卷材。

(2) 根据地基变形程度、结构形式,以及当地年温差、日温差和震动等因素,选择拉伸性相适应的卷材。

(3) 根据屋面防水卷材的暴露程度,选择耐紫外线、耐穿刺、耐老化保持率或耐霉性能相适应的卷材。

(4) 自黏橡胶沥青防水卷材和自黏聚酯毡改性沥青防水卷材(0.5 mm 厚铝箔覆面者除外),不得用于外露的防水层。

2. 防水卷材的储运、保管及验收

(1) 防水卷材的储运、保管应符合下列规定。

① 不同品种、规格的卷材应分别堆放。

② 卷材应储存在阴凉通风处,应避免雨淋、日晒和受潮,严禁接近火源。

③ 卷材应避免与化学介质及有机溶剂等有害物质接触。

(2) 进场的防水卷材应检验下列项目。

① 高聚物改性沥青防水卷材的可溶物含量、拉力、最大拉力时延伸率、耐热度、低温柔性、不透水性等。

② 合成高分子防水卷材的断裂拉伸强度、扯断伸长率、低温弯折性、不透水性等。

(3) 胶黏剂和胶黏带的储运、保管应符合下列规定。

① 不同品种、规格的胶黏剂和胶黏带,应分别用密封桶或纸箱包装。

② 胶黏剂和胶黏带应储存在阴凉通风的室内,严禁接近火源和热源。

(4) 进场的基层处理剂、胶黏剂和胶黏带,应检验下列项目。

① 沥青基防水卷材用基层处理剂的固体含量、耐热性、低温柔性、剥离强度。

② 高分子胶黏剂的剥离强度、浸水 168 h 后的剥离强度保持率。

③ 改性沥青胶黏剂的剥离强度。

④ 合成橡胶胶黏带的剥离强度、浸水 168 h 后的剥离强度保持率。

(5) 卷材防水层的施工环境温度应符合下列规定。

① 热熔法和焊接法不宜低于 −10 ℃。

② 冷粘法和热粘法不宜低于 5 ℃。

③ 自粘法不宜低于 10 ℃。

3. 卷材防水层基层要求

卷材防水层基层应坚实、干净、平整,应无孔隙、起砂和裂缝。基层的干燥程度应根据所选防水卷材的特性确定。

采用基层处理剂时,其配制与施工应符合下列规定。

(1) 基层处理剂应与防水卷材相容。

(2) 基层处理剂应配比准确,并应搅拌均匀。

(3) 喷、涂基层处理剂前,应先对屋面细部进行涂刷。

(4)基层处理剂可选用喷涂或涂刷施工工艺,喷、涂应均匀一致,干燥后应及时进行卷材施工。

4. 卷材铺贴顺序和卷材搭接

1) 卷材铺贴顺序

卷材铺贴应按"先高后低,先远后近"的顺序施工。高低跨屋面,应先铺高跨屋面,后铺低跨屋面;在同高度大面积的屋面,应先铺离上料点较远的部位,后铺离上料点较近部位。应先进行细部结构处理,后处理大面积屋面,应由屋面最低标高向上铺贴。

卷材大面积铺贴前,应先做好节点密封处理、附加层和屋面排水较集中部位(屋面与水落口连接处、檐口、天沟、檐沟、屋面转角处、板端缝等)的处理、分格缝的空铺条处理等,然后由屋面最低标高处向上施工。铺贴天沟、檐沟卷材时,宜顺天沟、檐沟方向铺贴,从落水口处向分水线方向铺贴,以减少搭接。卷材宜平行于屋脊铺贴,上下层卷材不得相互垂直铺贴。立面或大坡面铺贴卷材时,应采用满粘法,并宜减少卷材短边搭接,如图7-27所示。

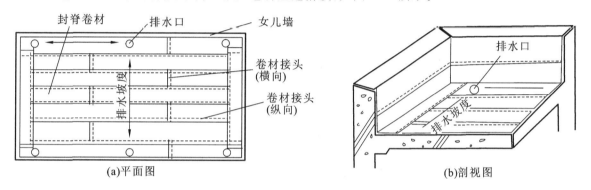

图 7-27 卷材配置示意图

为了保证防水层的整体性,减少漏水的可能性,屋面防水工程尽量不划分施工段;当需要划分施工段时,施工段的划分宜设在屋脊、天沟、变形缝等处。

2) 卷材搭接

卷材搭接缝应符合下列规定。

(1) 平行屋脊的搭接缝应顺流水方向,搭接缝宽度应符合规范规定。

(2) 同一层相邻两幅卷材短边搭接缝错开不应小于 500 mm。

(3) 上下层卷材长边搭接缝应错开,并且不应小于幅宽的 1/3。

(4) 叠层铺贴的各层卷材,在天沟与屋面的交接处,应采用叉接法搭接,搭接缝应错开;搭接缝宜留在屋面与天沟侧面,不宜留在沟底。

卷材铺贴的搭接方向,主要考虑到坡度大或受震动时卷材易下滑,尤其是含沥青(温感性大)的卷材,高温时软化下滑是常有发生的。对于高分子卷材的铺贴方向要求不严格,为了便于施工,一般顺屋脊方向铺贴,搭接方向应顺流水方向,不得逆流水方向,避免流水冲刷接缝,使接缝损坏。垂直屋脊方向铺卷材时,应顺大风方向。当卷材叠层敷设时,上下层不得相互垂直铺贴,以免在搭接缝垂直交叉处形成挡水条。叠层敷设的各层卷材,在天沟与屋面的连接处应采取叉接法搭接,搭接缝应错开,如图7-28和图7-29所示。接缝宜留在屋面或天沟侧面,不宜留在沟底。在铺贴卷材时,不得污染檐口的外侧和墙面。高聚物改性沥青防水卷材和合成高分子防水卷材的搭接缝,宜用材料性能相容的密封材料封严。

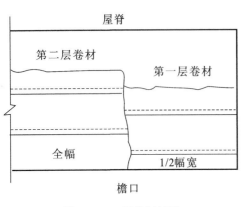

图 7-28 二层卷材铺贴

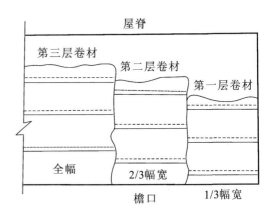

图 7-29 三层卷材铺贴

卷材铺贴搭接方向及要求见表 7-4。

表 7-4 卷材铺贴搭接方向及要求

屋面坡度	铺贴方向和要求
小于 3∶100	卷材宜平行屋脊方向,即顺平面中较长一边的方向为宜
3∶100～3∶20	卷材可平行或垂直屋脊方向铺贴
大于 3∶20 或受震动	沥青卷材应垂直屋脊铺贴,改性沥青卷材宜垂直屋脊铺贴,高分子卷材可平行或垂直屋脊铺贴
大于 1∶4	应垂直屋脊铺贴,并应采取固定措施,固定点还应密封

卷材搭接宽度见表 7-5。

表 7-5 卷材搭接宽度 单位:mm

卷材种类		铺贴方法			
		短边搭接		长边搭接	
		满粘法	空铺法、点粘法、条粘法	满粘法	空铺法、点粘法、条粘法
沥青防水卷材		100	150	70	100
高聚物改性沥青防水卷材		80	100	80	100
合成高分子防水卷材	胶黏剂	80	100	80	100
	胶黏带	50	60	50	60
	单焊缝	60(有效焊接宽度不小于 25)			
	双焊缝	80(有效焊接宽度 10×2 空腔宽)			

5. 卷材施工工艺

卷材与基层的连接方式有四种(见表 7-6),即满粘、空铺、条粘、点粘。在工程应用中根据建筑部位、使用条件、施工情况,可以采用其中的一种或两种,在图纸上应该注明。

表 7-6 卷材与基层连接方式

铺贴方法	具体做法	适应条件
满粘法	又称全粘法,即在铺贴防水卷材时,卷材与基面全部黏结牢固的施工方法,通常热熔法、冷粘法、自粘法使用这种方法粘贴卷材	屋面防水面积较小,结构变形不大,找平层干燥
空铺法	铺贴防水卷材时,卷材与基面仅在四周一定宽度内黏结,其余部分不黏的施工方法。施工时檐口、屋脊、屋面转角、伸出屋面的出气孔、烟囱根等部位,采用满粘法,黏结宽度不小于 800 mm	适用于基层潮湿,找平层水汽难以排出及结构变形较大的屋面
条粘法	铺贴防水卷材时,卷材与屋面采用条状黏结的施工方法,每幅卷材黏结面不少于 2 条,每条黏结宽度不少于 150 mm,檐口、屋脊、伸出屋面管口等细部做法同空铺法	适用于结构变形较大、基面潮湿、排气困难的屋面
点粘法	铺贴防水卷材时,卷材与基面采用点粘的施工方法,要求每平方米范围内至少有 5 个黏结点,每点面积不少于 100 mm×100 mm,屋面四周黏结,檐口、屋脊、伸出屋面管口等细部做法同空铺法	适用于结构变形较大,并且基面潮湿,排气有一定困难的屋面

高聚物改性沥青防水卷材黏接方法见表 7-7。

表 7-7 高聚物改性沥青防水卷材黏接方法

项目	热熔法	冷粘法	自粘法
1	幅宽内应均匀加热,熔融至光亮黑色,卷材基面均匀加热	基面涂刷基面处理剂	基面涂刷基面处理剂
2	不得过分加热,以免烧穿卷材	卷材底面、基面涂刷黏结胶,涂刷均匀,不漏底,不堆积	边铺边撕去底层隔离纸
3	热熔后立即滚铺	根据胶合剂性能及气温,控制涂胶后的最佳黏结时间,一般用手触及表面似黏非黏为最佳	滚压、排气、粘牢
4	滚压排气,使之平展,粘牢,不得有皱折	铺贴排气粘牢后,溢口的胶合剂随即刮平封口	搭接部分用热风焊枪加热,溢出自黏胶时随即刮平封口
5	搭接部位溢出热熔胶后,随即刮封接口	—	铺贴立面及大坡面时应先加热粘牢固定

合成高分子改性沥青防水卷材黏接方法见表 7-8。

表 7-8 合成高分子改性沥青防水卷材黏接技术要求

项目	冷粘法	自粘法	热风焊接法
1	在找平层上均匀涂刷基面处理剂	同高聚物改性沥青防水卷材	基面应清扫干净
2	在基面、卷材底面涂刷配套胶黏剂		卷材铺放平顺,搭接尺寸正确
3	控制黏合时间,一般用手触及表面,以黏结剂不黏手为最佳时间		控制热风加热温度和时间
4	黏合时不得用力拉伸卷材,避免卷材铺贴后处于受拉状态		卷材排气、铺平
5	辊压、排气、粘牢		先焊长边搭接缝,后焊短边搭接缝
6	清理卷材搭接缝的搭接面,涂刷接缝专用胶,辊压、排气、粘牢		机械固定

1) 卷材冷粘法施工工艺

冷粘法施工是指在常温下采用胶黏剂等材料进行卷材与基层、卷材与卷材间黏结的施工方法。一般合成高分子卷材采用胶黏剂、胶黏带粘贴施工,聚合物改性沥青采用冷玛碲脂粘贴施工。卷材采用自黏胶铺贴施工也属该施工工艺。该工艺在常温下作业,不需要加热或明火,施工方便、安全,但要求基层干燥,胶黏剂的溶剂(或水分)充分挥发,否则不能保证黏结的质量。冷粘法施工选择的胶黏剂应与卷材配套、相容且黏结性能满足设计要求。

冷粘法铺贴卷材应符合下列规定。

(1) 胶黏剂涂刷应均匀,不得露底、堆积;卷材空铺、点粘、条粘时,应按规定的位置及面积涂刷胶黏剂。

(2) 应根据胶黏剂的性能与施工环境、气温条件等,控制胶黏剂涂刷与卷材铺贴的间隔时间。

(3) 铺贴卷材时应排除卷材下面的空气,并应辊压、粘贴牢固。

(4) 铺贴的卷材应平整顺直,搭接尺寸应准确,不得扭曲、皱折;搭接部位的接缝应满涂胶黏剂,应辊压、粘贴牢固。

(5) 合成高分子卷材铺好压粘后,应将搭接部位的黏合面清理干净,并应采用与卷材配套的接缝专用胶黏剂,在搭接缝黏合面上应涂刷均匀,不得露底、堆积,应排除缝间的空气,并应辊压、粘贴牢固。

(6) 合成高分子卷材搭接部位采用胶黏带黏结时,黏合面应清理干净,必要时可涂刷与卷材及胶黏带材性相容的基层胶黏剂,撕去胶黏带隔离纸后应及时黏合接缝部位的卷材,并应辊压、粘贴牢固;低温施工时,宜采用热风机加热。

(7) 搭接缝口应用材性相容的密封材料封严。

卷材冷粘法施工工艺具体步骤如下。

(1) 涂刷胶黏剂。底面和基层表面均应涂胶黏剂。卷材表面涂刷基层胶黏剂时,先将卷材展开摊铺在旁边平整干净的基层上,用长柄滚刷蘸胶黏剂,均匀涂刷在卷材的背面,不得涂刷得太薄而露底,也不能涂刷过多而产生聚胶。还应注意在搭接缝部位不得涂刷胶黏剂,此部位留作涂刷接缝胶黏剂,留置宽度即卷材搭接宽度。

涂刷基层胶黏剂的重点和难点与涂刷基层处理剂相同,即阴阳角、平立面转角处、卷材收头处、排水口、伸出屋面管道根部等节点部位。这些部位有增强层时应用接缝胶黏剂,涂刷工具宜用油漆刷。涂刷时,切忌在一处来回涂滚,以免带起底胶,形成凝胶而影响质量,应按规定的位置和面积涂刷胶黏剂。

(2) 卷材的铺贴。各种胶黏剂的性能和施工环境不同,有的可以在涂刷后立即粘贴卷材,有的需待溶剂挥发一部分后才能粘贴卷材,尤以后者居多,因此要控制好胶黏剂涂刷与卷材铺贴的间隔时间。一般要求基层及卷材上涂刷的胶黏剂达到表干程度,其间隔时间与胶黏剂性能及气温、湿度、风力等因素有关,通常为 10～30 min,施工时可凭经验确定,用指触不黏手时即可开始粘贴卷材。间隔时间的控制是冷粘贴施工的难点,这对黏结力和黏结的可靠性影响很大。

卷材铺贴时应对准已弹好的粉线,并且在铺贴好的卷材上弹出搭接宽度线,以便进行第二幅卷材铺贴时,能以此为准进行铺贴。

平面上铺贴卷材时,一般可采用以下两种方法进行。

一种是抬铺法,在涂布好胶黏剂的卷材两端各安排一个工人,拉直卷材,中间根据卷材的长度安排 1 或 4 个人,同时将卷材沿长向对折,使涂布胶黏剂的一面向外,抬起卷材,将一边对准搭接缝处的粉线,再翻开上半部卷材铺在基层上,同时拉开卷材使之平整。操作过程中,对折、抬起卷材、对粉线、翻平卷材等工序,应几个工人合作同时进行。

另一种是滚铺法,将涂布完胶黏剂并达到要求干燥度的卷材用 $\phi50$ mm～$\phi100$ mm 的塑料管或原来用来装运卷材的纸筒芯重新成卷,使涂布胶黏剂的一面朝外,成卷时两端要平整,不应出现笋状,以保证铺贴时能对齐粉线,并要注意防止砂子、灰尘等杂物粘在卷材表面。成卷后用一根 $\phi30$ mm×1 500 mm 的钢管穿入中心的塑料管或纸筒芯内,由两人分别持钢管两端,抬起卷材的端头,对准粉线,固定在已铺好的卷材顶端搭接部位或基层面上,抬卷材两个人同时匀速向前展开卷材,并随时注意将卷材边缘对准线,并应使卷材铺贴平整,直到铺完一幅卷材。

每铺完一幅卷材,应立即用干净而松软的长柄压辊(一般重 30～40 kg)滚压,使其粘贴牢固。滚压应从中间向两侧边移动,做到排气彻底。平立面交接处,则先粘贴好平面,经过转角,由下向上粘贴卷材,粘贴时切勿拉紧,要轻轻沿转角压紧压实,再往上粘贴,同时排出空气,最后用手持压辊滚压密实,滚压时应从上往下进行。

(3) 搭接缝的粘贴。卷材铺好压粘后,应将搭接部位的结合面清除干净,可用棉纱沾少量汽油擦洗。然后采用油漆刷均匀涂刷接缝胶黏剂,不得出现露底、堆积现象。涂胶量可按产品说明控制,待胶黏剂表面干燥后(指触不粘)即可进行黏合。黏合时应从一端开始,边压合边驱除空气,不许有气泡和皱折现象,然后用手持压辊顺边认真仔细辊压一遍,使其黏结牢固。三层重叠处最不易压严,要用密封材料预先加以填封,否则将会成为渗水通道。

搭接缝全部粘贴后,缝口要用密封材料封严,密封时用刮刀沿缝刮涂,不能留有缺口,密封宽度不应小于 10 mm。

2) 卷材热粘贴施工工艺

热粘贴是指采用热玛碲脂或采用火焰加热熔化热熔防水卷材底层的热熔胶进行黏结的施工方法。常用的有 SBS 或 APP(APAO)改性沥青热熔卷材,热玛碲脂或热熔改性沥青黏结胶粘贴的沥青卷材或改性沥青卷材。这种工艺主要针对含有沥青为主要成分的卷材和胶黏剂,它采取科学有效的加热方法,对热源进行了有效的控制,为以沥青为主的防水材料的应用创造了广阔的天地,同时取得良好的防水效果。

厚度小于3 mm的卷材严禁采用热熔法施工,因为小于3 mm的卷材在加热热熔底胶时极易烧坏胎体或烧穿卷材。大于3 mm的卷材在采用火焰加热器加热卷材时既不得过分加热,以免烧穿卷材或使底胶焦化,也不能加热不充分,以免卷材不能很好与基层粘牢。所以必须加热均匀,来回摆动火焰,使沥青呈光亮即止。热熔卷材铺贴常采取滚铺法,即边加热卷材边立即滚推卷材铺贴于基层,并用刮板用力推刮排出卷材下的空气,使卷材铺平,不皱折,不起泡,与基层粘贴牢固。推刮或辊压时,以卷材两边接缝处溢出沥青热熔胶为最适宜,并将溢出的热熔胶回刮封边。铺贴卷材亦应弹好标线,铺贴应顺直,搭接尺寸准确。

热粘法铺贴卷材应符合下列规定。

(1) 熔化热熔型改性沥青胶结料时,宜采用专用导热油炉加热,加热温度不应高于200 ℃,使用温度不宜低于180 ℃。

(2) 粘贴卷材的热熔型改性沥青胶结料厚度宜为1.0~1.5 mm。

(3) 采用热熔型改性沥青胶结料铺贴卷材时,应随刮随滚铺,并应展平压实。

卷材热粘贴施工工艺如下。

(1) 滚铺法。这是一种不展开卷材而边加热烘烤边滚动卷材铺贴的方法。滚铺法的具体步骤如下。

① 起始端卷材的铺贴。将卷材置于起始位置,对好长、短方向搭接缝,滚展卷材1 000 mm左右,掀开已展开的部分,开启喷枪点火,喷枪头与卷材保持50~100 mm的距离,与基层呈30°~45°,将火焰对准卷材与基层的交接处,同时加热卷材底面热熔胶面和基层,至热熔胶层出现黑色光泽、发亮至稍有微泡出现,慢慢放下卷材平铺于基层,然后进行排气辊压,使卷材与基层黏结牢固。当起始端铺贴至剩下300 mm左右长度时,将其翻放在隔热板上,用火焰加热余下起始端基层后,再加热卷材起始端的余下部分,然后将其粘贴于基层。

② 滚铺。卷材起始端铺贴完成后即可进行大面积滚铺。持枪人位于卷材滚铺的前方,按上述方法同时加热卷材和基层,条粘时只需加热两侧边,加热宽度各为150 mm左右。推滚卷材的工人蹲在已铺好的卷材起始端上面,等卷材充分加热后缓缓推压卷材,并随时注意卷材的平整顺直和搭接缝宽度。其后紧跟一名工人用棉纱团等从中间向两边抹压卷材,赶出气泡,并用刮刀将溢出的热熔胶刮压接边缝。另一名工人用压辊压实卷材,使之与基层粘贴密实。

(2) 展铺法。展铺法是先将卷材平铺于基层,再沿边掀起卷材予以加热粘贴。此方法主要适用于条粘法铺贴卷材,其施工方法如下。

① 先将卷材展铺在基层上,对好搭接缝,按滚铺法的要求先铺贴好起始端卷材。

② 拉直整幅卷材,使其无皱折、无波纹,能平坦地与基层相贴,并对准长边搭接缝,然后对末端做临时固定,防止卷材回缩,并可采用站人等方法。

③ 由起始端开始熔贴卷材,掀起卷材边缘约200 mm高,将喷枪头伸入侧边卷材下面,加热卷材边宽约200 mm的底面热熔胶和基层,边加热边向后退。然后另一人用棉纱团等由卷材中间向两边赶出气泡,并抹压平整。再由紧随的操作人员持辊压实两侧边卷材,并用刮刀将溢出的热熔胶刮压平整。

④ 铺贴到距末端1 000 mm左右长度时,撤去临时固定,按前述滚压法铺贴末端卷材。

(3) 搭接缝施工。热熔卷材表面一般有一层防粘隔离纸,因此在热熔黏结接缝之前,应先将下层卷材表面的隔离纸烧掉,以利于搭接牢固严密。

操作时,由持枪人手持烫板(隔火板)柄,将烫板沿搭接粉线后退,喷枪火焰随烫板移动,喷枪应离开卷材 50~100 mm,贴近烫板。移动速度应控制合适,以刚好熔去隔离纸为宜。烫板和喷枪要密切配合,以免烧损卷材。排气和辊压方法与前述方法相同。

当整个防水层熔贴完毕后,所有搭接缝应使用密封材料涂封严密。

3) 卷材自粘法施工工艺

自粘贴卷材施工是指自粘型卷材的铺贴方法。自粘型卷材在工厂生产时,在其底面涂有一层压敏胶,胶黏剂表面敷有一层隔离纸。施工时只要剥去隔离纸,即可直接铺贴。自粘型卷材通常为高聚物改性沥青卷材,施工一般可采用满粘法和条粘法进行铺贴。采用条粘法时,需与基层脱离的部位可在基层上刷一层石灰水或加铺一层撕下的隔离纸。铺贴时为增加黏结强度,基层表面也应涂刷基层处理剂;干燥后应及时铺贴卷材,可采用滚铺法或抬铺法进行。

自粘法铺贴卷材应符合下列规定。

(1) 铺贴卷材前,基层表面应均匀涂刷基层处理剂,干燥后应及时铺贴卷材。

(2) 铺贴卷材时,应将自粘胶底面的隔离纸完全撕净。

(3) 铺贴卷材时,应排除卷材下面的空气,并应辊压、粘贴牢固。

(4) 铺贴的卷材,应平整顺直,搭接尺寸应准确,不得扭曲、皱折;低温施工时,立面、大坡面及搭接部位宜采用热风机加热,加热后应随即粘贴牢固。

(5) 搭接缝口应采用材性相容的密封材料封严。

铺贴自粘卷材施工工艺如下。

(1) 滚铺法。如图 7-30 所示,操作小组由 5 人组成,2 人用 1 500 mm 长的管材,穿入卷材芯孔,然后一边一人架空慢慢向前转动,一人负责撕拉卷材底面的隔离膜,一名有经验的操作工负责铺贴并尽量排除卷材与基层之间的空气,一名操作工负责在铺好的卷材面进行滚压及收边。

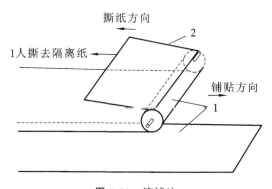

图 7-30 滚铺法

开卷后撕掉卷材端头 500~1 000 mm 长的隔离纸,对准长边线和端头的位置贴牢就可铺贴。负责转动铺开卷材的 2 人还应注意卷材的铺贴和撕拉隔离膜的操作情况,一般保持 1 000 mm 长左右。在自然松弛状态下对准长边线粘贴。底面的隔离膜必须全部撕净。使用铺卷材器时,应对准弹在基面的卷材边线滚动。

卷材铺贴的同时应从中间和向前方顺压,使卷材与基层之间的空气全部排出;在铺贴好的卷材上用压辊滚压平整,确保无皱折、无扭曲、无鼓包等缺陷。

卷材的接口处用手持小辊沿接缝顺序滚压,应将卷材末端处滚压严实,并使黏结胶略微外露为好。

卷材的搭接部分应保持洁净,严禁掺入杂物,上下层及相邻两幅的搭接缝均应错开,长短边搭接宽度不少于 80 mm,如遇气温低,搭接处黏结不牢,可用加热器适当加热,确保粘贴牢固。溢出的自粘胶随即刮平封口。

(2) 抬铺法。抬铺法是先将待铺卷材剪好,反铺于基层上,并剥去卷材全部隔离纸后再铺贴卷材的方法。其适合于较复杂的铺贴部位,或隔离纸不易掀剥的场合。施工时按下述方法进行。

首先根据基层形状裁剪卷材。裁剪时,将卷材铺展在待铺部位,实测基层尺寸(考虑搭接宽度)裁剪卷材。然后将剪好的卷材认真仔细地剥除隔离纸,用力要适度,已剥开的隔离纸与卷材宜成锐角,这样不易拉断隔离纸。如出现小片隔离纸粘连在卷材上时,可用小刀仔细挑出,实在无法剥离时,应用密封材料加以涂盖。全部隔离纸剥离完毕后,将卷材带胶面朝外,沿长向对折卷材。然后抬起并翻转卷材,使搭接边转向搭接粉线。当卷材较长时,在中间安排数人配合,一起将卷材抬到待铺位置,使搭接边对准粉线,从短边搭接缝开始沿长向铺放好搭接缝侧半幅卷材,然后再铺放另半幅。在铺放过程中,各操作人员要默契配合,铺贴的松紧与滚铺法相同。铺放完毕后再进行排气、辊压。

(3) 立面和大坡面的铺贴。由于自粘型卷材与基层的黏结力相对较低,在立面或大坡面上,卷材容易产生下滑现象,因此在立面或大坡面上粘贴施工时,宜用手持式汽油喷灯将卷材底面的胶黏剂适当加热后再进行粘贴、排气和辊压。

(4) 搭接缝粘贴。自粘型卷材上表面常带有防粘层(聚乙烯膜或其他材料),在铺贴卷材前,应将相邻卷材待搭接部位上表面的防粘层先熔化掉,使搭接缝能黏结牢固。操作时,用手持汽油喷灯沿搭接粉线进行。黏结搭接缝时,应掀开搭接部位卷材,宜用扁头热风枪加热卷材底面胶黏剂,加热后随即粘贴、排气、辊压,溢出的自黏胶随即刮平封口。搭接缝粘贴密实后,所有接缝口均用密封材料封严,宽度不应小于 10 mm。

4) 卷材热风焊接施工工艺

热风焊接施工是指采用热空气加热热塑性卷材的黏合面进行卷材与卷材接缝黏结的施工方法,卷材与基层间可采用空铺、机械固定、胶黏剂黏结等方法。热风焊接主要适用于树脂型(塑料)卷材。焊接工艺结合机械固定使防水设防更有效。目前采用焊接工艺的材料有 PVC 卷材、高密度和低密度聚乙烯卷材。这类卷材热收缩值较高,最适宜用于有埋置的防水层,宜采用机械固定,点粘或条粘工艺。它强度大,耐穿刺好,焊接后整体性好。

热风焊接卷材在施工时,首先应将卷材在基层上铺平顺直,切忌扭曲、皱折,并保持卷材清洁,尤其在搭接处,要求干燥、干净,更不能有油污、泥浆等,否则会严重影响焊接效果,造成接缝渗漏。如果采取机械固定的,应先行用射钉固定;若用胶黏结的,也需要先行黏结,留准搭接宽度。焊接时应先焊长边,后焊短边,否则一旦有微小偏差,长边很难调整。

热风焊接卷材防水施工工艺的关键是接缝焊接,焊接的参数是加热温度和时间,而加热的温度和时间与施工时的气候,如温度、湿度、风力等有关。优良的焊接质量必须使用经培训而真正熟练掌握加热温度、时间的工人才能保证。温度低或加热时间过短,会形成假焊,焊接不牢。温度过高或加热时间过长,会烧焦或损伤卷材本身。当然漏焊、跳焊更是不允许的。

焊接法铺贴卷材应符合下列规定。

(1) 对热塑性卷材的搭接缝可采用单缝焊或双缝焊,焊接应严密。

(2) 焊接前,卷材应铺放平整、顺直,搭接尺寸应准确,焊接缝的结合面应清理干净。

(3) 应先焊长边搭接缝,后焊短边搭接缝。

(4) 应控制加热温度和时间,焊接缝不得漏焊、跳焊或焊接不牢。

5) 热熔法铺贴卷材施工工艺

热熔法铺贴卷材应符合下列规定。

(1) 火焰加热器的喷嘴距卷材面的距离应适中,幅宽内加热应均匀,应以卷材表面熔融至光亮黑色为度,不得过分加热卷材;厚度小于 3 mm 的高聚物改性沥青防水卷材,严禁采用热熔法施工。

(2) 卷材表面沥青热熔后应立即滚铺卷材,滚铺时应排除卷材下面的空气。

(3) 搭接缝部位宜以溢出热熔的改性沥青胶结料为度,溢出的改性沥青胶结料宽度宜为 8 mm,并宜均匀顺直。当接缝处的卷材上有矿物粒或片料时,应使用火焰烘烤及清除干净后再进行热熔和接缝处理。

(4) 铺贴卷材时应平整顺直,搭接尺寸应准确,不得扭曲。

热熔法铺贴卷材的施工工艺如下。

(1) 清理基层。剔除基层上的隆起异物,清除基层上的杂物,清扫干净尘土。

(2) 涂刷基层处理剂。高聚物改性沥青卷材施工,按产品说明书配套使用,基层处理剂应与铺贴的卷材材性相容。可将氯丁橡胶沥青胶黏剂加入工业汽油稀释,搅拌均匀,用长把滚刷均匀涂刷于基层表面上,常温经过 4 h 后,开始铺贴卷材。

(3) 节点附加增强处理。待基层处理剂干燥后,按设计节点构造图做好节点(如女儿墙、水落管、管根、檐口、阴阳角等细部)的附加增强处理。

(4) 定位、弹线。在基层上按规范要求,排布卷材,弹出基准线。

(5) 热熔铺贴卷材。按弹好的基准线位置,将卷材沥青膜底面朝下,对正粉线,点燃火焰喷枪(喷灯)对准卷材底面与基层的交接处,使卷材底面的沥青熔化。喷枪头距加热面 50~100 mm,与基层成 30°~45°角为宜。当烘烤到沥青熔化,卷材底有光泽并发黑,有一薄的熔层时,即用胶皮压辊压密实。这样边烘烤边推压,当端头只剩下 300 mm 左右时,将卷材翻放于隔热板上加热,同时加热基层表面,粘贴卷材并压实,如图 7-31 所示。

(6) 搭接缝黏结。搭接缝黏结之前,先熔烧下层卷材上表面搭接宽度内的防粘隔离层。处理时,操作者一手持烫板,一手持喷枪,使喷枪靠近烫板并距卷材 50~100 mm,边熔烧,边沿搭接线后退。为防止火焰烧伤卷材其他部位,烫板与喷枪应同步移动。处理完毕隔离层,即可进行接缝黏结,如图 7-32 所示。

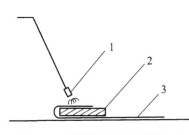

图 7-31 用隔热板加热卷材端头
1—喷枪;2—隔热板;3—卷材

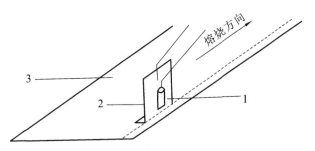

图 7-32 熔烧处理卷材上表面防粘隔离层
1—喷枪;2—烫板;3—已铺下层卷材

施工时应注意：幅宽内应均匀加热，烘烤时间不宜过长，防止烧坏面层材料；热熔后立即滚铺，滚压排气，使之平展、粘牢、无皱褶；滚压时，以卷材边缘溢出少量的热熔胶为宜，溢出的热熔胶应随即刮封接口；整个防水层粘贴完毕，所有搭接缝应使用密封材料予以严密封涂。

(7) 蓄水试验。卷材铺贴完毕后 24 h，按要求进行检验。平屋面可采用蓄水试验，蓄水深度为 20 mm，蓄水时间不宜少于 72 h；坡屋面可采用淋水试验，持续淋水时间不少于 2 h，屋面无渗漏和积水、排水系统通畅为合格。

6) 机械固定法铺贴卷材施工工艺

机械固定法铺贴卷材应符合下列规定。

(1) 固定件应与结构层连接牢固。

(2) 固定件间距应根据抗风揭试验和当地的使用环境与条件确定，并不宜大于 600 mm。

(3) 卷材防水层周边 800 mm 范围内应满粘，卷材收头应采用金属压条钉压固定并作密封处理。

四、涂膜防水层施工

1. 防水涂料和胎体增强材料的储运、保管及验收

(1) 防水涂料和胎体增强材料的储运、保管，应符合下列规定。

① 防水涂料包装容器应密封，容器表面应标明涂料名称、生产厂家、执行标准号、生产日期和产品有效期，并应分类存放。

② 反应型和水乳型涂料储运和保管环境温度不宜低于 5 ℃。

③ 溶剂型涂料储运和保管环境温度不宜低于 0 ℃，并不得日晒、碰撞和渗漏。保管环境应干燥、通风，并应远离火源、热源。

④ 胎体增强材料的储运、保管环境应干燥、通风，并应远离火源、热源。

(2) 进场的防水涂料和胎体增强材料应检验下列项目。

① 高聚物改性沥青防水涂料的固体含量、耐热性、低温柔性、不透水性、断裂伸长率或抗裂性。

② 合成高分子防水涂料和聚合物水泥防水涂料的固体含量、低温柔性、不透水性、拉伸强度、断裂伸长率。

③ 胎体增强材料的拉力、延伸率。

2. 涂膜防水层的施工环境温度

涂膜防水层的施工环境温度应符合下列规定。

(1) 水乳型及反应型涂料宜为 5~35 ℃。

(2) 溶剂型涂料宜为 −5~35 ℃。

(3) 热熔型涂料不宜低于 −10 ℃。

(4) 聚合物水泥涂料宜为 5~35 ℃。

3. 涂膜防水层的基层要求

涂膜防水层基层应坚实平整，排水坡度应符合设计要求，否则会导致防水层积水；同时防水层施工前基层应干净、无孔隙、起砂和裂缝，以保证涂膜防水层与基层有较好的黏结强度。

溶剂型、热熔型和反应固化型防水涂料，涂膜防水层施工时，基层要求干燥，否则会导致防水层成膜后出现空鼓、起皮现象。水乳型或水泥基类防水涂料对基层的干燥度没有严格要求，

但从成膜质量和涂膜防水层与基层黏结强度来考虑,干燥的基层比潮湿基层有利。基层处理剂的施工应符合规范规定。

4. 防水涂料配料

双组分或多组分防水涂料应按配合比准确计量,应采用电动机具搅拌均匀,已配制的涂料应及时使用。配料时,可加入适量的缓凝剂或促凝剂调节固化时间,但不得将其加入已固化的涂料。

5. 涂膜防水层施工要求

涂膜防水层施工应符合下列规定。

(1) 防水涂料应多遍均匀涂布,涂膜总厚度应符合设计要求。

(2) 涂膜间夹铺胎体增强材料时,宜边涂布边铺胎体。胎体应铺贴平整,应排除气泡,并应与涂料黏结牢固。在胎体上涂布涂料时,应使涂料浸透胎体,并应覆盖完全,不得有胎体外露现象。最上面的涂膜厚度不应小于 1.0 mm。

(3) 涂膜施工应先做好细部处理,再进行大面积涂布。

(4) 屋面转角及立面的涂膜应薄涂多遍,不得流淌和堆积。

涂膜防水层施工工艺应符合下列规定。

(1) 水乳型及溶剂型防水涂料宜选用滚涂或喷涂施工。

(2) 反应固化型防水涂料宜选用刮涂或喷涂施工。

(3) 热熔型防水涂料宜选用刮涂施工。

(4) 聚合物水泥防水涂料宜选用刮涂施工。

(5) 所有防水涂料用于细部构造时,宜选用刷涂或喷涂施工。

6. 涂膜防水的操作方法

涂膜防水的操作方法有涂刷法、涂刮法、喷涂法等,见表 7-9。

表 7-9 涂膜防水的操作方法

操作方法	具 体 做 法	适用范围
涂刷法	(1) 用刷子涂刷一般采用蘸刷法,也可边倒涂料边用刷子刷匀,涂布垂直面层的涂料时,最好采用蘸刷法。涂刷应均匀一致,倒料时要注意涂料应均匀倒洒,不可在一处倒得过多,否则涂料难以刷开,造成涂膜厚薄不均匀现象。涂刷时不能将气泡裹进涂层中,如遇气泡应立即消除。涂刷遍数必须按事先试验确定的遍数进行。 (2) 涂布时应先涂立面,后涂平面。在立面或平面涂布时,可以采用分条或按顺序进行。分条进行时,每条宽度应与胎体增强材料宽度一致,以免操作人员踩踏刚铺好的涂层。 (3) 前一遍涂料干燥后,方可进行下一层涂膜的涂刷。涂刷前应将前一遍涂膜表面的灰尘、杂物等清理干净,同时还应检查前一遍涂层是否有缺陷,如气泡、露底、漏刷,胎体材料皱折、翘边、杂物混入涂层等不良现象,如果存在上述质量问题,应先进行修补,再涂布下一道涂料。	用于刷涂立面和细部节点处理及黏度较小的高聚物改性沥青防水涂料和合成高分子涂料

续表

操作方法	具 体 做 法	适应范围
	(4) 后续涂层的涂刷,材料用量控制应严格,用力应均匀,涂层厚薄应一致,仔细认真涂刷。各道涂层之间的涂刷方向应相互垂直,以提高防水层的整体性和均匀性。涂层间的接茬处,在每遍涂刷时应退茬 50～100 mm,接茬时也应超过 50 mm,以免接茬不严造成渗漏。 (5) 刷涂施工质量要求涂膜厚薄一致,平整光滑,无明显接茬。施工操作中不应出现流淌、皱纹、漏底、刷花和起泡等弊病	
涂刮法	(1) 刮涂就是利用刮刀将厚质防水涂料均匀地刮涂在防水基层上,形成厚度符合设计要求的防水涂膜。 (2) 刮涂时应用力按刀,使刮刀与被涂面的倾斜角为 50°～60°,按刀时应用力均匀。 (3) 涂层厚度控制采用预先在刮板上固定铁丝(或木条)或在屋面上做好标志的方法。铁丝(或木条)的高度应与每遍涂层厚度要求一致。 (4) 刮涂时只能来回刮 1 次,不能往返多次刮涂,否则将会出现"皮干里不干"现象。 (5) 为了加快施工进度,可采用分条间隔施工,待先批涂层干燥后,再抹后批空白处。分条宽度一般为 0.8～1.0 m,以便抹压操作,并与胎体增强材料宽度相一致。 (6) 待前一遍涂料完全干燥后(干燥时间不宜少于 12 h),才可进行下一遍涂料施工。后一遍涂料的刮涂方向应与前一遍的刮涂方向垂直。 (7) 当涂膜出现气泡、皱折水平、凹陷、刮痕等情况,应立即进行修补。补好后才能进行下一道涂膜施工	用于黏度较大的高聚物改性沥青防水涂料和合成高分子防水涂料的大面积施工
喷涂法	(1) 喷涂施工是利用压力或压缩空气将防水涂料涂布于防水基层面上的机械施工方法,其特点是:涂膜质量好,工效高,劳动强度低,适用于大面积作业。 (2) 作业时,喷涂压力为 0.4～0.8 MPa,喷枪移动速度一般为 400～600 mm/min,喷嘴至受喷面的距离一般应控制在 400～600 mm。 (3) 喷枪移动的范围不能太大,一般直线喷涂 800～1 000 mm 后,拐弯 180°向后喷下一行。根据施工条件可选择横向或竖向往返喷涂。 (4) 第一行与第二行喷涂面的重叠宽度,一般应控制在喷涂宽度的 1/3～1/2,以使涂层厚度比较一致。 (5) 每一涂层一般要求喷涂两遍,先横向喷涂一遍,再竖向喷涂一遍。两遍喷涂的时间间隔由防水涂料的品种及喷涂厚度而定。 (6) 如有喷枪喷涂不到的地方,应用油刷刷涂	用于黏度较小的高聚物改性沥青防水涂料和合成高分子防水涂料的大面积施工

7. 涂膜防水层的施工工艺

1) 涂膜防水常规施工程序

其施工流程为:施工准备工作→板缝处理及基层施工→基层检查及处理→涂刷基层处理剂→节点和特殊部位附加增强处理→涂布防水涂料、铺贴胎体增强材料→防水层清理与检查整修→保护层施工。

其中，板缝处理和基层施工及检查处理是保证涂膜防水施工质量的基础，防水涂料的涂布和胎体增强材料的敷设是最主要和最关键的工序，这道工序的施工方法取决于涂料的性质和设计方法。

涂膜防水的施工与卷材防水层一样，也必须按照"先高后低、先远后近"的原则进行，即遇有高低跨的屋面，一般先涂布高跨屋面，后涂布低跨屋面。在相同高度的大面积屋面上，应合理划分施工段，施工段的交接处应尽量设在变形缝处，以便于操作和运输顺序的安排，在每段中应先涂布离上料点较远的部位，后涂布较近的部位。先涂布排水较集中的水落口、天沟、檐口，再往高处涂布至屋脊或天窗下。先做节点、附加层，然后再进行大面积涂布。一般涂布方向应顺屋脊方向，如有胎体增强材料时，涂布方向应与胎体增强材料的铺贴方向一致。

2）防水涂料的涂布

根据防水涂料种类的不同，防水涂料可以采用涂刷、刮涂或机械喷涂的方法涂布。

涂布前，应根据屋面面积、涂膜固化时间和施工速度估算好一次的涂布用量，确定配料量，保证在固化干燥前用完，这一规定对于双组分反应固化型涂料尤为重要。已固化的涂料不能与未固化的涂料混合使用，否则会降低防水涂膜的质量。涂布的遍数应按设计要求的厚度事先通过试验确定，以便控制每遍涂料的涂布厚度和总厚度。胎体增强材料上层的涂布应不少于两遍。

涂料涂布应分条或按顺序进行。分条进行时，每条的宽度应与胎体增强材料的宽度相一致，以免操作人员踩踏刚涂好的涂层。每次涂布前应仔细检查前遍涂层有否缺陷，如气泡、露底、漏刷、胎体增强材料皱折、翘边、杂物混入等现象，如发现上述问题，应先进行修补，再涂布下一遍涂层。立面部位涂层应在平面涂布前进行，而且应采用多次薄层涂布，尤其是流平性好的涂料，否则会产生流坠现象，使上部涂层变薄，下部涂层增厚，影响防水性能。

3）胎体增强材料的敷设

胎体增强材料的敷设方向与屋面坡度有关。屋面坡度小于3∶20时可平行屋脊敷设，屋面坡度大于3∶20时，为防止胎体增强材料下滑，应垂直屋脊敷设。敷设时由屋面最低标高处开始向上操作，使胎体增强材料搭接顺流水方向，避免呛水。

胎体增强材料搭接时，其长边搭接宽度不得小于50 mm，短边搭接宽度不得小于70 mm。采用两层胎体增强材料时，由于胎体增强材料的纵向和横向延伸率不同，因此上下层胎体应同方向敷设，使两层胎体材料有一致的延伸性。上下层的搭接缝还应错开，其间距不得小于1/3幅宽，以免产生重缝。

胎体增强材料的敷设可采用湿铺法或干铺法施工。当涂料的渗透性较差或胎体增强材料比较密实时，宜采用湿铺法施工，以便涂料可以很好地浸润胎体增强材料。铺贴好的胎体增强材料不得有皱折、翘边、空鼓等缺陷，也不得有露白的现象。铺贴时切忌拉伸过紧，刮平时也不能用力过大，敷设后应严格检查表面是否有缺陷或搭接不足等问题，否则应进行修补后才能进行下一道工序的施工。

4）细部节点的附加增强处理

屋面细部节点，如天沟、檐沟、檐口、泛水、出屋面管道根部、阴阳角和防水层收头等部位，均应加铺有胎体增强材料的附加层。一般先涂刷1~2遍涂料，铺贴裁剪好的胎体增强材料，使其贴实、平整，干燥后再涂刷一遍涂料。

五、接缝密封防水施工

1. 接缝密封防水材料

接缝密封防水材料如下。

1）接缝密封材料

接缝种类及其对应的密封材料见表 7-10。

表 7-10 接缝种类及其对应的密封材料

项 次	接 缝 种 类	主要考虑因素	密 封 材 料
1	屋面板接缝	(1) 剪切位移 (2) 耐久性 (3) 耐热度	改性沥青 塑料油膏 聚氯乙烯胶泥
2	落水口杯节点	(1) 耐热度 (2) 拉伸压缩循环性能	硅酮系
3	天沟、檐沟节点	同屋面板接缝	—
4	檐口、泛水卷材收头节点	(1) 黏结性 (2) 流淌性	改性沥青 塑料油膏
5	刚性屋面分格缝节点	(1) 水平位移 (2) 耐热度	硅酮系 聚氨酯密封膏 水乳丙烯酸

2）背衬材料

背衬材料常选用聚乙烯闭孔泡沫体和沥青麻丝。其作用是控制密封膏的嵌入深度，确保两面黏结，从而使密封材料有较大的自由伸缩能力，提高变形能力。

3）隔离条

隔离条一般有四氟乙烯条、硅酮条、聚酯条、氯乙烯条和聚乙烯泡沫条等，其作用与背衬材料相同，主要用于接缝较浅的部位，如檐口、泛水卷材收头、金属管道根部等节点处。

4）防污条

防污条要求黏性恰当，其作用是保持黏结物不对界面两边造成污染。

5）基层处理剂

基层处理剂一般与密封材料配套供应。

2. 密封材料的储运、保管及验收

(1) 密封材料的储运、保管应符合下列规定。

① 密封材料运输时应防止日晒、雨淋、撞击、挤压。

② 密封材料的储运、保管环境应通风、干燥，防止日光直接照射，并应远离火源、热源。乳胶型密封材料在冬季时应采取防冻措施。

③ 密封材料应按类别、规格分别存放。

(2) 进场的密封材料应检验下列项目。

① 改性石油沥青密封材料的耐热性、低温柔性、拉伸黏结性、施工度。
② 合成高分子密封材料的拉伸模量、断裂伸长率、定伸黏结性。

3. 接缝密封防水的施工环境温度

接缝密封防水的施工环境温度应符合下列规定。

(1) 改性沥青密封材料和溶剂型合成高分子密封材料宜为 0~35 ℃。

(2) 乳胶型及反应型合成高分子密封材料宜为 5~35 ℃。

4. 密封防水部位的基层

密封防水部位的基层应符合下列规定。

(1) 密封防水部位的基层应牢固,表面应平整、密实,不得有裂缝、蜂窝、麻面、起皮和起砂等现象。

(2) 密封防水部位的基层应清洁、干燥,应无油污、无灰尘。

(3) 嵌入的背衬材料与接缝壁间不得留有空隙。

(4) 密封防水部位的基层宜涂刷基层处理剂,涂刷应均匀,不得漏涂。

5. 密封材料防水施工要求

1) 改性沥青密封材料防水施工

改性沥青密封材料防水施工应符合下列规定。

(1) 采用冷嵌法施工时,宜分次将密封材料嵌填在缝内,并应防止裹入空气。

(2) 采用热灌法施工时,应由下向上进行,并宜减少接头。密封材料熬制及浇灌温度,应按不同材料的要求严格控制。

2) 合成高分子密封材料防水施工

合成高分子密封材料防水施工应符合下列规定。

(1) 单组分密封材料可直接使用;多组分密封材料应根据规定的比例准确计量,并应拌和均匀。每次拌和量、拌和时间和拌和温度,应按所用密封材料的要求严格控制。

(2) 采用挤出枪嵌填时,应根据接缝的宽度选用口径合适的枪嘴,应均匀挤出密封材料嵌填,并应由底部逐渐充满整个接缝。

(3) 密封材料嵌填后,应在密封材料表干前用泥子刀嵌填修整。

密封材料嵌填应密实、连续、饱满,应与基层黏结牢固;表面应平滑,缝边应顺直,不得有气泡、孔洞、开裂、剥离等现象。

对嵌填完毕的密封材料,应避免碰损及污染,固化前不得踩踏。

6. 施工准备及施工工艺

1) 施工机具

根据密封材料的种类、施工方法选用施工机具,见表 7-11。

表 7-11 密封材料施工机具

方　法	具 体 做 法	适　用
热灌法	采用塑化炉加热,将锅内材料加温,使其熔化,加热温度为 110~130 ℃,然后用灌缝车或鸭嘴壶将密封材料灌入缝中,浇灌时的温度不低于 110 ℃	平面接缝

续表

方　法		具 体 做 法	适　用
冷嵌法	批刮法	密封材料不需加热,手工嵌填时可用泥子刀或刮刀将密封材料分次刮到缝槽两侧的黏结面,然后将密封材料填满整个接缝	平面、立面及节点接缝
	挤出法	可采用专用的挤出枪,并根据接缝的宽度选用合适的枪嘴,将密封材料挤入接缝内。若采用管装密封材料时,可将包装筒塑料嘴斜向切开作为枪嘴,将密封材料挤入接缝内	

2) 缝槽要求

缝槽应清洁、干燥、表面应密实、牢固、平整,否则应予以清洗和修整。用直尺检查接缝的宽度和深度,必须符合设计要求,一般接缝的宽度和深度见表 7-12。如果尺寸不符合要求,应修整。

表 7-12　一般接缝的宽度和深度

接缝间距/m	0～2.0	2.0～3.5	3.5～5.0	5.0～6.5	6.5～7.0
最小缝宽/mm	10	15	20	25	30
嵌缝深度/mm	8±2	10±2	12±2	15±3	15±3

3) 施工工艺

施工工艺流程:嵌填背衬材料→敷设防污条→刷涂基层处理剂→嵌填密封材料→保护层施工。其施工要点如下。

(1) 嵌填背衬材料。先将背衬材料加工成与接缝宽度和深度相符合的形状(或选购多种规格),然后将其压入接缝里,如图 7-33 所示。

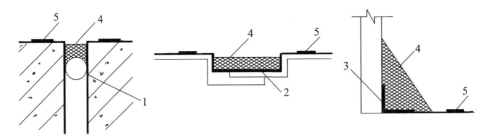

图 7-33　背衬材料的嵌填

1—圆形背衬材料;2—扁平隔离垫层;3—L 形隔离条;4—密封防污胶条;5—遮挡防污胶条

(2) 敷设防污条。防污条粘贴要成直线,保持密封膏线条美观。

(3) 刷涂基层处理剂。单组分基层处理剂摇匀后即可使用。双组分基层处理剂须按产品说明书配比,用机械搅拌均匀,一般搅拌 10 min。用刷子将接缝周边涂刷薄薄的一层,要求刷匀,不得漏涂和出现气泡、斑点,表干后应立即嵌填密封材料,表干时间一般为 20～60 min,如超过 24 h 应该重新涂刷。

(4) 嵌填密封材料。密封材料的嵌填按施工方法分为热灌法和冷嵌法两种,其施工方法及适用范围见表 7-11。热灌时应从低处开始向上连续进行,先灌垂直屋脊板缝,遇纵横交叉时,应向平行屋脊的板缝两端各延伸 150 mm,并留成斜茬。灌缝一般宜分两次进行,第一次先灌缝深的 1/2～1/3,用竹片或木片将油膏沿缝两边反复搓擦,使之不露白槎,第二次灌满并略高于板面和板缝两侧各 20 mm。密封材料在嵌填完毕但未干前,用刮刀用力将其压平与修整,并立即揭去遮挡条,养护 2～3 d,养护期间不得碰损或污染密封材料。

(5) 保护层施工。密封材料表干后,按设计要求做保护层。如无设计要求,可用密封材料稀释做"一布二涂"的涂膜保护层,宽度为 200～300 mm。

六、保护层和隔离层施工

防水层不但要起到防水作用,而且还要抵御大自然的雨水冲刷,紫外线、臭氧、酸雨的损害,温差变化的影响以及使用时外力的损坏,这些都会对防水层造成损害,致使防水层的使用寿命缩短,使防水层提前老化或失去防水功能,因此防水层应加保护层,以延长防水层的使用寿命。这在功能上讲是合理的,在经济上是合算的。一般来说,有了保护层,防水层的寿命至少延长一倍以上,如果做成倒置式屋面,寿命将延长得更多。目前采用的保护层是根据不同的防水材料和屋面功能决定的。

施工完的防水层应进行雨后观察、淋水或蓄水试验,并应在合格后再进行保护层和隔离层的施工。保护层和隔离层施工前,防水层或保温层的表面应平整、干净。保护层和隔离层施工时,应避免损坏防水层或保温层。块体材料、水泥砂浆、细石混凝土保护层表面的坡度应符合设计要求,不得有积水现象。

1. 材料的储运、保管

保护层材料的储运、保管应符合下列规定。

(1) 水泥储运、保管时应采取防尘、防雨、防潮措施。

(2) 块体材料应按类别、规格分别堆放。

(3) 对于浅色涂料的储运、保管的环境温度,反应型及水乳型不宜低于 5 ℃,溶剂型不宜低于 0 ℃。

(4) 溶剂型涂料保管环境应干燥、通风,并应远离火源和热源。

隔离层材料的储运、保管应符合下列规定。

(1) 塑料膜、土工布、卷材储运时,应防止日晒、雨淋、重压。

(2) 塑料膜、土工布、卷材保管时,应保证室内干燥、通风。

(3) 塑料膜、土工布、卷材的保管环境应远离火源、热源。

2. 施工环境温度

保护层的施工的环境温度应符合下列规定。

(1) 块体材料干铺不宜低于 -5 ℃,湿铺不宜低于 5 ℃。

(2) 水泥砂浆及细石混凝土宜为 5～35 ℃。

(3) 浅色涂料不宜低于 5 ℃。

隔离层的施工环境温度应符合下列规定。

(1) 干铺塑料膜、土工布、卷材可在负温下施工。

(2) 铺抹低强度等级砂浆宜为 5～35 ℃。

3. 施工工艺

1）浅色涂层的施工

浅色涂层可在防水层上涂刷,涂刷面除干净外,还应干燥,涂膜应完全固化,刚性层应硬化干燥。涂刷时应均匀,不露底,不堆积,一般应涂刷两遍以上。

浅色涂料保护层施工应符合下列规定。

(1) 浅色涂料应与卷材、涂膜相容,材料用量应根据产品说明书的规定使用。

(2) 浅色涂料应多遍涂刷,当防水层为涂膜时,应在涂膜固化后进行。

(3) 涂层应与防水层黏结牢固,厚薄应均匀,不得漏涂。

(4) 涂层表面应平整,不得流淌和堆积。

2）金属反射膜粘铺

金属反射膜在工厂生产时一般敷于热熔改性沥青卷材表面,也可以用黏结剂粘贴于涂膜表面。在现场将金属反应膜粘铺于涂膜表面时,应两人滚铺,从膜下排出空气后,立即辊压、粘牢。

3）蛭石、云母粉、粒料（砂、石片）撒布

这些粒料如用于热熔改性沥青卷材表面时,应在工厂生产时黏附。在现场将这些粒料粘铺于防水层表面时,是在涂刷最后一遍热玛碲脂或涂料时,立即均匀撒铺粒料并轻轻地辊压一遍,待完全冷却或干燥固化后,再将上面未粘牢的粒料扫去。

4）纤维毡、塑料网格布的施工

纤维毡一般在四周用压条钉压固定于基层,中间可采取点粘法固定,塑料网格布在四周亦应固定,中间均应用咬口连接。

5）块体敷设

在敷设块体前应先用点粘法铺贴一层聚酯毡。块体有各式各样的混凝土制品,如方砖、六角形、多边形,只要铺摆就可以。如果是上人屋面,则要求用座砂、坐浆铺砌。块体施工时应铺平垫稳,缝隙均匀一致。

块体材料保护层敷设应符合下列规定。

(1) 在砂结合层上敷设块体时,砂结合层应平整,块体间应预留 10 mm 的缝隙,缝内应填砂,并应用 1∶2 水泥砂浆勾缝。

(2) 在水泥砂浆结合层上敷设块体时,应先在防水层上做隔离层,块体间应预留 10 mm 的缝隙,缝内应用 1∶2 水泥砂浆勾缝。

(3) 块体表面应洁净、色泽一致,应无裂纹、掉角和缺楞等缺陷。

6）水泥砂浆、聚合物水泥砂浆或干粉砂浆铺抹

铺抹砂浆也应按设计要求,如需隔离层,则应先铺一层无纺布,再按设计要求铺抹砂浆,抹平压光,并按设计分格,也可以在硬化后用锯切割,但必须注意不可伤及防水层,锯割深度为砂浆厚度的 1/3～1/2。

7）混凝土、钢筋混凝土施工

混凝土、钢筋混凝土保护层施工前应在防水层上做隔离层,隔离层可采用低标号砂浆（石灰黏土砂浆）、油毡、聚酯毡、无纺布等。隔离层应铺平,然后铺放绑扎配筋,支好分格缝模板,浇筑细石混凝土,也可以全部浇筑硬化后用锯切割混凝土缝,但缝中应填嵌密封材料。

七、瓦屋面施工

瓦屋面采用的木质基层、顺水条、挂瓦条的防腐、防火及防蛀处理，以及金属顺水条、挂瓦条的防锈蚀处理，均应符合设计要求。屋面木基层应铺钉牢固、表面平整；钢筋混凝土基层的表面应平整、干净、干燥。

防水垫层的敷设应符合下列规定。

（1）防水垫层可采用空铺、满粘或机械固定。
（2）防水垫层在瓦屋面构造层次中的位置应符合设计要求。
（3）防水垫层宜自下而上平行屋脊敷设。
（4）防水垫层应顺流水方向搭接，搭接宽度应符合规范规定。
（5）防水垫层应敷设平整，下道工序施工时，不得损坏已敷设完成的防水垫层。

持钉层的敷设应符合下列规定。

（1）屋面无保温层时，木基层或钢筋混凝土基层可视为持钉层。钢筋混凝土基层不平整时，宜用1∶2.5的水泥砂浆进行找平。
（2）屋面有保温层时，保温层上应按设计要求做细石混凝土持钉层，内配钢筋网应骑跨屋脊，并应绷直与屋脊和檐口、檐沟部位的预埋锚筋连牢。预埋锚筋穿过防水层或防水垫层时，破损处应进行局部密封处理。
（3）水泥砂浆或细石混凝土持钉层可不设分格缝；持钉层与突出屋面结构的交接处应预留30 mm宽的缝隙。

1. 烧结瓦、混凝土瓦屋面

烧结瓦、混凝土瓦的储运、保管应轻拿轻放，不得抛扔、碰撞；进入现场后应堆垛整齐。进场的烧结瓦、混凝土瓦应检验抗渗性、抗冻性和吸水率等项目。顺水条应顺流水方向固定，间距不宜大于500 mm，顺水条应铺钉牢固、平整。钉挂瓦条时应拉通线，挂瓦条的间距应根据瓦片尺寸和屋面坡长经计算确定，挂瓦条应铺钉牢固、平整，上棱应成一条直线。

敷设瓦屋面时，瓦片应均匀分散堆放在两坡屋面基层上，严禁集中堆放；应由两坡从下向上同时对称敷设；瓦片应铺成整齐的行列，并应彼此紧密搭接，应做到瓦棒落槽、瓦脚挂牢、瓦头排齐，并且无翘角和张口现象，檐口应成一直线；脊瓦搭盖间距应均匀，脊瓦与坡面瓦之间的缝隙应用聚合物水泥砂浆填实抹平，屋脊或斜脊应顺直，沿山墙一行瓦宜用聚合物水泥砂浆做山披水线。

檐口第一根挂瓦条应保证瓦头出檐口50～70 mm；屋脊两坡最上面的一根挂瓦条，应保证脊瓦在坡面瓦上的搭盖宽度不小于40 mm；钉檐口条或封檐板时，均应高出挂瓦条20～30 mm。

烧结瓦、混凝土瓦屋面完工后，应避免屋面受物体冲击，严禁任意上人或堆放物件。

2. 沥青瓦屋面

不同类型、规格的沥青瓦应分别堆放；储存温度不应高于45 ℃，并应平放储存；应避免雨淋、日晒、受潮，并应注意通风和避免接近火源。进场的沥青瓦应检验可溶物含量、拉力、耐热度、柔度、不透水性、叠层剥离强度等项目。

敷设沥青瓦前，应在基层上弹出水平及垂直基准线，并应按线敷设。檐口部位宜先敷设金属滴水板或双层檐口瓦，并应将其固定在基层上，再敷设防水垫层和起始瓦片。

沥青瓦应自檐口向上敷设，起始层瓦应由瓦片经切除垂片部分后制得，并且起始层沿檐口应平行敷设并伸出檐口10 mm,再用沥青基胶结材料和基层黏结;第一层瓦应与起始层瓦叠合,但瓦切口应向下指向檐口;第二层瓦应压在第一层瓦上且露出瓦切口,但不得超过切口长度。相邻两层沥青瓦的拼缝及切口应均匀错开。

檐口、屋脊等屋面边沿部位的沥青瓦之间、起始层沥青瓦与基层之间,应采用沥青基胶结材料满粘牢固。在沥青瓦上钉固定钉时,应将钉垂直钉入持钉层内;固定钉穿入细石混凝土持钉层的深度不应小于20 mm,穿入木质持钉层的深度不应小于15 mm,固定钉的钉帽不得外露在沥青瓦表面。每片脊瓦应用两个固定钉固定;脊瓦应顺年最大频率风向搭接,并应搭盖住两坡面沥青瓦每边不小于150 mm;脊瓦与脊瓦的压盖面不应小于脊瓦面积的1/2。

沥青瓦屋面与立墙或伸出屋面的烟囱、管道的交接处应做泛水,在其周边与立面250 mm的范围内应敷设附加层,然后在其表面用沥青基胶结材料满粘一层沥青瓦片。

敷设沥青瓦屋面的天沟应顺直,瓦片应黏结牢固,搭接缝应密封严密,排水应通畅。

八、金属板屋面施工

金属板应使用专用吊具安装,吊装和运输过程中不得损伤金属板材;金属板堆放地点宜选择在安装现场附近,堆放场地应平整坚实且便于排除地表水。金属板应边缘整齐、表面光滑、色泽均匀、外形规则,不得有扭翘、脱膜和锈蚀等缺陷。进场的彩色涂层钢板及钢带应检验屈服强度、抗拉强度、断后伸长率、镀层重量、涂层厚度等项目。

金属面绝热夹芯板的储运、保管应采取防雨、防潮、防火措施;夹芯板之间应用衬垫隔离,并应分类堆放,应避免受压或机械损伤。进场的金属面绝热夹芯板应检验剥离性能、抗弯承载力、防火性能等项目。

金属板屋面的构件及配件应有产品合格证和性能检测报告,其材料的品种、规格、性能等应符合设计要求和产品标准的规定。

金属板屋面施工应在主体结构和支承结构验收合格后进行。金属板屋面施工前应根据施工图纸进行深化排板图设计。金属板敷设时,应根据金属板板型技术要求和深化设计排板图进行。施工测量应与主体结构测量相配合,其误差应及时调整,不得积累;施工过程中应定期对金属板的安装定位基准点进行校核。金属板的长度应根据屋面排水坡度、板型连接构造、环境温差及吊装运输条件等综合确定,横向搭接方向宜顺主导风向;当在多维曲面上雨水可能翻越金属板板肋横流时,金属板的纵向搭接应顺流水方向。金属板敷设过程中应对金属板采取临时固定措施,当天就位的金属板材应及时连接固定,其安装应平整、顺滑,板面不应有施工残留物;檐口线、屋脊线应顺直,不得有起伏不平的现象。

金属板屋面施工完毕,应进行雨后观察、整体或局部淋水试验,檐沟、天沟应进行蓄水试验,并应填写淋水和蓄水试验记录,完工后,应避免屋面受物体冲击,并不宜对金属面板进行焊接、开孔等作业,严禁任意上人或堆放物件。

九、玻璃采光顶施工

采光顶部件在搬运时应轻拿轻放,严禁发生互相碰撞;采光玻璃在运输中应采用有足够承载力和刚度的专用货架;部件之间应用衬垫固定,并应相互隔开;采光顶部件应放在专用货架上,存放场地应平整、坚实、通风、干燥,并严禁与酸碱等物质接触。

玻璃采光顶施工应在主体结构验收合格后进行;采光顶的支承构件与主体结构连接的预埋

件应按设计要求埋设。施工测量应与主体结构测量相配合,测量偏差应及时调整,不得积累;施工过程中应定期对采光顶的安装定位基准点进行校核。其支承构件、玻璃组件及附件,其材料的品种、规格、色泽和性能应符合设计要求和技术标准的规定。

玻璃采光顶施工完毕后,应进行雨后观察、整体或局部淋水试验,檐沟、天沟应进行蓄水试验,并应填写淋水和蓄水试验记录。

框支承玻璃采光顶的安装施工应符合下列规定。

(1) 应根据采光顶分格测量,确定采光顶各分格点的空间定位。

(2) 支承结构应按顺序安装,采光顶框架组件安装就位、调整后应及时紧固,不同金属材料的接触面应采用隔离材料。

(3) 采光顶的周边封堵收口、屋脊处压边收口、支座处封口处理,均应敷设平整且固定可靠。

(4) 采光顶天沟、排水槽、通气槽及雨水排出口等细部构造应符合设计要求。

(5) 装饰压板应顺流水方向设置,表面应平整,接缝应符合设计要求。

点支承玻璃采光顶的安装施工应符合下列规定。

(1) 应根据采光顶分格测量,确定采光顶各分格点的空间定位。

(2) 钢桁架及网架结构安装就位、调整后应及时紧固,钢索杆结构的拉索、拉杆预应力施加应符合设计要求。

(3) 采光顶应采用不锈钢驳接组件装配,爪件安装前应精确定出其安装位置。

(4) 玻璃宜采用机械吸盘安装,并应采取必要的安全措施。

(5) 玻璃接缝应采用硅酮耐候密封胶。

(6) 中空玻璃钻孔周边应采取多道密封措施。

明框玻璃组件组装应符合下列规定。

(1) 玻璃与构件槽口的配合应符合设计要求和技术标准的规定。

(2) 玻璃四周密封胶条的材质、型号应符合设计要求,镶嵌应平整、密实,胶条的长度宜大于边框内槽口长度1.5%~2.0%。胶条在转角处应斜面断开,并应用黏结剂黏结牢固。

(3) 组件中的导气孔及排水孔设置应符合设计要求,组装时应保持孔道通畅。

(4) 明框玻璃组件应拼装严密,框缝密封应采用硅酮耐候密封胶。

隐框及半隐框玻璃组件组装应符合下列规定。

(1) 玻璃及框料黏结表面的尘埃、油渍和其他污物,应分别使用带溶剂的擦布和干擦布清除干净,并应在清洁后1h内嵌填密封胶。

(2) 结构黏结材料应采用硅酮结构密封胶,其性能应符合现行国家标准《建筑用硅酮结构密封胶》(GB 16776—2005)的有关规定,硅酮结构密封胶应在有效期内使用。

(3) 硅酮结构密封胶应嵌填饱满,并应在温度15~30℃、相对湿度50%以上、洁净的室内进行,不得在现场嵌填。

(4) 硅酮结构密封胶的黏结宽度和厚度应符合设计要求,胶缝表面应平整光滑,不得出现气泡。

(5) 硅酮结构密封胶固化期间,组件不得长期处于单独受力状态。

玻璃接缝密封胶的施工应符合下列规定。

(1) 玻璃接缝密封应采用硅酮耐候密封胶,其性能应符合现行行业标准《幕墙玻璃接缝用密封胶》(JC/T 882—2001)的有关规定,密封胶的级别和模量应符合设计要求。

(2) 密封胶的嵌填应密实、连续、饱满,胶缝应平整光滑,缝边顺直。

(3) 玻璃间的接缝宽度和密封胶的嵌填深度应符合设计要求。

(4) 不宜在夜晚、雨天嵌填密封胶,嵌填温度应符合产品说明书规定,嵌填密封胶的基面应清洁、干燥。

单元5　冬期施工和雨季施工

一、冬期施工

当室外气温低于0 ℃,卷材屋面应采取冬期施工技术措施。露天铺贴卷材、涂刷沥青胶结材料和铺设沥青砂浆找平层,仅允许在气温高于－25 ℃时进行。此时,一般只能铺贴一层不低于350号的油毡,待天气转暖,经检查和必要的修补后,再铺贴其他的各层卷材。

干铺的隔离层允许在负温度时施工;用沥青胶结材料粘贴的板状材料隔热层,允许在气温超过－20 ℃时施工;用水泥砂浆粘贴的板状材料隔热层和水泥蛭石混凝土整体隔热层,应在气温高于5 ℃时施工。否则应采取保温或防冻措施,还应遵守以下几点。

(1) 不得在下霜、下雨、下雪和大风时进行露天作业,在晴天作业时宜在迎风面搭设活动的防风挡板。

(2) 扫清基层上的霜雪、冰层、垃圾,然后涂刷冷底子油一遍。铺贴卷材时,应做到随涂黏结剂随铺贴和压实卷材,以免沥青胶冷却黏结不好,产生孔隙气泡等。沥青胶厚度宜控制在1～2 mm,最大不应超过2 mm。

(3) 当面层找平层上有冰块时,可采用撒工业用食盐的办法融化。撒上食盐后,经过5～8 h,在铺上一层锯末,然后将食盐同锯末一同扫除。湿的找平层表面可采用移动式热风机或炭炉来进行烘干。

(4) 铺设前,应检查基层的强度、含水率及平整度,并在铺设过程中防止水分冻结,基层含水率不超过15%,防止基层含水率过大,转入常温后水分蒸发引起油毡鼓泡。

(5) 采取分段流水作业,确保找平层、隔气层、隔热层、防水层连续施工。工作中断期间,应将已完成的部分用席子、油毡或毛毡、雨布覆盖,以免受冻受潮。

(6) 柔毡卷材屋面不宜在低于0 ℃的情况下施工。冬期施工时,可利用日照采暖使基层达到正温进行柔毡铺贴。柔毡铺贴前,应先将柔毡卷材放在15 ℃以上的室内预热8 h,并在铺贴前将柔毡表面的滑石粉清扫干净,按施工进度的要求,分批送到屋面使用。

二、雨季施工

(1) 卷材层面应尽量在雨季前施工,并同时安装屋面的落水管。

(2) 雨天严禁进行油毡屋面施工,油毡、保温材料不准淋雨。

(3) 雨天屋面工程宜采用"湿铺法"施工工艺,"湿铺法"就是在潮湿基层上铺贴卷材,先喷刷1～2道冷底子油,喷刷工作宜在水泥砂浆凝结初期进行操作,以防基层浸水。如果基层浸水,应在基层表面干燥后方可铺贴油毡。如果基层潮湿且干燥有困难时,可采用排气屋面。

1. 试述沥青卷材屋面防水层的施工过程。
2. 常用防水卷材有哪些种类?
3. 刚性防水屋面的隔离层如何施工?分格缝如何处理?简述其施工要点。
4. 卷材屋面保护层有哪几种做法?
5. 试述涂膜防水屋面的施工过程。
6. 简述倒置式屋面施工工艺流程。
7. 简要回答卷材地下防水外贴法、内贴法施工要点。
8. 补偿收缩混凝土防水层怎样施工?
9. 影响普通防水混凝土抗渗性的主要因素有哪些?防水混凝土所用的材料有什么要求?
10. 聚氨酯涂膜防水有哪些优缺点?有哪些施工工序?
11. 卫生间涂膜防水施工应注意哪些事项?

装饰工程施工

1. **知识目标**

(1) 熟悉抹灰工程的分类、组成和施工要求。

(2) 熟悉饰面工程镶贴、安装要求。

(3) 熟悉涂料、油漆和裱糊工程材料的要求、施工要求。

(4) 了解天棚工程施工要求。

(5) 熟悉门窗工程施工基本要求。

(6) 了解玻璃幕墙工程施工要求。

(7) 熟悉冬期施工和雨期施工要求。

2. **能力目标**

(1) 掌握抹灰施工工艺。

(2) 掌握饰面板及饰面砖施工工艺。

(3) 熟悉钢丝网架夹芯板隔墙、木龙骨隔墙、轻钢龙骨隔墙、平板玻璃隔墙等的施工工艺。

(4) 熟悉木门窗、塑料门窗、铝合金门窗等的施工工艺。

(5) 熟悉建筑涂料、油漆涂料等的施工工艺,了解裱糊工程施工工艺。

(6) 熟悉玻璃幕墙材料及构造要求及玻璃幕墙安装工艺。

单元 1 抹 灰 工 程

一、抹灰的分类和组成

1. 抹灰工程分类

抹灰工程分为一般抹灰和装饰抹灰两大类。一般抹灰有石灰砂浆、水泥石灰砂浆、水泥砂浆、聚合物水泥砂浆以及麻刀灰、纸筋灰、石膏灰等;按使用要求、质量标准和操作工序的不同,一般抹灰又可分为普通抹灰、中级抹灰和高级抹灰。装饰抹灰有水刷石、水磨石、斩假石(剁斧石)、干粘石、拉毛灰、洒毛灰以及喷砂、喷涂、滚涂、弹涂等。

2. 抹灰的组成

一般抹灰工程施工是分层进行的,以利于抹灰牢固、抹面平整和保证质量。如果一次抹得太厚,由于内外收水快慢不同,容易出现干裂、起鼓和脱落现象。

(1) 底层。底层主要起与基层的黏结和初步找平的作用。底层所使用的材料随基层不同而异,室内砖墙面常用石灰砂浆、水泥石灰混合砂浆;室外砖墙面和有防潮防水的内墙面常用水泥砂浆或混合砂浆;对混凝土基层宜先刷素水泥浆一道,采用混合砂浆或水泥砂浆打底,更易于黏结牢固,而高级装饰工程的预制混凝土板顶棚宜使用108水泥砂浆打底;木板条、钢丝网基层等,使用混合砂浆、麻刀灰和纸筋灰并将灰浆挤入基层缝隙内,以加强拉结。

(2) 中层。中层主要起找平作用。使用砂浆的稠度为70~80 mm,根据基层材料的不同,其做法基本上与底层的做法相同。按照施工质量要求可一次抹成,也可分次进行。

(3) 面层。面层主要起装饰作用,所用材料根据设计要求的装饰效果而定。室内墙面及顶棚抹灰,常用麻刀灰或纸筋灰;室外抹灰常用水泥砂浆或做成水刷石等饰面层。

二、抹灰基体的表面处理

为了保证抹灰层与基体之间能黏结牢固,不致出现裂缝、空鼓和脱落等现象,在抹灰前基体表面上的灰土、污垢、油渍等应清除干净,基体表面凹凸明显的部位应事先剔平或用水泥砂浆补平。基体表面应具有一定的粗糙度。砖石基体面灰缝应砌成凹缝式,使砂浆能嵌入灰缝内与砖石基体黏结牢固。混凝土基体表面较光滑,应在表面先刷一道水泥浆或喷一道水泥砂浆疙瘩,如能刷一道聚合物水泥浆效果更好。加气混凝土表面抹灰前应清扫干净,并需刷一道聚合物胶水溶液,然后才可抹灰。板条墙或板条顶棚,各板条之间应预留8~10 mm的缝隙,以便底层砂浆能压入板缝内结合牢固。木结构与砖石结构、混凝土结构等相接处应先铺设金属网,并绷紧牢固。门窗框与墙连接处的缝隙,应使用水泥砂浆嵌塞密实,以防因振动而引起抹灰层剥落、开裂。

三、一般抹灰施工工艺

一般抹灰按表面质量的要求分为普通、中级和高级抹灰3级。外墙抹灰层的平均总厚度不得超过20 mm,勒脚及突出墙面部分不得超过25 mm。顶棚抹灰层的平均总厚度对板条及现浇混凝土基体不得超过15 mm,对预制混凝土基体则不得超过18 mm。严格控制抹灰层的厚度不仅是为了取得较好的技术经济效益,而且还是为了保证抹灰层的质量。抹灰层过薄达不到预期的装饰效果,过厚则由于抹灰层自重增大,灰浆易下坠脱离基体导致出现空鼓,而且由于砂浆内外干燥速度相差过大,表面易于产生收缩裂缝。

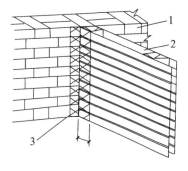

图 8-1 不同材料基体交接处的处理
1—砖墙;2—板条墙;3—钢丝网

一般抹灰常用的工具如图8-2所示。

(1) 木抹子——其作用是抹平压实灰层,木抹子有圆头、方头两种。

(2) 塑料抹子——是用硬质聚乙烯塑料做成的抹灰器具。其用途是压光纸筋灰等面层,有圆头、方头两种。

(3) 铁抹子——用于抹底子灰层,有圆头、方头两种。

(4) 钢抹子——因其较薄,弹性好,适用于抹平抹光水泥砂浆面层。

(5) 压板——适用于压光水泥砂浆面层和纸筋灰罩面等。

(6) 阴角抹子——适用于压光阴角,分小圆角及尖角两种。

(7) 阳角抹子——适用于压光阳角,分小圆角及尖角两种。

(8) 捋角器——用于捋水泥抱角的素水泥浆。

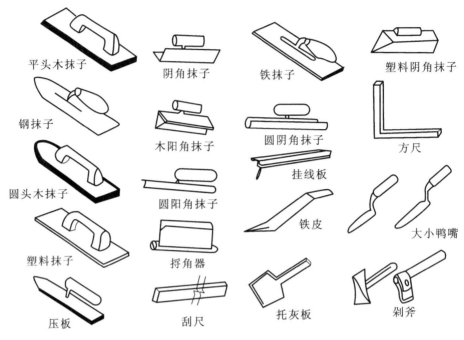

图 8-2 常用抹灰工具

(9) 托灰板——用于作业时承托砂浆。

(10) 挂线板——主要用于挂垂直线,板上附有带线锤的标准线。

(11) 方尺——用于测量阴阳角方正。

(12) 八字靠尺及钢筋卡子——用于做棱角。钢筋卡子用来卡八字靠尺,常用直径 8 mm 的钢筋加工而成。

(13) 刮尺——即木杠,有长杠、中杠、短杠三种。一般长杠长为 250~350 mm,适用于冲筋;中杠长为 200~250 mm,短杠长为 150 mm,用于刮平墙面和地面。

(14) 剁斧——用于剁砖石和清理混凝土基层。

(15) 筛子——用于筛分砂子,去除块状杂物。常用的筛孔直径有 10 mm、8 mm、5 mm、3 mm、1.5 mm、1 mm 六种。

(16) 尼龙线——用于拉直线。

一般抹灰随抹灰等级的不同,其施工工序也有所不同。普通抹灰只要求分层涂抹、走平、修整、表面压光。中级抹灰则要求阳角找方、设置标筋、分层涂抹、赶平、修整、表面压光。高级抹灰要求阴阳角找方、设置标筋、分层涂抹、赶平、修整、表面压光等。一般抹灰的施工工艺如下。

1. 设置标筋

为了有效地控制墙面抹灰层的厚度与垂直度,使抹灰面平整,抹灰层涂抹前应设置标筋(又称冲筋),作为底、中层抹灰的依据。

设置标筋时,先用托线板检查墙面的平整垂直程度,据以确定抹灰厚度(最薄处不宜小于 7 mm),再在墙两边上角离阴角边 100~200 mm 处按抹灰厚度用砂浆做一个四方形(边长约 50 mm)标准块,称为灰饼,然后根据这两个灰饼,用托线板或线锤吊挂垂直,做墙面下角的两个灰饼(高低位置一般在踢脚线上口),随后以上角和下角左右两灰饼面为准拉线,每隔 1.2~

1.5 m上下加做若干灰饼。待灰饼稍干后在上下灰饼之间用砂浆抹上一条宽 100 mm 左右的垂直灰埂,此即为标筋,作为抹底层及中层的厚度控制和赶平的标准,如图 8-3 所示。

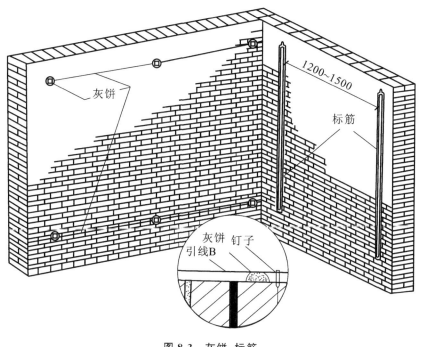

图 8-3 灰饼、标筋

顶棚抹灰一般不做灰饼和标筋,而是在靠近顶棚四周的墙面上弹一条水平线以控制抹灰层厚度,并作为抹灰找平的依据。

2. 做护角

室外内墙面、柱面和门窗洞口的阳角抹灰要求线条清晰、挺直,并防止碰坏,故该处用 1∶2 水泥砂浆做护角,砂浆收水稍干后,用挎角器抹成小圆角。

3. 抹灰层的涂抹

当标筋稍干后,即可进行抹灰层的涂抹。涂抹应分层进行,以免一次涂抹的厚度较厚,浆内外收缩不一致而导致开裂。一般涂抹水泥砂浆时,每遍厚度以 5~7 mm 为宜;涂抹石灰砂浆和水泥混合砂浆时,每遍厚度以 7~8 mm 为宜。

分层涂抹时,应防止涂抹后一层砂浆时破坏已抹砂浆的内部结构而影响与前一层的黏结,应避免几层湿砂浆合在一起造成收缩率过大,导致抹灰层开裂、空鼓。因此,水泥砂浆和水泥混合砂浆应待前一层抹灰层凝结后,方可涂抹后一层;石灰砂浆应待前一层发白(约七八成干)后,方可涂抹后一层。抹灰用的砂浆应具有良好的工作性(和易性),以便于操作。砂浆稠度一般宜控制为:底层抹灰砂浆 100~120 mm;中层抹灰砂浆 70~80 mm。底层砂浆与中层砂浆的配合比应基本相同。中层砂浆强度不能高于底层,底层砂浆强度不能高于基体,以免砂浆在凝结过程中产生较大的收缩应力,破坏强度较低的抹灰底层或基体,导致抹灰层产生裂缝、空鼓或脱落。另外底层砂浆强度与基体强度相差过大时,由于收缩变形性能相差悬殊也易产生开裂和脱离,故混凝土基体上不能直接抹石灰砂浆。为使底层砂浆与基体黏结牢固,抹灰前基体一定要浇水湿润,以防止基体过干而吸去砂浆中的水分,使抹灰层产生空鼓或脱落。砖基体一般宜浇水2遍,使砖面渗水深度达8～10 mm左右。混凝土基体宜在抹灰前一天即浇水,使水渗入混凝土表面2～3 mm。如果各层抹灰相隔时间较长,已抹灰的砂浆层较干时,也应浇水湿润,才可抹下一层砂浆。

抹灰层除用手工涂抹外,还可利用机械喷涂。机械喷涂抹灰将砂浆的拌制、运输和喷涂三者有机地衔接起来。

4. 罩面压光

室内常用的面层材料有麻刀石灰、纸筋石灰、石膏灰等。面层应分层涂抹,每遍厚度为1～2 mm,经赶平压实后的面层总厚度为:用麻刀石灰时不得大于3 mm;用纸筋石灰、石膏灰时不得大于2 mm。罩面操作应待底子灰五六成干后进行,若底子灰过干应先浇水湿润。罩面分纵横2遍涂抹,最后用钢抹子压光,不得留抹纹。

室外抹灰常用水泥砂浆罩面。由于面积较大,为了不显接槎,防止抹灰层收缩开裂,一般应设有分格缝,留槎位置应留在分格缝处。由于大面积抹灰罩面抹纹不易压光,在阳光照射下极易显露而影响墙面美观,故水泥砂浆罩面宜用木抹子抹成毛面。为防止色泽不匀,应使用同一品种与规格的原材料,由专人配料,采用统一的配合比,底层浇水要应均匀,干燥程度基本一致。

四、装饰抹灰施工工艺

装饰抹灰与一般抹灰的区别在于二者具有不同的装饰面层,其底层和中层的做法基本相同。按装饰面层的不同,装饰抹灰的种类有水刷石、水磨石、斩假石、拉毛灰、洒毛灰、拉条灰、假面砖、喷砂、喷涂、滚涂、弹涂等。

1. 水刷石

水刷石主要用于室外的装饰抹灰。对于高层建筑大面积水刷石,为了加强底层与混凝土基体的黏结,防止空鼓、开裂,墙面要加钢筋做拉结网。为了防止大面积水刷石开裂需适当分格,施工时按设计要求在抹灰中层表面弹出分格线,粘贴分格条。

水刷石施工时,先将已硬化的1∶3水泥砂浆中层(一般为12 mm厚)表面浇水湿润,再薄刮一层素水泥浆(水灰比为0.37～0.40),厚约1 mm,以便面层与中层结合牢固,随即抹水泥石子浆。水泥石子浆的配合比视石子粒径大小而定,例如:使用大八厘石子(粒径为8 mm)时水泥与石子的比例约为1∶1(体积比,以下同);使用中八厘石子(粒径为6 mm)时水泥石子浆的配合比为1∶1.25;使用小八厘石子(粒径为4 mm)时水泥石子浆的配合比为1∶1.5。其基本要求是以水泥用量正好能填满石子之间的空隙,便于抹压密实为原则,水泥用量不宜偏多。水泥石子浆的稠度以50～70 mm为宜。面层厚度一般为石子粒径的2.5倍,故使用大八厘石子时厚度约为20 mm,使用中八厘石子时厚度约为15 mm,使用小八厘石子时厚度约为10 mm。

抹水泥石子浆时,应随抹随用铁抹子用力压实压平。当水泥石子浆开始凝固时(大致是以手指按上去无指痕,用刷子刷石子,石子不掉下为准),便可进行刷洗,用刷子从上而下蘸水刷掉石子间表层水泥浆,使石子露出灰浆面1～2 mm为度。刷洗时间应严格控制,刷洗过早或过度,则石子颗粒露出灰浆面过多,容易脱落;刷洗过晚,则灰浆洗不净,石子不显露,饰面浑浊不清晰,影响美观。

水刷石的外观质量应满足以下条件:石粒清晰、分布均匀、紧密平整、色泽一致,不得有掉粒和接槎的痕迹。

2. 水磨石

水磨石具有整体性好、耐磨不起灰、光滑美观、可根据设计要求制成各种图案、装饰效果好等优点。按装饰效果可分为普通水磨石和美术水磨石，按施工方法分为预制和现浇两种。白色或浅色的水磨石面层应采用白水泥，深色的水磨石面层宜采用硅酸盐水泥、普通水泥或矿渣水泥，同颜色的面层应使用同一批水泥，以保证面层色泽一致。水磨石面层所用的石粒应采用质地密实、磨面光亮但硬度不太高的大理石、白云石、方解石加工而成，硬度过高的石英岩、长石、刚玉等不宜采用，石粒粒径规格习惯上用大八厘、中八厘、小八厘、米粒石来表示。颜料对水磨石面层的装饰效果有很大影响，应采用耐光、耐碱和着色力强的矿物颜料，颜料的掺入量对面层的强度影响也很大，面层中颜料的掺入量宜为水泥质量的3%～6%。同时不得使用酸性颜料，因其与水泥中的水化产物氢氧化钙起作用，会使面层易产生变色、褪色现象。常用的矿物颜料有氧化铁红(红色)、氧化铁黄(黄色)、氧化铁绿(绿色)、氧化铁棕(棕色)、群青(蓝色)等。

现浇水磨石施工时，在1∶3水泥砂浆底层上洒水湿润，刮水泥浆一层(厚1～1.5 mm)作为黏结层，找平后按设计要求布置并固定分格嵌条(铜条、铝条、玻璃条)，随后将不同色彩的水泥石子浆(水泥∶石子=1∶(1～1.25))填入分格中，厚为8 mm(比嵌条高出1～2 mm)，抹平压实。待罩面灰有一定强度(1～2 d)后，用磨石机浇水开磨至光滑发亮为止。每次磨光后，用同色水泥浆填补砂眼，视环境温度的不同每隔一定时间再磨第二遍、第三遍，要求磨光遍数不少于3遍，补浆2次，此即"二浆三磨"法。最后，有的工程还要求用草酸擦洗和进行打蜡。

3. 斩假石（剁斧石）

斩假石又称剁斧石，是仿制天然石料的一种饰面用不同的骨料或掺入不同的颜料，可以仿制成仿花岗石、玄武石、青条石等。施工时先用1∶(2～2.5)的水泥砂浆打底，待24 h后浇水养护，硬化后在表面洒水湿润，刮素水泥浆一道，随即用1∶1.25的水泥石子浆(内掺30%石屑)罩面，厚为10 mm；抹完后应注意防止日晒或冰冻，并养护2～3 d(强度达60%～70%)即可试斩，如石子颗粒不发生脱落便可正式斩假加工。加工时用剁斧将面层斩毛，剁的方向要一致，剁纹深浅应均匀，一般两遍成活，分格缝周边、墙角、柱子的棱角周边留15～20 mm不剁，即可做出似用石料砌成的装饰面。

4. 干粘石

先在已经硬化的厚为12 mm的1∶3水泥砂浆底层上浇水湿润，再抹上一层厚为6 mm的1∶(2～2.5)的水泥砂浆中层，随即紧跟抹厚为2 mm的1∶0.5水泥石灰膏浆黏结层，同时将配有不同颜色的(或同色的)小八厘石碴略掺石屑后甩粘拍平压实在黏结层上。拍平压实石子时，不得把灰浆拍出，以免影响美观，待有一定强度后洒水养护。

有时可用喷枪将石子均匀有力地喷射于黏结层上，用铁抹子轻轻压一遍，使表面搓平。若在黏结砂浆中掺入108胶或其他聚合物胶乳，则可使黏结层砂浆抹得更薄，石子粘得更牢。

5. 拉毛灰和洒毛灰

拉毛灰是将底层用水湿透，抹上1∶(0.05～0.3)∶(0.5～1)的水泥石灰罩面砂浆，随即用硬棕刷或铁抹子进行拉毛。棕刷拉毛时，用刷蘸砂浆往墙上连续垂直拍拉，拉出毛头。铁抹子拉毛时，则不蘸砂浆，只用抹子黏结在墙面随即抽回，要做到拉的快慢一致、均匀整齐、色泽一致、不露底，在一个平面上要一次成活，避免中断留茬。

洒毛灰(又称撒云片)是用茅草小帚蘸1∶1水泥砂浆或1∶1∶4水泥石灰砂浆，由上往下洒在湿润的底层上,洒出的云朵须错乱多变、大小相称、空隙均匀,形成大小不一而有规律的毛面。亦可在未干的底层上刷上颜色,再不均匀地洒上罩面灰,并用抹子轻轻压平,使其部分地露出带色的底子灰,使洒出的云朵具有浮动感。

6. 喷涂饰面

喷涂饰面是用喷枪将聚合物砂浆均匀喷涂在底层上,此种砂浆由于掺入了聚合物乳液,因而具有良好的和易性及抗冻性,能提高装饰面层的表面强度与黏结强度。通过调整砂浆的稠度和喷射压力的大小,可喷成砂浆饱满、波纹起伏的波面,或表面不出浆而满布细碎颗粒的粒状,亦可在表面涂层上再喷以不同色调的砂浆点,形成花点套色。

7. 滚涂饰面

滚涂饰面是将带颜色的聚合物砂浆均匀涂抹在底层上,随即用平面或带有拉毛、刻有花纹的橡胶、泡沫塑料滚子,滚出所需的图案和花纹。其分层做法为:以10~13 mm厚的水泥砂浆打底,木抹搓平;粘贴分格条(施工前在分格处先刮一层聚合物水泥浆,滚涂前将涂有聚合物胶水溶液的电工胶布贴上,等饰面砂浆收水后揭下胶布);用3 mm厚的色浆罩面,随抹随用辊子滚出各种花纹;待面层干燥后,喷涂有机硅水溶液。

8. 弹涂饰面

彩色弹涂饰面是用电动弹力器将水泥色浆弹到墙面上,形成1~3 mm左右的圆状色点。由于色浆一般由2~3种颜色组成,不同色点在墙面上相互交错、相互衬托,犹如水刷石、干粘石,亦可做成单色光面、细麻面、小拉毛拍平等多种形式。这种工艺可以先在墙面上做底灰,再做弹涂饰面;也可以直接弹涂在基层平整的混凝土板、加气板、石膏板、水泥石棉板等板材上。其施工流程为:基层找平修正或做砂浆底灰→调配色浆刷底色→弹力器做头道色点→弹力器做二道色点→弹力器局部找均匀→树脂罩面防护层。

单元2 饰面工程

饰面工程是指把饰面材料镶贴或安装到基体表面上以形成装饰层的施工工作。饰面材料的种类很多,但基本上可分为饰面砖和饰面板两大类。就施工工艺而言,前者以采用直接粘贴的镶贴工艺为主,后者以采用构造联结方式的安装工艺为主。

一、饰面砖镶贴工艺

饰面砖包括釉面砖、外墙面砖、陶瓷锦砖、玻璃锦砖等。饰面砖应镶贴在湿润、干净、平整的基层(找平层)上。为保证基层与基体黏结牢固,应对不同的基体采用不同的处理方法。

1. 釉面砖镶贴

1) 材料质量要求

釉面砖正面挂釉,又称为瓷砖或釉面瓷砖,是用瓷土或优质陶土烧成。底胎均为白色,挂釉面有白色和其他颜色,可带有各种花纹和图案。其表面光滑、美观、易于清洗,并且防潮耐碱,具有较好的装饰效果,多用于室内卫生间、厨房、浴室、水池、游泳池等处作为饰面材料。

釉面砖规格品种较多,常见的规格有:152 mm×152 mm、110 mm×110 mm、152 mm×75 mm等,厚度一般为5 mm或6 mm。在转弯及结束部位均另有阳角条、阴角条、压顶条等配件砖,或带有圆边的正长方形砖。

釉面砖质量应满足下列要求:颜色均匀、尺寸一致、边缘整齐,棱角不得损坏,无缺釉、脱釉、裂纹、夹心及扭曲凹凸不平等现象。釉面砖的吸水率不得大于18%,抗折强度应达2~4 MPa,以保证镶贴后不致发生后期开裂。

2) 镶贴工艺

釉面瓷砖镶贴前应经挑选,使规格、颜色一致,并在清水中浸泡(以瓷砖吸足水不冒泡为止)后阴干备用。基层应扫净,浇水湿润,用水泥砂浆打底,厚7~10 mm,找平划毛,打底后养护1~2 d方可镶贴。

镶贴前应找规矩,按砖的实际尺寸弹出横竖控制线,定出水平标准和皮数,进行预排。排列方法有直缝排列和错缝排列两种。接缝宽度应符合设计要求,一般宽约为1~1.5 mm。然后用废瓷砖按黏结层厚度用混合砂浆贴灰饼,找规矩,灰饼间距一般为1.5~1.6 m。阳角处应两面挂直。

镶贴时先浇水湿润底层,根据弹线稳好平尺板,作为镶贴第一皮瓷砖的依据。镶贴时一般从阳角开始,由于往上逐层粘贴,使不成整块的留在阴角。总之,先贴阳角大面,后贴阴角、凹槽等难度较大的部位。若墙面有突出的管线、灯具、卫生器具支承物,应用整砖套割吻合,不得用非整砖拼凑镶贴。

采用掺聚合物的水泥砂浆做黏结层可以抹一行贴一行,其他均应将黏结砂浆均匀刮抹在瓷砖背面,逐块进行粘贴。聚合物水泥砂浆应随调随用,全部工作宜在3 h内完成。镶贴后的每块瓷砖,当采用混合砂浆黏结层时,可用小铲把轻轻敲击;当采用聚合物水泥砂浆黏结层时,可用手轻压,并用橡皮捶轻轻敲击,使其与基层黏结密实牢固。并应使用靠尺随时检查平直方正情况,修正缝隙。凡遇缺灰、黏结不密实等情况时,应取下瓷砖重新粘贴,不得在砖口处塞灰,以防止空鼓。

室外接缝应使用聚合物水泥浆或砂浆嵌缝;室内接缝宜用与釉面瓷砖相同颜色的石灰膏(非潮湿房间)或水泥浆嵌缝。待整个墙面与嵌缝材料硬化后,根据不同污染情况,用棉丝、砂纸清理或用稀盐酸刷洗,然后用清水冲洗干净。

2. 陶瓷锦砖镶贴

1) 材料质量要求

陶瓷锦砖旧称马赛克,是以优质瓷土烧制而成的小块瓷砖,分为挂釉与不挂釉两种,目前以小挂釉者为多。其规格尺寸有呈19 mm×19 mm(正方形)、39 mm×39 mm(正方形)、39 mm×19 mm(长方形)、每边25 mm六角形的及其他形状的多种,厚度一般为4~5 mm。其颜色有白、粉红、深绿、浅蓝等。由于规格小,不宜分块铺贴,故出厂前工厂已按各种图案组合将陶瓷锦砖反贴在314 mm见方的护面纸上。陶瓷锦砖具有美观大方、拼接灵活、自重较轻、装饰效果好等特点,除用于地面外,还可用作为室内外墙面的饰面材料。

镶贴陶瓷锦砖时,根据已弹好的水平线稳定好平尺板,如图8-4所示。然后在已湿润的底子灰上刷素水泥浆一层,再抹2~3 mm厚1∶3水泥纸筋灰黏结层,并用靠尺刮平。陶瓷锦砖背面向上,将1∶0.2∶1的水泥石灰砂浆抹在背面大约2~3 mm厚,随即进行粘贴;再用拍板依次拍实直至拍到水泥石灰砂浆填满缝隙为止。紧接着浇水湿润纸版,约半小时后轻轻揭掉,用小刀调整缝隙,用湿布擦净砖面。48 h后用1∶1水泥砂浆勾大缝,其他小缝用素水泥浆擦缝,颜色按设计要求即可。

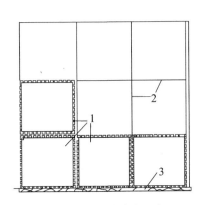

图 8-4 陶瓷锦砖镶贴示意图
1—陶瓷锦砖贴纸；2—陶瓷锦砖按纸版尺寸弹线分格(留出缝隙)；3—平尺板

陶瓷锦砖的质量要求是：尺寸颜色一致，拼接在纸版上的图案应符合设计要求，纸版完整，颗粒齐全，间距均匀，边角整齐，吸水率不大于2%，脱纸时间不大于40 min。

2) 镶贴工艺

陶瓷锦砖镶贴前，应按照设计图案要求及图纸尺寸核实墙面的实际尺寸，根据排砖模数和分格要求，绘制出施工大样图，加工好分格条，并对陶瓷锦砖统一编号，便于镶贴时对号入座。基层上用厚10～12 mm的1：3水泥砂浆打底，找平划毛，洒水养护。镶贴前弹出水平、垂直分格线，找好规矩。然后在湿润的底层上刷素水泥浆一道，再抹一层厚2～3 mm的1：0.3水泥纸筋灰或厚3 mm的1：1水泥砂浆黏结层，用靠尺刮平和抹子抹平。同时将锦砖底面朝上铺在木垫板上，缝里灌入1：2水泥砂浆并用软毛刷刷净底面浮砂，再在底面上薄涂一层黏结灰浆，然后逐张拿起，按平尺板上口沿线由下往上对齐接缝粘贴于墙上。粘贴时应仔细拍实使其表面平整。待水泥砂浆初凝后，用软毛刷将护纸刷水润湿，约半小时后揭纸，并检查缝的平直大小，校正拨直。粘贴48 h后，除了大缝用1：1水泥砂浆嵌缝外，其他缝均用素水泥浆嵌平。待嵌缝材料硬化后用稀盐酸溶液刷洗，并随即用清水冲洗。

二、石材饰面板安装

石材饰面板可分为天然石饰面板和人造石饰面板两大类，天然饰面板包括有大理石、花岗石和青石板饰面板等，人造石饰面板包括预制水磨石、预制水刷石和合成石饰面板等。

小规格的饰面板(一般指边长不大于400 mm，安装高度不超过1 m时)通常采用与釉面砖相同的粘贴方法安装，大规格的饰面板则通过采用联结件的固定方式来安装。

1. 大理石饰面板安装

大理石是一种变质岩，其主要成分是碳酸钙。纯粹的大理石呈白色，但通常因含有多种其他化学成分，因而呈灰、黑、红、黄、绿等各种颜色。当各种成分分布不均匀时，就会使大理石的色彩花纹丰富多变。大理石表面经磨光后，纹理雅致，色泽鲜艳，是一种高级饰面材料。大理石在潮湿和含有硫化物的大气作用下，容易风化、溶蚀，使表面很快失去光泽，变色掉粉，表面变得粗糙多孔，甚至剥落。所以大理石除汉白玉、艾叶青等少数几种质地较纯者外，一般只适宜用于室内饰面。

大规格大理石饰面板的安装方法有传统的湿作业法和改进的湿作业法两种。

1) 传统的湿作业法安装

(1) 预拼及钻孔。安装前，先按设计要求在平地上进行试拼，校正尺寸，使宽度符合要求，线条平直均匀，并调整颜色、花纹，力求色调一致，上下左右纹理通顺。试拼后再分部位逐块按安装顺序予以编号，以便安装时对号入座。对已选好的大理石，还应进行钻孔剔槽，以便穿绑铜丝或不锈钢丝与墙面预埋钢筋网绑牢，固定饰面板。具体如图8-5所示。

(2) 绑扎钢筋网。首先剔出预埋筋，把墙面(柱面)清扫干净，先绑扎(或焊接)一道竖向钢筋，间距一般为300～500 mm，并把绑好的竖向钢筋用预埋筋弯压至墙面，并使其牢固。然后将横向钢筋与竖向钢筋绑牢或焊接，用于栓系大理石板材。若基体未预埋钢筋，可用电钻钻孔，埋

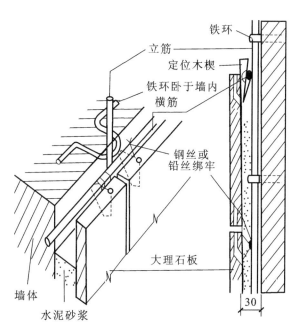

图 8-5 饰面板钢筋网片及安装方法

设膨胀螺栓固定预埋垫铁,然后将钢筋网竖向钢筋与预埋垫铁焊接,后绑扎横向钢筋。

(3) 弹线。在墙(柱)面上分块弹出水平线和垂直线,并在地面上顺墙(柱)弹出大理石板外廓尺寸线。

(4) 安装。从最下一层开始,两端用块材找平找直,拉上横线,再从中间或一端开始安装。安装时,按部位编号取大理石板就位,先将下口铜丝绑在横向钢筋上,再绑上口铜丝,用靠尺板靠直靠平,并用木楔垫稳,再将铜丝系紧,保证板与板交接处四角平整。

(5) 临时固定。石板找好垂直、平整、方正后,在石板表面横竖接缝处每隔 100~150 mm 用调成糊状的石膏浆(石膏中可掺加 20%的白水泥以增加强度,防止石膏裂缝)予以粘贴,临时固定石板,使该层石板成一个整体,以防止发生移位。

(6) 灌浆。待石膏凝结、硬化后,即可用 1∶2.5 水泥砂浆(稠度一般为 100~150 mm)分层灌入石板内侧缝隙中,每层灌注高度为 150~200 mm,并不得超过石板高度的 1/3,灌注后应插捣密实。只有待下层砂浆初凝后,才能灌注上层砂浆。如发生石板位移错动,应拆除重新安浆。

(7) 嵌缝。全部石板安装完毕,灌注砂浆达到设计的强度标准值的 50%后,即可清除所有固定石膏和余浆痕迹,用麻布擦洗干净,并用与石板相同颜色的水泥浆填抹接缝,边抹边擦干净,保证缝隙密实,颜色一致。大理石安装于室外时,接缝应用干性油泥子填抹。全部大理石板安装完毕后,表面应清洗干净。若表面光泽受到影响,应重新打蜡上光。

2) 改进的湿作业法安装

大理石饰面板传统的湿作业法安装工序多、操作较为复杂、易造成粘贴不牢、表面接茬不平整等质量缺陷,而且采用钢筋网连接也增加了工程造价。改进的湿作业法克服了传统工艺的不足,现已得到广泛应用。具体如图 8-6 和图 8-7 所示。采用该法时,其施工准备、板材预拼编号等工序与传统工艺相同,其不同工序的施工要点如下。

(1) 基体处理。大理石饰面板安装前,基体应清理干净,并用水湿润,抹上 1∶1 水泥砂浆

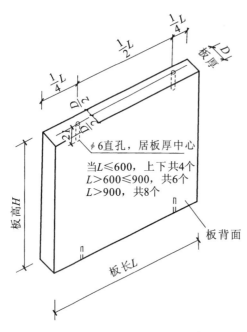

图 8-6 板材钻孔位置及数量示意图

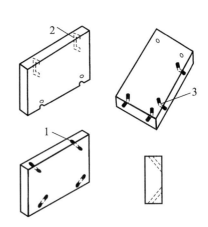

图 8-7 饰面板打眼示意图

1—板面打斜眼；2—板面打二面牛鼻子眼；
3—打三面牛鼻子眼

(体积比)，砂子应采用中砂或粗砂。大理石板背面也应用清水刷洗干净，以提高其黏结力。

(2) 石板钻孔。将大理石饰面板直立固定于木架上，用手电钻在距板两端四分之一处，位于板厚度的中心钻孔，孔径为 6 mm，孔深为 35～40 mm。

(3) 基体钻斜孔。用冲击钻按板材分块弹线位置，对应于板材上孔及下侧孔位置打 45°斜孔，孔径 6 mm，孔深 40～50 mm。

(4) 板材安装就位、固定。基体钻孔后，将大理石板安放就位，按板材与基体相距的孔距，用克丝钳现场加工直径为 5 mm 的不锈钢 U 形钉，将其一端勾进大理石板材直孔内，并随即用硬木小楔楔紧，另一端勾进基体斜孔内，并拉线或用靠尺板及水平尺校正板的上下口及板面垂直度和平整度，以及与相邻板材接合是否严密，随后将基体斜孔内 U 形钉楔紧。接着用大木楔楔入板材与基体之间，以紧固 U 形钉。

(5) 分层灌黏结砂浆，其他与前述传统工艺相同。

大理石饰面板安装的质量要求是：表面光亮平整，纹理通顺，不得有裂缝、缺棱、掉角等缺陷；接缝平直、嵌缝严密、颜色一致；与基层黏结牢固，不得有空鼓现象。

2. 花岗石饰面板安装

天然花岗石是一种火成岩，主要由长石、石英和云母等组成，按其结晶颗粒大小可分为伟晶、粗晶和细晶三种。品质优良的花岗石结晶颗粒分布细而均匀，云母少而石英含量多。花岗石岩质坚硬密实，强度高。有深青、紫红、粉红、浅灰、纯黑等多种颜色，并有均匀的黑白点。它具有耐久性好、坚固不易风化、色泽经久不变、装饰效果好等优点，多用于室内外墙面、墙裙和楼地面等的装饰。

根据加工方法的不同，天然花岗石饰面板的类型主要有下列四种：剁斧板材、机刨板材、粗磨板材和磨光板材。细磨抛光的镜面花岗石饰面板的安装方法有湿作业方法(分为传统湿作业方法与改进湿作业方法)和干作业方法。

(1) 改进的湿作业方法。传统的湿作业方法与前述大理石饰面板的传统湿作业安装方法相同。但由于花岗石饰面板长期暴露于室外,传统的湿作业方法常发生空鼓、脱落等质量缺陷,为克服此缺点,提出了改进的湿作业方法,其特点是增用了特制的金属夹锚固件。其主要操作工序为:斜孔打眼→安金属夹→面板、浇灌细石混凝土→打蜡。

(2) 干作业方法。干作业方法又称干挂法。它利用高强、耐腐蚀的连接固定件把饰面板挂在建筑物结构的外表面上,中间留出适量空隙。在风荷载或地震作用下,允许产生适量变位,而不致使饰面板出现裂缝或发生脱落,当风荷载或地震消失后,饰面板又能随结构复位,如图8-8所示。

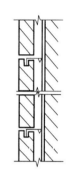

图8-8 花岗石直角挂钩

干挂法解决了传统的灌浆湿作业法安装饰面板存在的施工周期长、黏结强度低、自重大、不大利于抗震、砂浆易污染外饰面等缺点,具有安装精度高、墙面平整、取消砂浆黏结层、减轻建筑用自重、提高施工效率等特点。并且板材与结构层之间留有40~100 mm的空腔,具有保温和隔热作用,节能效果显著。干挂石的支撑方式分为在石材上下边支撑和侧边支撑两种,前者易于施工时临时固定,故国内多采用之。干挂法工艺流程及主要工艺要求如下。

① 基体表面应坚实、平整,凸出物应凿去,清扫干净。

② 饰面板应进行挑选,几何尺寸必须准确,颜色均匀一致,石粒均匀,背面平整,不准有缺棱、掉角、裂缝、隐伤等缺陷。

③ 须用模具进行钻孔,以保证钻孔位置的准确。

④ 饰面刷不饱和树脂,贴玻璃丝布进行增强处理时应在作业棚内进行,环境应干净清洁,通风良好,无易燃物,温度不宜低于10℃。

⑤ 螺栓钻孔深度宜为550~600 mm。

⑥ 排水处理。底层板安装好后,将其竖缝用橡胶条嵌缝250 mm高,板材与混凝土基体间的空腔底部用聚苯板填塞,然后在空腔内灌入1∶2.5的白水泥砂浆,高度为200 mm。待砂浆凝固后,将板缝中的橡胶条取出,在每块板材间接缝处的白水泥砂浆上表面设置直径为6 mm的排水管,使上部渗下的雨水能顺利排出。

⑦ 安装由下而上,分层沿一个方向依次顺序进行,同一层板材安装完毕后,应检查其表面平整度及水平度,经检查合格后,方可进行嵌缝。

⑧ 饰面板周边应粘贴防污条,防止嵌缝时污染饰面板。密封胶要嵌填饱满密实,光滑平顺,其颜色应与石材颜色一致。

三、金属饰面板安装

1. 金属装饰板的种类

金属装饰板按材料可分为单一材料板和复合材料板两类。单一材料板为用一种质地的材料制成,如钢板、铝板、铜板、不锈钢板等。复合材料板是由两种或两种以上质地的材料组成,如铝合金板、烤漆板、镀锌板、金属夹心板、色塑料膜板等。金属装饰板按板面形状可分为光面平板、纹面平板、波纹板、压型板、立体盒板等。金属装饰板的安装如图8-9和图8-10所示。

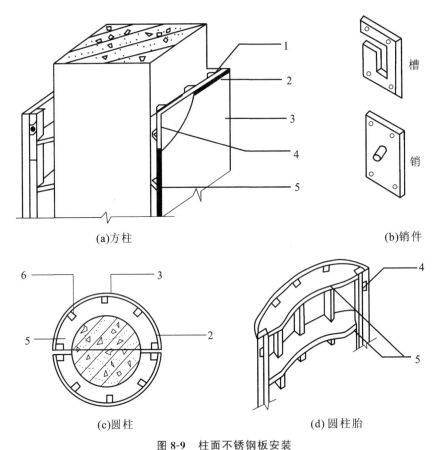

(a)方柱　　　　　　　　　　　(b)销件

(c)圆柱　　　　　　　　　　　(d)圆柱胎

图 8-9　柱面不锈钢板安装

1—木骨架；2—胶合板；3—不锈钢板；4—销件；5—中密度板；6—木质竖筋

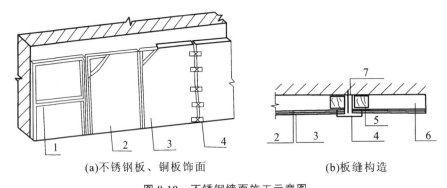

(a)不锈钢板、铜板饰面　　　　　(b)板缝构造

图 8-10　不锈钢墙面施工示意图

1—骨架；2—胶合板；3—饰面金属板；4—临时固定条；5—竖筋；6—横筋；7—玻璃胶

2. 铝合金装饰板安装

1) 铝合金装饰板

铝合金装饰板，又称为铝合金压型板。它是选用钝铝、铝合金为原料，经冷压成形的各种波形金属板材。它具有质量轻、易加工、强度高、刚度好、经久耐用、表面光亮等特点，广泛用于室内外墙面装饰和屋面装饰。铝合金装饰板的种类有：①按表面处理方法分，可分为阳极氧化处理板和喷漆处理板，阳极氧化膜由于耐腐蚀性能好，故多用于室外，氧化膜的厚度越厚，耐腐蚀

能力越高,成本也提高;②按色彩可分为银白色、古铜色、金色等;③按几何尺寸分,可分为条形板和方形板;④按吸声要求分,可分为穿孔铝合金板和不穿孔铝合金板,室内多用前者,而室外一般用不穿孔板;⑤按装饰效果分,可分为铝合金花纹板、铝质浅花纹板、铝及铝合金波纹板、铝及铝合金压型板等。

2) 铝合金板的固定

铝合金板墙面主要由铝合金板和骨架组成。骨架的横、竖杆通过连接件与结构固定,铝合金板作为饰面板固定在骨架上,骨架的横、竖杆一般采用铝合金型材或型钢(如角钢、槽钢等),也可采用方木做骨架。

铝合金板固定在骨架上的方法多种多样。常用的固定方法主要有两大类型:一种是将板条或方板用螺钉拧到型钢或木骨架上;另一种是采用特制的龙骨,将板条卡在特制的龙骨上。

3) 铝合金装饰板安装工艺

铝合金装饰板墙安装的施工程序是:放线→安装连接件→安装骨架→安装铝合金装饰板→收口构造处理。

3. 彩色不锈钢饰面板安装

彩色不锈钢饰面板是在不锈钢板上进行技术和艺术加工,使其成为各种色彩绚丽的不锈钢装饰板,表面颜色有蓝色、紫色、红色、青色、绿色、金黄色、橙色及茶色等,其色泽随光照角度不同会产生变幻的色调效果。常用于装饰厅堂的墙面和柱面,既坚固耐用,又美观新颖。

彩色不锈钢饰面板的安装技术与铝合金饰面板相同,其施工程序为:放线→固定骨架的连接件→固定骨架→安装彩色不锈钢饰面板→收口构造处理。

单元3 涂料、油漆和裱糊工程

一、油漆工程的施工

1. 对材料的要求和使用的机具

(1) 所用油漆或半成品料,应有品名、种类、颜色、制作时间、储存有效期、使用说明和产品合格证。

(2) 油漆工程所用的泥子,应具有塑性和易涂性,干燥后应坚固结实,不起皮、不裂纹。

(3) 使用的工具有:牛角漆刮、硬塑料板刮、橡皮板刮等用于批嵌泥子用;油刷、羊毛排笔、漆刷等为刷不同油漆的涂刷工具;其他还有如钢丝刷、油灰刀、铲刀、木砂纸、水砂纸、铁砂纸、铜丝筛、人字梯等。

(4) 使用的机具有:空气喷涂设备,包括喷枪、储漆设备、空压机、油水分离器、橡皮管等。此外还有电动磨砂机及手持电动搅拌机(拌油漆及泥子用)。

2. 油漆的工艺

油漆的种类可分为:木材表面的混色油漆、清漆、金属面的油漆、混凝土、抹灰面的混色油漆、古建筑的大漆磨退等。各种面的油漆又分为:普通、中级、高级三个等级的油漆工艺。大漆磨退又分为油灰麻绒打底,袖灰褙布打底和漆灰褙布打底三种。现主要介绍木材表面的混色油漆施工工艺。

(1) 清除、起钉子、除油污、去脂、磨砂纸、结疤处点漆片。

(2) 刷底子油。刷底子油主要掌握涂刷的顺序,以木门窗刷底油为例:除木门扇下口刷氟化钠外,其他各面均应涂刷一遍清油。

(3) 局部刮泥子、磨光。底子油干透后用牛角板将所有钉孔、裂缝、结疤、榫头间隙、拼缝、合页孔隙及边棱残缺等用泥子填嵌平整。嵌刮泥子时,牛角刮面与木料面的夹角宜为50°～60°,来回一次压实刮平。泥子干后,用1号木砂纸磨平磨光,不得将棱角磨圆和磨穿涂膜,磨后用刷由上向下将浮屑和粉尘擦干净。

(4) 满刮泥子、磨光。用板刮先将泥子按条状平行地刮在物面上,在横向将泥子抹开,最后纵向刮平,厚度宜薄不宜厚。刮泥子时,刮板与物面的夹角宜为30°～40°,用力应均匀,来回次数不宜过多,泥子面不得出现粗糙、断续、明显刮痕和漏刮;泥子干透后,用1号木砂纸顺木纹打磨平整光滑,线角处用砂纸角或对折的砂纸边部打磨,不得漏磨和磨穿。木基层上尖锐的阳角宜磨成微小的圆角。磨完后清除干净,并用湿布将粉尘擦净待干。

(5) 刷底涂料。用油性底涂料,刷法同刷清油。

(6) 刷第一遍厚漆。用刷过清油的油刷操作,涂刷顺序同刷清油,应顺木纹刷,线角处不宜刷得过厚,内外分色的分界线应刷得齐直。小面积狭长处可用油刷侧面上油,刷到后再用平面(大面)理顺。在门芯板或大面积木料上刷厚漆,可采用"开油"(沿长向每隔50～60 mm刷一长条)、"横油"、"斜油"(横向和斜向来回刷开)、"理油"(最后沿长向轻轻理顺)等方法。接头处油刷应轻刷,不显刷痕,涂层应均匀平滑,色泽一致。刷完后应检查有无漏刷处。

油刷蘸涂料时,应少蘸、勤蘸,油刷浸入涂料内不宜超过刷毛长的2/3,蘸好后将油刷两面各在涂料桶边轻拍一下,使多余的涂料回桶,避免滴落沾污其他物面,并可防止在立面上涂刷时流坠。涂刷时,油刷应拿稳,条路应准确,操作应轻便灵活。

(7) 复补泥子。等厚漆干透后,对于底泥子收缩或残缺处,用稍硬较细的加色泥子嵌补平整。

(8) 磨光、湿布擦净。待泥子干透后用0～1号木砂纸或旧砂纸将所有施涂部位的表面磨平、磨光,以加强下一遍施涂的附着力。应注意不要把底油子磨穿、棱角磨破。磨好后用湿布将粉尘擦净待干。

(9) 刷第二遍厚漆。刷法同第一遍刷厚漆。

(10) 磨光、湿布擦净。

(11) 刷调和漆。用刷过厚漆的油刷操作,可避免刷痕。因调和漆黏度较大,涂刷时应多刷多理,动作应敏捷,刷漆应饱满、不流、不坠,以达到光亮均匀,色泽一致。刷完后应仔细检查一遍,如有漏刷应及时修整。

二、墙面涂料、刷浆施工

刷浆是在有机涂料未产生前的传统的内墙面涂刷工艺,包括石灰浆、大白浆、聚合物水泥浆、可赛银等。涂料尤其是有机材料涂料出现,除了内墙面采用涂料外,室外的外墙涂料也大量采用,增加了水泥抹灰面的色彩,也代替了某些饰面装饰。

1. 材料要求及使用机具

涂料及刷浆所用的材料、成品、半成品均应符合设计要求,以及现行有关产品的国家标准的规定。并应有品名、种类、颜色、制作时间、储存的有效期、技术指标和产品合格证。

刷浆的大白粉、白水泥、可赛银、颜料等都应符合使用要求。还有辅助材料如龙须菜、牛皮胶、乳胶、田仁粉、火碱、面胶、羧甲基纤维素、107胶、六偏磷酸钠、木质素磺酸钙、甲基硅醇钠、硬脂酸钙等,都应在使用的有效期内。

涂料及刷浆的机具一般包括:空压机、喷枪、喷浆泵、手持电动搅拌器、高压胶管等。手工工具包括:铲刀、泥子板、辊筒、刷子、排笔、铜丝筛、料桶、料勺、人字梯、粉线袋、砂纸等。

2. 涂料、刷浆的工艺工序

涂料与刷浆和油漆一样,不同的施工对象和不同的涂料,其工艺工序是不一样的。其一般的施工工序为:清扫→润湿→填补缝隙局部刮泥子→磨平→第一遍刮泥子→磨平→第二遍刮泥子→磨平→第一遍刷浆→补泥子→磨平→第二遍刷浆→磨浮粉→第三遍刷浆。

三、裱糊工程施工

裱糊工程就是在墙面、顶棚表面用黏结材料把塑料壁纸、复合壁纸、墙布和绸缎等薄型柔性材料贴到上面,形成装饰效果的施工工艺。裱糊的基层可以是清水平整的混凝土面、抹灰面、石膏板面、纤维水泥加压板面等。但基层必须光滑、平整,可用批刮泥子、砂纸磨平等方法,无鼓包、凹坑、毛糙等现象。裱糊工序应待顶棚、墙面、门窗及建筑设备的油漆、刷浆工序完成后进行。裱糊前要将突出基层表面的设备或附件先卸下;如为木基层则钉帽应打进表面,并涂防锈漆和抹油性泥子刮平;表面为混凝土、抹灰面,则含水率不得大于8%,木制品不得大于12%。裱糊的基层表面要求颜色一致,阴阳角先做成小圆弧角。对易透底的壁纸等材料,在基层表面先刷一遍乳胶漆,使颜色一致。冬期施工,应在具备采暖的条件下进行。

1. 材料要求

(1) 采用的壁纸等品种、图案、牌号均应符合设计要求,产品应有合格证。

(2) 基层批刮的泥子应用确保坚实牢固、不起皮、不裂缝的材料,一般用白胶水加滑石粉制成。

(3) 胶黏剂应按壁纸、墙布和绸缎的品种选配,并应具有防霉、耐久的性能。

(4) 所用壁纸、墙布、绸缎不得在运输和储存中受雨淋、日晒、受潮,应存放在防潮的、干燥的仓库之中。

2. 使用工具

(1) 裁剪用的工具:工作台1 m×2 m,钢直尺、钢卷尺、裁刀或剪刀等。

(2) 弹线工具:线锤、粉袋、铝质水平尺等。

(3) 裱糊工具:脚手架(高的顶棚用)、人字梯、塑料刮板、橡皮刮板、排笔、大油刷、壁纸刀、小辊子、白毛巾、棉丝、塑料桶、海绵块、毛刷、羊毛辊刷、胶质辊筒、牛皮纸、电熨斗等。

3. 施工工艺程序

裱糊的工艺程序以基层、镶糊材料的不同而工序不同,一般裱糊施工工艺为:清扫基层→接缝处糊条→找补泥子、磨砂纸→满刮泥子、磨平→涂刷铅油一遍→涂刷底胶一遍→墙面划准线→壁纸浸水润湿→壁纸涂刷胶黏剂→基层涂刷胶黏剂→墙上纸裱糊→拼缝、搭接、对花→赶压胶黏剂、气泡→裁边→擦净挤出的胶液→清理修整。

单元 4　天 棚 工 程

一、施工前的准备

天棚施工前的准备工作有以下几项。

(1) 在吊顶施工前,吊顶内的通风、水、电、管道及上人吊顶内的人行或安装通道,应安装完毕。消防管道安装并试压完毕,从天棚经墙体连接下来的各种开关、插座线路亦已安装就绪;施工材料基本备齐,必要的脚手架已搭好(4.5 m 高以上需用钢架)。

(2) 在吊顶施工前,应对吊顶固定处的楼面进行结构检查,施工质量应符合设计要求。

(3) 对吊顶木龙骨进行认真筛选。对有腐蚀、斜口开裂、虫蛀孔等缺陷的木龙骨应剔除,并刷防火涂料。

(4) 放线按设计要求放标高线、天棚造型位置线、吊挂点布局线、大中型灯位线等。标高线应弹到墙面或柱面上,其他线应弹到楼板底面上。

1. 确定标高线

(1) 根据室内墙上的 50 cm 水平线,用尺量至顶棚的设计标高,在四周墙上弹线,作为顶棚四周的标高线。弹线应清楚,位置准确。其水平允许偏差为±5 cm。

(2) 水柱法。用一条塑料透明软管灌满水后,将软管的一端水平面对准墙面上的高度线,再用软管另一端头内水面,在同侧墙面找出高度线的另一点。其方法为:当软管两端头内水平面静止在同一平面时,画下该点的水平位置,再将这两点连成一条直线,即得吊顶高度水平线。使用同样的方法在其他墙面上同样可以做出高度水平线。

2. 造型位置线的做法

造型位置线的做法有如下两种情况。

(1) 规则室内空间造型位置线的做法。先从一个墙面量出天棚吊顶造型位置距离,并按该距离画出与墙面平行的直线。采用相同的方法再从另外三个墙面画出直线,则画出吊棚造型外框位置线。再根据此外框线,逐步画出造型的各个局部。

(2) 不规则室内空间造型位置线做法。对不规则的室内来说,主要是墙面不垂直相交,或者是有的墙面不垂直相交。绘制圆吊顶造型线时,应从与造型线平行的那个墙面开始测量距离,并画出造型线,再根据此条造型线画出整个造型线位置;或使用找点法先在施工图量出造型外框线距墙面的距离,然后再量出各墙面距造型边线的各点距离,将各点连线则得出吊顶造型线。

3. 吊顶位置的确定

确定吊顶位置的要求有:①平顶吊顶的吊点,一般间距为 1 m 左右 1 个,均匀布置;②有跌级造型的天花吊顶(跌级,即天棚两个表面不在同一平面上)应在跌级交界处布置吊点,两点间距为 0.8~1.2 m;③吊杆距主龙骨端部距离不得超过 300 mm,否则应增设吊杆;④较大的灯具应单独安排吊点来吊挂。

二、天棚施工工艺

天棚施工工艺为:安装吊点紧固件→沿吊顶标高线固定沿墙边龙骨→刷防火涂料→在地面拼接木隔栅(木龙骨架)→分片吊装→与吊点固定→分片间的连接→预留孔洞→整体调整→安

装胶合板→后期处理。

1. 安装吊点紧固件

(1) 用冲击电钻在建筑结构底面按设计要求打孔,安放膨胀螺栓。

(2) 用直径必须大于直径为 5 mm 的射钉,将角铁等固定在建筑底面上。

(3) 采用事先预埋吊筋来固定吊点,如图 8-11 所示。

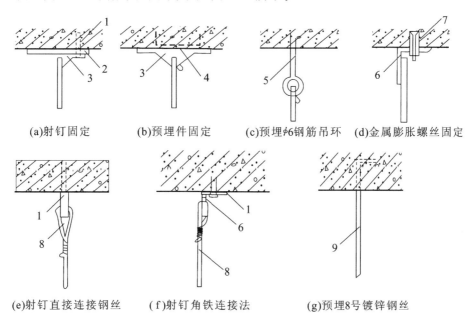

图 8-11　吊杆固定

1—射钉;2—焊板;3—ϕ10 钢筋吊环;4—预埋钢板;5—ϕ6 钢筋;
6—角钢;7—金属膨胀螺丝;8—镀锌钢丝;9—8 号镀锌铁丝

2. 沿吊顶标高线固定沿墙边龙骨

(1) 遇水泥混凝土墙面,可用水泥钉将木龙骨固定在墙面上。

(2) 若为砖墙和混凝土墙,则先用冲击钻在墙面标高线以上 10 mm 处打孔(孔的直径应大于 12 mm,在孔内下木楔,木楔的直径要稍大于孔径),木楔下入孔内要达到牢固配合。木楔下完后,木楔和墙面应保持在同一平面,木楔间距为 0.5~0.8 mm。然后将边龙骨用钉固定墙上。边龙骨断面尺寸应与吊顶木龙骨断面尺寸一样,边龙骨固定后其底边与吊顶标高线应一致。

3. 刷防火涂料

木吊顶龙骨筛选后要刷三遍防火涂料,待晾干后备用。

4. 在地面拼接木隔栅(木龙骨架)

(1) 先把吊顶面上需分片或可以分片的尺寸位置定出,根据分片的尺寸进行拼接前安排。

(2) 拼接接法将截面尺寸为 25 mm×30 mm 的木龙骨,在长木方向上按中心线距 300 mm 的尺寸开出深 15 mm、宽 25 mm 的凹槽。然后按凹槽对凹槽的方法拼接,在拼口处用小圆钉或胶水固定。通常是先拼接大片的木隔栅,再拼接小片的木隔栅,但木隔栅最大片不能大于 10 m^2。

5. 分片吊装

平面吊顶的吊装先从一个墙角位置开始,将拼接好的木隔栅托起至吊顶标高位置。对于高度低于 3.2 m 的吊顶木隔栅,可在木隔栅举起后用高度定位杆支撑,使隔栅的高度略高于吊顶标高线,高度大于 3 m 时,则用铁丝在吊点上做临时固定。

6. 与吊点固定

与吊点固定有如下三种方法。

(1) 用木方固定:先用木方按吊点位置固定在楼板或屋面板的下面,然后,再用吊筋木方与固定在建筑顶面的木方钉牢。吊筋长短应大于吊点与木隔栅表面之间的距离 100 mm 左右,便于调整高度。吊筋应在木龙骨的两侧固定后再截去多余部分。吊筋与木龙骨钉接处每处不许少于两只铁钉。若木龙骨搭接间距较小,或钉接处有劈裂腐朽虫眼等缺陷,应换掉或立刻在木龙骨的吊挂处钉挂上 200 mm 长的加固短木方。

(2) 用角铁固定:在需要上人和一些重要的位置,常用角铁做吊筋与木隔栅固定连接。其方法是在角铁的端头钻 2~3 个孔做调整。角铁在木隔栅的角位上,用两个木螺钉固定。

(3) 用扁铁固定:将扁铁的长短先测量截好,在吊点固定端钻出两个调整孔,以便调整木隔栅的高度。扁铁与吊点件用 M6 螺栓连接,扁铁与木龙骨用两个木螺钉固定。扁铁端头不得长出木隔栅下平面。

7. 分片间的连接

分片间的连接有两种情况:两分片木隔栅在同一平面对接,先将木隔栅的各端头对正,然后用短木方进行加固;若分片木隔栅不在同一平面,平面吊顶处于高低面连接,则先用一条木方斜位地将上下两平面木隔栅架定位,再将上下平面的木隔栅用垂直的木方条固定连接。

8. 预留孔洞

预留灯光盘、空调风口、检修孔的位置。

9. 整体调整

各个分片木隔栅连接加固完后,在整个吊顶面下用尼龙线或棒线拉出十字交叉标高线,检查吊顶平面的平整度,吊顶应起拱,一般 7~10 m 跨度为 3/1000 的起拱量,10~15 m 跨度为 5/1000 的起拱量。

10. 安装胶合板

(1) 按设计要求将挑选好的胶合板正面向上,按照木隔栅分格的中心线尺寸,在胶合板正面上画线。

(2) 板面倒角:在胶合板的正面四周按宽度为 2~3 mm 刨出 45°倒角。

(3) 钉胶合板:将胶合板正面朝下,托起到预定位置,使胶合板上的画线与木隔栅中心线对齐,用铁钉固定。钉距为 80~150 mm,钉长为 25~35 mm,钉帽应砸扁钉入板内,钉帽进入板面 0.5~1 mm,钉眼用油性泥子抹平。

(4) 固定纤维板:钉距为 80~120 mm,钉长为 20~30 mm,钉帽进入板面 0.5 mm。钉眼用油性泥子抹平。硬质纤维板使用前应先用水浸透,自然阴干后安装。

(5) 胶合板、纤维板、木丝板要钉木压条,先按图纸要求的间距尺寸在板面上弹线。以墨线为准,将压条用钉子左右交错钉牢,钉距不应大于 200 mm,钉帽应砸扁顺着木纹打入木压条表面 0.5~1 mm,钉眼用油性泥子抹平。木压条的接头处,用小齿锯制角,使其严密平整。

11. 后期处理

按设计要求进行刷油,裱糊,喷涂。最后安装PVC塑料板。

单元5 门窗工程

一、门窗工程施工的基本要求

1. 门窗安装前的检查

(1) 根据门窗图纸,检查门窗的品种、规格、开启方向及组合杆、附件,并对其外形及平整度检查校正,合格后方可安装。

(2) 按设计要求检查洞口尺寸,如与设计不符合应予以纠正。

2. 门窗框、扇安装要求

门窗框、扇在安装过程中,不得在门窗框、扇上安装脚手架,悬挂重物或在框、扇内穿物起吊,以防止门窗变形和损坏。吊运时,表面应用非金属软质材料衬垫,选择牢靠平稳的着力点,以免门窗表面擦伤。

安装门窗必须采用预留洞口的方法。严禁采用边安装边砌口或先安装后砌口,门窗固定可采用焊接、膨胀螺栓或射钉等方式,但砖墙严禁用射钉固定。

二、门窗安装工艺

1. 钢门窗安装

(1) 工艺流程。钢门窗安装工艺流程为:门窗安装位置及标高线→运输门窗至安装地点→立钢门窗→木楔临时固定→按水平线重新复核临时固定→焊接固定→堵洞养护→装五金配件→装玻璃刷漆→装纱窗→刷油→保温窗橡胶条安装。

(2) 画线找规矩。按设计图纸进行门窗安装位置尺寸标高,以窗中线为准向两侧量橱窗边线。以顶层门窗安装位置为主,分别找出各层门窗的安装位置线及标高。

(3) 立门窗口扇。将门窗就位,用木楔临时固定,使铁脚插入预留洞找正吊直,并且保证位置准确,左右缝隙应宽窄一致,距外墙尺寸符合图纸要求,如图8-12所示。门连窗可拼装好再进行安装,也可现场拼现装,但均应做到位置准确找正吊直。

(4) 焊接固定。钢门窗立好后,应进行严格的检查,位置及标高均满足要求后,上框铁角与过梁铁件焊牢,窗两侧铁脚插入预留洞内,并用水阴湿,用1:3干硬性砂浆填严、洒水养护。待堵洞砂浆凝固后用水泥砂浆将边缝塞实。

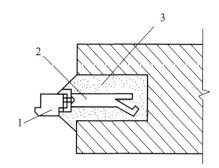

图8-12 钢窗预埋铁脚
1—窗框;2—铁脚;
3—留洞 60 mm×60 mm×100 mm

(5) 裁纱、绷纱。裁纱应比实际尺寸各长50 mm,压纱时先将纱铺平,将上压条压好,用螺丝拧紧;将绷纱紧装上压条,用螺丝拧紧;然后再装两侧压条,用螺丝拧紧,将多余的纱割掉。

(6) 油漆。绷纱前应先刷一道防锈漆和一道调和漆,绷纱后再刷一道,其余两道调和漆待安装后再刷。钢门窗应在安装前刷好防锈漆和头道调和漆,安装后与室内木门窗一起再刷调和漆。

(7) 小五金安装。应待油漆干后安装,如需要先行安装时,应注意防止污染、丢失。

2. 铝合金门窗安装

(1) 工艺流程。铝合金门窗安装的工艺流程为:弹线找规矩→门窗洞口处理→防腐处理及埋设连接铁件→铝合金门窗拆包、检查→就位和临时固定→门窗固定→铝合金门窗扇安装→门窗口四周堵缝、密封嵌缝→清理→安装五金配件→安装门窗纱扇密封条。

(2) 弹线找规矩。在最顶层找出外门窗口边线,用大线锤将门窗边线下引,并在每层门窗1∶1处画线标记,对个别不直的口边应处理。高层建筑宜用经纬仪找垂直线。水平位置应以+50 cm水平线为准,向上反量出窗下皮标高,弹线找直,每层窗下皮(若标高相同)应在同一水平线上。

(3) 门窗洞口处理。根据对墙大样图集中窗台板的宽度来确定铝合金门窗在墙厚方向的安装位置,如外墙厚度有偏差时,原则上应以同一房间窗台板外漏尺寸一致为准。窗台板应深入铝合金窗下 5 mm 为宜。

(4) 防腐处理及埋设连接铁件。门窗框两侧的防腐处理应按设计要求进行,如设计无要求时,可涂刷防腐材料,如橡胶型防腐涂料或聚丙烯树脂保护装饰膜等,也可粘贴塑料膜进行保护,避免填缝水泥砂浆直接与铝合金门窗表面接触。铝合金门窗安装时若采用连接铁件固定,铁件应进行防腐处理,连接件最好选用不锈钢,如图 8-13 所示。

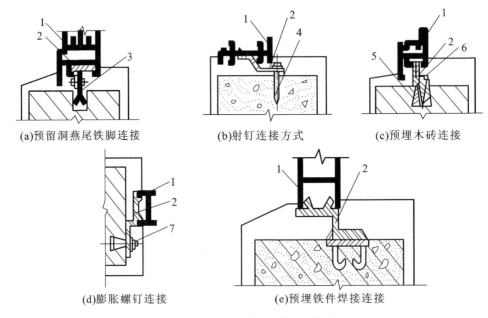

图 8-13 铝合金门窗框与墙体连接方式

1—门窗框;2—连接铁件;3—燕尾铁脚;4—射(钢)钉;5—木砖;6—木螺钉;7—膨胀螺钉

(5) 运输及安装铝合金窗披水。按设计要求将披水条固定在铝合金窗上,应保证安装位置正确牢固。

(6) 就位固定。根据位置线安装,并将其吊直找正后用木楔临时固定。固定有两种方法,一

种用 φ6 钢筋打入钻好的孔中,另一种是与预埋钢板或结构钢筋焊接。铁角至窗角的距离应不大于 180 mm,铁角间距应小于 600 mm。

(7) 缝隙处理。门窗框与洞口间填缝门窗框安装固定后,应按设计要求及时处理门窗框与墙体之间的缝隙。若设计规定了具体的堵塞材料时,应使用矿棉或玻璃棉毡分层填塞缝隙,外表面留 5~8 mm 深槽口,槽内填嵌油膏或在门窗两侧作防腐处理后填 1∶2 水泥砂浆。完成填缝后连同固定点一起办理隐蔽验收记录,如图 8-14 所示。

(8) 门框安装。首先将尺寸找好,在门框的侧边钉好连接件或木砖,然后安装门框,门框安装好并找好垂直度及几何尺寸后,用射钉枪或自攻螺钉将其门框与墙上预埋件固定。用低碱性水泥砂浆将门框与砖墙四周的缝隙填实。

(9) 地弹簧座的安装。根据地弹簧位置,提前剔洞,将地弹簧放入凹坑内用水泥砂浆固定,上面应与室内地面平,砖轴线应与门框横斜的定位销轴心线一致。

(10) 门扇安装。门框扇的安装应采用铝角固定,具体做法与门框连接相同。

(11) 安装五金配件。待油漆完成并修理后再安装五金配件,安装工艺应按产品说明进行,要求安装牢固,使用灵活。

(12) 安装纱门窗工序为:绷铁纱→裁纱→压条固定→挂纱扇→装五金配件。

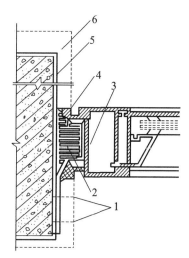

图 8-14 铝合金门窗框填缝
1—膨胀螺栓;2—软质填充料;3—自攻螺钉;
4—密封膏;5—第一遍抹灰;6—最后一遍抹灰

3. 木门窗安装

(1) 工艺流程。木门窗的安装工艺流程为:找规矩弹线→找出门窗框安装位置→掩扇及安装样板→窗框、扇安装→门框安装→门扇安装。

(2) 找规矩弹线。从顶层开始用大线坠吊垂直,检查窗口位置的准确度,弹出墨线,若结构凸出窗框线时进行剔凿处理。安装前应核查安装的高度,门框应按图纸位置和标高安装,每块木砖应钉 2 个 10 cm 长的钉子并应将钉帽砸扁钉入木砖内,使门窗安装牢固。轻质隔墙应预先安设带木砖的混凝土块,以保证其牢固性。

(3) 掩扇及安装样板。掩扇即把窗扇根据图纸要求安装到窗框上,并应检查缝隙大小、五金位置、尺寸及牢固等,符合标准的应作为样板,对其他的门窗进行验收。

(4) 门框安装。①木门框安装:应在地面工程施工前完成,门框安装应保证牢固,门框应与木砖钉牢,一般每边不少于 2 点固定,间距不大于 1.2 m。②钢门框安装:安装前找正套方,门框应提前刷好防锈漆。安装应按设计要求进行并应进行成品保护。后塞口时应按设计要求预先埋设铁件,每边不少于 2 个固定点,间距不大于 1.2 m。安装就位后检查型号、标高、位置无误,并及时将框上的铁件与结构预埋铁件焊牢。

(5) 木门扇的安装。先确定门的开启方向及小五金型号和安装位置,然后检查门口是否尺寸正确、边角方正、有无窜角。将门扇靠在框上划出相应的尺寸线,如果扇大,则应根据框的尺寸将其刨去,扇小应绑木条。将门扇塞入口内,塞好后用木楔顶住临时固定。然后划第二次修刨线,标上合页槽的位置,同时应注意口与扇安装的平整。第二次修好后即可安装合页,按要求剔出合页槽,然后先拧一个螺丝,检查缝隙是否合适,口与扇是否平整,无问题后方可将螺丝全部拧上拧紧。如安装对开扇,应将门扇的宽度用尺量好再确定中间对口缝的裁口深度。五金安装应按设计图纸要求,不得遗漏。

4. 塑料门窗的安装

塑料门窗及其附件应符合国家标准,不得有开焊、断裂等损坏现象,应远离热源。

塑料门窗、框连接时,先把连接件按与框呈45°放入框背面的燕尾槽口内,然后按顺时针方向把连接件扳成直角,最后旋进$\phi 4 \times 15$自攻螺钉固定,如图8-15所示,严禁锤击框。

门窗框和墙体连接采用膨胀螺栓固定连接件,一个连接件不少于2个螺钉。

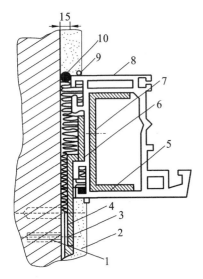

图8-15 塑料门窗框装连接件

1—膨胀螺栓;2—抹灰层;3—螺丝钉;4—密封胶;
5—加强筋;6—连接件;7—自攻螺钉;
8—硬PVC窗框;9—密封膏;10—保温气密材料

1) 无气窗塑料门安装

(1) 直梃与上冒头45°拼角处用塑料角尺拍合,正确垂直地放入门洞内。

(2) 在预埋木砖处,门框钻孔,旋入3英寸木螺丝紧固。

(3) 门框外嵌条45°拼角处,同样用塑料角尺拍合,随后压入前门框凹槽处。

(4) 整体门扇插入门框上铰链中,按门锁说明书装上球形门锁。

2) 有气窗塑料门安装

(1) 中贯梃与直梃缺口吻合,穿入洋圆,用螺母搭牢。

(2) 上冒头内旋气窗铰链处预埋木芯。

(3) 直梃与上冒头45°拼合处用塑料角尺拍合,正确垂直放入门洞内。

(4) 门洞预埋木砖处在门框上钻洞,旋入3英寸木螺丝紧固。

(5) 窗边四角用塑料或木角尺拍合,并用木螺丝固定,装铰链处,木角尺稍长。

(6) 装上百页铰链。

(7) 整扇门扇插入门框上铰链中,按门锁说明书装上球形门锁。

3) 全塑整体门的安装

(1) 先修好砖洞口,检查是否符合图纸要求。

(2) 把塑料门框按规定位置立好,并在门框的一侧将木螺丝拧在木砖上。

(3) 将塑料门装在门框上,找正位置后,用木块找好垂直和地坪标高,方位与立木门框相同,完成后将门从框中卸下。

(4) 将门框另一侧再用木螺丝固定在木砖上。

(5) 在安装合页时,剔好合页槽。

(6) 把门装入框中,用合页固定,在进行修整,做到不崩扇,不坠崩,开关自如。

4) 玻璃钢门窗安装

(1) 门的安装与木门相似,门洞需要留木砖或预埋铁件,安装时先在框上打孔,然后拧螺丝。

如有预埋铁板,可先钻孔拧入螺丝。

(2) 窗的安装,在窗洞上应预埋木砖或预埋铁件,在框上钻孔,用木螺丝拧入墙内。

(3) 在安装前必须检查,如发现窗框有翘曲变形,窗角等有脱落及松动现象,均应进行修整。

单元6 玻璃幕墙工程

一、玻璃幕墙材料的一般要求

安装玻璃幕墙的钢结构、钢筋混凝土结构及砖混结构的主体工程,应符合有关结构施工及验收规范结构的要求。安装玻璃幕墙的构建及零附件的材料品种、规格、色泽和性能,应符合设计要求。玻璃幕墙的安装施工,应单独编制施工组织设计方案。

(1) 玻璃幕墙材料应符合国家现行产品标准的规定,并应有出厂合格证。

(2) 应选用耐气候的材料。金属材料除不锈钢外,钢材应进行表面热浸镀锌处理,铝合金应进行表面阳极氧化处理。

(3) 结构硅酮密封胶应有与接触材料相容性实验报告,并应有保险年限的质量证书。

二、施工准备

(1) 构件应按品种和规格堆放在特种架子或垫木上,在室外堆放应有保护措施。

(2) 构件安装前均应进行检验与校正,均应达到平直、规方,不得有变形和刮痕。

(3) 构件进行钻孔、装配接头芯管、连接附件等辅助加工时,其加工位置与尺寸应准确。

(4) 玻璃幕墙与主体结构连接的预埋件,应在主体结构施工时按设计要求埋设。埋设应牢固、位置准确,埋件的标高偏差不应大于10 mm,埋件位置与设计位置的偏差不应大于20 mm。

(5) 幕墙构件在搬运、吊装过程中不得碰撞与损坏,不合格的构件不得安装。

三、安装施工

(1) 玻璃幕墙的施工测量。幕墙分隔轴线的测量,应与主体结构的测量相配合,其误差应及时调整不得积累。对高层建筑的测量,应在风力不大于4级的条件下进行,每天应定时对玻璃幕墙的垂直及立柱位置进行校核。

(2) 幕墙立柱的安装。先将立柱与连接件连接,然后连接件再与立体预埋件连接,调整后固定。立柱安装标高偏差不应大于3 mm;通过连接件幕墙的平面轴线与建筑物的外平面轴线距离的允许偏差应控制在2 mm以内。特别是建筑平面呈弧形、圆形和四周封闭的幕墙,其内外轴线距离影响到幕墙的周长,应认真对待。

作为竖向骨架杆件的立柱,可以是一层楼高为一整根,长度可达7.5 m,接头应有一定空隙穿入芯柱(套管)以套筒连接法连接,可适应及消除建筑挠度变形和温度变形的影响。

(3) 幕墙横梁安装。作为水平构建的横梁分段在立柱之间嵌入连接。横梁两端与立柱连接处用连接件和弹性橡胶垫,安装在立柱的预定位置,橡胶垫应有20%~35%的压缩性,以适应和消除玻璃幕墙横向温度变形的要求。横梁应安装牢固,其接缝应严密。

相邻梁的水平标高偏差,不应大于1 mm。同层标高偏差:当一幅幕墙小于或等于35 m时,不应大于5 mm;当一幅幕墙宽度大于35 m时,不应大于75 mm。

同一层的横梁安装,应由下向上进行。安装完一层高度时,应进行检查、调整、校正、固定,使其符合质量要求。

(4) 其他主要附件的安装。有热工要求的幕墙,非采光部分为单层玻璃,常用的做法是在内表面加衬镀锌钢板或其他板材作衬托,将保温材料钉在衬板上,保温层与玻璃之间保持一定距离以利于气体流动施工时其保温部分已从内向外安装,内衬板四周应套装弹性橡胶密封条,内衬板与构件接触应严密,内衬板就位后即进行密封处理。

固定防火保温材料应锚钉牢固,防火保温层应平整,拼接处不应留缝隙。

幕墙采光部分一般都考虑室内冷凝水处理问题,常用做法是在窗台部位设排水口,管道从内部至窗台下出口与采暖设备的排口相连接。施工时需注意冷凝水排出管及附件应与水平构件预留孔连接严密,与内衬板出水孔连接处应设橡胶密封条。

其他通气留槽孔及雨水排出口等,均应按设计要求施工,不得遗漏。

玻璃幕墙立柱安装就位并调整后,应及时紧固,玻璃幕墙安装的临时螺栓等在构件安装、就位、调整、紧固后应及时拆除。

现场焊接或高强螺栓紧固的构件固定后,应及时进行防锈处理。幕墙中与铝合金接触的螺栓及金属配件应采用不锈钢或轻金属制品。

不同金属的接触面,应采用垫片做隔离处理。

(5) 幕墙玻璃的安装。玻璃安装时不论采用机械或人工,均采用吸盘附着原理,故在安装时必须擦拭干净,以避免吸盘漏气而保证施工安全。

热反射玻璃安装时,其镀膜面应朝向室内一侧,不能装反,否则不仅影响装饰效果,而且影响热反射玻璃的耐久性和物理耐用年限。

玻璃与构件不得直接接触。玻璃四周与构件凹槽底应保持一定空隙,每块玻璃下部应设置不少于 2 块弹性定位垫块;垫块的宽度与槽口宽度相同,长度不得小于 100 mm;玻璃两边嵌入量及空隙应符合设计要求,左右空隙宜保持,能使玻璃在建筑变形及温度变形时,在胶垫的夹持下竖向与水平向滑动而消除变形对玻璃的影响。

玻璃四周橡胶条应按规定型号选用,镶嵌应平整,橡胶条长度宜比边框内槽口长出 1.5%~2%,其断口应留在四角;斜面断口后应拼成预定的设计角度并应使用黏结剂黏结牢固后嵌入槽内。

玻璃幕墙四周与主体结构之间的缝隙,应采用防火的保温材料填塞;内外表面应采用密封胶连接封闭,接缝应严密不漏水。幕墙与上部女儿墙、下部窗台、左右与主体结构等处的连接处理,应保证连接牢固密封和防水等要求,一般应有大样图,以便加工特殊的金属构件等。

幕墙所采用的铝合金装饰压板应符合设计要求,表面应平整,色彩应一致,不得有肉眼可见的变形、波纹和凹凸不平,接缝应均匀严密。

在幕墙安装施工到一定高度,应分层进行抗雨水渗漏性检查,以便修补并保证幕墙质量的中间控制。

结构硅酮密封胶用于幕墙之间防水、防风的连接。施工厚度应控制在 3.5 mm 以上、4.5 mm 以下。注胶太薄时不利于保证密封质量和防止雨水渗漏,同时对铝合金因热胀冷缩产生的拉应力也不利;但若注胶过厚,当胶受拉应力时易被拉断破坏,使密封和渗漏失效。

(6) 幕墙安装施工的隐蔽验收项目。玻璃幕墙安装施工应对下列项目进行隐蔽验收:构件和主体结构的连接节点的安装;幕墙四周、幕墙内表面与主体结构之间间隙节点的安装;幕墙伸缩缝、沉降缝、防震缝及墙面转角的安装；幕墙防雷接地节点的安装。

单元7　冬期施工和雨期施工

一、冬期施工

1. 抹灰工程

1）热作法施工

热作法施工是利用房屋的永久或临时热源来保持操作环境的温度，使抹灰砂浆硬化和固结。常用于室内抹灰。热源有火炉、蒸汽、远红外线加热器等。

室内抹灰以前，宜先做好屋面防水层及室内封闭保温。室内抹灰的养护温度不应低于5℃。水泥砂浆层应在潮湿的条件下养护，并应通风、换气。用冻结法砌筑的墙，室外抹灰应待其完全解冻后施工；室内抹灰应待抹灰的一面解冻深度不小于砖厚的一半时，方可施工。不得采用热水冲刷冻结的墙面或用热水消除墙面的冰霜。砂浆应在搅拌棚中集中搅拌，并应在运输中保温，要随用随拌，防止冻结。

室内抹灰工程结束后，在7 d以内，应保持室内温度不低于5℃。抹灰层可采取加温措施加速干燥。当采用热空气加温时，应注意通风，排除湿气。

2）冷作法施工

冷作法施工是在砂浆中掺入防冻剂，在不采取保温措施的情况下进行抹灰。其适用于装饰要求不高、小面积的外墙抹灰工程。

抹灰基层表面当有冰、霜、雪时，可采用与抹灰砂浆同浓度的防冻剂溶液冲刷，并应清除表面的尘土。

2. 饰面工程

冬期室内饰面工程施工可采用热空气或带烟囱的火炉取暖，并应设有通风、排湿装置。室外饰面工程宜采用暖棚法施工，棚内温度不应低于5℃，并按常温施工方法操作。

饰面板就位固定后，用1∶2.5水泥砂浆灌浆，保温养护时间不小于7 d。

外面饰面石材应根据当地气温条件及吸水率要求选材。采用螺栓固定的干作业法施工，锚固螺栓应做防水、防锈处理。

釉面砖及外墙面砖在冬期施工时宜在2%盐水中浸泡2 h，并在晾干后方可使用。

3. 油漆、刷浆、裱糊、玻璃工程

油漆、刷浆、裱糊、玻璃工程应在采暖条件下进行施工。当需要在室外施工时，其最低环境温度不应低于5℃，遇有大风、雨、雪时应停止施工。

刷调和漆时，应在其内加入调和漆重量2.5%的催干剂和5%的松香水，施工时应排除烟气和潮气，防止失光和发黏不干。

室外刷浆应保持施工均衡，粉浆类料浆宜采用热水配制，随用随配并做料浆保温，料浆使用温度宜保持在15℃左右。

裱糊工程施工时，混凝土或抹灰基层含水率不应大于8%。施工中当室内温度高于20℃，且相对湿度不80%时，应开窗换气，防止壁纸打皱起泡。

玻璃工程冬期施工时，应将玻璃、镶嵌用合成橡胶等材料运到有采暖设备的室内，操作地点环境温度不应低于5℃。

外墙铝合金、塑料框、大扇玻璃不宜在冬期安装。

二、雨期施工

雨天不准进行室外抹灰,至少应能预计1~2 d的大气变化情况。对已经施工的墙面,应注意防止雨水污染。室内抹灰尽量在做完屋面后进行,至少做完屋面找平层,并铺一层油毡。雨天不宜作罩面油漆。

1. 试述装饰工程的作用特点及所包含的内容。
2. 试述一般抹灰的分层做法操作要点及质量要求。
3. 试述机械抹灰的原理、施工工艺及操作注意事项。
4. 装饰抹灰有哪些种类?试述水刷石、水磨石、干粘石的做法及质量要求。
5. 简述饰面砖的镶贴方法。
6. 简述大理石及花岗岩石的安装方法。
7. 简述铝合金门窗及塑料门窗的安装方法。
8. 油漆施工有哪些工序?如何保证施工质量?
9. 试述壁纸裱糊工艺及质量要求。

参 考 文 献

[1] 《建筑施工手册》编写组.建筑施工手册[M].5版.北京:中国建筑工业出版社,2012.
[2] 姚谨英.建筑施工技术[M].5版.北京:中国建筑工业出版社,2014.
[3] 张长友,白锋.建筑施工技术[M].3版.北京:中国电力出版社,2014.
[4] 张厚先,王志清.建筑施工技术[M].2版.北京:机械工业出版社,2011.
[5] 谢扬敬,黄明树.建筑施工技术[M].北京:机械工业出版社,2012.
[6] 陈雄辉.建筑施工技术[M].北京:北京大学出版社,2012.
[7] 应惠清.建筑施工技术[M].2版.上海:同济大学出版社,2011.
[8] 廖代广.土木工程施工技术[M].3版.武汉:武汉理工大学出版社,2007.